U0131934

普通高等教育“十二五”规划教材·公共基础课系列

计算机应用

芮廷先　主编

上海财经大学出版社

图书在版编目(CIP)数据

计算机应用/芮廷先主编．—上海：上海财经大学出版社，2013.7
（普通高等教育“十二五”规划教材·公共基础课系列）
ISBN 978-7-5642-1661-0/F·1661

Ⅰ.①计… Ⅱ.①芮… Ⅲ.①电子计算机-高等学校-教材
Ⅳ.①TP3

中国版本图书馆 CIP 数据核字(2013)第 121735 号

□ 责任编辑 宋澄宇
□ 封面设计 钱宇辰
□ 责任校对 王从远 赵 伟

JISUANJI YINGYONG
计 算 机 应 用
芮廷先 主编

上海财经大学出版社出版发行
（上海市武东路 321 号乙 邮编 200434）
网 址：http://www.sufep.com
电子邮箱：webmaster @ sufep.com
全国新华书店经销
同济大学印刷厂印刷
宝山葑村书刊装订厂装订
2013 年 7 月第 1 版 2013 年 7 月第 1 次印刷

787mm×1092mm 1/16 18.75 印张 480 千字
印数：0 001—4 000 定价：39.00 元

内容简介

《计算机应用》教材根据教育部高等教育司组织制定的《高等学校文科类专业大学计算机教学基本要求》组织编写，完全覆盖浙江省高校计算机等级考试的最新大纲（一级 Windows 考试大纲(2012)、二级办公软件高级应用技术考试大纲(2012)），可作为高校各专业的计算机公共课教材。本书详细介绍了计算机的基础知识和常用操作，主要内容包括计算机的基本结构和基本原理、Windows 7 操作系统、Word 2010 文字处理、Excel 2010 电子表格处理、PowerPoint 2010 演示文稿、计算机网络与信息安全、Outlook 2010 邮件与日程管理、Office 2010 文档的安全和保护、Office 2010 中的宏及 VBA。

本书内容丰富，阐述详尽，可作为高等院校本科和高职高专学生学习计算机基础知识和常用办公软件的教材，也可作为相关读者的自学参考书。

总　序
FOREWORD

近年来，我国的经济、金融领域发展迅猛，规模迅速扩大，创新步伐加快，广度和深度也不断地得到拓展。建立一套内容新颖、结构合理、体系科学、切合实际的经济管理类专业系列本科教材，既是当前发展的必然要求，也是培养经济管理类专业人才所必需的。

上海财经大学浙江学院由上海财经大学和浙中教育集团合作举办，是一所按新机制和新模式运作的具有独立法人资格、举办全日制本科学历教育的大学。学院依托上海财经大学在经济管理学科领域的深厚积淀和财经人才培养方面的丰富经验，紧贴长三角、浙中城市群经济和社会发展的需要，培养能够融入国际社会，参与区域竞争和国际竞争的应用型、开拓型、外向型优秀人才。学院将紧密切合社会发展需要和市场需要，拓展交叉学科，发展综合性学科。专业设置以经济学、管理学为主，兼顾理学、文学和法学等专业。

上海财经大学浙江学院以全面提高办学质量、办学效益和办学声誉为目标，树立质量兴院、特色强院的思想观念，以提高人才培养质量为核心，构建完善的人才培养体系，加强师资队伍建设，强化教学管理，抓好学科建设、专业建设、课程建设、积极引进国内外优质教学资源，提高教学和科研水平，坚持内涵建设和外延发展相协调，规范的制度体系与灵活的办学机制相协调，夯实内部管理基础与外联开放办学相结合。目前，学院主要学科负责人、专业核心课程教师由上海财经大学委派的富有深厚科研能力、良好教学经验的教授担任，贯切“质量兴院、特色强院”的办学理念，采用先进的教育方法、教育手段，配置优良的教育资源，努力建设一批具有领先水平的特色专业。学院秉承上海财经大学重视基础课程教学的优良传统，建设优质的经济管理类平台课程；另外，与上海财经大学相比，在重视基础理论的同时，更加强调实用性和可操作性。在经过了几年的摸索以后，2011 年起学院开始建设符合自己特色的院级精品课程，首批院级精品课程有会计学、基础会计、管理学、统计学、高等数学、计算机应用和英语听力 7 门课程，2012 年我们将继续进行精品课程的建设工作。本套系列教材就是我院在精品课建设过程中选取优秀的讲义纳入教材编写系列，由上海财经大学出版社负责出版，双方共同打造符合上海财经大学浙江学院品牌定位和人才培养目标的系列精品教材。

在这套教材的编写中，希望能够体现以下特点：

● 在教材的选择上，主要考虑面向经济管理类本科专业，同时也要考虑其他各类专业的需求，力求选材能够“精”和“新”。

● 在每本教材的内容选择上，注重广泛收集国内外优秀教材的成果，尤其注重吸收国外较新的优秀教材，力求内容在保持完整介绍基本理论、基本内容的基础上，能够介绍一些新的成熟内容，并且强调实用性和可操作性。

● 教材的编写注重计算机的应用，提高学生运用经济管理理论与方法和计算机技术解决实际问题的能力。在具体操作中，将根据教材的需要选择使用相应的软件。

本套系列教材在酝酿和编写过程中，自始至终得到上海财经大学浙江学院和浙中教育集团的全力支持。上海财经大学浙江学院理事会理事长应恩民先生一直关心精品课程的建设进展，上海财经大学浙江学院院长陈晓教授对精品课程建设和教材编写给予了大力的资助，使得我们的首批教材得以顺利完成。在上海财经大学出版社的热情帮助下，编写大纲和书稿都经过教材编写委员会的多次反复论证、认真讨论，才使得这套教材开始陆续出版。感谢参与论证和编写的各位同行，希望我们辛勤的劳动成果能够得到国内外同行们的认可，获得同学们的欢迎。

王黎明
上海财经大学浙江学院
2013 年 7 月

前　言

PREFACE

计算机操作能力是高校学生必须掌握的核心能力之一，使用计算机的意识和基本技能，应用计算机获取、表示、存储、传输、处理、控制信息、协同工作、解决实际问题等方面的能力，已成为衡量一个人文化素质高低的重要标志之一。随着信息技术的持续发展，对计算机的操作要求也在不断提高。如何让各专业学生在短时间内比较全面地认识计算机，快速掌握日常工作、学习和生活所必备的计算机操作技能，并轻松应对系统和软件升级所带来的新内容，一直是计算机基础教学面临的主要问题。目前市面上关于计算机基础知识方面的书籍很多，但我们发现真正适合学生学习的教材并不多。多数高校学生对计算机已经有了一定的操作基础，那种事无巨细说明书式的教材显然会让他们感觉厌倦；另一方面，计算机操作系统的升级和各种软件版本的更新越来越快，真正适合的教材在培养学生快速掌握当前计算机主流操作技术的同时，还应使其具备一定的后续学习能力。

《计算机应用》教材是上海财经大学浙江学院精品课程"计算机应用"的重要组成部分，教材立足于计算机技术和网络技术的最新发展，根据社会发展对应用型人才的高素质需求，为高等教育各层次学生的计算机应用基础能力培养提供了一个完整可行的解决方案。《计算机应用》教材根据教育部高等教育司制定的《高等学校文科类专业大学计算机教学基本要求》组织编写，完全覆盖浙江省高校计算机等级考试的最新大纲[一级 Windows 考试大纲(2012)、二级办公软件高级应用技术考试大纲(2012)]，可作为高校各专业的计算机公共课教材。本书力求用简洁、易于接受的语言引导学生逐步掌握操作系统和办公软件的操作要点，尽量少涉及计算机专业术语。同时，通过实际应用激发学生探索知识的兴趣，使其自然而然地掌握每一步操作的实质，从而达到触类旁通、举一反三的效果。

"计算机应用"精品课程的建设为广大师生提供了内容丰富、学以致用的教学资源，对学生实践操作技能训练和自主学习能力培养，对教师灵活、高效地组织教学活动将带来极大的方便。

《计算机应用》教材是作者依据高校计算机基础教育的特点、结合多年从事计算机教育的经验编写而成，全书以实际应用为目标，力图将计算机基础知识介绍和应用能力培养完美结合，以崭新的思路进行设计和编排。主要特点如下：(1)将知识阐述和实际应用紧密结合，针对以应用知识和技能介绍为主的章节，配以应用任务作为范例讲解。(2)根据信息技术的最新发展和实际应用需求，较大篇幅地增加了计算机网络技术、信息安全的内容。(3)采用Windows 7和 Office 2010 等主流软件环境。(4)增加 Office 2010 文档的安全和保护及 Office 2010 中的宏及 VBA。

《计算机应用》教材共包含 9 章，按知识体系顺序编排，并根据章节内容，配以若干精心设计的应用范例。各章内容分别为：第 1 章计算机基础知识，第 2 章 Windows 7 操作系统，第 3 章 Word 2010 文字处理，第 4 章 Excel 2010 电子表格处理，第 5 章 PowerPoint 2010 演示文稿，第 6 章计算机网络与信息安全，第 7 章 Outlook 2010 邮件与日程管理，第 8 章 Office 2010 文档的安全和保护，第 9 章 Office 2010 中的宏及 VBA。

本教材编著人员有芮廷先、何士产、俞伟广、吕光金，由芮廷先担任主编。另外，陈丽燕、王晓琴、郝景、张文喆等对本书的撰写也提供了大力支持，在此表示衷心的感谢。由于作者水平有限，书中若有错漏，敬请读者批评指正。

芮廷先

2013 年 3 月

目 录

CONTENTS

计算机基础知识

学习重点

了解计算机的发展历史、特点与应用
了解计算机的系统结构
了解计算机的软、硬件系统
了解信息技术相关知识
了解信息在计算机中的表示

计算机是20世纪最重大的发明之一，是处理信息的工具，对人类社会的发展有着极其深远的影响。自1946年世界上第一台电子计算机诞生以来，在短短的60多年的时间内得到了迅速发展。特别是目前微型计算机的普及，以及互联网的迅猛发展，使得计算机广泛而深入地渗透到人类社会的各个领域，从科研、生产、国防、文化、教育到家庭生活，计算机的应用无处不在。计算机是信息化社会的主要标志之一，在信息化社会中，掌握计算机应用知识是人们必须具备的基本技能之一。

1.1　计算机的概况

1.1.1　计算机的产生与发展

1. 早期计算机:机械式计算工具、机电式计算机

在人类文明发展的长河中，计算工具经历了从简单到复杂、从低级到高级的发展过程。

公元前5世纪，中国人发明了算盘，广泛应用于商业贸易中。算盘被认为是最早的计算机，并一直使用至今。算盘在某些方面的运算能力(例如简单的四则运算)超过目前的计算机，

体现了中国古代人民无穷的智慧。如图 1－1 左所示。另外，古罗马也有使用算盘的历史，如图 1－1 右所示。

图 1－1　算盘（左：中国算盘，右：古罗马算盘）

随着科学的发展，商业、航海和天文学都提出了许多复杂的计算问题，很多人都关心计算工具的发展。直到 17 世纪，计算设备才有了第二次重要的进步。1642 年，法国著名数学家和物理学家 Blaise Pascal（帕斯卡，1623～1662）发明了第一台机械式加法器，称为 Pascalene，它解决了自动进位这一关键问题，如图 1－2 所示。

图 1－2　机械加法器

1674 年，德国著名数学家和哲学家 Gottfried Wilhemvon Leibniz（莱布尼兹，1646～1716）设计完成了乘法自动计算机，如图 1－3 所示。Leibniz 不仅发明了手动的、可进行完整四则运算的通用计算机，还提出了“可以用机械替代人进行繁琐重复的计算工作”这一重要思想。

图 1－3　乘法自动计算机

现代计算机的真正起源来自英国著名数学家 Charles Babbage（巴贝奇）。1822 年，Babbage 设计了一台差分机，它是利用机器代替人来编制数表，经过长达十年的努力才将其变成现实，如图1－4所示。

图1－4　差分机

Babbage发现通常的计算设备中有许多错误，在剑桥大学学习时，他认为可以利用蒸汽机进行运算。起先他设计差分机用于计算导航表，后来，他发现差分机只是专门用途的机器，于是放弃了原来的研究，开始设计包含现代计算机基本组成部分的分析机(Analytical Engine)。1834年他又完成了分析机的设计方案，它在差分机的基础上做了较大的改进，不仅可以作数字运算，还可以作逻辑运算。分析机的设计思想已具有现代计算机的概念。

1938年，德国科学家Konrad Zuse(朱斯)成功制造了第一台二进制Z-1型计算机，此后他又研制了其他Z系列计算机。其中，Z-3型计算机是世界第一台通用程序控制机电式计算机，它不仅全部采用继电器，同时采用了浮点记数法、带数字存储地址的指令形式等，如图1－5所示。

图1－5　Z-3型计算机

1944年，美国麻省理工学院(MIT)科学家Howard Aiken(艾肯)研制成功了第一台机电式计算机，它被命名为自动顺序控制计算器MARK-Ⅰ，如图1－6所示。1947年，Aiken又研制出运算速度更快的机电式计算机MARK-Ⅱ。到1949年，由于当时电子管技术已取得重大进步，于是Aiken研制出采用电子管的计算机MARK-Ⅲ。

2. 电子计算机的问世

(1)图灵计算模型与图灵机。

1936年，英国剑桥大学的数学家艾兰·图灵作出了他一生最重要的科学贡献，他在其著名的论文《论可计算数在判定问题中的应用》一文中，以布尔代数为基础，将逻辑中的任意命题

图 1－6 机电式计算机 MARK-Ⅰ

(即可用数学符号)用一种通用的机器来表示和完成,并能按照一定的规则推导出结论。这篇论文被称誉为现代计算机原理的开山之作,它描述了一种假想的可实现通用计算的机器,后人称之为"图灵机",可以执行任何的算法,形成了一个"可计算"的基本概念。图灵的概念比其他同类型的发明要好,因为他用了符号处理的概念。

这种假想的机器由一个主机控制器、读写头、一个两端无限长的存储带和存储带驱动装置等几个部分组成。主机和存储带均划分为一个个单元,每个单元只能存入一个符号;读写头在任何时候都对准存储带上的一个单元,即每次可读写一个符号;存储带驱动装置根据主机发出的命令使存储带向左或向右移动一个或若干个单元。运算时,系统先设置成初始状态,然后主机向存储带驱动装置和读写头发出命令,以便从带上读出命令进行运算。一旦运算结束,便转入停机状态。这种机器能进行多种运算并可用于证明一些著名的定理。这是最早给出的通用计算机模型。图灵还从理论上证明了这种假想机的可能性。尽管图灵机当时还只是一纸空文,但其思想奠定了整个现代计算机发展的理论基础。

1945 年,图灵被调往英国国家物理研究所工作。通过长期研究和深入思考,图灵预言,总有一天计算机可通过编程获得能与人类竞争的智能。1950 年 10 月,图灵发表了题为《机器能思考吗?》的论文,在计算机科学界引起了巨大的震撼,为人工智能学的创立奠定了基础。

图灵提出一个假想:人在不知情的条件下,通过特殊的方式和机器进行交流,如果在相当长的时间内分辨不出与他交流的对象是人还是机器,那就证明计算机已具备人的智能。这就是著名的"图灵测试",图灵测试是一个检测机器智能的办法。

图灵机是一个假想的计算模型,并不是一台实际的机器。从以上介绍可知,它的结构与运作极为简单,但是,正是这样简单的结构奠定了现代电子计算机最基本的理论基础:按串行运算、线性存储方式进行符号处理。人们称图灵为"计算机理论的奠基人",并以"图灵"来命名计算机领域的最高奖项。

(2)第一台通用电子数字计算机。

人们通常所说的计算机,是指电子数字计算机。一般认为,世界上第一台数字式电子计算机诞生于 1946 年 2 月,它是美国宾夕法尼亚大学(University of Pennsylvania)物理学家 John Mauchly(莫克利)和工程师 John Presper Eckert(埃克特)等人共同开发的电子数值积分计算机(Electronic Numerical Integrator and Calculator,ENIAC),如图 1－7 所示。

ENIAC 是一个庞然大物,其占地面积为 170 平方米,总重量达 30 吨。机器中约有18 800只电子管、1 500 个继电器、70 000 只电阻以及其他各种电气元件,每小时耗电量约为 140 千

图1—7 世界上第一台数字式电子计算机ENIAC

瓦。这样一台“巨大”的计算机每秒钟可以进行5 000次加减运算，相当于手工计算的20万倍，机电式计算机的1 000倍。

ENIAC的存储器是电子装置，而不是靠转动的“鼓”。它是按照十进制，而不是按照二进制来操作。ENIAC最初是为了进行弹道计算而设计的专用计算机，但后来通过改变插入控制板里的接线方式来解决各种不同的问题，而成为一台通用机。它的一种改型机曾用于氢弹的研制。ENIAC程序采用外部插入式，每当进行一项新的计算时，都要重新连接线路。有时几分钟或几十分钟的计算，要花几小时甚至一两天的时间进行线路的连接准备，这是一个致命的弱点。它的另一个弱点是存储量太小，最多只能存20个10位的十进制数。

(3)冯·诺依曼和现代计算机体系结构。

冯·诺依曼于1903年生于匈牙利的布达佩斯，他是一个神童，12岁时就对集合论、泛函分析等深奥的数学知识了如指掌，精通7种语言，他并不仅仅局限于纯数学上的研究，而是把数学应用到其他学科中去。在获得数学博士学位后，他成为美国普林斯顿大学的第一批终身教授，那时，他还不到30岁。1945年6月，冯·诺依曼到美国普林斯顿高级研究所工作，出任ISA计算机研制小组的主任职位。在此期间，为了克服已经意识到的ENIAC的缺点，经过与小组成员共同研究，冯·诺依曼在题为《电子计算装置逻辑结构初探》报告中提出了一个全新的存储程序通用电子计算机方案。并对研制中的EDVAC的设计思想作了进一步的论证，为计算机的设计树立了一座里程碑。1952年成功研制出了第一台实现这种概念结构的计算机EDVAC(Electronic Discrete Variable Automatic Computer，离散变量自动电子计算机)，这是真正意义上的第一台电子计算机。

冯·诺依曼的主要贡献是：

● 将十进制改为二进制。他根据电子元器件双稳工作的特点，建议在电子计算机中采用二进制，报告提到了二进制的优点，并预言，二进制的采用将大大简化机器的逻辑线路。

● 对线性存储作进一步分析，将存储内容分成文件存储、数值存储、图表存储、程序(指令)存储等，其中前三种根据其共同属性综合为“数据存储”，为了便于机器对“数据”和“程序”(指令)的统一处理，冯·诺依曼提出应增设“程序计数器”用来保存欲执行指令的地址，这就使原来的外插型计算程序改变为内置方式，即建立了存储程序的概念。从此以后，程序计数器一直成为现代电子计算机的核心部件。

● 提出了“中央处理器”的概念和现代计算机的完整体系结构

冯·诺依曼提出的方案被认为是计算机发展史上的一个里程碑，它标志着电子计算机时代的真正开始。上述三方面所作的改进对计算机今后的发展作出了巨大的贡献，所以国际上公认冯·诺依曼为"计算机之父",虽然他不是计算机的最早创始人。

现代存储程序式电子数字计算机的基本硬件结构也可以称为冯·诺依曼结构,它由运算器、控制器、存储器、输入设备和输出设备五大部件组成,其中核心部件是运算器,其工作原理是:数据由输入设备输入至存储器并存于存储器中,在运算处理过程中,数据从存储器读入运算器进行运算,运算的中间结果存入存储器,或由运算器经内存储器由输出设备输出。

3. 现代计算机的发展阶段

现代计算机的发展已逾半个多世纪,尽管当代计算机仍未脱离冯·诺依曼结构的基本模式,但在这 60 多年中,由于构成计算机基本开关逻辑部件的电子器件发生了几次重大的技术革命,使得计算机得到了迅猛发展。这些重大的技术革命,给计算机发展年代的划分提供了重要的依据。按照制造计算机的主要电子元器件来划分计算机的代别,一般可以划分成四个发展阶段。

(1)第一代电子管计算机(1945～1956 年)。

ENIAC 代表了计算机发展史上的里程碑,它通过不同部分之间的重新接线编程,还拥有并行计算能力。ENIAC 由美国政府和宾夕法尼亚大学合作开发,代表了第一代计算机。第一代计算机的特点是操作指令是为特定任务而编制的,每种机器有各自不同的机器语言,功能受到限制,速度也慢。另一个明显特征是使用真空电子管和磁鼓储存数据。

(2)第二代晶体管计算机(1956～1963 年)。

1948 年,晶体管发明代替了体积庞大电子管,电子设备的体积不断减小。1956 年,晶体管在计算机中使用,晶体管和磁芯存储器导致了第二代计算机的产生。第二代计算机体积小、速度快、功耗低、性能更稳定。1960 年,出现了一些成功地用在商业领域、大学和政府部门的第二代计算机。第二代计算机用晶体管代替电子管,还有现代计算机的一些部件:打印机、磁带、磁盘、内存、操作系统等。计算机中存储的程序使得计算机有很好的适应性,可以更有效地用于商业用途。在这一时期出现了更高级的 COBOL 和 FORTRAN 等语言,使计算机编程更容易。新的职业(程序员、分析员和计算机系统专家)和整个软件产业由此诞生。

(3)第三代集成电路计算机(1963～1971 年)。

1958 年德州仪器的工程师 Kilby 发明了集成电路,将三种电子元件结合到一片小小的硅片上。更多的元件集成到单一的半导体芯片上,计算机变得更小,功耗更低,速度更快。这一时期的发展还包括使用了操作系统,使得计算机在中心程序的控制协调下可以同时运行许多不同的程序。

(4)第四代大规模集成电路计算机(1971 年至今)。

大规模集成电路(LSI)可以在一个芯片上容纳几百个元件。到了 20 世纪 80 年代,超大规模集成电路(VLSI)在芯片上容纳了几十万个元件,后来的(ULSI)将数字扩充到百万级。可以在硬币大小的芯片上容纳如此多数量的元件使得计算机的体积和价格不断下降,而功能和可靠性不断增强。在 20 世纪 70 年代中期,计算机制造商开始将计算机带给普通消费者,这时的小型机带有友好界面的软件包,供非专业人员使用的程序和最受欢迎的字处理和电子表格程序。1981 年,IBM 推出个人计算机用于家庭、办公室和学校。80 年代个人计算机的竞争使得价格不断下降,微机的拥有量不断增加,计算机继续缩小体积。与 IBM PC 竞争的 Apple Macintosh 系列于 1984 年推出,Macintosh 提供了友好的图形界面,用户可以用鼠标方便地操作。

4. 计算机的发展方向

计算机的应用有力地推动了国民经济的发展和科学技术的进步，同时也对计算机技术提出了更高的要求，促进它进一步的发展。未来的计算机将向巨型化、微型化、网络化、智能化的方向发展。

5. 新型计算机的发展

(1)DNA计算机。

DNA计算是一个新领域。人们希望使用DNA之间的反应来完成运算过程，如果可以的话，这种方式可能比现在的电子计算机更快、更小，足以使今天的电子计算机成为像算盘那样的老古董。

人们早已经知道DNA由A、C、G、T四种碱基构成，其中A、T和G、C之间彼此配对，构成一条像是拉链般彼此啮合的双螺旋，存储了生物的遗传密码。DNA计算的研究者们认为可以把要运算的对象编码成DNA分子链，在生物酶的作用下让它们完成计算，借由大量DNA分子的并行运算获得远超今天电子计算机的性能。人们已经证明了这样的运算是可行的，但是面临诸多实验问题，让这个领域在很长时间里只能停留在纸面上。

直到1994年，美国南加州大学的传奇人物Leonard Adleman(阿德勒曼)博士(如图1－8所示)首次用DNA计算的方式解决了七顶点的旅行商问题之后，DNA计算才真正成为现实。在旅行商问题中，要求获得最优路径，让每个顶点都能经过且只经过一次。Adleman把每个顶点和每条路径都编码成DNA分子，其中路径编码刚好和两个顶点的编码互补。再把这些DNA分子和合适的酶放进试管，在合适的条件下，只需要几秒钟的时间，DNA分子们就已经相互组合成了DNA链。正确答案已经在试管中形成，只需要挑选出来即可。Adleman试验的成功，开启了DNA计算研究的新一波热潮。随后，Adleman在《科学》上公布了DNA计算机的理论，引起了各国学者的广泛关注。现在全球已经有无数的研究机构投入到DNA计算的研究当中，希望能够以这种“蚂蚁雄兵”的思路突破电子计算机计算能力的“瓶颈”。

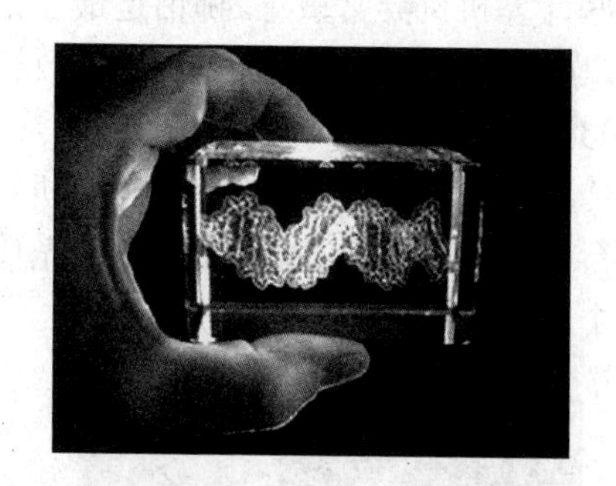

图1－8 DNA电脑与生物电脑之父Adleman博士

DNA计算机的最大优点在于其惊人的存储容量和运算速度：1立方厘米的DNA存储的信息比一万亿张光盘存储的还多；十几个小时的DNA计算，就相当于所有电脑问世以来的总运算量。更重要的是，它的能耗非常低，只有电子计算机的一百亿分之一。

与传统的“看得见、摸得着”计算机不同，目前的DNA计算机还是躺在试管里的液体。它离开发、实际应用还有相当的距离，尚有许多现实的技术性问题需要去解决。如生物操作的困难，有时轻微的振荡就会使DNA断裂；有些DNA会粘在试管壁、抽筒尖上，从而就在计算中丢失了。预计10～20年后，DNA计算机才可能进入实用阶段。

(2)量子计算机。

量子计算机(Quantum computer)以处于量子状态的原子作为中央处理器和内存,利用原子的量子特性进行信息处理,如图 1—9 所示。

图 1—9 量子计算机

由于原子具有在同一时间处于两个不同位置的奇妙特性,即处于量子位的原子既可以代表 0 或 1,也能同时代表 0 和 1 以及 0 和 1 之间的中间值,故无论从数据存储还是处理的角度,量子位的能力都是晶体管电子位的 2 倍。对此,有人曾经作过这样的比喻:假设一只老鼠准备绕过一只猫,根据经典物理学理论,它要么从左边过,要么从右边过,而根据量子理论,它却可以同时从猫的左边和右边绕过。

量子计算机在外形上有较大差异,它没有盒式外壳,看起来像是一个被其他物质包围的巨大磁场;它不能利用硬盘实现信息的长期存储;但高效的运算能力使量子计算机具有广阔的应用前景。

如何实现量子计算,方案并不少,问题是在实验上实现对微观量子态的操纵确实太困难了。这些计算机机异常敏感,哪怕是最小的干扰——比如一束从旁边经过的宇宙射线——也会改变机器内计算原子的方向,从而导致错误的结果。

(3)光计算机。

与传统硅芯片计算机不同,光计算机(Optical Computer)(如图 1—10 所示)用光束代替电子进行计算和存储:它以不同波长的光代表不同的数据,以大量的透镜、棱镜和反射镜将数据从一个芯片传送到另一个芯片。

图 1—10 光计算机

研制光计算机的设想早在 20 世纪 50 年代后期就已提出。1986 年,贝尔实验室的 David Miller(米勒)研制成功小型光开关,为同实验室的 Ellen Hwang(黄)研制光处理器提供了必要的元件。1990年1月，Hwang的实验室开始用光计算机工作。

光计算机有全光学型和光电混合型。上述贝尔实验室的光计算机就采用了混合型结构。相比之下，全光学型计算机可以达到更高的运算速度。研制光计算机，需要开发出可用一条光束控制另一条光束变化的光学“晶体管”。现有的光学“晶体管”庞大而笨拙，若用它们造成台式计算机将有一辆汽车那么大。因此，要想短期内使光学计算机实用化还很困难。

(4)纳米计算机。

纳米计算机(Nanocomputer)指将纳米技术运用于计算机领域所研制出的一种新型计算机。“纳米”本是一个计量单位，采用纳米技术生产芯片成本十分低廉，因为它既不需要建设超洁净生产车间，也不需要昂贵的实验设备和庞大的生产队伍。只要在实验室里将设计好的分子合在一起，就可以造出芯片。大大降低了生产成本。如图1—11所示。

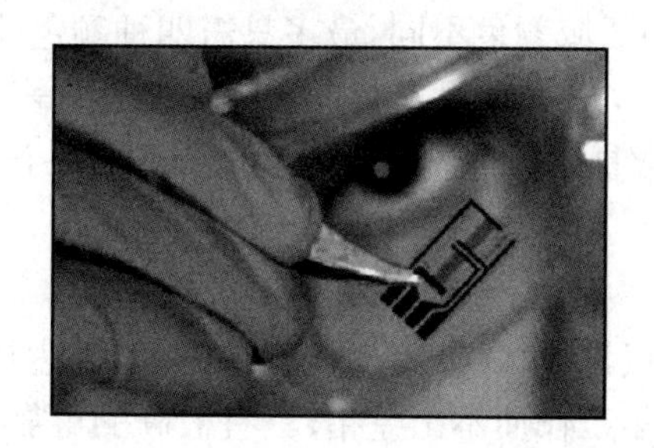
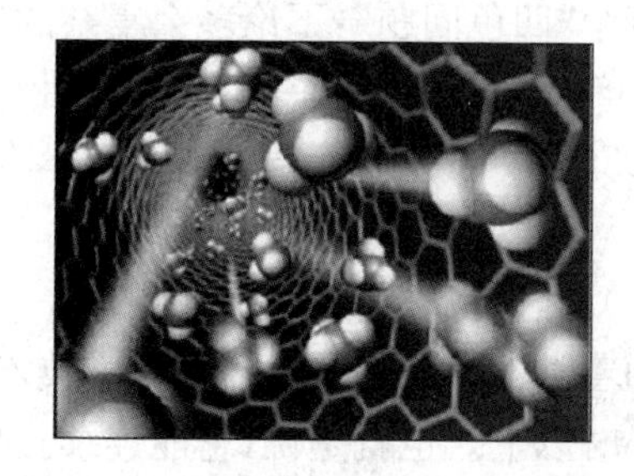

图1—11　纳米计算机

在纳米尺度下，由于有量子效应，硅微电子芯片便不能工作。其原因是这种芯片的工作，依据的是固体材料的整体特性，即大量电子参与工作时所呈现的统计平均规律。如果在纳米尺度下，利用有限电子运动所表现出来的量子效应，也许能克服上述困难。可以用不同的原理实现纳米级计算，目前已提出了四种工作机制：电子式纳米计算技术，基于生物化学物质与DNA的纳米计算机，机械式纳米计算机，以及量子波相干计算。它们有可能发展成为未来纳米计算机技术的基础。

1.1.2　计算机的基本特点与分类

1. 计算机的基本特点

计算机是能够高速、精确、自动地进行科学计算及信息处理的现代化电子设备。有以下几个主要特点。

(1)运算速度快。

运算速度快是计算机最显著的特点，其运算速度远远胜于其他计算工具，现在高性能计算机每秒能进行数万亿次运算，使得许多过去无法处理的问题都能得以解决。例如，气象预报需要分析大量的资料，若手工计算需十天半月才能完成，就失去了预报的意义；现在利用计算机的快速运算能力，几分钟就能算出一个地区内数天的气象预报。计算机的运算速度还以每隔几年提高一个数量级的水平在不断提高。

(2)计算精度高。

计算机具有过去计算工具所无法比拟的计算精度，一般可达到十几位，甚至几十位、几百位以上的有效数字的精度。事实上，计算机的计算精度可由实际需要而定。这是因为计算机是用二进制来表示数据，采用的二进制位数越多越精确，因此人们可以用增加位数的方法来提高计算精度。当然，这将使设备变得复杂，或使运算速度降低。众所周知的圆周率 π，一位美国数学家花了 15 年时间才计算到 707 位，而采用计算机目前已达到小数点后一亿位(这体现了计算机的计算精度是非常高的)。

(3)记忆能力强。

计算机中有许多存储单元(即存储器)，它能存储大量的程序、数据。随着科技的发展，计算机存储的容量越来越大，也就意味着存储记忆的能力也越来越强。

(4)具有逻辑判断能力。

计算机具有可靠的逻辑判断能力，它根据各种条件来进行判断和分析(判断结果、命题是否成立)从而决定下一步的执行方法和步骤。计算机还能够对文字、符号、数字的大小、异同等进行判断和比较，从而决定怎样处理这些信息，从而使计算机能解决各种不同的问题，例如，数学中有个“四色问题”:不论多么复杂的地图，使相邻区域颜色不同，最多只需四种颜色就够了。100 多年来不少数学家一直想去证明它或者推翻它，却一直没有结果，成了数学中著名的难题。1976 年两位美国数学家使用计算机进行了非常复杂的逻辑推理，终于验证了这个著名的猜想。

(5)可靠性高、通用性强。

随着微电子技术和计算机科学技术的发展，现代计算机连续无故障运行时间可达几万、几十万小时以上。也就是说，它能连续几个月甚至几年工作而不出差错，具有极高的可靠性。比如安装在宇宙飞船、人造卫星上的计算机，能长时间可靠地运行，以控制宇宙飞船和人造卫星的工作。

由于计算机具有数值计算、信息处理、逻辑判断等功能，这使得计算机应用于各行各业，其通用性是不言而喻。

2. 计算机的分类

计算机的种类很多，型号各异，对其进行确切的分类比较困难。目前国内外大多采用国际上通用的分类方法，就是根据美国电气和电子工程师协会(IEEE)于 1989 年 11 月提出的标准来划分的，即把计算机划分为巨型机、迷你巨型机、大型主机、小型机、工作站和个人计算机 6 类。

(1)巨型机(Supercomputer)。

巨型机也称超级计算机，是指规模大、价格贵、功能强、运算速度快的计算机。其研制水平、生产能力及应用程度，已成为衡量一个国家经济实力与科技水平的重要标志。现在世界上运行速度最快的巨型机已达到每秒千万亿次的浮点运算。

(2)迷你巨型机(Mini-supercomputer)。

这是小型的超级电脑，出现于 20 世纪 80 年代中期。该机的功能略低于巨型机，运算速度达每秒 10 亿次，而价格却只有巨型机的十分之一。

(3)大型主机(Mainframe)。

大型主机也称大型电脑，特点是大型、通用，内存可达几个 G 字节，整机处理速度高达每秒 30 亿次，具有很强的处理和管理能力。主要用于银行、大公司、规模较大的高校或科研院所。

(4)小型机(Minicomputer)。

结构简单，可靠性高，成本较低，不需要经长期培训即可维护和使用，对广大中、小用户具有很强的吸引力。

（5）工作站（Workstation）。

介于个人计算机与小型机之间的高档微机，其运算速度比微机快，且有较强的联网功能。主要用于特殊的专业领域，例如图像处理、辅助设计等。它与网络系统中的“工作站”在用词上相同，但含义不同。网络上“工作站”这个词常被用来泛指联网用户的节点，以区别于网络服务器，常常只是一般的PC。

（6）个人计算机（Personal Computer，PC）。

即常说的微机。这是20世纪70年代出现的新机种，以设计先进、软件丰富、功能齐全、价格便宜等优势而拥有大量用户，从而大大推动了计算机的普及应用。

1.1.3　计算机的应用

计算机的应用已渗透到社会的各个领域，正在改变人们的工作、学习和生活方式，推动着社会的发展，归纳起来主要以下一些应用。

1. 科学计算

早期的计算机主要用于科学计算。目前科学计算仍然是计算机应用的一个重要领域。由于计算机具有很高的运算速度和精度，使得过去手工无法完成的计算成为现实可行。计算机广泛地应用于科学计算，例如：天文学、量子化学、空气动力学、物理学、天气预报计算等。工程设计中也有广泛应用，例如：建筑、探勘、采样分析等。尤其是计算复杂、要求精度高和数学中不能用解析方法处理的问题，例如：高阶方程求解、大型方程组求解、复杂偏微分方程、积分、线性/非线性规划，傅立叶变换、编码、破译、压缩/解压缩等，必须依靠计算机。

随着计算机技术的发展，计算机的计算能力越来越强，计算速度越来越快，计算精度也越来越高，目前，还出现了许多用于各种领域的数值计算程序包，这大大方便了广大计算工作者。利用计算机进行数值计算，可以节省大量时间、人力和物力。

2. 过程检测与控制

用于化工、冶炼、机械、造纸、炉窑等生产过程的自动化控制，航空、航天等的自动驾驶与姿态控制，各种对象参数的测量，家用电器控制，等等。自动控制要求计算机系统可靠性高，抗干扰能力强，可在恶劣条件下连续工作，实时性好。所使用的计算机类型主要有单片机、单板机、PLC（可编程控制器）工控机。结构形式有嵌入式、单机式、分布式、集散式等。

微机在工业控制方面的应用大大促进了自动化技术的提高。利用计算机进行控制，可以节省劳动力，减轻劳动强度，提高劳动生产效率，并且还可以节省生产原料，减少能源消耗，降低生产成本。

3. 信息管理与数据处理

信息管理是目前计算机应用最广泛的一个领域。利用计算机来加工、管理与操作任何形式的数据资料，如企业管理、物资管理、报表统计、账目计算、信息情报检索等。近年来，国内许多机构纷纷建设自己的管理信息系统（MIS）；生产企业也开始采用制造资源规划软件（MRP），商业流通领域则逐步使用电子信息交换系统（EDI），即所谓无纸贸易。

4. 计算机辅助系统

计算机辅助系统是以人为主的人机结合系统，可以大幅度提高工作效率。主要用于计算机辅助设计、制造、测试（CAD/CAM/CAT）。

计算机辅助设计（CAD）是指利用计算机来帮助设计人员进行工程设计，以提高设计工作的自动化程度，节省人力和物力。目前，此技术已经在电路、机械、土木建筑、服装等设计中得到了广泛的应用。

计算机辅助制造(CAM)是指利用计算机进行生产设备的管理、控制与操作,从而提高产品质量、降低生产成本,缩短生产周期,并且还大大改善了制造人员的工作条件。

计算机辅助测试(CAT)是指利用计算机进行复杂而大量的测试工作。

计算机辅助教学(CAI)是指利用计算机帮助教师讲授和帮助学生学习的自动化系统,使学生能够轻松自如地从中学到所需要的知识。

5. 人工智能

人工智能 AI(Artificial Intelligence)是计算机应用的重要领域和高级形态。就是开发一些具有人类某些智能的应用系统,用计算机来模拟人的思维判断、推理等智能活动,使计算机具有学习适应和逻辑推理的功能。主要有以下几方面的应用。

机器人:机器人代替人进行生产线上的装配、焊接、搬运等,从事繁重的体力劳动;准确性、一致性好,可以不停歇地工作;在潜海、高空、太空、隧道、核反应堆、排雷等场合代替人进行危险作业和人无法进行的作业。

专家系统:专家系统汇集和保存了人类专家的知识,利用知识求解问题。例如,著名的斯坦福大学研制的确定有机化合物分子结构的专家系统、医学诊断专家系统和探矿地质解释专家系统。

智能控制:就是运用人的经验和知识以及处理方法对复杂对象和过程进行有效的识别、判断和控制。

模式识别:这是 AI 较早的应用领域之一,重点是研究图像识别和语言识别。

6. 网络与数据通信

计算机在通信领域的应用赋予传统的通信以新的功能和内涵。可以说没有计算机就不可能有现代化的通信。

计算机在其中的作用是:对语言、图文等多媒体信息进行压缩与解压缩;提供交互性能;对通信系统进行自动控制和管理。

计算机网络主要功能是:通信、信息共享、分布式处理,具有自动纠错、容错、可靠、快速的性能。

计算机在通信中的应用和计算机网络大大提高了信息的共享性、时效性、交互性、多样性和组织性。

1.2 计算机系统

一个完整的计算机系统是由硬件系统和软件系统两大部分组成,如图 1－12 所示。硬件系统是计算机系统的物质基础。软件系统是指所有计算机技术,是一些看不见摸不着的程序和数据,但是你能感觉到它的存在,是介于用户和硬件系统之间的界面。软件系统的范围非常广泛,普遍认为是指程序系统,是发挥机器硬件功能的关键。硬件系统是软件系统的依托基础,软件系统是计算机系统的灵魂。没有软件系统的硬件系统是不能供用户直接使用的。而没有硬件系统对软件系统的物质支持,软件系统的功能也无从谈起。所以把计算机系统当作一个整体来看,它既包含硬件系统,也包含软件系统,两者不可分割。

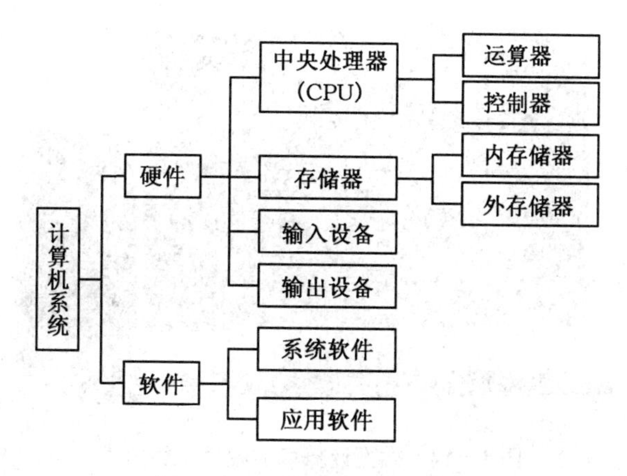

图1－12　计算机系统的组成

1.2.1 计算机的硬件系统

所谓的硬件系统，就是我们看得见摸得着的物理设备。计算机的硬件系统主要由运算器、控制器、存储器、输入设备和输出设备五个部分组成，如图1－13所示。

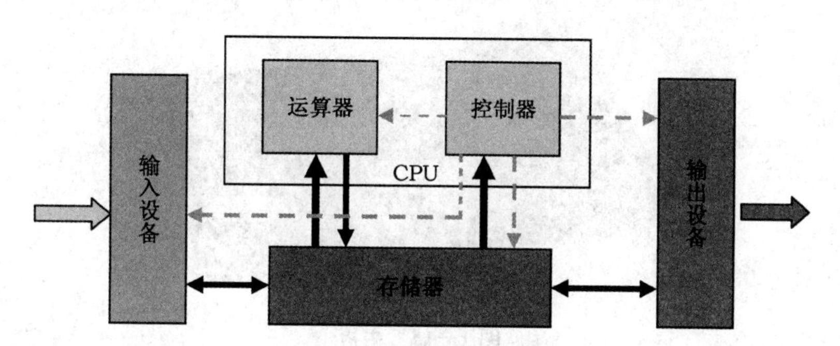

图1－13　计算机硬件体系结构

1. 硬件系统各部分的功能

存储器：用来存储程序和数据。存储器分为内存储器和外存储器。

控制器：用来控制计算机各部件协调工作，是计算机的控制指挥部件。

运算器：在控制器的控制下，完成加减乘除运算、逻辑运算。运算器和控制器两部分组成CPU，又称微处理器。

输入设备：向计算机输入信息。如键盘、鼠标器、扫描仪、数字化仪等。

输出设备：把处理后的中间结果或最后结果输出。如显示器、打印机、绘图仪等。

2. 微型计算机的硬件构成

典型的微型计算机的硬件系统主要包括主机、键盘、鼠标、显示器等部分，如图1－14所示。

(1)主机。

主机是指安装在计算机机箱内的主要部件，主要包括主板、中央处理器(CPU)、内存、硬盘、电源、光驱、显卡等。

- 主板。

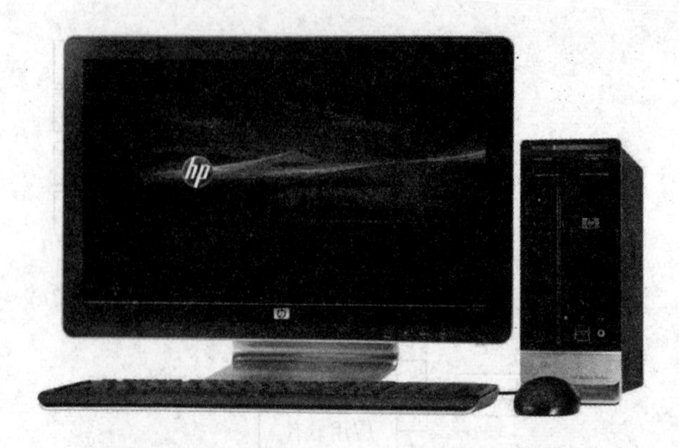

图 1－14 微型计算机的硬件系统组成

主板又叫主机板(Mainboard)、系统板(Systemboard)或母板(Motherboard);它安装在机箱内,是微机最基本的也是最重要的部件之一。主板一般为矩形电路板,上面安装了组成计算机的主要电路系统,一般有 BIOS 芯片、I/O 控制芯片、键盘和面板控制开关接口、指示灯插接件、扩充插槽、主板及插卡的直流电源供电接插件等元件,如图 1－15 所示。

图 1－15 主板

在电路板下面,是错落有致的电路布线;在上面,则为棱角分明的各个部件:插槽、芯片、电阻、电容等。当主机加电时,电流会在瞬间通过 CPU、南北桥芯片、内存插槽、AGP 插槽、PCI 插槽、IDE 接口以及主板边缘的串口、并口、PS/2 接口等。随后,主板会根据 BIOS(基本输入输出系统)来识别硬件,并进入操作系统发挥出支撑系统平台工作的功能。

● 中央处理器(CPU)。

中央处理器(Central Processing Unit,CPU)是一台计算机的运算核心和控制核心,如图 1－16所示。CPU、内部存储器和输入/输出设备是电子计算机三大核心部件。其功能主要是解释计算机指令以及处理计算机软件中的数据。CPU 由运算器、控制器和寄存器及实现它们之间联系的数据、控制及状态的总线构成。几乎所有的 CPU 的运作原理可分为四个阶段:提取(Fetch)、解码(Decode)、执行(Execute)和写回(Writeback)。CPU 从存储器或高速缓冲存储器中取出指令,放入指令寄存器,并对指令译码,并执行指令。所谓计算机的可编程性主要是指对 CPU 的编程。

图 1—16　CPU

● 内存。

内存(Memory)是计算机中重要的部件之一,它是与 CPU 进行沟通的桥梁。计算机中所有程序的运行都是在内存中进行的,因此内存的性能对计算机的影响非常大。内存也被称为内存储器,其作用是用于暂时存放 CPU 中的运算数据,以及与硬盘等外部存储器交换数据。只要计算机在运行中,CPU 就会把需要运算的数据调到内存中进行运算,当运算完成后 CPU 再将结果传送出来,内存的运行也决定了计算机的稳定运行。内存是由内存芯片、电路板、金手指等部分组成的,如图 1—17 所示。

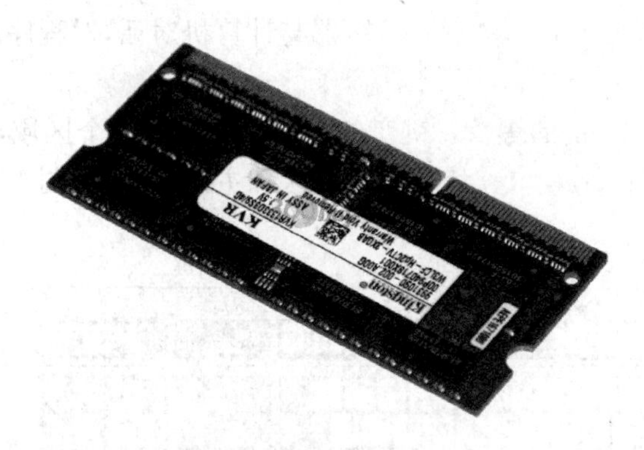

图 1—17　内存条

● 硬盘。

硬盘是电脑主要的存储媒介之一,由一个或者多个铝制或者玻璃制的碟片组成,如图 1—18所示。这些碟片外覆盖有铁磁性材料。绝大多数硬盘都是固定硬盘,被永久性地密封固定在硬盘驱动器中。硬盘分为固态硬盘(SSD)和机械硬盘(HDD);SSD 采用闪存颗粒来存储,HDD 采用磁性碟片来存储。

硬盘接口类型主要有:ATA、IDE、SATA、SATAⅡ、SATAⅢ、SCSI 等。

● 光驱。

光驱是电脑用来读写光碟内容的机器,也是在台式机和笔记本便携式电脑里比较常见的一个部件。随着多媒体的应用越来越广泛,光驱在计算机诸多配件中已经成为标准配置。目前,光驱可分为 CD-ROM 驱动器、DVD 光驱(DVD-ROM)、康宝(COMBO)和 DVD 刻录机(如图 1—19 所示)等。

图 1—18　硬盘内部

图 1—19　DVD 刻录光驱

(2)输入设备。

输入设备是计算机系统不可缺少的重要组成部分，是向计算机输入信息的装置。常见的输入设备有键盘、鼠标、扫描仪、摄像头、触摸屏、数码相机、麦克风、条形码读入器、手写笔等。其中常用的有键盘和鼠标。

● 键盘。

键盘是最常见的计算机输入设备，它广泛应用于微型计算机和各种终端设备上。计算机操作者通过键盘向计算机输入各种指令、数据，指挥计算机的工作。计算机的运行情况输出到显示器，操作者可以很方便地利用键盘和显示器与计算机对话，对程序进行修改、编辑，控制和观察计算机的运行。

一般的 PC 机使用 104 键的键盘。键盘的按键大致可以 6 个区域，即功能键区、屏幕控制键区、指示灯面板区、数字小键盘区、编辑控制键区和主键盘区，如图 1—20 所示。

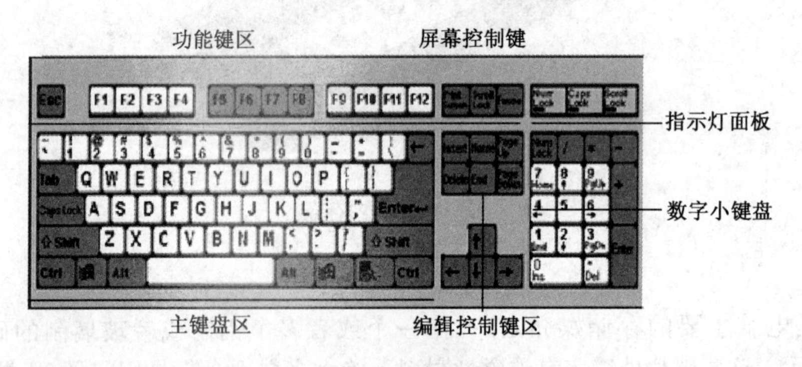

图 1—20　键盘

键盘的接口主要有 PS/2 和 USB 两种接口。

● 鼠标。

鼠标是计算机输入设备的简称，分有线和无线两种。也是计算机显示系统纵横坐标定位的指示器，因形似老鼠而得名“鼠标”，如图 1—21 所示。鼠标的使用是为了使计算机的操作更加简便，来代替键盘那繁琐的指令。

鼠标按其工作原理的不同可以分为机械鼠标和光电鼠标。机械鼠标主要由滚球、辊柱和光栅信号传感器组成。当你拖动鼠标时，带动滚球转动，滚球又带动辊柱转动，装在辊柱端部的光栅信号传感器产生的光电脉冲信号反映出鼠标器在垂直和水平方向的位移变化，再通过电脑程序的处理和转换来控制屏幕上光标箭头的移动。光电鼠标器是通过检测鼠标器的位移，将位移信号转换为电脉冲信号，再通过程序的处理和转换来控制屏幕上的鼠标箭头的移动。光电鼠标用光电传感器代替了滚球。这类传感器需要特制的、带有条纹或点状图案的垫板配合使用。

图1—21 鼠标

(3)输出设备。

输出设备是将计算机处理后的信息以人们能够识别的形式(如文字、图形、声音等)进行显示和输出的设备。常见的输出设备有显示器、打印机、绘图仪、音箱、耳机等。

1.2.2 计算机的工作原理

现在，计算机的功能并不仅仅是计算，而更多的是信息处理。所以计算机实际上就是信息处理机。信息处理的基本功能就是把各个应用领域中大量的数字、符号、文字、语言、图形、图像、视频等信息进行检测、识别、计算、控制、存储、加工和利用。

要进行信息处理，首先要找出解决问题的方法和步骤，即算法，也就是要确定数学模型和逻辑规则。这个步骤称作数学建模和确定算法。

接下来，把上述的数学模型和算法用某种计算机编程语言描述出来，如同我们用语言表达自己的思想意图和行动计划。这一步骤称作程序设计，也可称为编程或写代码，最终得到的是程序。

以上两步工作主要由人来完成，然后将源代码程序翻译成计算机能够“理解”的二进制代码的形式。这一过程有两种方式：“编译”和“解释”。这些工作由计算机自动完成，由“程序设计语言处理程序”来完成。经过这一步骤，源代码程序就被翻译成二进制代码形式的机器指令序列，形成所谓的可执行代码，或暂存在内存的程序区中，等待启动执行；或以文件的形式长期保存在外存中。

此后的步骤就是运行程序。如果可执行代码和计算机需要的原始数据已经事先放在内存中了，就可以立即开始；如果没有在内存中，就需要先从外存或输入设备中把它们装入内存。当计算开始时，向内存储器发出取指令命令，在取指令命令的作用下，按既定的逻辑顺序，把计算机指令从内存程序区逐条送入控制器。控制器逐条对指令进行译码，分辨出一系列的操作命令，并根据指令的操作要求，向内存储器和运算器发出存数、取数命令和运算命令。经过运算器计算得到中间计算结果，暂时存放在CPU的寄存器中或存在内存中。一条指令执行完成后，再取下一条指令，按上述步骤执行。最后在控制器发出取数和输出命令的作用下，通过输出设备输出结果，或者把结果送到外存中长期保存。

整个过程按系统时钟信号的节拍同步进行，而控制器对相关部件进行控制，使它们按步骤协调地工作。

1.2.3 计算机的软件系统

计算机软件是计算机系统的灵魂，没有软件支持的计算机称为"裸机"，只是一些物理设备的堆砌，几乎是不能工作的。计算机软件(Computer Software，也称软件或软体)是指计算机系统中的程序及其文档，程序是计算任务的处理对象和处理规则的描述；文档是为了便于了解程序所需的阐明性资料。程序必须装入机器内部才能工作，文档一般是给人看的，不一定装入机器。

1. 计算机软件的发展历史

计算机软件技术发展很快。50 年前，计算机只能被高素质的专家使用，今天，计算机的使用非常普遍，甚至没有上学的小孩都可以灵活操作；40 年前，文件不能方便地在两台计算机之间进行交换，甚至在同一台计算机的两个不同的应用程序之间进行交换也很困难，今天，网络在多个平台和应用程序之间提供了无损的文件传输；30 年前，多个应用程序不能方便地共享相同的数据，今天，数据库技术使得多个用户、多个应用程序可以互相覆盖地共享数据。了解计算机软件的进化过程，对理解计算机软件在计算机系统中的作用至关重要。

(1)第一代软件(1946～1953 年)。

第一代软件是用机器语言编写的，机器语言是内置在计算机电路中的指令，由 0 和 1 组成。例如计算 2＋6 在某种计算机上的机器语言指令如下：

```
10110000 00000110
00000100 00000010
10100010 01010000
```

第一条指令表示将"6"送到寄存器 AL 中，第二条指令表示将"2"与寄存器 AL 中的内容相加，结果仍在寄存器 AL 中，第三条指令表示将 AL 中的内容送到地址为 5 的单元中。

不同的计算机使用不同的机器语言，程序员必须记住每条指令及其语言指令的二进制数字组合，因此，只有少数专业人员能够为计算机编写程序，这就大大限制了计算机的推广和使用。用机器语言进行程序设计不仅枯燥费时，而且容易出错。想一想如何在一页全是 0 和 1 的纸上找一个打错的字符！

在这个时代的末期出现了汇编语言，它使用助记符(一种辅助记忆方法，采用字母的缩写来表示指令)表示每条机器语言指令，例如 ADD 表示加，SUB 表示减，MOV 表示移动数据。相对于机器语言，用汇编语言编写程序就容易多了。例如计算 2＋6 的汇编语言指令如下：

```
MOV AL,6
ADD AL,2
MOV #5,AL
```

由于程序最终在计算机上执行时采用的都是机器语言，所以需要用一种称为汇编器的翻译程序，把用汇编语言编写的程序翻译成机器代码。编写汇编器的程序员简化了他人的程序设计，是最初的系统程序员。

(2)第二代软件(1954～1964 年)。

当硬件变得更强大时，就需要更强大的软件工具使计算机得到更有效的使用。汇编语言向正确的方向前进了一大步，但是程序员还是必须记住很多汇编指令。第二代软件开始使用高级程序设计语言（简称高级语言，相应地，机器语言和汇编语言称为低级语言）编写，高级语言的指令形式类似于自然语言和数学语言（例如计算 2+6 的高级语言指令就是 2+6），不仅容易学习，方便编程，也提高了程序的可读性。

IBM 公司从 1954 年开始研制高级语言，同年发明了第一个用于科学与工程计算的 FORTRAN 语言。1958 年，麻省理工学院的麦卡锡（John Macarthy）发明了第一个用于人工智能的 LISP 语言。1959 年，宾州大学的霍普（Grace Hopper）发明了第一个用于商业应用程序设计的 COBOL 语言。1964 年达特茅斯学院的凯梅尼（John Kemeny）和卡茨（Thomas Kurtz）发明了 BASIC 语言。

高级语言的出现产生了在多台计算机上运行同一个程序的模式，每种高级语言都有配套的翻译程序（称为编译器），编译器可以把高级语言编写的语句翻译成等价的机器指令。系统程序员的角色变得更加明显，系统程序员编写诸如编译器这样的辅助工具，使用这些工具编写应用程序的人，称为应用程序员。随着包围硬件的软件变得越来越复杂，应用程序员离计算机硬件越来越远了。那些仅仅使用高级语言编程的人不需要懂得机器语言和汇编语言，这就降低了对应用程序员在硬件及机器指令方面的要求。因此，这个时期有更多的计算机应用领域的人员参与程序设计。

由于高级语言程序需要转换为机器语言程序来执行，因此，高级语言对软硬件资源的消耗就更多，运行效率也较低。由于汇编语言和机器语言可以利用计算机的所有硬件特性并直接控制硬件，同时，汇编语言和机器语言的运行效率较高，因此，在实时控制、实时检测等领域的许多应用程序仍然使用汇编语言和机器语言来编写。

在第一代和第二代软件时期，计算机软件实际上就是规模较小的程序，程序的编写者和使用者往往是同一个（或同一组）人。由于程序规模小，程序编写起来比较容易，也没有什么系统化的方法，对软件的开发过程更没有进行任何管理。这种个体化的软件开发环境使得软件设计往往只是在人们头脑中隐含进行的一个模糊过程，除了程序清单之外，没有其他文档资料。

（3）第三代软件（1965～1970 年）。

在这个时期，由于用集成电路取代了晶体管，处理器的运算速度得到了大幅度的提高，处理器在等待运算器准备下一个作业时，无所事事。因此，需要编写一种程序，使所有计算机资源处于计算机的控制中，这种程序就是操作系统。

用作输入/输出设备的计算机终端的出现，使用户能够直接访问计算机，而不断发展的系统软件则使计算机运转得更快。但是，从键盘和屏幕输入、输出数据是个很慢的过程，比在内存中执行指令慢得多，这就导致了如何利用机器越来越强大的能力和速度的问题。解决方法就是分时，即许多用户用各自的终端同时与一台计算机进行通信。控制这一进程的是分时操作系统，它负责组织和安排各个作业。

1967 年，塞缪尔（A. L. Samuel）发明了第一个下棋程序，开始了人工智能的研究。1968 年荷兰计算机科学家狄杰斯特拉（Edsgar W. Dijkstra）发表了论文《GOTO 语句的害处》，指出调试和修改程序的困难与程序中包含 GOTO 语句的数量成正比，从此，各种结构化程序设计理念逐渐确立起来。

20 世纪 60 年代以来，计算机用于管理的数据规模更为庞大，应用越来越广泛，同时，多种应用、多种语言互相覆盖地共享数据集合的要求越来越强烈。为解决多用户、多应用共享数据的需求，使数据为尽可能多的应用程序服务，出现了数据库技术，以及统一管理数据的软件系统——数据库管理系统 DBMS。

随着计算机应用的日益普及，软件数量急剧膨胀，在计算机软件的开发和维护过程中出现了一系列严重问题，例如：在程序运行时发现的问题必须设法改正；用户有了新的需求必须相应地修改程序；硬件或操作系统更新时，通常需要修改程序以适应新的环境。上述种种软件维护工作，以令人吃惊的比例消耗资源。更严重的是，许多程序的个体化特性使得他们最终成为不可维护的，“软件危机”就这样开始出现了。1968年，北大西洋公约组织的计算机科学家在联邦德国召开国际会议，讨论软件危机问题，在这次会议上正式提出并使用了“软件工程”这个名词。

(4)第四代软件(1971～1989年)。

20世纪70年代出现了结构化程序设计技术，Pascal语言和Modula-2语言都是采用结构化程序设计规则制定的，Basic这种为第三代计算机设计的语言也被升级为具有结构化的版本，此外，还出现了灵活且功能强大的C语言。

更好用、更强大的操作系统被开发了出来。为IBM PC开发的PC-DOS和为兼容机开发的MS-DOS都成了微型计算机的标准操作系统，Macintosh机的操作系统引入了鼠标的概念和点击式的图形界面，彻底改变了人机交互的方式。

20世纪80年代，随着微电子和数字化声像技术的发展，在计算机应用程序中开始使用图像、声音等多媒体信息，出现了多媒体计算机。多媒体技术的发展使计算机的应用进入了一个新阶段。

这个时期出现了多用途的应用程序，这些应用程序面向没有任何计算机经验的用户。典型的应用程序是电子制表软件、文字处理软件和数据库管理软件。Lotus1-2-3是第一个商用电子制表软件，WordPerfect是第一个商用文字处理软件，dBase Ⅲ是第一个实用的数据库管理软件。

(5)第五代软件(1990至今)。

第五代软件中有三个著名事件：在计算机软件业具有主导地位的Microsoft公司的崛起、面向对象的程序设计方法的出现以及万维网(World Wide Web)的普及。

在这个时期，Microsoft公司的Windows操作系统在PC机市场占有显著优势，尽管WordPerfect仍在继续改进，但Microsoft公司的Word成了最常用的文字处理软件。20世纪90年代中期，Microsoft公司将文字处理软件Word、电子制表软件Excel、数据库管理软件Access和其他应用程序绑定在一个程序包中，称为办公自动化软件。

面向对象的程序设计方法最早是在20世纪70年代开始使用的，当时主要是用在Smalltalk语言中。20世纪90年代，面向对象的程序设计逐步代替了结构化程序设计，成为目前最流行的程序设计技术。面向对象程序设计尤其适用于规模较大、具有高度交互性、反映现实世界中动态内容的应用程序。Java、C++、C#等都是面向对象程序设计语言。

1990年，英国研究员提姆·柏纳李(Tim Berners-Lee)创建了一个全球Internet文档中心，并创建了一套技术规则和创建格式化文档的HTML语言，以及能让用户访问全世界站点上信息的浏览器，此时的浏览器还很不成熟，只能显示文本。

软件体系结构从集中式的主机模式转变为分布式的客户机/服务器模式(C/S)或浏览器/服务器模式(B/S)，专家系统和人工智能软件从实验室走出来进入了实际应用，完善的系统软件、丰富的系统开发工具和商品化的应用程序的大量出现，以及通信技术和计算机网络的飞速发展，使得计算机进入了一个大发展的阶段。

在计算机软件的发展史上，需要注意“计算机用户”这个概念的变化。起初，计算机用户和程序员是一体的，程序员编写程序来解决自己或他人的问题，程序的编写者和使用者是同一个(或同一组)人；在第一代软件末期，编写汇编器等辅助工具的程序员的出现带来了系统程序员和应用程序员的区分，但是，计算机用户仍然是程序员；20世纪70年代早期，应用程序员使用复杂的软件开发工具编写应用程序，这些应用程序由没有计算机背景的从业人员使用，计算机用户不仅是程序员，还包括使用这些应用软件的非专业人员；随着微型计算机、计算机游戏、教育软件以及各种界面友好的软件包的出现，许多人成为计算机用户；万维网的出现，使网上冲浪成为一种娱乐方式，更多的人成为计算机的用户。今天，计算机用户可以是学龄前儿童，可以是在下载音乐的青少年，可以是在准备毕业论文的大学生，可以是在制定预算的家庭主妇，可以是在安度晚年的退休人员，……所有使用计算机的人都是计算机用户。

2. 软件系统的分类

软件作为计算机系统的重要组成部分，它可以是计算机更好地发挥作用。计算机软件系统从功能上可以分为系统软件和应用软件。

(1)系统软件。

系统软件是指控制和协调计算机及外部设备，支持应用软件开发和运行的系统，是无需用户干预的各种程序的集合，主要功能是调度，监控和维护计算机系统；负责管理计算机系统中各种独立的硬件，使得它们可以协调工作。系统软件使得计算机使用者和其他软件将计算机当作一个整体而不需要顾及到底层每个硬件是如何工作的。系统软件主要有以下几种。

● 操作系统。

在计算机软件中最重要且最基本的就是操作系统(OS)。它是最底层的软件，它控制所有计算机运行的程序并管理整个计算机的资源，是计算机裸机与应用程序及用户之间的桥梁。没有它，用户也就无法使用某种软件或程序。

● 程序设计语言。

计算机解题的一般过程是：用户用计算机语言编写程序，输入计算机，然后由计算机将其翻译成机器语言，在计算机上运行后输出结果。程序设计语言的发展经历了五代——机器语言、汇编语言、高级语言、非过程化语言和智能语言。

● 语言处理程序。

计算机只能直接识别和执行机器语言，因此，要在计算机上运行高级语言程序就必须配备程序语言翻译程序，翻译程序本身是一组程序，不同的高级语言都有相应的翻译程序。

● 数据库管理程序。

数据库管理系统是一种操纵和管理数据库的大型软件，用于建立、使用和维护数据库。例如，SQL Server、Oracle、Foxpro等。

● 系统辅助处理程序。

系统辅助处理程序也称为“软件研制开发工具”、“支持软件”、“软件工具”，主要有编辑程序、调试程序、装备和连接程序、调试程序。

(2)应用软件。

应用软件(Application Software)是用户可以使用的各种程序设计语言，以及用各种程序设计语言编制的应用程序的集合，分为应用软件包和用户程序。应用软件包是利用计算机解决某类问题而设计的程序的集合，供多用户使用。计算机软件分为系统软件和应用软件两大类。应用软件是为满足用户不同领域、不同问题的应用需求而提供的那部分软件。它可以拓宽计算机系统的应用领域，放大硬件的功能。应用软件主要有以下几种。

- 科学计算软件，如数学计算软件包，统计软件包等。
- 文字处理软件包，如微软公司的 Word，金山公司的 WPS 等。
- 多媒体软件，如图形、图像、音频、视频、动画等处理软件和多媒体创作软件等。
- 管理软件，如人事、财务、税务等管理软件。
- 各种计算机辅助软件，如 CAD、CAM、CAI 软件等。
- 测控软件，如工业控制软件、环境监测软件等。
- 网络应用软件，如 Web 浏览器、电子商务软件、网络下载软件等。
- 计算机安全和信息安全软件，如杀毒软件、防火墙软件、数据加密软件等。

1.3 信息在计算机中的表示

1.3.1 信息与信息技术

1. 信息技术基础知识

(1)什么是信息。

一般来说，信息(Information)可以界定为由信息源(如自然界、人类社会等)发出的被使用者接受和理解的各种信号。作为一个社会概念，信息可以理解为人类共享的一切知识，或社会发展趋势以及从客观现象中提炼出来的各种消息之和。信息并非事物本身，而是表征事物之间联系的消息、情报、指令、数据或信号。一切事物，包括自然界和人类社会，都在发出信息，我们每个人每时每刻都在接收信息。在人类社会中，信息往往以文字、图像、图形、语言、声音等形式出现。

随着社会的进步，人们对信息资源的认识逐步深化。从 20 世纪中叶开始，以计算机和通信技术为核心的现代信息技术相继出现，并得到迅猛的发展和普及，这不仅仅大大提高了劳动生产率、改进了产品的质量，增强了生产工具的适应能力和灵活性。而且为逐渐把人的体力和脑力从生产过程的束缚中解放出来提供现实的可能性。人类社会迈进了辉煌的信息时代。

(2)信息和数据。

信息是关于某一客观系统中某一事物的某一方面属性或某一时刻的表现形式的反映，通俗地讲，信息是经过加工处理并对人类行为产生影响的数据表现形式。

数据(Data)是反映客观事物属性的记录，一般使用一定的符号表达。因此，数据是信息的具体表现形式，是信息的载体。从计算机的角度来讲，数据是指那些可以被计算机接受并能够被计算机处理的符号。

数据与信息是两个不同的概念：信息是经过加工的且能为某个目的使用的有意义、有价值的数据；数据是信息的载体，信息是数据的内容；信息是通过数据符号来传播的，数据如果不具备知识性和有用性则不称为信息。比如某个电脑公司某一季度各种品牌电脑的销售量是数据，通过分析这些数据，就可以得到哪些品牌电脑更有市场、哪些价位的电脑更受消费者青睐、经销哪些配置的电脑可以获得更大的利润等有用的信息。

从信息处理的角度看，任何事物的属性都是通过数据来表示的。数据经过加工处理后，使其具有知识性并对人类活动产生决策作用，从而形成信息。用数据符号表示信息，其形式通常有三种：数值型数据，即对客观事物进行定量记录的符号，如体重、年龄、价格等；字符型数据，即对客观事物进行定性记录的符号，如姓名、单位、地址等；特殊型数据，如声音、视频、图像等。

2. 信息技术的定义

信息技术(Information Technology,IT)的内含有狭义和广义之分。

狭义的内含有以下3种:

- 信息技术就是信息处理的技术,因而将信息技术等同于计算机技术。
- 信息技术是计算机技术与通信技术的结合,这就是所谓的计算机与通信技术。
- 信息技术是计算机技术加通信技术加控制技术,这就是所谓的3C(Computer,Communication,Control)技术。

广义的内含认为,信息技术是指完成信息的获取、传递、加工、再生和施用等功能的技术,该定义侧重于信息技术的应用及其可能对社会、科技、人们的日常生活产生的影响及相互作用。

3. 信息技术的核心

信息时代的核心无疑是信息技术。关于信息技术,可以这样概括:凡是能扩展人的信息功能的技术,都是信息技术。信息技术可能是机械的,也可能是电子的、激光的、生物的。只要能增强和扩展某种信息功能,它就是信息技术。最典型、最基本、最重要的信息技术主要包括计算机技术、微电子技术、通信技术以及传感技术等。

(1)计算机技术。

计算机是信息处理的工具,计算机技术是信息处理技术的核心。计算机从诞生之日起就不停地为人类处理着大量的信息,现代信息技术一刻也离不开计算机技术。当今的计算机信息处理技术在某些方面已经超过了人脑在信息处理方面的能力,如记忆能力、计算能力等。

(2)通信技术。

现代通信技术主要包括数字通信、卫星通信、微波通信、光纤通信等。通信技术的迅速发展大大加快了信息的传播速度。通信技术,包括传统的电话、电报、收音机、电视到如今的移动电话、传真、卫星通信等,与人们的生活和发展密不可分。

(3)传感技术。

传感技术是一项正在迅猛发展的高新技术之一。传感技术同计算机技术、通信技术一起被称为信息技术的三大支柱。从仿生学观点,如果把计算机看成处理和识别信息的"大脑",把通信系统看成传递信息的"神经系统"的话,那么传感器就是"感觉器官"。

传感技术是关于从自然信息源获取信息,并对之进行处理、变换和识别的一门多学科交叉的现代科学与工程技术。它涉及传感器、信息处理和识别的规划、设计、开发、制造、测试、应用及评价改进等活动。获取信息靠各类传感器,有各种物理量、化学量或生物量的传感器。

1.3.2 计算机中的数制

在计算机中,信息是以数据的形式来表示和使用的。计算机是不能直接理解人类的自然语言,其基本逻辑原件由两个基本状态进行控制,并且能互相转化达到稳定状态。假如电子器件的两种状态,一种称为"开",另一种称为"关",那么计算机的语言系统中只有两个字符,通常用0和1表示。这两个字符的组合是无穷多的,计算机内部的所有数据和指令都可以看成是由0、1代码组成的。这里的0和1并不是仅仅表示数值大小的数字,更主要的是它体现一种逻辑关系;对应在计算机内部,代表的含义可能是晶体管的通和断、磁性信号的有和无、电压的高和低等。也就是说,程序和数据(包括图像和声音这样的信息)输入到计算机中都是以这种电磁信号存储的。在具体表示时,为方便起见,我们用0和1来代表,并且将这种表示形式称为二进制编码。

1. 数制

(1)数制的概念。

数制主要是指数的进位和计算方式,也称为计数制,是指用一组固定的符号和统一的规则来表示数值的方法。在不同的数制中,数的进位与计算方式各不相同。

(2)进位计数制。

在日常生活中,人们常用的十二进制(一年 12 个月)、二十四进制(一天 24 个小时)、六十进制(一小时 60 分钟)、十进制计数等,这些都是一种进位计数制。所谓进位计数制就是按进位的方法进行计数。

(3)数码、数位、基数、位权。

在进位计数制中有数码、数位、基数和位权几个基本要素。

- 数码:指一个数制中表示基本数值大小的不同数字符号。如二进制有两个数码:0 和 1。
- 数位:数码在一个数中所处的位置。
- 基数:指一个数制所使用的数码个数。如二进制的基数是 2(0~1),十进制的基数是 10(0~9)。
- 位权:指一个数制中某一位上的 1 所表示数值的大小。如十进制数 678,其中 6 的位权是 100,7 的位权是 10,8 的位权是 1。

2. 常用的进位计数制

(1)十进制。

十进位计数制简称十进制。十进制具有以下的特点:

- 基数是 10。
- 有 0~9 十个不同的数码。
- 相同数码在数中的数位不同,所表示的数值也不同。
- “逢十进一”,每一位如果计数超过 9,就要向上一位进位。

十进制的基数是 10,各位的权值在整数部分从右至左是 $10^0,10^1,10^2,\cdots$,分别表示 1,10,100,…。

例如,十进制数 $(527.123)_{10}$,以小数点为界,从小数点往左依次为个位、十位、百位,从小数点往右依次为十分位、百分位、千分位。因此,小数点左边第一位 7 代表数值 7,即 7×10^0;第二位 2 代表数值 20,即 2×10^1;第三位 5 代表数值 500,即 5×10^2;小数点右边第一位 1 代表数值 0.1,即 1×10^{-1};第二位 2 代表数值 0.02,即 2×10^{-2};第三位 3 代表数值 0.003,即 3×10^{-3}。因而该数可表示为如下形式:

$$(527.123)_{10}=5\times10^2+2\times10^1+7\times10^0+1\times10^{-1}+2\times10^{-2}+3\times10^{-3}$$

由上述分析可归纳出,任意一个十进制数 D,可表示成如下形式:

$$(D)_{10}=D_{n-1}\times10^{n-1}+D_{n-2}\times10^{n-2}+\cdots+D_1\times10^1+D_0\times10^0+D_{-1}\times10^{-1}+D_{-2}\times10^{-2}+\cdots D_{-m+1}\times10^{-m+1}+D_{-m}\times10^{-m}=\sum_{i=-m}^{n-1}D_i10^i$$

式中,$D_{n-1},D_{n-2},\cdots,D_1,D_0,D_{-1},\cdots,D_{-m+1},D_{-m}$ 为数位上的数码,其取值范围为 0~9;n 为整数位个数;m 为小数位个数;10 为基数;$10^{n-1},10^{n-2},\cdots,10^1,10^0,10^{-1},\cdots,10^{-m+1},10^{-m}$ 是十进制数的位权。

(2)二进制。

二进位计数制简称二进制。二进制具有以下的特点：

- 基数是 2。
- 有 0 和 1 两个不同的数码。
- 相同数码在数中的数位不同，所表示的数值也不同。
- “逢二进一”，每一位如果计数超过 1，就要向上一位进位。

二进制的基数是 2，各位的权值在整数部分从右至左分别是 $2^0,2^1,2^2,\cdots$，分别表示 1，2，4，…

例如，二进制数 $(10101.11)_2$ 可表示为：

$$(10101.11)_2=1\times2^4+0\times2^3+1\times2^2+0\times2^1+1\times2^0+1\times2^{-1}+1\times2^{-2}=(20.75)_{10}$$

任意一个二进制数 D，可表示成如下形式：

$$(D)_2=D_{n-1}\times2^{n-1}+D_{n-2}\times2^{n-2}+\cdots+D_1\times2^1+D_0\times2^0+D_{-1}\times2^{-1}+D_{-2}\times2^{-2}+\cdots D_{-m+1}\times2^{-m+1}+D_{-m}\times2^{-m}=\sum_{i=-m}^{n-1}D_i2^i$$

式中，$D_{n-1},D_{n-2},\cdots,D_1,D_0,D_{-1},\cdots,D_{-m+1},D_{-m}$ 为数位上的数码，其取值范围为 0～1；n 为整数位个数；m 为小数位个数；2 为基数；$2^{n-1},2^{n-2},\cdots,2^1,2^0,2^{-1},\cdots,2^{-m+1},2^{-m}$ 是二进制数的位权。

(3)八进制。

八进位计数制简称八进制。八进制具有以下的特点：

- 基数是 8。
- 有 0～7 八个不同的数码。
- 相同数码在数中的数位不同，所表示的数值也不同。
- “逢八进一”，每一位如果计数超过 7，就要向上一位进位。

八进制的基数是 8，各位的权值在整数部分从右至左分别是 $8^0,8^1,8^2,\cdots$，分别表示 1，8，64，…

例如，八进制数 $(10101.11)_8$ 可表示为：

$$(702.45)_8=7\times8^2+0\times8^1+2\times8^0+4\times8^{-1}+5\times8^{-2}=(450.578\,125)_{10}$$

八进制数是计算机中常用的一种计数方法，它可以弥补二进制数书写位数过长的不足。

(4)十六进制。

十六进位计数制简称十六进制。十六进制具有以下的特点：

- 基数是 16。
- 有 0～9，A～F 十六个不同的数码，其中 A～F 表示数值 10～15。
- 相同数码在数中的数位不同，所表示的数值也不同。
- “逢十六进一”，每一位如果计数超过 15，就要向上一位进位。

十六进制的基数是 16，各位的权值在整数部分从右至左是 $16^0,16^1,16^2,\cdots$，分别表示 1，16，256，…

例如，十六进制数 $(2BC.48)_{16}$ 可表示为：

$$(2BC.48)_{16}=2\times16^2+B\times16^1+C\times16^0+4\times16^{-1}+8\times16^{-2}$$

总结以上四种计数制，可将它们共同的特点概括如下：

- 每一种计数制都有一个固定的基数 R(R 为大于 1 的整数)，它的每一数位可取 0～

R－1个不同的数值。

● 它们都是用位置表示法，即处于不同位置的数码所代表的值不同，与它所在位置的权值有关。

● 遵循“逢 R 进一”的原则。

● 对于任一种 R 进位计数制数 D，可表示为：

$$(D)_R = D_{n-1}\times R^{n-1} + D_{n-2}\times R^{n-2} + \cdots + D_1\times R^1 + D_0\times R^0 + D_{-1}\times R^{-1} + D_{-2}\times R^{-2} + \cdots D_{-m+1}\times R^{-m+1} + D_{-m}\times R^{-m} = \sum_{i=-m}^{n-1} D_i R^i$$

式中，D_i 是第 i 位的数码（取值范围为 0～R－1）；R_i 是第 i 位数的位权；R 为基数；n 为整数的位数；m 为小数部分的位数。

表 1－1 列出了常用数制的基数、数码和位权；

表 1－1　　常用数制的基数、数码和位权

	十进制	二进制	八进制	十六进制
基数	10	2	8	16
数码	0～9	0，1	0～7	0～9，A，B，C，D，E，F
位权（从右到左）	…，10^{-2}，10^{-1}，10^0，10^{-1}，10^2，…	…，2^{-2}，2^{-1}，2^0，2^{-1}，2^2，…	…，8^{-2}，8^{-1}，8^0，8^{-1}，8^2，…	…，16^{-2}，16^{-1}，16^0，16^{-1}，16^2，…

3. 不同数制之间的转换

不同数制之间的转换，实质上是基数间的转换。一般转换的原则是：如果两个有理数相等，则两数的整数部分和小数部分一定都分别相等。因此，各数制之间进行转换时，通常对整数部分和小数部分分别进行转换，然后将其转接结果合并即可。

（1）非十进制数转换成十进制数。

由于任意一个数都可以按权展开，于是很容易将一个非十进制数转换为十进制数。具体方法是：将一个非十进制数按权展开成一个多项式，每项是该位的数码与相应的位权之积，再把多项式按十进制的规则进行求和，所得结果就是该数的十进制表示。

【例 1－1】 把二进制数$(11\ 011.001)_2$转换为等值的十进制数。

$(11\ 011.001)_2 = 1\times 1^4 + 1\times 2^3 + 0\times 2^2 + 1\times 2^1 + 1\times 2^0 + 0\times 2^{-1} + 0\times 2^{-2} + 1\times 2^{-3}$

$= 16+8+2+1+0.125 = (27.125)^{10}$

【例 1－2】 把八进制数$(123.12)_8$转换为等值的十进制数。

$(123.12)_8 = 1\times 8^2 + 2\times 8^1 + 3\times 8^0 + 1\times 8^{-1} + 2\times 8^{-2}$

$= 64+16+3+0.125+0.031\ 25$

$= (83.156\ 25)_{10}$

【例 1－3】 把二进制数$(10F.1A)_{16}$转换为等值的十进制数。

$(10F.1A)_{16} = 1\times 16^2 + 0\times 16^1 + F\times 16^0 + 1\times 16^{-1} + A\times 16^{-2}$

$= 256+15+0.062\ 5+0.039\ 062\ 5$

$= 271.101\ 562\ 5$

（2）十进制数转换成非十进制数。

将十进制数转换为非十进制数时，可将其分为整数部分和小数部分分别转换，最后将结果合并。

整数部分转换采用“除 R 取余法”。即将十进制整数部分除以 R，得到一个商数和一个余数；再将商数除以 R，又得到一个商数和一个余数；继续这个过程，直到商数等于零为止。每次得到的余数就是对应 R 进制整数的各位数字，第一次得到的余数为 R 进制数的最低位，最后一次得到的余数为 R 进制数的最高位。

小数部分转换采用“乘 R 取整法”。即用 R 乘以十进制小数部分，得到一个整数部分和一个小数部分；不管整数部分，再用 R 乘以小数部分，又得到一个整数部分和一个小数部分；继续这个过程，直到余下的小数部分为 0 或满足精度要求为止。最后将每次得到的整数部分按先后顺序从左到右排列，即可得到所对应的 R 进制小数。

【例 1—4】 将十进制数 $(100.345)_{10}$ 转换为等值的二进制数。

整数部分：

除数	被除数/商	余数
2	100	
2	50	0
2	25	0
2	12	1
2	6	0
2	3	0
2	1	1
	0	1

小数部分：

```
   0.345
 ×     2
 ─────────
   0.69    0
 ×     2
 ─────────
   1.38    1
 ×     2
 ─────────
   0.76    0
 ×     2
 ─────────
   1.52    1
 ×     2
 ─────────
   1.04    1
```

最终结果为：$(100.345)_{10}=(1\ 100\ 100.010\ 11)_2$

【例 1—5】 将十进制数 $(100)_{10}$ 转换为等值的八进制数和十六进制数。

转换成八进制数：$(100)_{10}=(144)_8$

除数	被除数/商	余数
8	100	
8	12	4
8	1	4
	0	1

转换成十六进制数：$(100)_{10}=(64)_{16}$

除数	被除数/商	余数
16	100	
16	6	4
	0	6

(3)二进制数、八进制数、十六进制数之间的相互转换。

由于1位八(十六)进制数相当于3(4)位二进制数。因此,我们可以采用分解法来完成。

要将二进制数转换成八(十六)进制数时,从小数点前向左每3(4)位划一节,不足3(4)位时左边补0;小数点后向右每3(4)位划一节,不足3(4)位时在右边补零;然后,将每节二进制数转换成一位八(十六)进制数,即可完成二进制数向八(十六)进制数的转换。

【例1—6】 将二进制数$(10\ 110\ 101\ 110\ 011.0\ 111\ 010\ 011)_2$转换成等值的八进制数和十六进制数。

$(010'110'101'110'011.011'101'001'100)_2=(26\ 563.3\ 514)_8$

$(1101'0111'0011.0111'0100'1000)_2=(D73.748)_{16}$

要将八(十六)进制数转换成二进制数,只需把八(十六)进制数的每一位展开换算成二进制数的3(4)位,然后按顺序连接即可。

【例1—7】 把八进制数$(756)_8$和十六进制数$(DF93)_{16}$分别转换成等值的二进制数。

$(756)_8=(111'101'110)_2$

$(DF93)_{16}=(1101'1111'1001'0011)_{16}$

4. 二进制数的算术运算

(1)二进制数的加法运算。

二进制数的加法运算法则是:

0+0=0;0+1=1;1+0=1;1+1=10(逢2进1,本位为0,向高位进位为1)。

【例1—8】 计算$(1011)_2+(1101)_2$的值。

被加数		$(1011)_2$
加数		$(1101)_2$
进位	+)	1111
和数		$(11000)_2$

结果:$(1011)_2+(1101)_2=(11000)_2$

两个二进制数相加时,每一位最多有三个数(即本位被加数、本位加数和来自低位的进位)相加,按二进制的加法运算法则得到本位相加的和及向高位的进位。

(2)二进制的减法运算。

二进制数的减法运算法则是:

0−0=0;1−0=1;1−1=0;10−1=1(向高位借位,借1当2,相减后本位为1)。

【例1—9】 计算$(10\ 001\ 011)_2-(101\ 101)_2$的值。

被减数		$(10001011)_2$
减数		$(00101101)_2$
借位	-)	11111
差数		$(01011110)_2$

结果:$(10\ 001\ 011)_2-(101\ 101)_2=(01\ 011\ 110)_2$

两个二进制数相减时,每一位最多有三个数(即本位被减数、本位减数和来自低位的借位)相减,按二进制的减法运算法则得到本位相减的和及向高位的借位。

(3)二进制的乘法运算。

二进制数的乘法运算法则是:

$0\times0=0;0\times1=0;1\times0=0;1\times1=1$。

【例 1－10】 计算$(1\ 011)_2\times(1\ 101)_2$的值。

```
被乘数        (1011)₂
   乘数 ×)    (1101)₂
-----------------------
               1011
              0000
             1011
       +)   1011
-----------------------
          (10001111)₂
```

结果:$(1\ 011)_2\times(1\ 101)_2=(10\ 001\ 111)_2$

从以上的算式可以看出,在两个二进制数相乘的过程中,每一个部分积取决于乘数,若乘数的相应位为 1,则部分积就是被乘数;若乘数的相应位为 0,则部分积为全 0。乘数有几位,就有几个部分积。二进制数乘法在计算机中实际上是用移位和加法运算实现的。

(4)二进制的除法运算

二进制数的除法运算法则是:

$0\div1=0;1\div1=1$;0 不能当除数。

【例 1－11】 计算$(10\ 101\ 011)_2\div(101)_2$的值。

```
     00100010
101)10101011

     101
   ---------
       01011
         101
   ---------
           1  ←—— 余数
```

结果:$(10\ 101\ 011)_2\div(101)_2=(100\ 010)_2$,余数$=(1)_2$

5. 二进制数的逻辑运算

逻辑变量之间的运算称为逻辑运算。逻辑变量的值只有真、假之分。在正逻辑中,用“1”代表“真”,用“0”代表“假”;在负逻辑中,用“0”代表“真”,用“1”代表“假”。所以逻辑“0”或逻辑“1”没有大小、正负等任何数值上的含义。以下以正逻辑为例讲述。

虽然实际当中遇到的逻辑问题错综复杂、千变万化,但都可以用三种基本的逻辑运算加以描述。这三种基本的逻辑运算是:

逻辑非——用“－”来表示;

逻辑或——用“＋”来表示;

逻辑与——用“×”来表示。

(1)逻辑非。

逻辑非运算就是对一个逻辑变量取反运算,A 的逻辑非表示为:

$$F=\overline{A}$$

“$\overline{A}$”读作“A 非”或“非 A”。A 称作原变量,$\overline{A}$ 称作 A 的反变量,逻辑变量 A 上面的短横线是逻辑非运算符。表 1－2 是逻辑非运算的真值表,若 A 的值为“真”(用 1 代表),则 $\overline{A}$ 的值必然为“假”(用 0 代表);反之亦然。

表 1－2　　逻辑非运算真值表

A	$F=\overline{A}$
0	1
1	0

(2)逻辑或。

逻辑或的含义为:在各逻辑变量中,只要有一个或一个以上逻辑变量的值为“真”,则运算结果为“真”。对两个逻辑变量进行逻辑或运算,其布尔代数表达式为:F＝A＋B,“A＋B”读作“A 或 B”,表达式中的“＋”表示逻辑或的运算。其运算规则如表 1－3 所示,只有当两个逻辑变量同时为“假”时,逻辑或运算的结果为“假”,否则结果总为“真”。

表 1－3　　逻辑或运算真值表

A	B	F=A+B
0	0	0
0	1	1
1	0	1
1	1	1

以上规则对于逻辑变量与常量进行逻辑或、逻辑变量自身进行逻辑或也完全适用,即:

A＋0＝A;　　A＋1＝1;　　A＋A＝A;　　$A+\overline{A}=1$

不论 A 为 0 还是 1,以上规则都是正确的。

(3)逻辑与。

逻辑与的含义为:在各逻辑变量中,只有所有逻辑变量的值为“真”,运算结果才为“真”,例如,两个开关和一盏电灯串联,只有两个开关都闭合时(两个逻辑变量都为“真”),电灯才会亮(运算结果为“真”),这就是一种逻辑与的关系。对两个逻辑变量进行逻辑与运算,其布尔代数表达式为:F＝A×B＝A·B＝AB,“A×B”读作“A 与 B”,表达式中的“×”不是数值运算的乘法含义,是代表逻辑变量之间的逻辑与的运算。逻辑与的运算规则如表 1－4 所示。

表 1－4　　逻辑与运算真值表

A	B	F=A×B
0	0	0
0	1	0
1	0	0
1	1	1

以上规则对于逻辑变量与常量进行逻辑与、逻辑变量自身进行逻辑与也完全适用,即:

A×0＝A;　　A×1＝1;　　A×A＝A;　　$A\times\overline{A}=1$

1.3.3　数据信息在计算机中的表示

这里所说的计算机特指电子数字计算机,任何形式的信息,不论是数字、文字、声音、视频,还是其他类型的信息，它们都必须转换成二进制数和代码后，才能由计算机进行处理、存储和传输。

1. 计算机中数据的单位

我们平常讲的硬盘是 160G 的，内存是 512M 等，其中 160G，512M 实际表示应是 160GB，512MB，这里的 Byte，KB，MB，GB 等指的都是信息存储的单位。

(1)位(bit)。

计算机所能处理的最小数据单位是二进制的一个数位，简称为位(bit，比特)。其表示二进制中的一位，即只能存储一个“0”或一个“1”。

(2)字节(Byte)。

字节(Byte)常简写为 B，是计算机存取数据的最基本的存储单元。1 个字节由 8 位二进制数位组成。

字节是计算机中用来表示存储空间大小的最基本的容量单位。例如，计算机内存的存储容量、磁盘的存储容量等都是以字节为单位表示的。

除用字节为单位表示存储容量外，还可以用千字节(KB)、兆字节(MB)以及千兆字节(GB)等表示存储容量。它们之间存在下列换算关系：

1B＝8bit

lKB＝210B＝1024B

1MB＝210KB＝1024KB

1GB＝210MB＝1024MB

1TB＝210GB＝1024GB

(3)字(word)。

字是计算机一次处理的指令和数据的基本单位。一般由若干个字节组成(通常取字节的整数倍)。

字长是计算机性能的重要标志，它是一个计算机字所包含的二进制位的位数。字长越长，一次处理的数字位数就越大，速度也就越快。按字长可以将计算机划分为 16 位机、32 位机、64 位机等。

2. 数值数据信息在计算机中的表示

平常我们所说的数或数据，它们有正负、大小、整数和实数之分，在计算机中称之为数值信息或数值数据。计算机中的数值数据分为整数和实数两大类，尽管它们都是用二进制表示的，但表示的方法有很大差别。本书只介绍整数的表示方法。

在计算机中，整数是以定点数的形式表示。定点数是将小数点指定在最末位 D_0 后。整数又分为无符号整数(不带符号的整数)和整数(带符号的整数)。无符号整数中，所有二进制位全部用来表示数的大小；有符号整数用最高位表示符号位，用“0”表示正数，“1”表示负数，其余位表示数的大小。

例如：8 位二进制数：10 101 011(带符号数：－43；无符号数：171)

　　8 为二进制数：01 111 111(带符号数：－127；无符号数：127)

如果用一个字节表示一个二进制无符号整数，其取值范围是 0～255；如果表示有符号整数，其取值范围是－128～＋127。

为了内部运算方便，带符号的数在计算机内有原码、反码和补码三种表示方法。对于正数，它的二进制数的原码、反码和补码的表示形式是一样的，而对于负数，有不同的定义，下面以 8 位二进制整数为例来讲解。

- 原码:最高位为符号位,值为 1,表示负号,其余位为数值位,用来表示数值的大小。例如:

  $(-63)_{原码}=10\ 111\ 111$

- 反码:最高位是符号位,值为 1,数值位是原码的数值位按位取反。例如:

  $(-63)_{反码}=11\ 000\ 000$

- 补码:最高位是符号位,值为 1,数值位是原码的数值位按位取反后再加 1,即反码加 1。例如:

  $(-63)_{补码}=11\ 000\ 001$

值得注意的是,数 0 在补码表示中是唯一的,而在采用原码、反码表示时,有+0 和−0 两种。原码的+0 表示为:00 000 000,−0 表示为:10 000 000;反码的+0 表示为:00 000 000,−0表示为 11 111 111。

3. 字符信息在计算机中的表示

(1)西文信息的表示。

西文是由拉丁字母、数字、标点符号及一些特殊符号所组成,它们统称为字符,所有字符的集合叫作字符集。字符集中每个字符各有一个代码,它们相互区别,构成该字符集的代码表。

字符集有多种,每一字符集的编码方法也可能不同。目前计算机使用最广泛的字符集及其编码是 ASCII 码——美国标准信息交换码(American Standard Code for Information Interchange),它已被国际标准化组织(ISO)批准为国际标准,称为 ISO646 标准,它适用于所有拉丁字母,已在全世界通用。

标准 ASCII 码用一个字节中的 7 位二进制码($b_6b_5b_4b_3b_2b_1b_0$)来表示一个字符,这个编码就是字符的 ASCII 码值,从 0000000 到 1111111 共有 128 个编码,可以用来表示 128 个不同的字符。其中包括 10 个数字、26 个小写字母、26 个大写字母、算术运算符、标点符号、商业符号等。标准 ASCII 表如表 1−5 所示。

表 1−5　　标准 ASCII 码表

$b_6b_5b_4$ / $b_3b_2b_1b_0$	000	001	010	011	100	101	110	111
0000	NUL	DLE	空格	0	@	P	`	p
0001	SOH	DC1	!	1	A	Q	a	q
0010	STX	DC2	"	2	B	R	b	r
0011	ETX	DC3	#	3	C	S	c	s
0100	EOT	DC4	$	4	D	T	d	t
0101	ENQ	NAK	%	5	E	U	e	u
0110	ACK	SYN	&	6	F	V	f	v
0111	BEL	ETB	'	7	G	W	g	w
1000	BS	CAN	(	8	H	X	h	x
1001	HT	EM	)	9	I	Y	i	y
1010	LF	SUB	*	:	J	Z	j	z

续表

$b_6 b_5 b_4$ / $b_3 b_2 b_1 b_0$	000	001	010	011	100	101	110	111
1011	VT	ESC	+	;	K	[	k	{
1100	FF	FS	,	<	L	\	l	|
1101	CR	GS	−	=	M	]	m	}
1110	SO	RS	.	>	N	^	n	~
1111	SI	US	/	?	O	_	o	DEL

(2)汉字编码。

汉字信息在计算机内部也是以二进制方式存放的。但由于汉字数量多，用一个字节的 128 种状态无法全部表示出来，因此，在 1980 年我国颁布的《信息交换用汉字编码基本字符集》，即国家标准 GB 2312—80 方案中规定用两个字节的十六位二进制数表示一个汉字，每个字节都只使用低 7 位(与 ASCII 码相同)，即有 16 384 种状态。

由于 ASCII 码的 34 个控制代码在汉字系统中也要使用，为了不致发生冲突，不能作为汉字编码，128 除去 34 只剩 94 种，所以汉字编码表的大小是 94×94=8 836，用以表示国标码规定的 7 445 个汉字和图形符号。

每个汉字或图形符号分别用两位的十进制区吗(行码)和两位的十进制位码(列码)表示，不足的地方补 0，组合起来就是区位码。把区位码按一定的规则转换成二进制码叫做信息交换码(简称国标码)。国标码共有汉字 6 763 个(一级汉字，是最常用的汉字，按汉语拼音字母顺序排序，共 3 755 个；二级汉字，属于次常用汉字，按偏旁部首的笔画顺序排列，共 3 008 个)，数字、字母、符号等 682 个，共 7 445 个。

练 习 题

一、单选题

1. Windows 对磁盘信息的管理和使用是以__________为单位的。

A. 文件　　B. 盘片　　C. 字节　　D. 命令

2. 十进制数 153 转换成二进制数是__________。

A. 10110110　　B. 10100001　　C. 10000110　　D. 10011001

3. 现代信息社会的主要标志是__________。

A. 汽车的大量使用　　B. 人口的日益增长

C. 自然环境的不断改善　　D. 计算机技术的大量应用

4. 计算机系统由__________和__________组成，它们之间的关系是__________。

A. 硬件系统、软件系统、无关　　B. 主机、外设、无关

C. 硬件系统、软件系统、相辅相成　　D. 主机、软件系统、相辅相成

5. 计算机自诞生以来，无论在性能、价格等方面都发生了巨大的变化，但是下列__________并没有发生多大的改变。

A. 耗电量　　B. 体积　　C. 运算速度　　D. 基本工作原理

6. 系统软件中最重要的软件是__________。

A. 操作系统　　B. 编程语言的处理程序

C. 数据库管理系统　　D. 故障诊断程序

7. 下列字符中,其 ASCII 码值最大的是__________。

A. 9　　B. D　　C. a　　D. y

8. 以下计算机系统的部件__________不属于外部设备。

A. 键盘　　B. 打印机　　C. 中央处理器　　D. 硬盘

9. 由二进制代码表示的机器指令能被计算机__________。

A. 直接执行　　B. 解释后执行　　C. 汇编后执行　　D. 编译后执行

10. 世界上第一台电子计算机是于__________诞生在__________。

A. 1946 年、法国　　B. 1946 年、美国

C. 1946 年、英国　　D. 1946 年、德国

11. 在计算机中存储数据的最小单位是__________。

A. 字节　　B. 位　　C. 字　　D. 记录

12. 微型计算机中的外存储器,可以与__________直接进行数据传送。

A. 运算器　　B. 控制器　　C. 微处理器　　D. 内存储器

13. 计算机的驱动程序是属于__________。

A. 应用软件　　B. 图象软件　　C. 系统软件　　D. 编程软件

14. 在下列四条叙述中,正确的一条是__________。

A. 最先提出存储程序思想的人是英国科学家艾伦·图灵

B. ENIAC 计算机采用的电子器件是晶体管

C. 在第三代计算机期间出现了操作系统

D. 第二代计算机采用的电子器件是集成电路

二、多选题

1. 可以作为计算机存储容量的单位是__________。

A. 字母　　B. 字节　　C. 位　　D. 兆

2. 将高级语言编写的程序翻译成机器语言程序,采用的两种翻译方式是__________。

A. 编译　　B. 解释　　C. 汇编　　D. 链接

3. 多媒体技术发展的基础是__________。

A. 通信技术　　B. 数字化技术　　C. 计算机技术　　D. 操作系统

4. 下列叙述正确的是__________。

A. 任何二进制整数都可以完整地用十进制整数来表示。

B. 任何十进制小数都可以完整地用二进制小数来表示。

C. 任何二进制小数都可以完整地用十进制小数来表示。

D. 任何十进制数都可以完整地用十六进制数来表示。

5. 计算机信息技术的发展,使计算机朝着__________方向发展。

A. 巨型化和微型化　　B. 网络化　　C. 智能化　　D. 多功能化

6. 在下列设备中,__________不能作为微型计算机的输入设备。

A. 打印机　　B. 显示器　　C. 硬盘　　D. 绘图仪

7. 计算机语言的发展经历了__________、__________和__________几个阶段。

A. 高级语言　　B. 汇编语言　　C. 机器语言　　D. 低级语言

三、判断题

1. 计算机中的字符,一般采用 ASCII 编码方案。若已知【H】的 ASCII 码值为 48H,则可推断出【J】的 ASCII 码值为 50H。

2. 操作系统把刚输入的数据或程序存入 RAM 中,为了防止信息丢失,用户在关机前,应将信息保存到

ROM中。

3. ROM是只读存储器，其中的内容只能读出一次，下次再读就读不出来了。

4. 二进制数的逻辑运算是按位进行的，位与位之间没有进位和借位的关系。

5. 1991年5月24日国务院颁布了《计算机软件保护条例》。

6. WWW是一种基于超文本文件的多媒体检索工具。

7. 32位字长的计算机就是指能处理最大为32位十进制数的计算机。

8. 微型计算机就是体积很小的计算机。

9. 计算机语言分为2类：即低级语言和高级语言。

10. 外存上的信息可直接进入CPU处理。

11. 计算机系统的资源是数据。

12. 计算机中用来表示内存储容量大小的最基本单位是位。

13. 磁盘的存取速度比主存储器慢。

14. 汇编语言和机器语言都属于低级语言，但不是都能被计算机直接识别执行。

Windows 7 操作系统

学习重点

了解操作系统的概况(发展历史、功能、分类及常用的操作系统等)

了解 Windows 7 操作系统的基本概况

掌握 Windows 7 操作系统的基本操作

掌握 Windows 7 操作系统的文件系统

掌握 Windows 7 操作系统的控制面板及系统设置

计算机系统由硬件系统和软件系统组成,而软件系统要在硬件系统上运行需要有一个平台,这一平台就是操作系统,如 UNIX、LINUX、DOS、Windows 和 Apple Mac OS X 等都是操作系统。

Windows 7 是微软公司发布的新一代 Windows 操作系统,与其之前的版本相比,Windows 7 不仅具有靓丽的外观和桌面,而且操作更加方便、功能更加强大。现在配置的新计算机一般都会选择安装 Windows 7 操作系统。在这一章将为大家介绍操作系统的基本知识,以及如何使用 Windows 7 操作系统。

2.1 操作系统的概况

操作系统是管理和控制硬件和软件资源的软件包,是用户和计算机之间的接口。它提供了用户可以存储和检索文件的方法,提供了用户可以请求执行程序的接口,还提供了程序请求执行所必需的环境。

2.1.1　操作系统的发展历史

目前的操作系统是经过长期演变而发展成的一个非常复杂的软件包。早期的计算机非常庞大，运行速度很慢。执行程序需要准备很多硬件设备，比如安装存储设备(磁带、穿孔卡片)、设置开关等。一个程序的执行称为一个作业(job)，每个作业都是作为一个独立的活动处理。一个完整的作业包括两个过程：为执行程序准备好计算机、执行程序。下一个作业要使用计算机必须重新准备硬件设备。

当几个用户需要共享一台计算机时，操作系统就提供签名表，以便各个用户都可以分配到一段使用计算机的时间。在分配给某个用户的时间段内，计算机就完全处于该用户的控制之下。这一时间段是从程序的准备工作开始，然后是程序的执行过程。一个用户占用计算机后想在短时间内尽可能多做一些事情，但是下一个用户很急迫地要使用计算机做准备工作。在此情况下，如果能够简化程序的准备工作，就可以提高作业之间的过渡效率。操作系统早期的开发是采取用户与设备分离，避免用户进出计算机机房来实现的。计算机的操作就需要专门的计算机操作员来操作。用户需要运行程序，就必须把程序、所需的数据以及有关程序的需求交给操作员，然后再由操作员把运行结果返回给用户。计算机操作员所要做的工作就是把用户给的资料输入计算机的存储器，然后由操作系统从存储器一次一个地读入并执行程序。这就是批处理(batch processing)的原型——将若干个要执行的作业收集到一个批次中执行，无须与用户发生进一步的交互。

在批处理系统中，驻留在存储器的作业在作业队列(job queue)里等待执行，如图 2—1 所示。队列(queue)是一种存储机制，作业按照先进先出(first-in，first-out，FIFO)的方式在队列里排队。即作业的出列顺序和入列顺序一致。

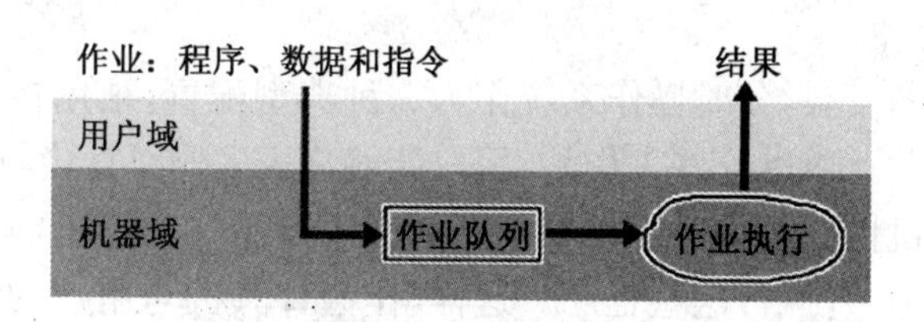

图 2—1　批处理

在早期的批处理系统中，每个作业都有一组指令，来指明这个特定的作业准备所需的步骤。这些指令用系统能识别的作业控制语言(JCL)来进行编码，与作业一起存放在作业队列里。当一个作业被选中执行时，操作系统在打印机上打印出这些指令以便计算机操作员阅读和遵照执行。

用计算机操作员作为计算机和用户媒介的缺点是：作业一旦提交给操作员，用户就无法与计算机实时交互。当一个程序在执行期间，用户必须与该程序进行交互时，这种方法就不能奏效。例如，在预订系统中，预订和取消操作必须及时报告；在计算机游戏中，与计算机的交互性是游戏的主要特征。

为了达到实时交互的要求，计算机专家开发了新的操作系统，可以实现通过远程终端与用户对话——这种特性称为交互式处理(interactive processing)，如图 2—2 所示。

交互式系统的最大优点在于，能够快速对用户的需求做出反应，而不是让用户完全遵循计算机的时间表。

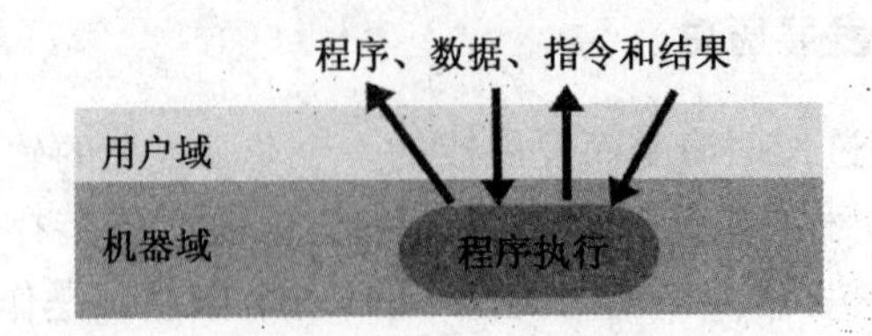

图 2—2 交互式处理

从某种意义上说，计算机在一个时间段内被强制执行任务，这一过程称为实时处理（real-time processing），即任务是按实时方式完成的。如果计算机以实时方式来处理任务，就能够适应任务所在环境的变化速度。

如果交互式系统一次只对一个用户服务，那么实时处理没有很大问题，但是早期的计算机制造成本太高，每台计算机势必要服务多个用户。因此，若干个用户在同一时间寻求同一台机器的交互式服务，并且对实时服务的请求出现冲突就不足为奇了。如果操作系统对于多用户环境仍然采取一次只执行一个作业，则势必只有一个用户能够享受到满意的实时服务。

为了解决能同时给多个用户提供服务这个问题，人们提出了分时（time-sharing）的方法。实现分时的一种方法就是应用多道程序设计（multiprogramming）的技术，就是把时间分割成若干个时间片，每个作业的执行被限制为每次仅一个时间片。在一个时间片结束时，当前的作业被暂停执行，下一个时间片则转去执行另一个作业。通过这种方法可以在各个作业之间快速进行切换，形成了若干个作业同时执行的错觉。根据所执行的作业的类型，早期的分时操作系统能够同时为多达 30 个用户提供可接受的实时服务。现今，分时既可以用于单用户系统，也可以用于多用户系统，前者通常称为多任务（multitasking）系统，是指同时可以实现多个任务的错觉。

随着多用户系统的发展，分时操作系统作为一种典型配置，被用在大型的中央计算机上，用来连接大量的工作站。通过这些工作站，用户能够从机房外面直接与计算机进行通信，而不用把请求递交给计算机操作员。通常把要用到的程序存储在计算机的存储设备上，使操作系统能够响应工作站的请求，执行这些程序。这样，作为计算机与用户的中间媒介，计算机操作员的作用就不再重要了。

现在，特别是在个人计算机领域，计算机用户已经能够承担计算机操作的所有职责。所以，计算机操作员实际上已经不存在了，即使大型计算机系统的运行也基本无需人工参与。传统的计算机操作员实际已经让位于系统管理员，系统管理员的任务就是负责监控计算机的所有硬件设备、软件的安装和资源的分配，比如建立新的账号，为不同的用户划分一定的存储空间，协调用户一起解决系统中出现的问题。所以，现今的操作系统已经从简单的一次获取和执行一条程序发展为复杂的、能够分时处理、能够管理计算机的存储设备上的程序和数据文件，并能直接响应计算机用户的请求的系统。

计算机的操作系统的发展还在继续。多处理器的发展已经能够让操作系统进行多任务处理，操作系统把不同的任务分配给不同的处理器进行处理，而不再采用分时机制共享单个处理器。所以，操作系统必须处理负载平衡（load balancing）①和均分（scaling）②问题。

① 动态地把任务分配给各个处理器，使得所有的处理器都得到有效的利用。
② 把大的任务划分为若干个子任务，并与可用的处理器数目相适应。

此外，计算机网络的出现使得用相应的操作系统来规范网络的行为成为必要。这就是目前广泛使用的网络操作系统。如 UNIX、LINUX、Windows XP、Windows 7 等都是网络操作系统。

操作系统的另一研究方向，就是为像 PDA、手机等小型手持计算机开发操作系统。由于存储容量的限制和保存电量的需求，系统开发者有必要检查操作系统执行任务的方式。这类操作系统常见的有：MC/OS-II 嵌入式实时操作系统，由美国的 Jean J. Labrosse 开发；Vx-WORKS，由 Wind River 系统开发；Windows CE，由微软公司开发；Android（安卓操作系统），它是一种以 Linux 为基础的开放源代码的操作系统；Symbian（塞班操作系统），由塞班公司开发，2008 年 12 月被诺基亚收购。

2.1.2　操作系统的功能

虽然有各种各样的操作系统，但是，绝大多数操作系统都具有以下五个基本的功能：作业管理、处理机管理、存储管理、设备管理和文件管理。

1. 作业管理

如上所述，作业就是一个程序在计算机内的执行。它包含了从输入设备接收数据、执行指令、通过输出设备输出信息、把程序和数据从外部存储器传送到内部存储器，或者从内部存储器转存到外部存储器。

作业管理功能是由作业调度程序完成。作业管理的主要任务是为用户提供一个使用系统的良好环境，使用户能有效地组织自己的工作流程，并对进入系统的各用户作业进行调度，使整个系统高效地运行。

2. 处理机管理

所谓处理机管理，就是根据一定的策略将处理机交替地分配给系统内等待运行的程序。在多任务环境中，处理机的分配和调度都以进程为基本单位，所以，对处理机的管理其实可以归结为对进程的管理。

进程就是一个程序在处理机内的一次执行过程，是系统进行资源分配和调度的一个独立单位。操作系统对每一个执行的程序都会创建一个进程，一个进程就代表一个程序正在执行。

进程与程序不同，进程是一个动态的概念，它在运行前被创建，运行后被撤销。而程序是计算机指令的集合，程序确定计算机执行操作的步骤，但是当它还不在内存中且还没有同它所需的数据相关联时，它本身还没有运行的含义，所以程序是静态的。此外，一个程序可以对应多个进程，而一个进程只对应一个程序。

处理机管理就是通过处理机管理程序来合理地管理和控制进程对处理机的需求，合理分配和调度处理机，使处理机资源得到最充分的利用。因此，处理机管理主要包括作业调度和进程调度、进程控制和进程通信。

3. 设备管理

计算机系统中一般都配置有许多外部设备，如键盘、鼠标、硬盘、光驱、网卡、显示器、打印机等。这些外部设备的性能、工作原理和操作方式都不一样，所以，对它们的使用也有很大的差别。这就要求操作系统具有良好的设备管理功能。硬件设备的管理功能由设备管理程序来实现。

设备管理主要负责对计算机系统中各种外围设备的分配、回收、调度和控制，以及输入、输出等操作。

4. 存储管理

存储器资源是计算机系统中最重要的资源之一。存储管理的主要目的就是合理高效地管理和使用内存,为程序的运行提供安全可靠的运行环境,使有限的内存能够满足各种作业的需求。

存储管理就是对计算机内存的分配、保护和扩充进行协调管理,随时掌握内存的使用情况,根据用户的不同请求,按照一定的策略进行内存的分配和回收,同时保证内存中不同程序和数据之间彼此隔离,互不干扰,并保证数据不被破坏和丢失。

存储管理的任务主要包括内存分配、地址映射、内存保护和内存扩充。

5. 文件管理

文件管理的对象是系统的软件资源。在操作系统中由文件管理系统来实现对文件的管理。它的功能主要包括目录管理、文件存储空间的管理、文件操作的管理、文件的共享和保护。

2.1.3 操作系统的分类

目前的操作系统种类繁多,很难用单一标准来统一分类。主流的分类方法有如下一些:

1. 根据应用领域来划分,可分为桌面操作系统、服务器操作系统和嵌入式操作系统

所谓桌面操作系统就是图形界面操作系统,目前的桌面操作系统存在 Windows、Linux 和 Mac OS 三国鼎立的局面。

服务器操作系统(Server Operating System)一般指的是安装在大型计算机上的操作系统,比如 Web 服务器、应用服务器和数据库服务器等,是企业 IT 系统的基础架构平台。同时,服务器操作系统也可以安装在个人电脑上。相比个人版操作系统,在一个具体的网络中,服务器操作系统要承担额外的管理、配置、稳定、安全等功能,处于每个网络中的心脏部位。服务器操作系统主要分为四大流派:Windows、NetWare、Unix 和 Linux。

嵌入式操作系统(Embedded Operation System,EOS)是一种用途广泛的系统软件,过去它主要应用于工业控制和国防系统领域。EOS 负责嵌入系统的全部软件和硬件资源的分配、任务调度,控制、协调并发活动。它必须体现其所在系统的特征,能够通过装卸某些模块来实现系统所要求的功能。

嵌入式操作系统是相对于一般操作系统而言的,它除了具有一般操作系统最基本的功能,还有其他功能,如任务调度、同步机制、中断处理、文件处理等。

嵌入式操作系统主要应用于工业控制、信息家电、家庭智能管理系统、POS 网络及电子商务、机器人、机电产品等。嵌入式操作系统在系统实时高效、硬件的相关依赖性、软件固化以及应用的专用性等方面具有较为突出的特点。

目前常见的嵌入式操作系统有 uC/OS II、RT-thread、uCLinux 、Arm－Linux、VxWorks、Windows CE、Symbian、Android 等。

2. 根据在同一时间使用计算机用户的多少,操作系统可分为单用户操作系统和多用户操作系统

单用户操作系统是指一台计算机在同一时间只能由一个用户使用,一个用户独自享用系统的全部硬件和软件资源,而如果在同一时间允许多个用户同时使用计算机(指在一台主机上通过特定硬件连接若干台终端设备,支持多个用户同时使用的多用户、多任务的工作方式),则称为多用户操作系统。

另外,如果用户在同一时间可以运行多个应用程序(每个应用程序被称作一个任务),则这

样的操作系统被称为多任务操作系统。如果一个用户在同一时间只能运行一个应用程序，则对应的操作系统称为单任务操作系统。

早期的DOS操作系统是单用户单任务操作系统，Windows系列均是单用户操作系统，Unix、Linux操作系统属多用户、多任务操作系统。

3. 根据源码开放程度，可分为开源操作系统和不开源操作系统

所谓开源操作系统就是公开源代码的操作系统软件，可以遵循开源协议（GNU）进行使用、编译和再发布。在遵守GNU协议的前提下，任何人都可以免费使用，随意控制软件的运行方式。

比较典型的开源操作系统Linux、Unix等。不开源操作系统主要有Windows系列操作系统、Mac OS X等。

4. 根据硬件结构，可分为网络操作系统、多媒体操作系统和分布式操作系统

网络操作系统（Network Operating System，NOS），是通常运行在服务器上的操作系统，它基于计算机网络，是在各种计算机操作系统上按网络体系结构协议标准开发的软件，包括网络管理、通信、安全、资源共享和各种网络应用。其目标是相互通信及资源共享。在其支持下，网络中各台计算机能互相通信和共享资源。其主要特点是与网络的硬件相结合来完成网络的通信任务。网络操作系统被设计成在同一个网络中（通常是一个专用网络、一个局域网或其他网络）的多台计算机中可以共享文件和打印机访问等操作。

流行的网络操作系统有Linux，Unix，Novell NetWare，Mac OS X Server，Windows Server，BSD等。

多媒体操作系统是指除具有一般操作系统的功能外，还具有多媒体底层扩充模块，支持高层多媒体信息的采集、编辑、播放和传输等处理功能的系统。大致可分为三类：具有编辑和播放双重功能的开发系统；以具备交互播放功能为主的教育/培训系统；用于家庭娱乐和学习的家用多媒体系统。

分布式操作系统（Distributed Software Systems）是为分布计算系统配置的操作系统。大量的计算机通过网络被连结在一起，可以获得极高的运算能力及广泛的数据共享。这种系统被称作分布式系统（Distributed System）。它在资源管理、通信控制和操作系统的结构等方面都与其他操作系统有较大的区别。由于分布计算机系统的资源分布于系统的不同计算机上，操作系统对用户的资源需求不能像一般的操作系统那样等待有资源时直接分配的简单做法，而是要在系统的各台计算机上搜索，找到所需资源后才可进行分配。对于有些资源，如具有多个副本的文件，还必须考虑一致性。所谓一致性是指若干个用户对同一个文件所同时读出的数据是一致的。为了保证一致性，操作系统须控制文件的读、写操作，使得多个用户可同时读一个文件，而任一时刻最多只能有一个用户在修改文件。分布操作系统的通信功能类似于网络操作系统。由于分布计算机系统不像网络分布得很广，同时分布操作系统还要支持并行处理，因此，它提供的通信机制和网络操作系统有所不同，它要求通信速度更快。分布操作系统的结构也不同于其他操作系统，它分布于系统的各台计算机上，能并行地处理用户的各种需求，有较强的容错能力。

分布式操作系统是网络操作系统的更高形式，它保持了网络操作系统的全部功能，而且还具有透明性、可靠性和高性能等。网络操作系统和分布式操作系统虽然都用于管理分布在不同地理位置的计算机，但最大的差别是：网络操作系统知道确切的网址，而分布式系统则不知道计算机的确切地址；分布式操作系统负责整个的资源分配，能很好地隐藏系统内部的实现细

节,如对象的物理位置等。这些都是对用户透明的。

5. 根据操作系统的使用环境和对作业处理方式来考虑,可分为批处理操作系统、分时操作系统和实时操作系统

批处理是指用户将一批作业提交给操作系统后就不再干预,由操作系统控制它们自动运行。这种采用批量处理作业技术的操作系统称为批处理操作系统(Batch Processing Operating System),可分为单道批处理系统和多道批处理系统。批处理操作系统的工作方式是:用户将作业交给系统操作员,系统操作员将许多用户的作业组成一批作业,之后输入到计算机中,在系统中形成一个自动转接的连续的作业流,然后启动操作系统,系统自动、依次执行每个作业。最后由操作员将作业结果交给用户。批处理操作系统的特点是:多道和成批处理。MVX、DOS/VSE 等就是批处理操作系统。

分时操作系统(Time Sharing Operating System, TSOS)是一种利用分时技术的联机的多用户交互式操作系统,每个用户可以通过自己的终端向系统发出各种操作控制命令,完成作业的运行。分时操作系统使一台计算机可以同时为几个、几十个甚至几百个用户服务。它把计算机与许多终端用户连接起来,分时操作系统将系统处理机时间与内存空间按一定的时间间隔,轮流地切换给各终端用户的程序使用。由于时间间隔很短,每个用户的感觉就像他独占计算机一样。

分时系统具有多路性、交互性、“独占”性和及时性的特征。多路性是指,同时有多个用户使用一台计算机,宏观上看是多个人同时使用一个 CPU,微观上是多个人在不同时刻轮流使用 CPU。交互性是指,用户根据系统响应结果进一步提出新请求(用户直接干预每一步)。“独占”性是指,用户感觉不到计算机为其他人服务,就像整个系统为他所独占。及时性是指,系统对用户提出的请求及时响应。它支持位于不同终端的多个用户同时使用一台计算机,彼此独立互不干扰,用户感到好像一台计算机全为他所用。Linux、Unix、XENIX、Mac OS X 等是分时操作系统。

实时操作系统(Real Time Operating System,RTOS)是指当外界事件或数据产生时,能够接受并以足够快的速度予以处理,其处理的结果又能在规定的时间之内来控制生产过程或对处理系统作出快速响应,并控制所有实时任务协调一致运行的操作系统。因而,提供及时响应和高可靠性是其主要特点。实时操作系统有硬实时和软实时之分,硬实时要求在规定的时间内必须完成操作,这是在操作系统设计时保证的;软实时则只要按照任务的优先级,尽可能快地完成操作即可。我们通常使用的操作系统在经过一定改变之后就可以变成实时操作系统。uC/OS II、iEMX、VRTX、RTOS、RT WINDOWS 等是实时操作系统。

2.1.4 常用的操作系统

从操作系统的诞生到现在,不同的公司开发出了各种版本的操作系统。随着平板电脑和智能手机的出现,也出现了大量的智能手机操作系统。常用的个人电脑操作系统主要有 MS-DOS、Windows 系列、Unix、Linux、Mac OS X 等,常用的智能手机操作系统主要有 Android、iOS、Symbian、Windows Phone 等。

1. 常用个人电脑操作系统

(1)MS-DOS 操作系统。

MS-DOS 操作系统是由微软公司为 IBM PC 机开发的单用户单任务的磁盘操作系统。MS-DOS 诞生于 1981 年,经过不断改进和版本升级,到最后的 DOS6.22 版本。DOS 是以简

捷、易用为特点的单机操作系统，具有众多灵活的系统调用和中断功能，用户接口方便，有大量的实用程序和根工具软件，具有很强的文件管理功能。但是它缺乏安全机制，操作主要以字符命令的方式进行，缺乏良好的人机交互界面。

(2)Windows 系列操作系统。

微软公司从 1983 年开始研制 Windows 系统，最初的研制目标是在 MS-DOS 的基础上提供一个多任务的图形用户界面。第一个版本的 Windows 1.0 于 1985 年问世，它是一个具有图形用户界面的系统软件。1987 年推出了 Windows 2.0 版，最明显的变化是采用了相互叠盖的多窗口界面形式。但这一切都没有引起人们的关注。1990 年推出的 Windows 3.0 是一个重要的里程碑，它以压倒性的商业成功确定了 Windows 系统在 PC 领域的垄断地位。现今流行的 Windows 窗口界面的基本形式也是从 Windows 3.0 开始基本确定的。1992 年主要针对 Windows 3.0 的缺点推出了 Windows 3.1，为程序开发提供了功能强大的窗口控制能力，使 Windows 和在其环境下运行的应用程序具有了风格统一、操纵灵活、使用简便的用户界面。Windows 3.1 在内存管理上也取得了突破性进展。它使应用程序可以超过常规内存空间限制，不仅支持 16MB 内存寻址，而且在 80386 及以上的硬件配置上通过虚拟存储方式可以支持几倍于实际物理存储器大小的地址空间。Windows 3.1 还提供了一定程度的网络支持、多媒体管理、超文本形式的联机帮助设施等，对应用程序的开发有很大影响。

从最初的 Windows 1.0 至今，Windows 已经发展到 Windows 9X、Windows ME、WindowsNT、Windows 2000、Windows XP、Windows Server 2003、Windows Vista、Windows Server 2008、Windows 7、Windows 8 等版本。

(3)Unix 操作系统。

Unix 操作系统，是美国电话电报公司(AT&T)于 1971 年在 PDP-11 上运行的操作系统，具有多用户、多任务的特点，支持多种处理器架构，最早由肯・汤普逊(Kenneth Lane Thompson)、丹尼斯・里奇(Dennis MacAlistair Ritchie)等人于 1969 年在 AT&T 的贝尔实验室开发成功。

从开发成功至今，它不断地发展、演变并被广泛地配置在大、中、小型计算机以及工作站上。现在流行的 Unix 发行版本主要有 IBM 开发的 AIX、SUN 公司研制的类 Unix 操作系统 Solaris 等。

目前它的商标权由国际开放标准组织(The Open Group)所拥有。

(4)Linux 操作系统。

Linux 操作系统是一款优秀的操作系统，支持多用户、多线程、多进程，实时性好，功能强大且稳定。同时，它又具有良好的兼容性和可移植性，被广泛应用于各种计算机平台上。本节将详细介绍 Linux 的发展历史以及主要版本。

①Linux 的产生背景。对于 Linux 操作系统的产生，可以追溯到另一个操作系统 Unix。与 Linux 相同，Unix 也是一款相当流行的计算机操作系统，Unix 是一个实时操作系统，可允许多人同时访问计算机，与此同时每个人可运行多个应用程序，即通常所说的多用户、多任务操作系统，该操作系统最初是为了运行于大型计算机和小型计算机上而设计的。

Unix 操作系统以其优越的性能在工作站或小型计算机上发挥着重要作用，一直以来，该操作系统是一种大型而且要求较高的操作系统，许多种版本的 Unix 操作系统都是为工作站环境设计的。但随着个人计算机的日益普及，并且个人计算机的性能也在不断提高，人们也开始从事 Unix 操作系统的个人计算机版本的开发，使 Unix 能够在个人计算机上运行成为可能，这也是 Linux 流行起来的原因。

Linux 的前身是芬兰赫尔辛基大学一位名叫 Linus Torvalds 计算机科学系学生的个人项目。他将 Linux 建立在一个基于 PC 上运行的、名为 Minix（Minix 是由一位名为 Andrew Tannebaum 的计算机教授编写的操作系统示例程序）的操作系统之上。Minix 突出体现了 Unix 的各种特性，后来 Minix 通过 Internet 广泛传播。Linus 的初衷是为 Minix 用户开发一种高效率的 PC Unix 版本，称其为 Linux，并于 1991 年底首次公布于众，同年 11 月发布了 0.10 版本，12 月发布了 0.11 版本。Linus 允许免费自由地运用该系统源代码，并且鼓励其他人进一步对其进行开发。如此以来，通过 Internet 在世界范围内形成了 Linux 研究热潮，并且在不断持续着。

②Linux 的版本。Linux 的版本可以分为两类：内核（Kernel）版本与发行（Distribution）版本。内核版本是指在 Linux 的领导下，开发小组开发出来的系统内核版本号。而一些组织或公司将 Linux 内核与应用软件和文档包装起来，并提供一些安装界面、系统设置与管理工具，这样就构成了一个发行版本，常见的发行版本有 Red Hat Linux、Mandriva Linux、Debian Linux 和国产的红旗 Linux 等。

● Red Hat Linux。Read Hat 最早由 Bob Young 和 Marc Ewing 在 1995 年创建，目前 Red Hat 分为两个系列：由 Red Hat 公司提供收费技术支持和更新的 Red Hat Enterprise Linux，以及由社区开发的免费的 Fedora Core。

Red Hat Linux 是一个比较成熟的 Linux 版本，无论是在销售上还是在装机量上都比较成功。该版本从 4.0 时就开始同时支持 Intel、Alpha 和 Sparc 硬件平台，并且通过 Red Hat 公司的开发，使得用户可以轻松地进行软件升级并彻底卸载应用软件和系统部件。Red Hat Enterprise Linux 是一个收费的操作系统，它适用于服务器；而 Fedora Core 是一个免费版本，该版本提供了最新的软件包，并且其版本的更新周期也非常短，只有 6 个月，目前最新版本为 Fedora Core 6，本书将以该版本为基础全面讲解 Linux 操作系统的相关知识。

● Mandriva Linux。国内最早开始流行 Linux 操作系统时，Mandriva 就非常流行。最早的 Mandriva 原名为 Mandrake，其开发者是基于 Red Hat 进行开发的。Red Hat 采用 GNOME 桌面系统，而 Mandrake 采用了 KDE。由于安装时 Linux 比较复杂，不适合第一次接触 Linux 的新手，所以 Mandrake 简化了系统安装过程。不但如此，该版本当时还在易用性方面花了不少工夫，包括默认情况下的硬件检测等，这也是当时能在国内流行的原因之一。

● Debian Linux。Debian 最早由 Ian Murdock 于 1993 年创建，可以称得上是迄今为止最遵循 GNU 规范的 Linux 操作系统。该版本有 3 个系统分支：Stable、Testing 和 Unstable。到 2005 年 5 月，3 个版本分别为：Woody、Sarge 和 Sid。其中，Unstable 为最新测试版本，其中包括最新的软件包，但是也有相对较多的 Bug，适合桌面用户；而 Testing 版本经过 Unstable 中的测试，相对较为稳定，也支持了不少新技术；Woody 一般只用于服务器，上面的版本大部分都比较过时，但是稳定性和安全性都非常高。

● 红旗 Linux。红旗 Linux 中文操作系统是由中国科学软件所、北大方正电子有限公司和康柏计算机公司联合推出的具有自主版权的全中文化 Linux 发行版本。

红旗 Linux 以全新优化整合的 KDE 图形环境、桌面设计、结构布局和完整和谐的菜单设计，令人耳目一新；集成的硬件自动检测功能，满足 PC 用户硬件的随时更换；高质量的中文字体显示以及高效率的文字输入法选择，确保用户系统办公的工作品质；高效完善的网络使用功能；快捷友好的打印机管理和配置工具；人性化设计的在线升级工具、身份注册、软件更新、数据库管理一线完成，用户可实时提升系统性能、定制个性化桌面环境、拥有完善的工作平台；图形图像软件从基本的PS/PDF文件阅读工具到看图、画图、截图，再到图像的扫描、数码相机支持，全线集成满足了用户的各种需求。

③Linux的特点。Linux操作系统在短时间内得到迅猛的发展，这与该操作系统良好的特性是分不开的。Linux具有Unix的所有特性并且具有自己独特的魅力，主要表现在以下几个方面。

● 开放性。是指系统遵循世界标准规范，特别是遵循开放系统互联(OSI)国际标准。凡遵循国际标准所开发的硬件和软件，都能彼此兼容，可方便地实现互联。

● 多用户。是指系统资源可以被不同的用户各自拥有并使用，即使每个用户对自己的资源(如文件、设备)有特定权限，也互不影响，Linux和Unix都具有多用户特性。

● 多任务。多任务是现代计算机最主要的一个特点，它是指计算机同时执行多个程序，而且各个程序的运行相互独立。Linux操作系统调试每一个进程平等地访问CPU。由于CPU的处理速度非常快，其结果是启动的应用程序看起来好像是在并行运行。事实上，从CPU执行的一个应用程序中的一组指令到Linux调试CPU，与再次运行这个程序之间只有很短的时间延迟，用户是感觉不出来的。

● 友好的用户界面。Linux向用户提供了两种界面：用户界面和系统调用界面。Linux的传统用户界面基于文本的命令行界面，即Shell。它既可以联机使用，又可以存储在文件上脱机使用。Shell有很强的程序设计能力，用户可方便地用它编写程序，从而为用户扩充系统功能提供了更高级的手段。Linux还提供了图形用户界面，它利用鼠标、菜单和窗口等设施，给用户呈现一个直观、易操作、交互性强的友好图形化界面。

● 设备独立性。是指操作系统把所有外部设备统一当作文件来看，只要安装它们的驱动程序，任何用户都可以像使用文件那样操作并使用这些设备，而不必知道它们的具体存在形式。设备独立性的关键在于内核的适应能力，其他的操作系统只允许一定数量或一定种类的外部设备连接，因为每一个设备都是通过其与内核的专用连接独立地进行访问的。Linux是具有设备独立的操作系统，它的内核具有高度的适应能力，随着更多程序员加入Linux编程，会有更多硬件设备加入到各种Linux内核和发行版本中。

● 丰富的网络功能。完善的内置网络是Linux的一大特点，Linux在通信和网络功能方面优于其他操作系统。其他操作系统不包含如此紧密的内核结合在一起的联接网络的能力，也没有内置这些联网特性的灵活性。而Linux为用户提供了完善的、强大的网络功能。

首先，支持Internet。Linux免费提供了大量支持Internet的软件，Internet是在Unix领域中建立并发展起来的，在这方面使用Linux是相当方便的，用户能用Linux与世界上其他人通过Internet网络进行通信。其次，文件传输。用户能通过一些Linux命令完成内部信息或文件的传输。再次，远程访问。Linux为系统管理员和技术人员提供了访问其他系统的窗口。通过这种远程访问的功能，一位技术人员能够有效地为多个系统服务，即使那些系统位于很远的地方。

● 可靠的安全性。Linux操作系统采取了许多安全措施，包括对读、写操作进行权限控制，带保护的子系统，审计跟踪和内核授权，这为用户提供了必要的安全保障。

● 良好的可移植性。可移植性是指将操作系统从一个平台转移到另一个平台，使它仍然能按其自身的方式运行的能力。Linux是一款具有良好可移植性的操作系统，能够在微型计算机到大型计算机的任何环境中和平台上运行。该特性为Linux操作系统的不同计算机平台与其他任何机器进行准确而有效的通信提供了保障，不需要另外增加特殊的通信接口。

● X Window 系统。X Window 系统是用于 Unix 机器的一个图形系统，该系统拥有强大的界面系统，并支持许多应用程序，是业界标准界面。

● 内存保护模式。Linux 使用处理器的内存保护模式来避免进程访问分配给系统内核或者其他进程的内存。对于系统安全来说，这是一个主要的贡献，从理论上说，一个不正确的程序因此不能够再使用系统而导致系统崩溃。

● 共享程序库。共享程序库是一个程序工作所需要的例程的集合。有许多同时被多于一个进程使用的标准库，用户觉得需要将这些库的程序载入内存一次。而不是一个进程一次，通过共享程序库使这些成为可能，因为这些程序库只有当进程运行的时候才被载入，所以它们被称为动态链接库。

④Linux 的组成。Linux 操作系统一般由 3 个部分组成：内核(Kernel)、命令解释层(Shell 或其他操作环境)、文件结构(File Structure)和实用工具。其中内核是整个操作系统的核心部分；Shell 是用户与计算机交流的接口；文件结构是存放在存储设备上文件的组织方法；实用工具就是系统带的一些小程序。

● 内核。是 Linux 系统的心脏，是运行程序和管理硬件设备的内核程序，决定着系统的性能和稳定性。内核以独占的方式执行最底层任务，保证系统正常运行，协调多个并发进程，管理进程使用的内存，使它们相互之间不产生冲突，满足进程访问磁盘的请求等。它从用户那里接受命令并把命令送给内核去执行。

Linux 内核包括几个重要部分：进程管理、内存管理、硬件设备驱动、文件系统驱动、网络管理。进程管理产生进程，以切换运行时的活动进程来实现多任务；内存管理负责分配进程的存储区域和对换空间区域、内核的部件及 buffer cache；在最底层，内核对它支持的每种硬件包含一个硬件设备驱动。因为现实世界中存在大量不同的硬件，因此硬件设备的驱动数量很大；每个类的每个成员都有相同的与内核其他部分的接口，但具体实现是不同的，例如所有的硬盘驱动与内核其他部分接口相同，即都有初始化驱动器、读 N 扇区和写 N 扇区。内核自己提供的有些软件服务有类似的抽象属性，因此可以抽象分类。例如不同的网络协议已经被抽象为一个编程接口：BSD socket 库。另一个例子是虚拟文件系统 virtual file system(VFS)层，它从文件系统操作实现中抽象出来文件系统。每个文件系统类型提供了每个文件系统操作的实现。当一些实体企图使用一个文件系统时，请求通过 VFS 送出，它将请求发送到适当的文件系统驱动。网络管理提供了对网络标准存取和各种网络硬件的支持，它又可分为网络协议和网络驱动程序。其中网络协议部分负责实现每一种可能的网络传输协议，而网络驱动程序负责与硬件通信。

● Linux Shell。Shell 是系统的用户界面，提供了用户与内核进行交互操作的一种接口，它接收用户输入的命令并把命令送入内核。操作环境在操作系统内核与用户之间提供操作界面，它实际上为一个解释器。操作系统对用户输入的命令进行解释，再将其发送到内核。Linux 存在 3 种操作环境，分别是：桌面(desktop)、窗口管理器(window manager)和命令行 Shell(command line Shell)。Linux 系统中的每个用户都可以拥有自己的用户操作界面，根据自己的要求进行定制。

Shell 是一个命令解释器，它解释由用户输入的命令，并把它们送到内核。不仅如此，Shell 有自己的编程语言，用于对命令的编辑，它允许用户编写由 Shell 命令组成的程序。同 Linux 本身一样，Shell 也有多种不同的版本，目前主要的 Shell 版本如下：

a. Bourne shell，是贝尔实验室开发的。

b. BASH，是 GNU 的 Bourne Again Shell，是 GNU 操作系统上默认的 Shell。

c. Korn Shell，是对 Bourne Shell 的发展，在大部分情况下与 Bourne Shell 兼容。

d. C Shell，是 SUN 公司 Shell 的 BSD 版本。

Shell 中的命令分为内部命令和外部命令。内部命令包含在 Shell 自身之中，如 cd、exit 等，查看内部命令的方法可用 help 命令；外部命令是存在于文件系统某个目录下的具体的可执行程序，如 cp 等，查看外部命令的路径可用 which。

● 文件结构。文件结构是存放在磁盘等存储设备上的文件的组织方法，主要体现在对文件和目录的组织上。目录提供了管理文件的一个方便而有效的途径，用户能够从一个目录切换到另一个目录，而且可以设置目录和文件的权限、文件的共享程度。Linux 目录采用多级树形结构，用户可以浏览整个系统，进入任何一个已授权进入的目录，并访问那里的文件。

文件结构使得共享数据变得容易，几个用户可以访问同一个文件。Linux 是一个多用户系统，操作系统本身的驻留程序存放在以根目录开始的专用目录中，有时被指定为系统目录。此外，用户可以创建自己的子目录，保存自己的文件，可以很容易地把文件从一个子目录移动到另一个子目录中。

内核、Shell 和文件结构一起形成了基本的操作系统结构，它们使得用户可以运行程序、管理文件以及使用系统。此外，Linux 操作系统还有许多被称为实用工具的程序，辅助用户完成一些特定的任务。

● Linux 实用工具。标准的 Linux 系统都有一套叫做实用工具的程序，它们是专门的程序，例如编辑器、执行标准的计算操作等。用户也可以产生自己的工具。

实用工具可分三类：

第一，编辑器，用于编辑文件。

第二，过滤器，用于接收数据并过滤数据。

第三，交互程序，允许用户发送信息或接收来自其他用户的信息。

Linux 的编辑器主要有 Ed、Ex、Vi 和 Emacs。Ed 和 Ex 是行编辑器，Vi 和 Emacs 是全屏幕编辑器。

Linux 的过滤器(Filter)读取从用户文件或其他地方的输入，检查和处理数据，然后输出结果。从这个意义上说，它们过滤了经过它们的数据。Linux 有不同类型的过滤器，一些过滤器用行编辑命令输出一个被编辑的文件。另外一些过滤器是按模式寻找文件并以这种模式输出部分数据。还有一些执行字处理操作，检测一个文件中的格式，输出一个格式化的文件。

过滤器的输入可以是一个文件，也可以是用户从键盘键入的数据，还可以是另一个过滤器的输出。过滤器可以相互连接，因此，一个过滤器的输出可能是另一个过滤器的输入。在有些情况下，用户可以编写自己的过滤器程序。

交互程序是用户与机器的信息接口。Linux 是一个多用户系统，它必须和所有用户保持联系。信息可以由系统上的不同用户发送或接收。信息的发送有两种方式，一种方式是与其他用户一对一地链接进行对话，另一种是一个用户对多个用户同时链接进行通讯，即所谓广播式通讯。

(5)Mac OS X。Mac OS X 是全球领先的操作系统。

由苹果公司自行开发。它基于坚如磐石的 Unix 基础，设计简单直观，让处处创新的 Mac 安全易用，高度兼容，出类拔萃。Mac OS X 以简单易用和稳定可靠著称。Mac 系统是苹果机专用系统，一般情况下在普通 PC 上是无法安装的。

2. 智能手机操作系统

(1)Android。

Android 是一种基于 Linux 的自由及开放源代码的操作系统，主要使用于便携设备，如智能手机和平板电脑。目前尚未有统一中文名称，一般都称之为“安卓”。Android 操作系统最初由 Andy Rubin 开发，主要应用于手机。2005 年由 Google 收购注资，并组建开放手机联盟进行开发改良，随后逐渐扩展到平板电脑及其他领域上。第一部 Android 智能手机发布于 2008 年 10 月。2011 年第一季度，Android 在全球的市场份额首次超过塞班系统，跃居全球第一。2012 年 11 月数据显示，Android 占据全球智能手机操作系统市场 76％的份额，中国市场占有率为 90％。

Android 在正式发行之前，最开始拥有两个内部测试版本，并且以著名的机器人名称来对其进行命名，它们分别是：阿童木(Android Beta)和发条机器人(Android 1.0)。后来由于涉及版权问题，谷歌将其命名规则变更为用甜点作为它们系统版本的代号的命名方法。甜点命名法开始于 Android 1.5 发布的时候。作为每个版本代表的甜点的尺寸越变越大，然后按照 26 个字母顺序：纸杯蛋糕(Android 1.5)，甜甜圈(Android 1.6)，松饼(Android 2.0/2.1)，冻酸奶(Android 2.2)，姜饼(Android 2.3)，蜂巢(Android 3.0)，冰激凌三明治(Android 4.0)，而最新一代 Android 版本名为果冻豆(Jelly Bean，Android4.1)。

为什么众多的智能手机厂商都选择使用 Android 作为操作系统，因为使用 Android 平台的智能手机具有如下一些优势：

①开放性。开放的平台允许任何移动终端厂商加入到 Android 联盟中来。显著的开放性可以使其拥有更多的开发者，随着用户和应用的日益丰富，一个崭新的平台也将很快走向成熟。开发性对于 Android 的发展而言，有利于积累人气，这里的人气包括消费者和厂商，而对于消费者来讲，最大的收益正是丰富的软件资源。开放的平台也会带来更大竞争，如此一来，消费者将可以用更低的价位购得心仪的手机。

②挣脱运营商的束缚。在过去很长的一段时间，特别是在欧美地区，手机应用往往受到运营商制约，使用什么功能接入什么网络，几乎都受到运营商的控制。互联网巨头 Google 推动的 Android 终端天生就有网络特色，将让用户离互联网更近。自从 iPhone 上市，用户可以更加方便地连接网络，运营商的制约减少。随着 EDGE、HSDPA 这些 2G 至 3G 移动网络的逐步过渡和提升，手机随意接入网络已不是运营商口中的笑谈。

③丰富的硬件选择。这一点与 Android 平台的开放性相关，由于 Android 的开放性，众多的厂商会推出千奇百怪、功能各具特色的多种产品。功能上的差异和特色，却不会影响数据同步、甚至软件的兼容，如同从诺基亚 Symbian 风格手机一下改用苹果 iPhone，同时还可将 Symbian 中优秀的软件带到 iPhone 上使用，联系人等资料更是可以方便地在不同平台手机之间转移。

④不受任何限制的开发商。Android 平台提供给第三方开发商一个十分宽泛、自由的环境，不会受到各种条条框框的阻扰，可想而知，会有多少新颖别致的软件会诞生。但也有其两面性，血腥、暴力、情色方面的程序和游戏如何控制正是留给 Android 难题之一。

⑤无缝结合的 Google 应用。在互联网领域 Google 已经走过 10 年历史，从搜索巨人到全面的互联网渗透，Google 服务如地图、邮件、搜索等已经成为连接用户和互联网的重要纽带，而 Android 平台手机将无缝结合这些优秀的 Google 服务。

(2)iOS。

苹果 iOS 是由苹果公司开发的手持设备操作系统。苹果公司最早于 2007 年 1 月 9 日的 Macworld 大会上公布这个系统，最初是设计给 iPhone 使用的，后来陆续套用到 iPod touch、iPad 以及 Apple TV 等苹果产品上。iOS 与苹果的 Mac OS X 操作系统一样，它也是以 Darwin 为基础的，因此，同样属于类 Unix 的商业操作系统。原本这个系统名为 iPhone OS，直到 2010 年 6 月 7 日 WWDC 大会上宣布改名为 iOS。截至 2011 年 11 月，根据 Canalys 的数据显示，iOS 已经占据了全球智能手机系统市场份额的 30%，在美国的市场占有率为 43%。目前 iOS 的最新版本是 2012 年 9 月 20 日发布的 iOS6。现从以下几个方面来介绍一下 iOS 系统。

①用户界面。iOS 用户界面的概念基础是能够使用多点触控直接操作。控制方法包括滑动、轻触开关及按键。与系统交互包括滑动(Wiping)，轻按(Tapping)，挤压(Pinching)及旋转(Reverse pinching)。此外，通过其内置的加速器，可以令其旋转设备改变其 y 轴以令屏幕改变方向，这样的设计令 iPhone 更便于使用。屏幕的下方有一个主屏幕按键，底部则是 Dock，有四个用户最经常使用的程序的图标被固定在 Dock 上。屏幕上方有一个状态栏能显示一些有关数据，如时间、电池电量和信号强度等。其余的屏幕用于显示当前的应用程序。启动 iPhone 应用程序的唯一方法就是在当前屏幕上点击该程序的图标，退出程序则是按下屏幕下方的 Home(iPad 可使用五指捏合手势回到主屏幕)键。在第三方软件退出后，它直接就被关闭了，但在 iOS 及后续版本中，当第三方软件收到了新的信息时，Apple 的服务器将把这些通知推送至 iPhone、iPad 或 iPod Touch 上(不管它是否正在运行中)，在 iOS 5 中，通知中心将这些通知汇总在一起。iOS 6 提供了“请勿打扰”模式来隐藏通知。在 iPhone 上，许多应用程序之间无法直接调用对方的资源。然而，不同的应用程序仍能通过特定方式分享同一个信息(如当你收到了包括一个电话号码的短信息时，你可以选择是将这个电话号码存为联络人或是直接选择这个号码打一通电话)。

②支持软件。在 2007 年苹果全球开发者大会上，苹果宣布 iPhone 和 iPod Touch 将会通过 Safari 互联网浏览器支持某些第三方应用程序，这些应用程序被称为 Web 应用程序。它们能通过 AJAX 互联网技术编写出来。iPhone 和 iPod Touch 使用基于 ARM 架构的中央处理器，而不是苹果的麦金塔计算机使用的 x86 处理器。因此，Mac OS X 上的应用程序不能直接复制到 iOS 上运行。他们需要针对 iOS 的 ARM 重新编写。但就像下面所提到的，Safari 浏览器支持“Web 应用程序”。从 iOS 2.0 开始，通过审核的第三方应用程序已经能够通过苹果的 App Store 进行发布和下载了。在经过“越狱”后的 iOS 设备上，可以安装未通过 App Store 审核的应用。

③自带应用程序。在 iOS 5 中，主要包括以下自带的应用程序：信息、日历、照片、YouTube、股市、地图(AGPS 辅助的 Google 地图)、天气、时间、计算机、备忘录、系统设置、iTunes(将会被链接到 iTunes Music Store 和 iTunes 广播目录)、App Store、Game Center 以及联络信息。还有四个位于最下方的常用应用程序：电话、Mail、Safari 和 iPod。除了电话、短信，iPod Touch 保留了大部分 iPhone 自带的应用程序。iPhone 上的“iPod”程序在 iPod Touch 被分成了两个：音乐和视频。位于主界面最下方 dock 上的应用程序也根据 iPod Touch 的主要功能而改成了：音乐、视频、照片、iTunes、Game Center，第四代的 iPod Touch 更加有了相机和摄像功能。iPad 只保留部分 iPhone 自带的应用程序：日历、通讯录、备忘录、视频、YouTube、iTunes Store、App Store 以及设置；四个位于最下方的常用应用程序是：Safari、Mail、照片和 iPod。

④不支持的软件。从 iOS 1.0 版本开始，非法的第三方软件就可以在 iPhone 上运行。然而当对 iOS 进行更新后，这些非法的第三方软件将被完全破坏而不能使用，虽然苹果也曾经说明过

它不会为了破坏这些第三方软件而专门设计一个系统升级。这些第三方软件发布的方法是通过Cydia和utilities两个应用程序，这两个程序会在iPhone“越狱”之后被安装到iPhone上。

⑤越狱。众所周知，iOS系统为非开源系统。用户权限很低，很多越权的操作都将不能被支持。用户可以通过“越狱”来打开系统封闭的大门，使用户完全掌控iOS系统，进而可以随意的修改系统文件，安装插件，以及安装一些App Store中没有的软件。

目前著名的“越狱”团队和黑客有：神奇小子（Limera1n硬件漏洞的发现者，iOS3.0，iOS4.1破解者，已经退出“越狱”）；红雪团队（RedSnow“越狱”软件的开发团队，代表人物肌肉男是基带解锁和降级的研究者）；Comex（iOS4.3.3系统的破解功臣，JailBreakMe一键“越狱”的开发者，已经退出“越狱”）；绿毒团队（代表人物P0sixninja，已经退出“越狱”）；Pod2g（A5芯片的破解者，iOS5“越狱”的核心人物）。

（3）Symbian。

Symbian（也称塞班系统）是一个实时性、多任务的纯32位操作系统，具有功耗低、内存占用少等特点，非常适合手机等移动设备使用，经过不断完善，可以支持GPRS、蓝牙、SyncML以及3G技术。最重要的是它是一个标准化的开放式平台，任何人都可以为支持Symbian的设备开发软件。与微软产品不同的是，Symbian将移动设备的通用技术，也就是操作系统的内核，与图形用户界面技术分开，能很好地适应不同方式输入的平台，也可以使厂商为自己的产品制作更加友好的操作界面，符合个性化的潮流，这也是用户能见到不同样子的Symbian系统的主要原因。现在为这个平台开发的Java程序已经开始在互联网上盛行。用户可以通过安装这些软件，扩展手机功能。

塞班操作系统的前身是英国Psion公司的EPOC操作系统，其理念是设计一个简单实用的手机操作系统。虽然塞班以EPOC为基础，它的架构却包含了多任务、多运行绪和存储器保护等功能。塞班中的节省存储器和清除堆栈能有效地降低资源消耗，该技术也运用于手机内存和存储卡。塞班的编程使用事件驱动，当应用程序没有处理事件时，CPU会被关闭，因此塞班系统非常节能。这些技术让塞班的C++开发变得非常复杂。然而，许多塞班设备也支持Python、QT以及J2ME来进行开发。

在Symbian的发展阶段，出现了三个分支：分别是Crystal、Pearl和Quarz。前两个主要针对通信器材市场，也是出现在手机上最多的，是后来智能手机操作系统的主力军。第一款基于Symbian系统的手机是2000年上市的某款爱立信手机。较为成熟的同时引起人们注意的则是2001年上市的诺基亚9210，它采用了Crystal分支的系统。而2002年推出的诺基亚7650与3650则是Symbian Pearl分系的机型，其中7650是第一款基于2.5G网的智能手机产品，他们都属于Symbian的6.0版本。索尼爱立信推出的一款机型也使用了Symbian的Pearl分支，版本已经发展到7.0，是专为3G网络而开发的，可以说代表了当今最强大的手机操作系统。此外，Symbian从6.0版本就开始支持外接存储设备，如MMC、CF卡等，这让它强大的扩展能力得以充分发挥，使存放更多的软件以及各种大容量的多媒体文件成为可能。

2008年12月2日，塞班公司被诺基亚收购。由于缺乏新技术支持，塞班的市场份额日益萎缩。2011年12月21日，诺基亚官方宣布放弃塞班（Symbian）品牌。截至2012年2月，塞班系统的全球市场占有量仅为3%，中国市场占有率则降至2.4%。2012年5月27日，诺基亚宣布，将彻底放弃继续开发塞班系统，取消塞班Carla的开发，最早在2012年底、最迟在2016年彻底终止对塞班的所有支持。

（4）Windows Phone。

Windows Phone 是微软发布的一款手机操作系统。它将微软旗下的 Xbox Live 游戏、Zune 音乐与独特的视频体验整合至手机中。同时具有桌面定制、图标拖拽、滑动控制等一系列前卫的操作体验。其主屏幕通过提供类似仪表盘的体验来显示新的电子邮件、短信、未接来电、日历约会等，让人们对重要信息时刻保持更新。它还包括一个增强的触摸屏界面，更方便手指操作；以及一个最新版本的 IE Mobile 浏览器。

很容易看出微软在用户操作体验上所作的努力，而史蒂夫·鲍尔默也表示："全新的 Windows 手机把网络、个人电脑和手机的优势集于一身，让人们可以随时随地享受到想要的体验。"Windows Phone 力图打破人们与信息和应用之间的隔阂，提供适用于人们包括工作和娱乐在内完整生活的方方面面，最优秀的端到端体验。

自 2010 年 10 月 11 日，微软公司正式发布了智能手机操作系统 Windows Phone，同时将谷歌的 Android 和苹果的 iOS 列为主要竞争对手。2011 年 2 月，诺基亚与微软达成全球战略同盟并深度合作共同研发。2012 年 3 月 21 日，Windows Phone 7.5 登陆中国。6 月 21 日，微软正式发布最新手机操作系统 Windows Phone 8，Windows Phone 8 采用和 Windows 8 相同的内核。

2.2 Windows 7 操作系统概述

2.2.1 Windows 7 简介

Windows 7 是由微软公司推出的新一代 Windows 操作系统，发布于 2009 年 10 月 22 日。它是一个改良版的 Windows Vista。因为 Windows 7 不再像 Windows Vista 那样极大地占用系统资源，它可以流畅地运行于一些旧型号电脑上，并且在内存读写性能上明显要超过之前的 Windows 操作系统。Windows 7 在兼容性上有了很大改善，大多数程序在 Windows 7 上运行不会出现兼容性错误。该系统旨在让人们的日常电脑操作更加简单和快捷，为人们提供高效易行的工作环境。

2.2.1 Windows 7 的特点

Windows 7 是基于 Windows Vista 内核的新一代操作系统。Windows 7 对 Windows Vista 的一些功能进行了改进，如改进了触控性能、语音识别和手写输入功能、支持更多的文件格式、加快了启动速度、优化了文件存储效率并且提高了对多内核中央处理器性能的支持等。这些特点主要体现在如下几个方面。

1. 更易用

Windows 7 做了许多方便用户的设计，如快速最大化，窗口半屏显示，跳转列表(Jump List)，系统故障快速修复等，这些新功能令 Windows 7 成为最易用的 Windows。

2. 更快速

Windows 7 大幅缩减了 Windows 的启动时间，据实测，在 2008 年的中低端配置下运行，系统加载时间一般不超过 20 秒，这比 Windows Vista 的 40 余秒相比，是一个很大的进步。

3. 更简单

Windows 7 将会让搜索和使用信息更加简单，包括本地、网络和互联网搜索功能，直观的用户体验将更加高级，还会整合自动化应用程序提交和交叉程序数据透明性。

4. 更安全

Windows 7 包括了改进了的安全和功能合法性，还会把数据保护和管理扩展到外围设备。Windows 7 改进了基于角色的计算方案和用户账户管理，在数据保护和坚固协作的固有冲突之间搭建沟通桥梁，同时也会开启企业级的数据保护和权限许可。

5. 节约成本

Windows7 可以帮助企业优化它们的桌面基础设施，具有无缝操作系统、应用程序和数据移植功能，并简化 PC 供应和升级，进一步朝完整的应用程序更新和补丁方面努力。

2.2.3 Windows 7 的版本

目前 Windows 7 主要包含 6 个版本，分别为 Windows 7 Starter（初级版）、Windows 7 Home Basic（家庭普通版）、Windows 7 Home Premium（家庭高级版）、Windows 7 Professional（专业版）、Windows 7 Enterprise（企业版）以及 Windows7 Ultimate（旗舰版）。

1. Windows 7 Starter（初级版）

这是功能最少的版本，缺乏 Aero 特效功能，没有 64 位支持，没有 Windows 媒体中心和移动中心等，对更换桌面背景有限制（很奇怪）。它主要设计用于类似上网本的低端计算机，通过系统集成或者 OEM 计算机上预装获得，并限于某些特定类型的硬件。

2. Windows 7 Home Basic（家庭普通版）

这是简化的家庭版，支持多显示器，有移动中心，限制部分 Aero 特效，没有 Windows 媒体中心，缺乏 Tablet 支持，没有远程桌面，只能加入不能创建家庭网络组（Home Group）等。它仅在新兴市场国家投放，例如，中国、印度、巴西等。

3. Windows 7 Home Premium（家庭高级版）

面向家庭用户，满足家庭娱乐需求，包含所有桌面增强和多媒体功能，如 Aero 特效、多点触控功能、媒体中心、建立家庭网络组、手写识别等，不支持 Windows 域、Windows XP 模式、多语言等。

4. Windows 7 Professional（专业版）

面向爱好者和小企业用户，满足办公开发需求，包含加强的网络功能，如活动目录和域支持、远程桌面等，另外还有网络备份、位置感知打印、加密文件系统、演示模式、Windows XP 模式等功能。64 位可支持更大内存（192GB）。可以通过全球 OEM 厂商和零售商获得。

5. Windows 7 Enterprise（企业版）

面向企业市场的高级版本，满足企业数据共享、管理、安全等需求。包含多语言包、UNIX 应用支持、BitLocker 驱动器加密、分支缓存（Branch Cache）等，通过与微软有软件保证合同的公司进行批量许可出售。不在 OEM 和零售市场发售。

6. Windows 7 Ultimate（旗舰版）

拥有所有功能，与企业版基本是相同的产品，仅仅在授权方式及其相关应用及服务上有区别，面向高端用户和软件爱好者。专业版用户和家庭高级版用户可以付费通过 Windows 随时升级（WAU）服务升级到旗舰版。

在这 6 个版本中，Windows 7 家庭高级版和 Windows 7 专业版是两大主力版本，前者面向家庭用户，后者针对商业用户。此外，32 位版本和 64 位版本没有外观或者功能上的区别，但 64 位版本支持 16GB（最高至 192GB）内存，而 32 位版本只能支持最大 4GB 内存。目前所有新的和较新的 CPU 都是 64 位兼容的，均可使用 64 位版本。

2.2.4　Windows 7 的运行环境

要确保计算机能够运行 Windows 7 操作系统，计算机硬件需要满足以下要求：

● CPU：1GHz 32 位或 64 位处理器。

● 内存：1GB 内存（基于 32 位）或 2GB 内存（基于 64 位）。

● 硬盘：16GB（基于 32 位）或 20GB（基于 64 位）。

● 显卡：有 WDDM1.0 驱动的支持 DirectX 10 以上级别的独立显卡，显卡支持 DirectX 9 就可以开启 Windows Aero 特效。

● 其他设备：DVD R/RW 驱动器。如果需要可以用 U 盘安装 Windows 7，这需要制作 U 盘引导。

2.3　Windows 7 的基本操作

2.3.1　启动、退出和注销 Windows 7

1. 启动 Windows 7

安装好系统之后，我们就可以启动计算机，启动计算机有 2 种情况：

（1）冷启动。

冷启动就是正常启动，按下主机面板上的电源（Power）按钮，打开主机电源开关，计算机开始自动运行，屏幕上会显示一些提示信息，系统自动检测计算机的各个设备是否正常，完成自检后，成功启动计算机并进入操作系统，此时就可以正式使用计算机了。

（2）热启动。

热启动是指在已进入到操作系统界面，但由于系统运行出现异常情况，使计算机没有反应，也就是常说的“死机”时所采取的一种重启计算机的方式。在遇到这种情况后，按下 <Ctrl>+<Alt>+<Delet>组合键，在打开的界面中单击左下角的按钮，在弹出的菜单中选择“重新启动”命令即可重启计算机。

2. 退出 Windows 7

（1）正常关闭计算机。

单击屏幕左下角的按钮，打开“开始”菜单，在“开始”菜单中单击关机按钮，如图 2—3所示，即可安全关闭计算机。

图 2—3　正常关闭计算机

（2）死机情况下关闭计算机

在使用计算机过程中，有时会遇到键盘、鼠标都无法响应，不能进行任何操作，就是常说的

“死机”状态。这时可以通过按主机上的开机按钮30秒以上来关闭计算机。

3. 注销 Windows 7

注销系统可以快速关闭正在使用的所有程序，但不会关闭计算机，从而方便其他用户登录该系统。注销的操作与正常关闭计算机的方法相似，单击屏幕左下角的按钮，打开“开始”菜单，在“开始”菜单中单击关机旁的按钮，在弹出的菜单中选择“注销”命令即可，如图2—4所示。

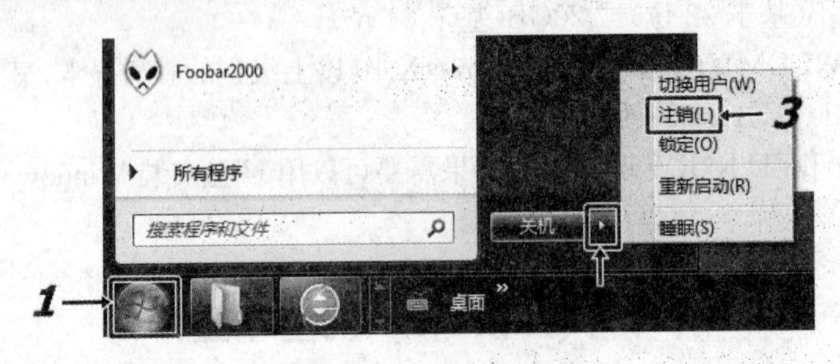

图2—4 注销 Windows 7

2.3.2 鼠标、键盘操作

1. 鼠标的操作

鼠标操作是 Windows XP 中最常用的操作。用户可以通过“控制面板”中的“鼠标”程序来修改鼠标的配置方式。鼠标的常见操作方法如表2—1所示。

表2—1 鼠标的常见操作方法

动作	操作方法
指向	移动鼠标，将鼠标指针移动到目标位置
单击	(将鼠标指向目标)快速按一下鼠标左键
单击右键	(将鼠标指向目标)快速按一下鼠标右键
双击	(将鼠标指向目标)快速地连续按两下鼠标左键
拖曳	(将鼠标指向目标)按下鼠标左键不放，并移动鼠标

下面介绍有关鼠标操作的术语：

- 单击：按下鼠标左键，立即释放。
- 单击右键：按下鼠标右键，立即释放。单击鼠标右键后，通常会弹出一个快捷菜单，快捷菜单是执行命令的最便捷的方式。
- 双击：指快速地进行两次单击左键的操作。
- 指向：在不按下鼠标按键的情况下，移动鼠标指针到预期位置。“指向”操作通常有两种用法：一是打开子菜单；二是突出显示。
- 拖曳：在按住鼠标按键不松开的同时移动鼠标指针。拖曳前，先把鼠标指针指向想要拖曳的对象，然后拖曳，结束拖曳操作后松开鼠标按键。

2. 键盘的操作

在 Windows 中，键盘是计算机不可或缺的标准输入设备，它不仅可以进行信息输入，还可以通过使用键盘代替鼠标的操作。某些特殊场合，使用键盘操作比使用鼠标操作更为方便。

而这往往都是使用功能键或者组合键来实现的，所谓组合键就是至少两个以上的键同时使用。如“<Alt>+<Tab>”两键组合使用，表示按住第一个键<Alt>不放，再按第二个键<Tab>，使用结束后需同时释放这两个键。表2—2中列出了Windows XP中常用的功能键和组合键以及它们所代表的功能。

表2—2 常用的功能键和组合键

组合键	功能	组合键	功能
<Enter>	确认	<Ctrl>+X	剪切
<Esc>	取消	<Ctrl>+C	复制
<Delete>	删除	<Ctrl>+V	粘贴
<Tab>	在对话框中切换到下一项	<Shift>+<Tab>	在对话框中切换到上一项
<Print Screen>	将屏幕画面复制到剪贴板	<Alt>+<Print Screen>	将活动窗口画面复制到剪贴板
<Ctrl>+<Esc>	打开“开始”菜单	<Alt>+F4	关闭当前窗口
<Ctrl>+<Space>	中英文输入法切换	<Shift>+<Space>	半角/全角切换
<Ctrl>+<Shift>	不同输入法间切换	<Alt>+<Tab>	在最近打开的两个窗口间切换
<Ctrl>+	中英文标点符号切换	<Alt>+<Esc>	在打开的所有窗口间循环切换
<Ctrl>+<Alt>+<Del>	启动任务管理器	<Alt>+菜单栏字母	打开窗口菜单栏菜单

2.3.3 Windows 7的桌面

Windows 7操作系统启动好后呈现在用户面前的屏幕就是桌面，桌面是用户与操作系统进行交互的一个主要平台。桌面由图标、任务栏和桌面背景组成，它模拟了人们实际的工作环境，可以根据需要对桌面进行设置，把经常使用的程序和工作对象放在桌面上，好像在办公桌上摆放各种办公工具一样。Windows 7的桌面如图2—5所示。

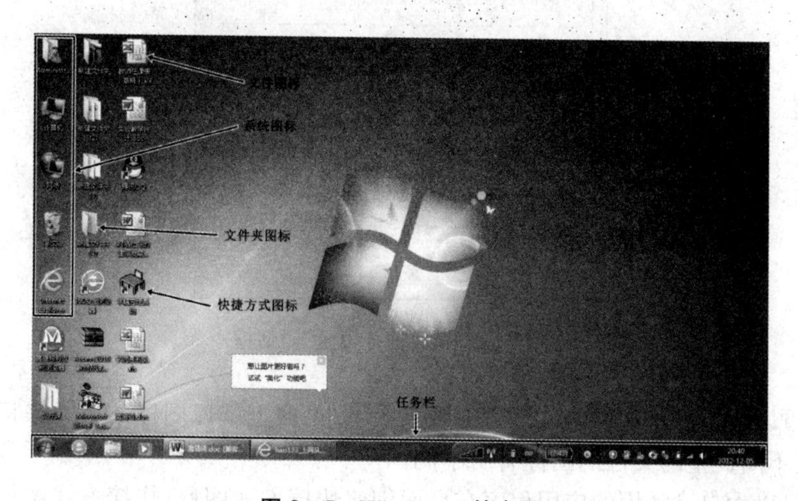

图2—5 Windows 7的桌面

1. 图标

Windows 是一个图形化的操作系统。图标是图形化用户界面中的一个重要元素，Windows 采用各种形象的小图标来标识各类不同的对象。根据所标识对象的不同，图标可分为以下几类：系统图标、文件或文件夹图标和快捷方式图标等。图标下面通常有标识名。在桌面上较为常见的系统图标有：

● Administrator：它是一个文件夹，用来存放用户个人经常使用的文档，Administrator 是个人文件和文件夹默认的存储区。

● 计算机：双击它可以打开"计算机"窗口，在窗口中，可以进行磁盘、文件和文件夹的管理操作。用鼠标右击该图标，在弹出的快捷菜单中选择"属性"命令，可以查看计算机的系统配置信息，例如操作系统的版本、处理器型号、内存大小、计算机名称、工作组等。

● 网络：当用户的计算机连接到网络上时，可以通过该图标访问网络上的其他计算机，共享网上资源。

● 回收站：暂时存储用户删除的内容。如果用户错误删除了文件，可以从"回收站"中还原被删除的文件。对于不再需要保留的文件，可以从"回收站"中彻底清除掉，清除掉的内容不可再恢复。

● Internet Explorer：网络浏览器，当用户计算机连接到互联网上时，可以通过它来浏览互联网上的网页。

在 Windows 7 系统安装好后，桌面默认只有一个"回收站"图标。用户查看和管理计算机资源很不方便，用户可以通过以下方法来显示其他桌面图标。在"个性化"窗口中单击左上方的"更改桌面图标"链接，就可弹出"桌面图标设置"对话框，如图 2—6 所示。在对话框的"桌面图标"区域中勾选需要在桌面显示的图标对应的复选框，然后单击"确定"按钮，即可在桌面上显示图标。

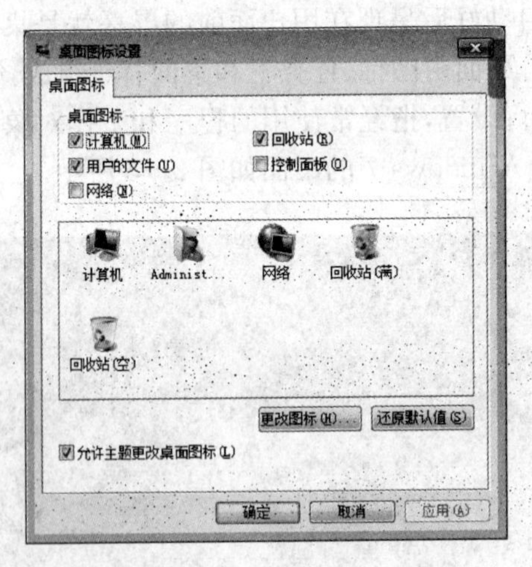

图 2—6 "桌面图标设置"对话框

用户也可以把自己的文件或文件夹放到桌面上，桌面上就以图标的形式来标识该文件或文件夹，但是不同类型的文件的图标有所不同。

用户也可以为自己常用的应用程序在桌面创建快捷方式图标，快捷方式图标的一个显著标志就是图标的左下角有一个"↗"标记。不同应用程序的快捷方式图标也不一样。

为了使计算机的桌面更加美观、整洁，我们可以对桌面图标进行以下一些操作：

● 移动图标：单击鼠标左键选中要移动的图标，并按住左键不动拖动图标到目标位置。

● 双击图标：双击文件图标，可以启动创建该文件的应用程序并打开该文件；双击文件夹图标，将打开文件夹窗口；双击快捷方式图标，将启动相应的应用程序。

● 图标的重命名：右击图标，从快捷菜单中选择“重命名”。

● 删除图标：右击图标，从快捷菜单中选择“删除”，该图标即被移入回收站。

● 排列图标：当桌面上有很多图标时，用户可以按一定的方式对图标重新排列。方法是，右击桌面空白处，从快捷菜单中选择“排列图标”，然后就可以按“名称”、“大小”、“类型”和“修改时间”4 种方式重排图标，如图 2—7 所示。

● 隐藏图标：如果不想让图标出现在桌面上，可以从图 2—7 的快捷菜单中选择“显示桌面图标”，这是一个开关项，默认为选中状态，即显示桌面图标；单击该项，取消前面的选中标记；再次单击时则可恢复显示。

● 整理图标：选择图 2—7 中的“运行桌面清理向导”可以简化桌面。清理向导会将未使用过的快捷方式移至一个称为“未使用的桌面快捷方式”桌面文件夹中，以后需要时再从“未使用的桌面快捷方式”文件夹中恢复。

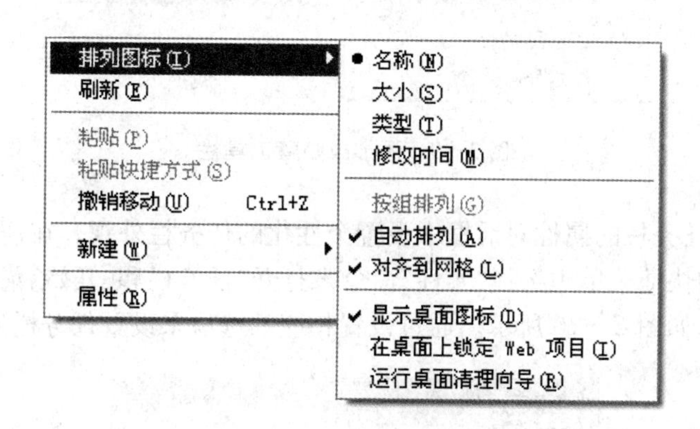

图 2—7　快捷菜单“排列图标”

2. 任务栏

任务栏默认情况下位于桌面的最下方，了解任务栏各个部分的作用并灵活运用任务栏，可以大大提高用户使用计算机的效率。Windows 7 的任务栏主要由“开始”菜单按钮、快速启动工具栏、应用程序列表、通知区域和“显示桌面”按钮等几部分组成。如图 2—8 所示。

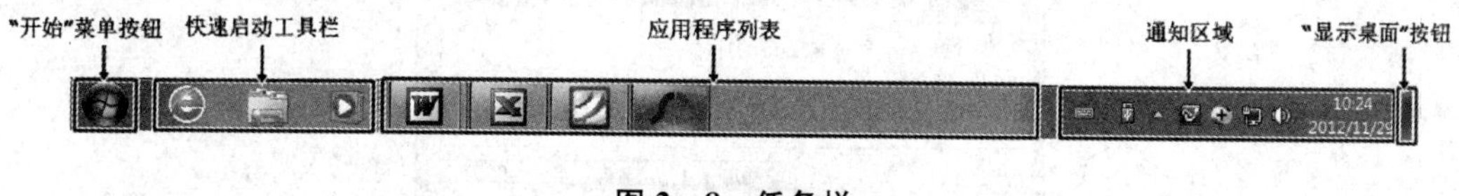

图 2—8　任务栏

● “开始”菜单按钮：位于任务栏的最左边，单击该按钮可以打开“开始”菜单，用户可以从“开始”菜单中启动应用程序或选择所需的菜单命令。

● 快速启动工具栏：位于“开始”菜单按钮的右侧，它由一些应用程序的图标组成，单击其中的某个图标，就可快速启动相应的程序。用户可以根据个人需要将常用的图标添加到快速启动工具栏中。

● 应用程序列表:用来显示用户打开的应用程序的图标按钮,单击这些按钮可以实现快速在多个操作窗口之间的切换。

● 通知区域:位于任务栏的右边,它包括语言栏、时钟、音量控制器和一些特定程序的告知等。

● "显示桌面"按钮:位于最右边的一小块空白区域,单击该图标可以快速启动桌面。

在任务栏上可以根据需要添加或隐藏工具栏。在任务栏的空白处单击鼠标右键,弹出如图 2—9 所示得快捷菜单,将鼠标光标移至"工具栏"菜单上,在弹出的下一级菜单中选择所要添加或隐藏的工具栏即可。

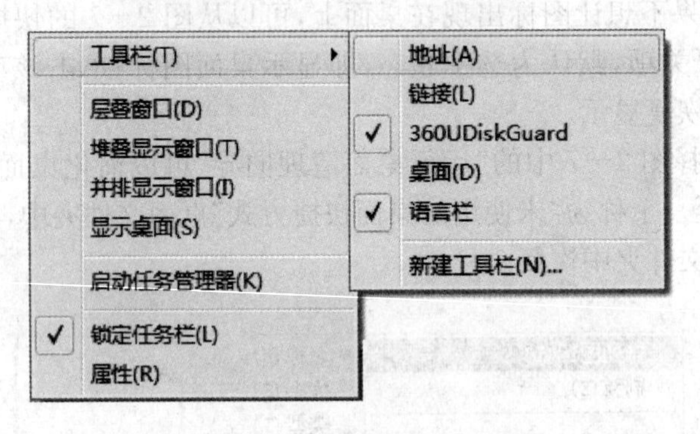

图 2—9 添加或隐藏工具栏

我们也可以在任务栏的属性对话框中设置个性化的任务栏外观。在任务栏的空白处单击鼠标右键,在弹出的快捷菜单中选择"属性"命令来打开"任务栏和「开始」菜单属性"对话框,选择"任务栏"选项卡,如图 2—10 所示。通过设置相应的选项来设置任务栏的外观。

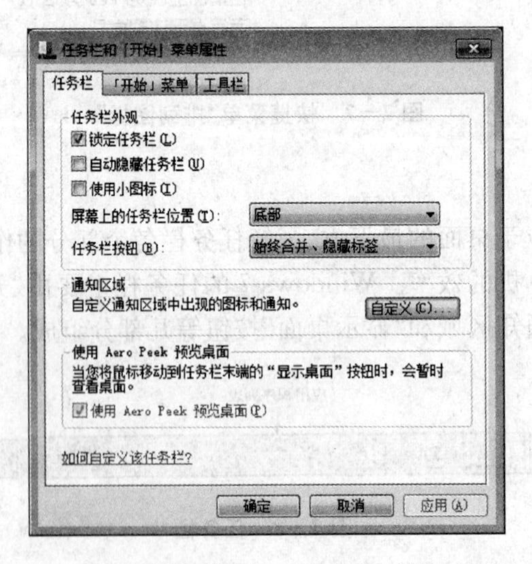

图 2—10 "任务栏和「开始」菜单属性"对话框

3. 桌面背景

桌面背景也称桌面墙纸,用户可以根据自己的喜好来设置个性化的桌面背景。

2.3.4 “开始”菜单

“开始”菜单是访问计算机程序、文件夹和设置选项的主要门户。它提供了一个选项列表，包含了计算机内所有已安装程序的快捷方式，用户可以便捷地通过“开始”菜单来访问程序，搜索文件，用户还可以自定义“开始”菜单。

单击屏幕左下角的按钮，即可打开“开始”菜单，如图 2－11 所示。

图 2－11　“开始”菜单

“开始”菜单主要可分为如下一些区域：

- 高频使用区：根据用户使用程序的频率，Windows 会自动将使用频率较高的程序的快捷方式显示在该区域中，以便用户能快速地启动相应的程序。
- 所有程序区：当用户单击“所有程序”命令，在高频使用区中将显示计算机中已安装的程序的快捷方式或程序文件夹，选择某个选项可启动相应的程序，此时“所有程序”命令也将变成“返回”命令。
- 搜索区：在搜索区的文本框中输入关键字后，系统将搜索计算机中所有数据，并将搜索的结果显示在上方的区域中，单击即可打开相应的程序。
- 用户信息区：用于显示当前用户的图标和用户名，单击图标可以打开“用户账户”窗口，通过该窗口可更改用户账户信息，单击用户名将打开当前用户的用户文件夹。
- 自定义菜单区：显示了常用文件夹、文件、图片和控制面板等信息。
- 关机区：用于关闭、重启、注销计算机，还可以进行用户切换、锁定计算机以及使计算机进入睡眠状态等操作。

用户可以根据自己的喜好来修改、添加或删除“开始”菜单中“自定义菜单区”中的某些项目，如计算机、控制面板、网络、“运行”选项等。在任务栏的空白处单击鼠标右键，在弹出的快捷菜单中选择“属性”命令来打开“任务栏和「开始」菜单属性”对话框，选择“「开始」菜单”选项卡，如图 2－12 所示。单击“自定义”按钮，弹出“自定义「开始」菜单”对话框，如图 2－13 所示，在列表框中选择相应的项目进行修改，此时，在“开始”菜单的“自定义菜单区”中将显示修改后的菜单样式。

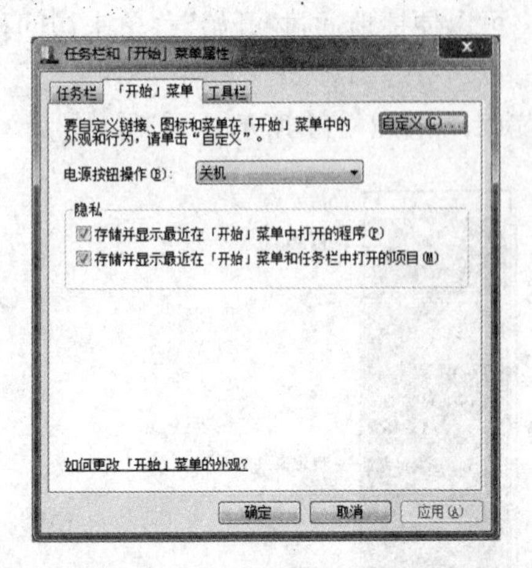

图 2－12 “任务栏和「开始」菜单属性”对话框

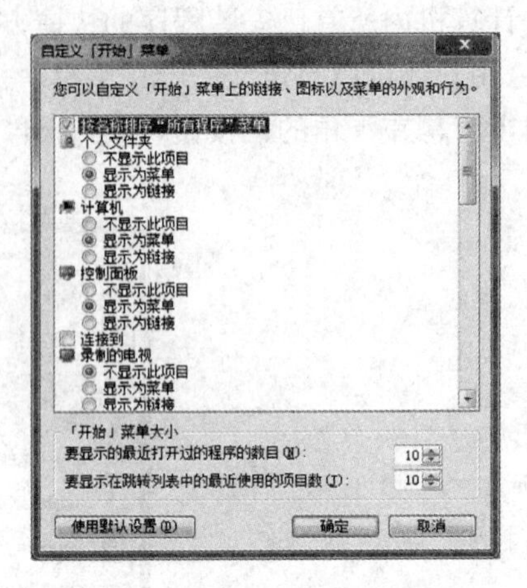

图 2－13 “自定义「开始」菜单”对话框

2.3.5 Windows 7 的窗口

1. 窗口的组成

窗口是 Windows 7 系统的基本操作对象，很多应用程序都以窗口的形式运行，所以用户大部分的操作都在窗口中完成。双击桌面的“计算机”图标，就可打开“计算机”窗口，如图 2－14所示，这是一个典型 Windows 7 窗口。

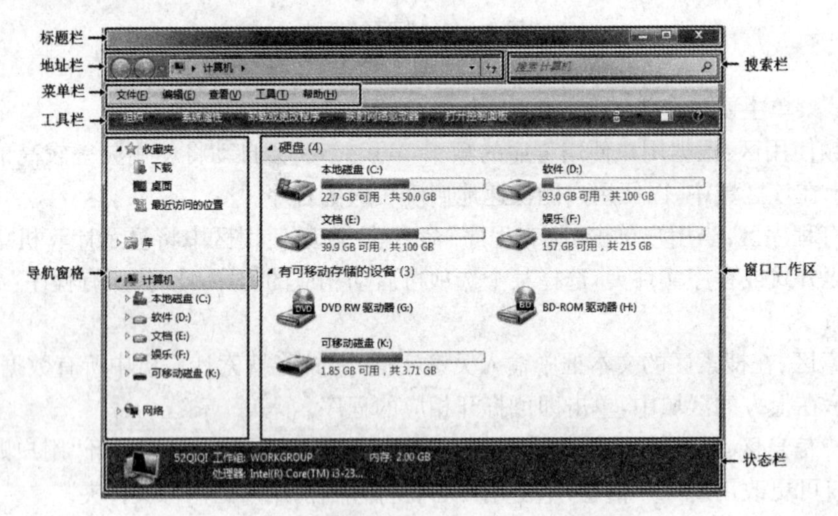

图 2－14 窗口主要由以下几个部分组成

- 标题栏：位于窗口顶部，左侧一般有控制图标，右侧有控制窗口大小和关闭窗口的按钮。
- 地址栏：用于显示当前窗口文件在系统中的位置。其左侧包括“返回”按钮和“前进”按钮，用于打开最近浏览过的窗口。
- 搜索栏：用于快速搜索计算机中的文件。

● 菜单栏：包括多个菜单项，每个菜单项又包含相应的子菜单，通过这些子菜单可以对窗口作相应的操作。

● 工具栏：它会根据窗口中显示或选择的对象同步进行变化，以便于用户进行快速操作。

● 导航窗格：单击里面的某一项可以快速切换或打开相应的窗口。

● 窗口工作区：用于显示当前窗口中存放的文件和文件夹内容。

● 状态栏：用于显示计算机的配置信息或当前窗口中选择对象的信息。

2. 窗口的操作

(1)打开窗口。

双击需要打开的对象，或者用鼠标右击对象，在快捷菜单中选择“打开”命令。

(2)关闭窗口。

如果要关闭窗口，一般可以采用以下几种方式：

● 单击窗口右上角的“关闭”按钮。

● 单击窗口左上角的“控制菜单图标”，在弹出菜单中选择“关闭”命令。

● 对于程序窗口，可选择“文件”菜单中的“退出”命令。

● 按＜Alt＞＋F4组合键。

● 在任务栏中右击窗口图标，在弹出的快捷菜单中选择“关闭”命令。

(3)调整窗口大小。

当窗口没有处于最大状态时，可以随时调整窗口的大小。利用窗口右上角的控制按钮，可以调整窗口大小或关闭窗口。另外，双击标题栏也可以将窗口放大或还原；还可以利用鼠标拖拽窗口的边框或窗口角来调整窗口的大小。

(4)窗口切换。

无论打开多少个窗口，所有的操作都只能在当前的窗口中进行，如果要对另外的窗口操作，只能先将其切换到当前窗口。我们可以在任务栏上单击应用程序图标按钮来切换窗口，或使用键盘＜Alt＞＋＜Tab＞、＜Alt＞＋＜Esc＞组合键切换窗口。

(5)移动窗口。

当窗口处于非最大化状态时，可将鼠标指针指向窗口标题栏，按住鼠标左键将窗口拖到合适的位置后释放。

(6)窗口排列。

在打开多个窗口后，利用Windows 7的自动排列功能可以方便地实现多窗口显示。右击任务栏的空白处，从图所示的快捷菜单中选择“层叠窗口”、“横向平铺窗口”或“纵向平铺窗口”命令即可。

2.3.6　Windows 7的菜单

Windows 7的菜单是一系列功能与命令的组合。在打开菜单的命令上单击，便可执行该命令。打开菜单后，若不想执行任何命令，只要在菜单外的地方单击或按“Esc”键，即可关闭菜单。除前面介绍的“开始”菜单外还有“快捷菜单”和“窗口菜单”(也称“下拉菜单”)等，如图2－15所示。

不同的菜单项代表不同的命令，但其操作方式却有相似之处。Windows为了方便用户的识别和使用，在一些菜单项的前面或后面加上了某些特殊标记。菜单项上的标记及其含义，如表2－3所示。

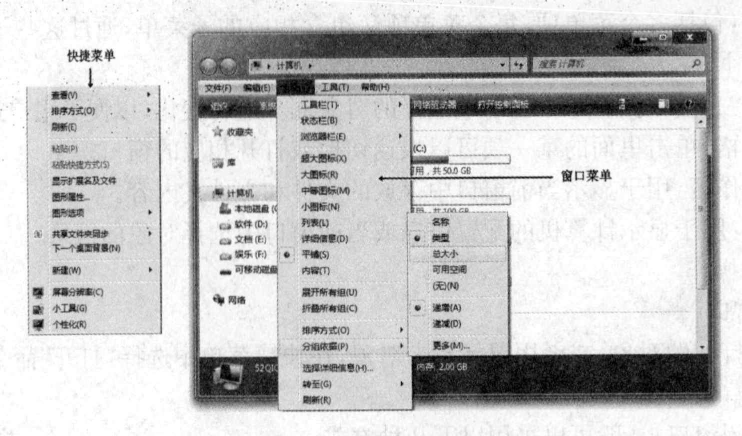

图 2－15 “快捷菜单”和“窗口菜单”

表 2－3 菜单项上的标记及其含义

菜单项上的标记	含 义
黑色字符	正常的菜单项，表示可以选择
灰色字符	无效的菜单项，表示当前不可选取
名称后带“…”	选择此类菜单项，将打开一个对话框，要求用户输入信息或改变设置
名称后带“▶”	表示它有下一级菜单，当鼠标指向它时，菜单上会出现下一级菜单
名称前带“·”	是分组菜单中的单选符号。当分组菜单中某一项被选中时，该项前面带有“·”，且该分组的其他菜单选项将不再起作用
字母标记	表示该菜单项或菜单命令的快捷键。主菜单后的字母标记表示按＜Alt＞＋字母对应的键就可以打开相应的菜单；而菜单命令项后的字母，表示执行该命令可通过按下键盘上对应的字母键来完成
名称前带“√”	选项标记，可在两种状态之间进行切换。当菜单项前有此标记时，表示命令有效

1. 快捷菜单

快捷菜单是 Windows 7 提供给用户执行快速操作的方法之一。用户在任何时候单击鼠标右键，即可弹出快捷菜单，以方便用户快速完成某些操作。其具体命令会随着所指的对象不同而变化。

2. 窗口菜单

窗口菜单是指某个应用程序或文件夹窗口中的菜单，它包含了应用程序或文件夹的相关操作命令。

2.3.7 Windows 7 的对话框

对话框是 Windows 与用户进行信息交流的一个界面，利用对话框可以进行程序运行时的信息输入或环境设置等。图 2－16 就是一些典型的 Windows 7 对话框。

从外观上看，对话框与窗口十分相似，但是对话框没有菜单栏和工具栏，而且对话框的尺寸也是固定的，不能像窗口那样任意改变大小。不同的对话框的外观和内容差别很大，但多数对话框都有以下几种元素组成：

● 标题栏：在对话框的顶部，其左端是对话框的名称。右端有“关闭”按钮，有的还有“帮

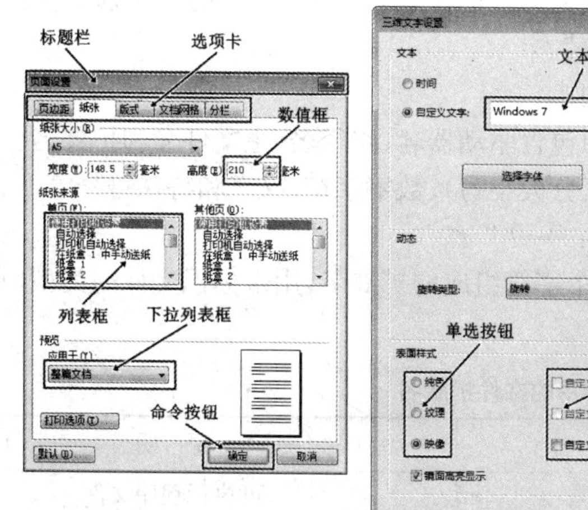

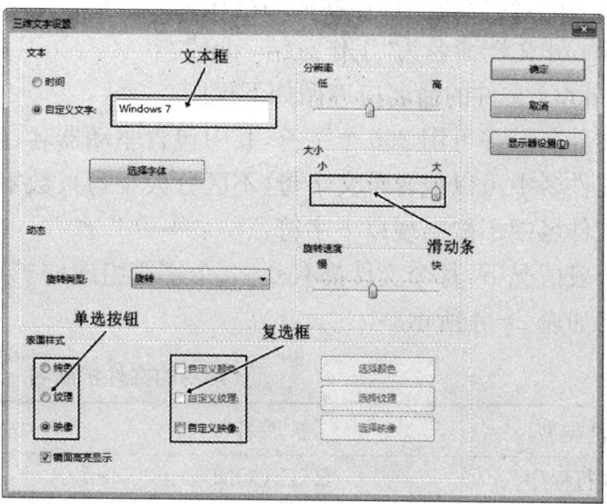

图 2—16 Windows 7 对话框

助”按钮。用鼠标拖动标题栏可移动对话框。

● 选项卡:当对话框中有较多内容时,Windows 7 将对话框按类别划分成多个选项卡,每个选项卡都对应一个名称,并依次排列在一起,用户可以通过单击各个选项卡来进行切换,查看选项卡内各自的内容。

● 文本框:用于输入信息。例如,输入文件名或程序名等。

● 数值框:显示一个数值信息。可以直接在框中输入数据,也可以单击数值框右边的增减箭头来改变效值的大小。

● 列表框:显示多行文字或多个图形的列表,以便用户从中选取需要的对象。

● 下拉列表框:用于在要显示的内容较多而空间较小时取代普通列表框。鼠标单击右侧的向下箭头或按键盘的方向键,即可将它的下拉框打开。

● 单选按钮:在一组相关的选项中一次只能选择一个选项,单击选项按钮,按钮前圆框内会出现一个圆点,表示该选项被选定,同时其他选项的选择将被取消。

● 复选框:用来在多种选择状态间进行切换,当选项左边的方框中出现“√”时该复选框被选中;再次单击该复选框,取消选择。用户可同时选中多个复选框。

● 命令按钮:用于执行各种命令的按钮,比如“确定”、“应用”或“取消”等。

● 滑动条:通过鼠标拖动滑块来设置相应的数值。

2.4 Windows 7 的文件

2.4.1 文件、文件夹和路径概念

1. 文件

计算机中的任何信息都是以文件的形式保存在存储介质中的。应用程序、文档、音乐、图片等都是计算机中的文件。因此文件是一组相关信息的集合,是用来存储和管理信息的基本单位。每一个文件都需要一个文件名,文件名是计算机对文件进行操作的识别标志。

文件名一般由主文件名和扩展名组成,中间由圆点分隔,扩展名用来标识文件的类型。在

为文件命名时，建议使用描述性的名称作为文件的主名，这样有助于用户识别文件。例如，可将一个 Word 文档命名为“工作总结 .doc”。

Windows 文件的命名应遵循如下规则：

①文件名最多可用 255 个字符，其中包含驱动器名、路径名、主文件名和扩展名。

②文件名中可以包含英文字母(不区分大小写)、数字字符、汉字和特殊符号等。

③文件名中不能出现以下字符：\ / ： * ？“ ＜ ＞ |

④一般情况下，每个文件都有 0～3 个字符组成的扩展名，用来标识文件的类型，常用的文件扩展名如表 2－4 所示。

表 2－4　常用的文件扩展名

文件类型	扩展名	说　明
可执行程序	EXE、COM	可执行程序文件
源程序文件	C、CPP、BAS	程序设计语言的源程序文件
Office 文档	DOC、XLS、PPT	Word、Excel、Powerpoint 创建的文档
流媒体文件	WMV、RM、QT	能通过 Internet 播放的流式媒体文件
压缩文件	ZIP、RAR	压缩文件
图像文件	BMP、JPG、GIF	不同格式的图像文件
音频文件	WAV、MP3、MID	不同格式的声音文件
网页文件	HTM、ASP	前者是静态的，后者是动态的

扩展名是文件名的主要组成部分，是标识文件类型的重要方式。Windows 7 中扩展名一般是隐藏的，我们可以通过以下操作来显示文件的扩展名：在文件夹窗口中单击“组织”按钮，在弹出的下拉菜单中选择“文件夹和搜索选项”命令，在弹出的“文件夹选项”对话框中切换到“查看”选项卡，然后取消勾选“隐藏已知文件类型的扩展名”复选框，如图 2－17 所示。单击“确定”按钮，就可显示文件的我扩展名。

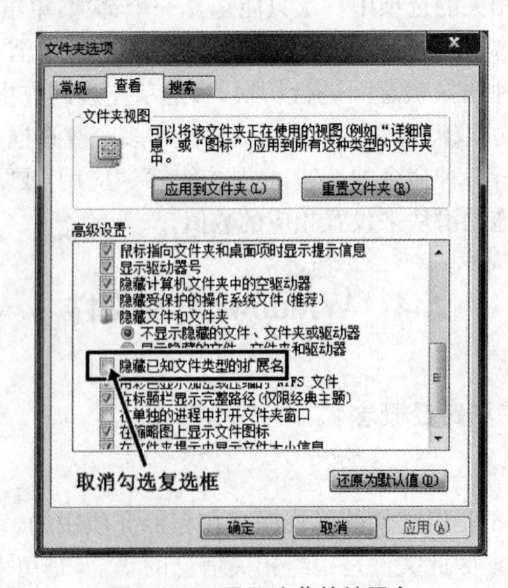

图 2－17　显示隐藏的扩展名

2. 文件夹

计算机中有大量的文件，为了便于管理，常常把文件放到不同的文件夹中。文件夹可以理解为用来存放文件的容器。文件夹的命名规则与文件相同，但一般没有扩展名。

Windows 采用树形结构来组织管理文件。每个磁盘在格式化时都会自动产生一个根文件夹，在根文件夹下可建立多个文件夹，也可直接存放文件。每个文件夹下又可以有其子文件夹，其中也可直接存放文件，子文件夹下又可有下一级的子文件夹和文件。

在同一位置上不能有同名的文件夹或同名的文件。例如，若D盘“我的照片”文件夹下已经有了一个名为“校园风光.jpg”的文件，就不能再将一个同名的文件存放在此文件夹下。但是，不同位置上的文件或文件夹可以是同名的，例如，可以将文件“校园风光.jpg”存放在D盘根文件夹或其他位置。

3. 路径

路径是指文件或文件夹在计算机中存储的位置，当打开某个文件夹时，在地址栏中即可看到该文件夹的路径。

路径的结构一般包括磁盘名称、文件夹名称和文件名称，它们之间用“\”隔开。例如，在图2—18中“窗口的组成.jpg”图形文件的路径为“E:\插图\窗口的组成.jpg”。

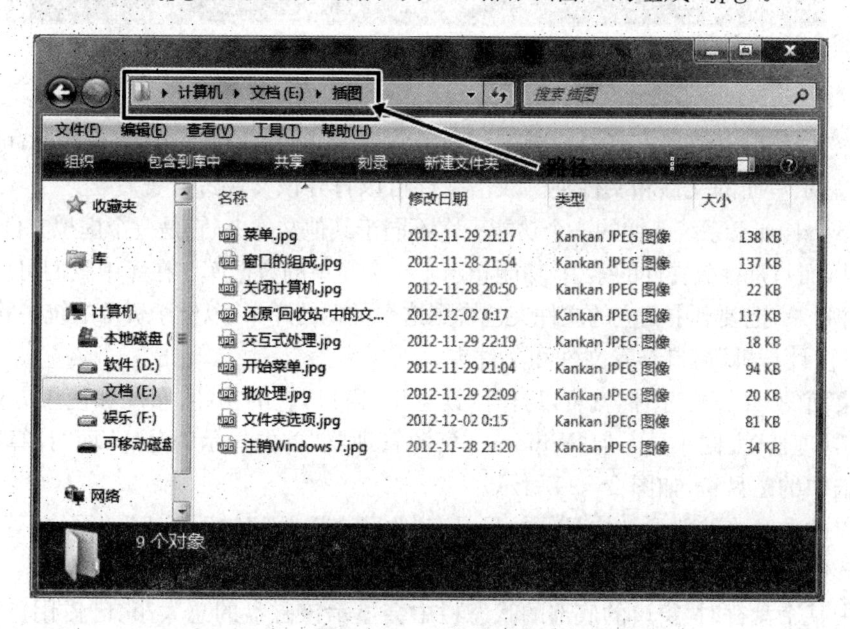

图2—18 文件的路径

2.4.1 查看文件和文件夹

对于计算机中存放的大量文件和文件夹，我们应该如何来查看和管理它们呢？“计算机”窗口和“Windows 资源管理器”就是对其进行管理的大管家。

从实际使用功能上来看，两者差不多，都是用来管理系统资源的，也可以说是用来管理文件的。

1. 通过 Windows 资源管理器查看文件和文件夹

单击“开始”按钮，在“开始”菜单中依次选择“所有程序”→“附件”→“Windows 资源管理器”选项，就可打开 Windows 资源管理器窗口，用户可以在该窗口中对整个计算机库中存放的文件进行访问和管理，如图 2－19 所示。

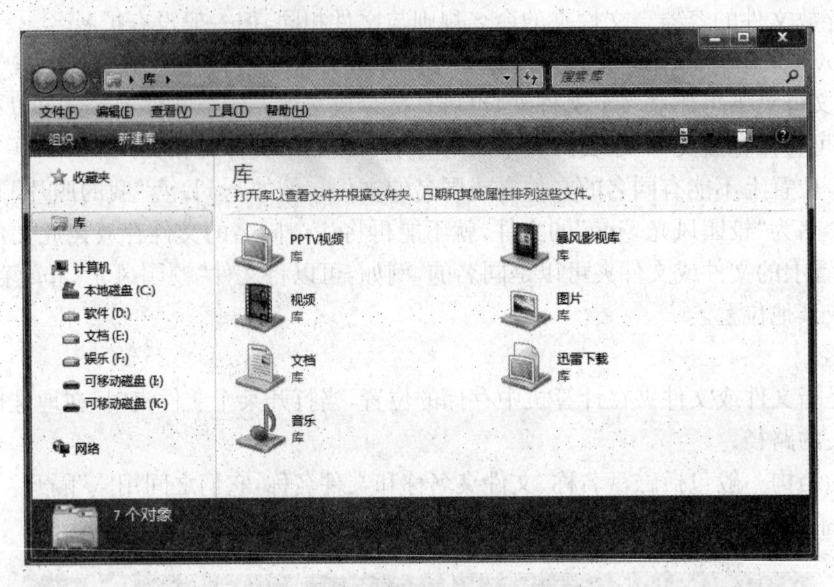

图 2－19 Windows 资源管理器

双击库文件夹，就可以打开对应库下面的子文件夹，例如，双击“图片”文件夹，可以打开该库文件夹，显示里面的文件和文件夹。双击文件可以打开该文件进行查看。

库是 Windows 7 系统新增的一个功能。它不同于其他文件夹，它是一个虚拟文件夹，并不存放实体文件，而只是存放文件的索引，功能相当于一个简单的数据库。在库中我们可以建立不同类型的文件目录，把硬盘中相应的文件夹包含到这个类型的库中，以便于资源的统一管理。

2. 通过“计算机”窗口查看文件和文件夹

双击桌面的“计算机”图标就可以打开“计算机”窗口，它的功能、布局和使用方法与“Windows 资源管理器”大同小异。但“Windows 资源管理器”首先显示的是库，而“计算机”首先显示的是电脑中的磁盘符，如图 2－20 所示。

该窗口的左窗格的树形结构显示的目录有“收藏夹”、“库”、“计算机”、“网络”等，用户可以通过该树形窗格在相应的窗口中来回切换。

当选中某个盘符时，窗口的底部的状态栏中会显示该磁盘的总大小、已占用空间、可用空间和文件系统类型，如图 2－21 所示。

双击任意一个盘符，即可打开该磁盘，查看磁盘中存放的所有文件和文件夹，如图 2－22 所示。双击文件夹或文件，可以打开该文件夹或运行该文件。选中文件或文件夹后，用户可以单击位于窗口右上角的□按钮，即可打开预览窗口查看文件夹或文件的详细信息。再次单击该按钮，即可关闭预览窗口。

3. 文件和文件夹的显示方式

在“资源管理器”窗口或“计算机”窗口中查看文件或文件夹时，系统提供了多种文件和文件夹的形式方式，用户可单击工具栏中的▦▾图标，在弹出的快捷菜单中有 8 种方式可供选择，如图 2－23 所示。

有时用户还可以对文件或文件夹进行排序，例如，按“名称”排序、按“修改日期”排序、按“类

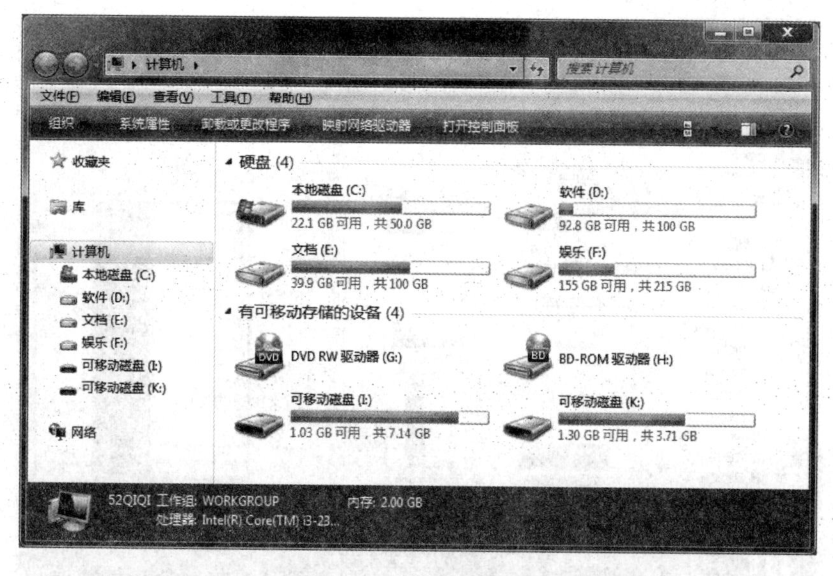

图 2—20 “计算机”窗口

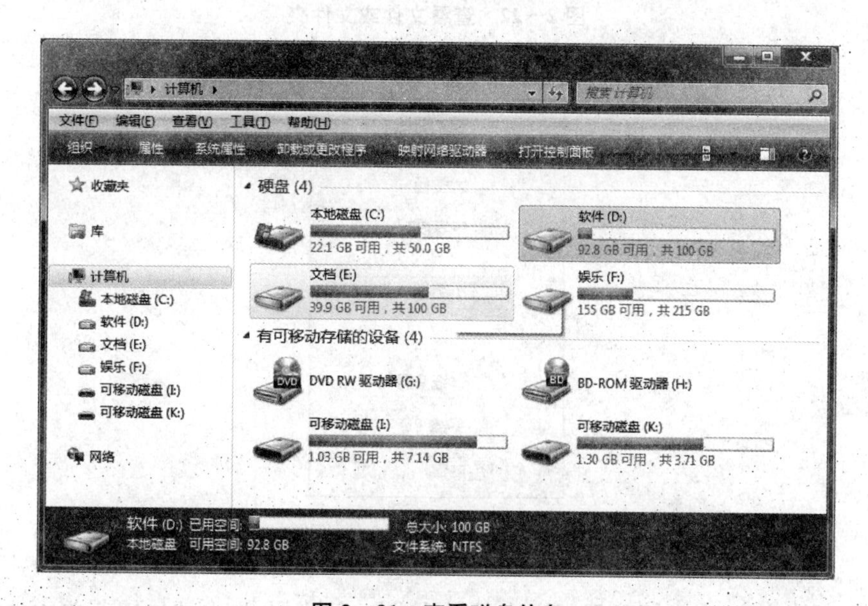

图 2—21 查看磁盘信息

型”排序、按“大小”排序等。具体方法是在查看窗口的空白处单击鼠标右键，在弹出的快捷菜单中，选择“排序方式”子菜单中的某个选项即可实现对文件和文件夹的排序，如图 2—24 所示。

2.4.3 文件和文件夹的基本操作

1. 新建文件或文件夹

(1)新建文件夹。

在管理文档时，常常需要将一些文件分类整理在文件夹中以便日后管理，这就要用到新建文件夹操作。我们可以根据具体的需要在桌面或磁盘中的任何文件夹上新建文件夹。其方法有如下几种。

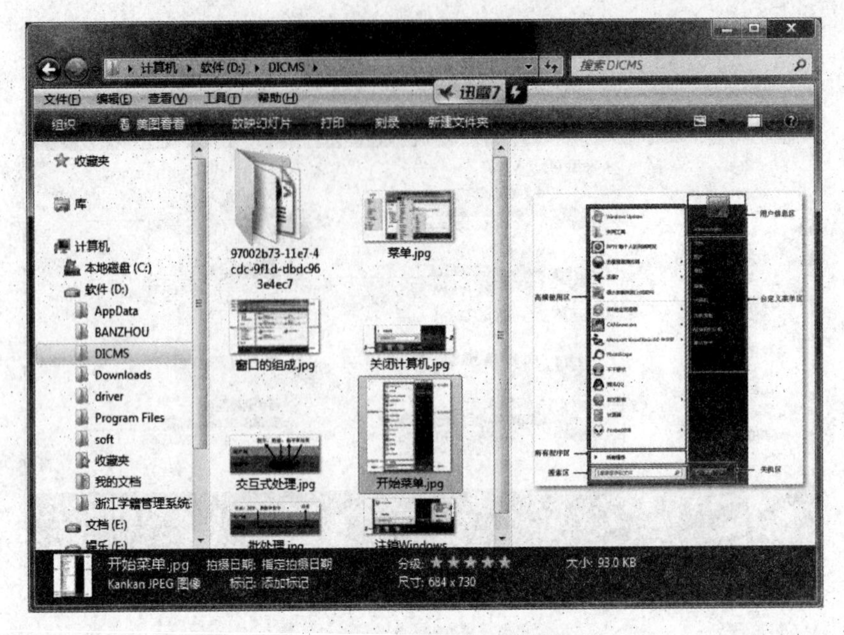

图 2—22 查看文件或文件夹

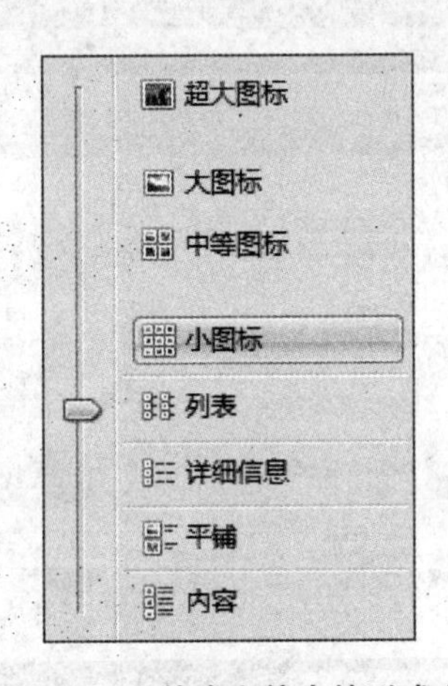

图 2—23 文件或文件夹的形式方式

● 打开目标位置，在目标位置的空白处单击鼠标右键，在弹出的快捷菜单中选择“新建”→“文件夹”命令。

● 直接单击窗口工具栏中的“新建文件夹”按钮。

● 在窗口的菜单栏中选择“文件”→“新建”→“文件夹”命令。

注意，新建的文件夹名称默认为“新建文件夹”，我们应该根据实际情况来进行重命名。

(2)新建文件。

一般的方法是先启动相应的应用程序后再新建文件。例如，要新建 Word 文件，可以先打开 Microsoft Word 应用程序，然后单击“文件”菜单→选择“新建”命令即可。

也可以在窗口的空白处单击鼠标右键，在弹出的快捷菜单中选择“新建”命令，然后在弹出的子菜单中选择你所要创建的文件类型。

图2—24 文件和文件夹的排序

2. 选择文件或文件夹

对文件或文件夹进行复制、移动或删除等操作前，需要先将其选中。

(1)选择单个文件或文件夹。

直接用鼠标单击某个文件或文件夹即可，选中后的文件或文件夹上显示蓝色的阴影。

(2)选择多个相邻文件或文件夹。

选择多个相邻文件或文件夹主要有两种方法：在要选择的文件或文件夹区域的左上角按住鼠标左键，然后拖动鼠标至该区域右下角的文件或文件夹处，松开鼠标后即可将其选中；先选中要选择的第一个文件或文件夹，然后按住<Shift>键不放，再单击要选择的最后一个文件或文件夹，即可将这两个对象之间的所有文件及文件夹都选中。

(3)选择多个不相邻的文件或文件夹。

可以按住<Ctrl>键不放，用鼠标逐个单击要选择的文件或文件夹即可。(注意：按住<Ctrl>键不放，再单击已选中的文件或文件夹则可以取消选中的文件或文件夹。)

(4)选择全部文件或文件夹。

除了可以按住<Shift>键不放单击第一个和最后一个文件或文件夹的方法选择外，还可以单击“编辑”菜单→选择“全选”命令或者按<Ctrl>+A组合键来选择。

3. 重命名文件或文件夹

可以根据需要来更改文件或文件夹的名称。选定需要更名的文件或文件夹，选择“文件”菜单→“重命名”命令，输入新的名称后，按<Enter>键。

还可以在选定文件或文件夹后，单击鼠标右键，在弹出的快捷菜单中选择“重命名”命令。

4. 移动与复制文件或文件夹

(1)剪切板。

在移动、复制文件或文件夹时都离不开剪切板。剪切板是计算机内存中的一块区域，用来暂时存放被剪切或被复制的信息，一旦退出 Windows 或再次进行剪切或复制操作时，剪切板中的信息就会丢失或被替换。Windows 剪切板时时刻刻都存在，存放在剪切板上的信息可以重复粘贴。

剪切板可以存放各种信息，比如文件、文件夹、文本数据、多媒体信息等。利用剪切板可以进行文件或文件夹的移动或复制，还可以在不同的应用程序之间传输信息。

(2)移动与复制文件或文件夹。

用户在整理文件或文件夹时，经常需要将某个文件或文件夹移动到其他位置，这就需要用到移动操作。移动文件或文件夹用的是"剪切"选项，执行完移动操作后，原位置的文件或文件夹将不存在，而是出现在目标位置。

复制文件或文件夹操作与移动操作不同的是原位置的文件或文件夹仍然存在。

复制与移动文件或文件夹的方法主要有以下几种。

①鼠标拖动：在同一驱动器内进行移动操作时，可直接将文件或文件夹拖到目标位置；若是复制操作，则在拖动的过程中需要按住＜Ctrl＞键。在不同的驱动器间进行移动操作时，拖动过程中需要按下＜Shift＞键；而复制操作时，可以直接将对象拖到目标位置。

②利用快捷菜单：用鼠标右键单击需要复制或移动的文件或文件夹，从快捷菜单中选择"复制"或"剪切"命令(执行"剪切"命令后，图标将会变暗)，然后在目标位置处单击鼠标右键，从弹出的快捷菜单中选择"粘贴"命令。

若是将文件或文件夹复制到移动硬盘或 U 盘，还可以从快捷菜单中选择"发送到"→"可移动磁盘"命令。

③利用组合键：选定文件或文件夹后，按＜Ctrl＞＋X 组合键，执行剪切；按＜Ctrl＞＋C 组合键，执行复制。然后选定目标位置，按＜Ctrl＞＋V 组合键，执行粘贴。

5. 删除文件或文件夹

在使用计算机过程中，对于一些没有用的文件或文件夹，可以将其删除，这样可以减少磁盘的垃圾文件，释放出更多的空间作为他用。一般删除分两种方式：可还原删除和永久删除。

(1)可还原删除。

可还原删除实际上就是将文件或文件夹移动到"回收站"中。其方法有以下几种。

● 选定要删除的文件或文件夹，选择"文件"菜单→"删除"命令，或按下＜Del＞键，弹出"确认文件删除"对话框，单击按钮"是"按钮。

● 选定要删除的文件或文件夹，单击鼠标右键，选择快捷菜单中的"删除"命令。

● 选定要删除的文件或文件夹，直接用鼠标将其拖到桌面的"回收站"中。

"回收站"是硬盘中分出来的一块区域，用于暂时存放删除的文件或文件夹。与回收站相关的操作有：

①查看"回收站"：双击桌面的"回收站"图标，即可打开"回收站"窗口，如图 2—25 所示，来查看里面的内容。

②设置"回收站"属性：用鼠标右键单击桌面"回收站"图标，在弹出的快捷菜单中选择"属性"命令，打开"回收站属性"对话框，如图 2—26 所示。

从图 2—26 可以看到，每个磁盘下都分配了"回收站"，并且存放空间可以更改，其默认的空间大小是磁盘空间的 10%左右。

(2)永远删除

如果选择"不将文件移到回收站中"选项，则删除的文件或文件夹将被直接永久删除，此时的删除操作是不可还原删除。

图 2—25　“回收站”窗口

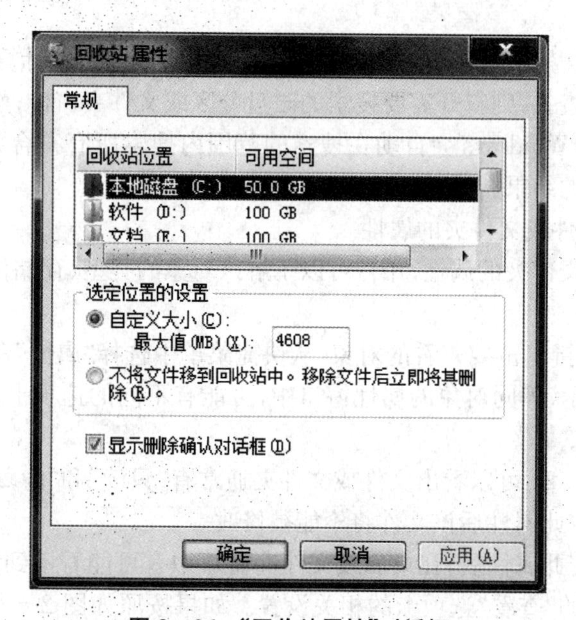

图 2—26　“回收站属性”对话框

还原被删除的文件或文件夹：放入“回收站”的文件或文件夹，用户可以随时进行还原。打开“回收站”窗口，选中要还原的文件或文件夹，选择“文件”菜单→“还原”命令或单击鼠标右键，在弹出的快捷菜单中选择“还原”命令，如图 2—27 所示，即可将其还原到原来的位置。

6. 搜索文件或文件夹

如果用户不知道文件或文件夹在磁盘中的存放位置，可以使用 Windows 7 提供的搜索功能来查找。Windows 7 中的查找功能非常强大，比之前的 Windows 操作系统速度更快，搜索也更加方便。

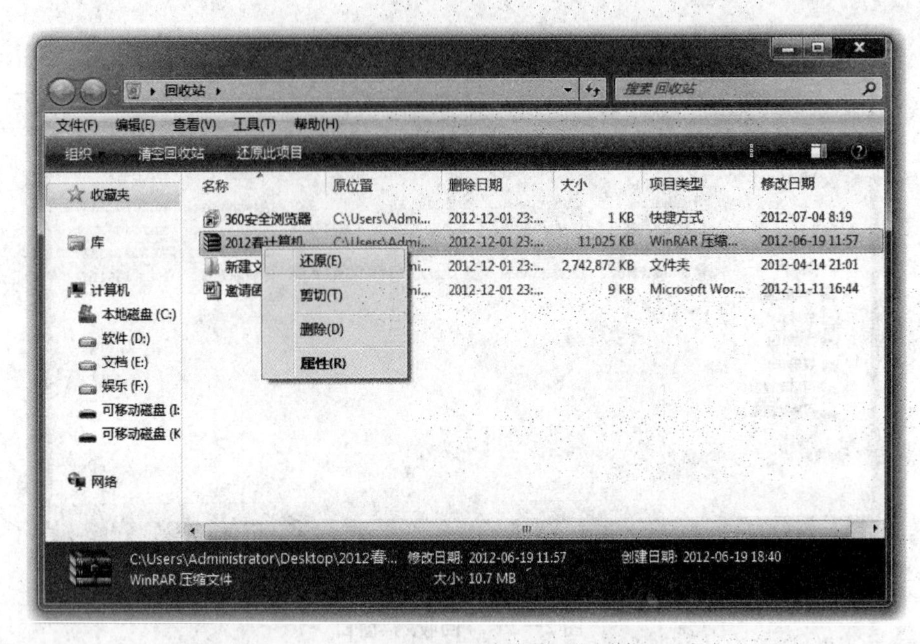

图 2—27 还原"回收站"中的文件或文件夹

用户只需先确定搜索的范围,如需在所有磁盘中查找,则打开"计算机"窗口,如需在某个磁盘分区或文件夹中查找,则打开需要搜索的磁盘分区或文件夹窗口;然后在窗口的搜索栏内输入相关的搜索信息,Windows 会自动在搜索的范围内搜索所有符合条件的对象,并在文件显示区域中显示搜索的结果。

7. 查看与设置文件或文件夹的属性

通过查看文件或文件夹的属性,用户可以了解该对象的类型、存储位置、大小、创建时间等信息。

方法是:用鼠标右键单击要查看的对象,从快捷菜单中选择"属性"命令,打开属性窗口,如图 2—28、图 2—29 所示(不同对象的属性窗口中,可能有不同的选项卡,以提供用户不同的信息)。

从图 2—28、图 2—29 可以看出文件或文件夹通常有"只读"和"隐藏"两种属性。其中:

- 只读属性:设定此属性后该文件将不能被修改。
- 隐藏属性:设定此属性后,在桌面或文件夹窗口中有可能看不到该文件或文件夹,这取决于"文件夹选项"中的"查看"选项卡的相关设置。如果按照如图 2—30 所示的设置,将看不到隐藏的文件或文件夹。

8. 快捷方式的创建与删除

快捷方式是一种无需进入原程序位置即可运行应用程序(打开文件或文件夹)的快捷方法。对于一些常用的应用程序或文档,用户可以为其创建快捷方式。其实快捷方式是一个扩展名为"lnk"的文件,这个文件很小,通常只有 1kb 左右。它与实际的应用程序、文件或文件夹相关联,当双击该快捷方式的图标时,就可打开磁盘中对应的对象。当删除快捷方式时,与之相关联的对象的实际文件并不会被删除。

用户可以在桌面、"开始"菜单或文件夹中创建快捷方式。现介绍一下如何在桌面创建快捷方式。

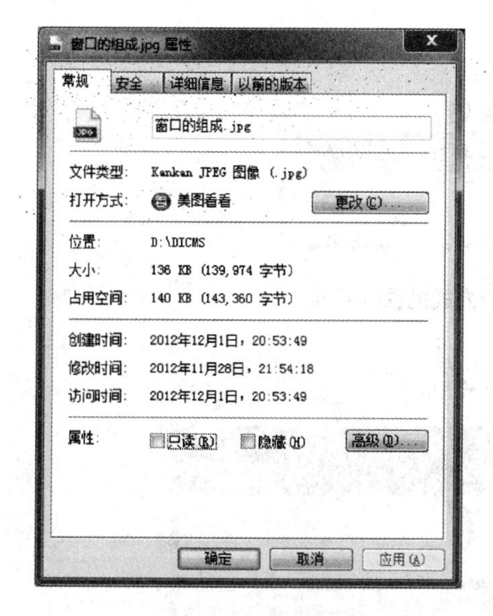

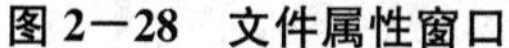
图 2—28 文件属性窗口

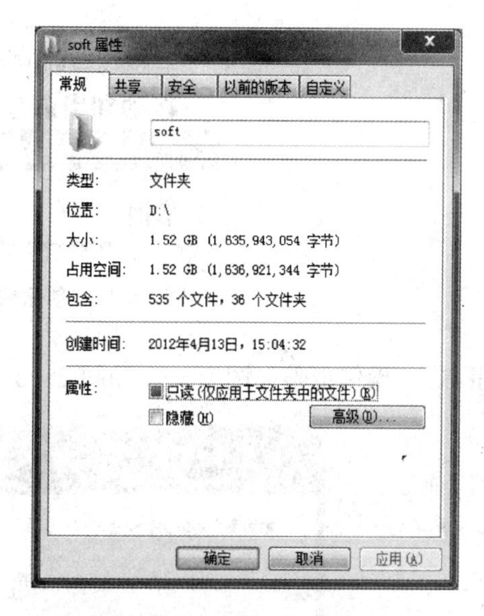

图 2—29 文件夹属性窗口

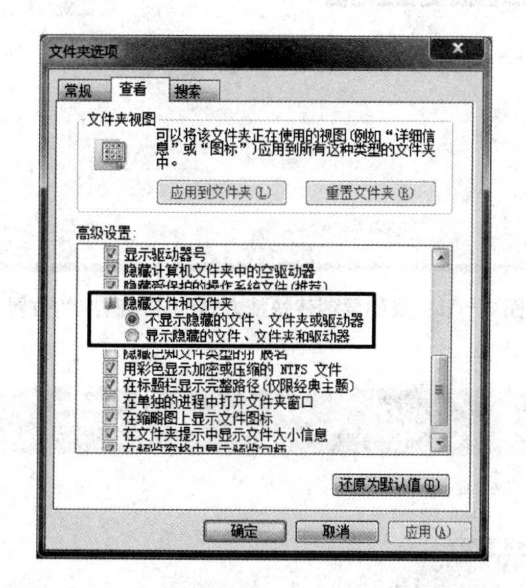

图 2—30 "文件夹选项"对话框中的"查看"选项卡

方法一:找到并选中要创建快捷方式的对象,按住鼠标右键拖动鼠标,将该对象拖动到桌面,松开鼠标,在弹出的快捷菜单中选择"在当前位置创建快捷方式"命令即可,如图 2—31 所示。

方法二:找到并选中要创建快捷方式的对象,单击鼠标右键,在弹出的快捷菜单中选择"发送到"→"桌面快捷方式"命令即可。

方法三:找到并选中要创建快捷方式的对象,按住<Ctrl>+<Shift>组合键的同时用鼠标左键将对象拖至桌面。

方法四:用鼠标右键单击桌面空白处,选择"新建"→"快捷方式"命令,找到要创建快捷方式的应用程序的位置,然后输入快捷方式的名称。

例如,利用该方法在桌面为"notepad. exe"应用程序创建快捷方式,并且快捷方式的名称

图 2—31　创建快捷方式的快捷菜单

为“记事本”。操作步骤如图 2—32 和图 2—33 所示。

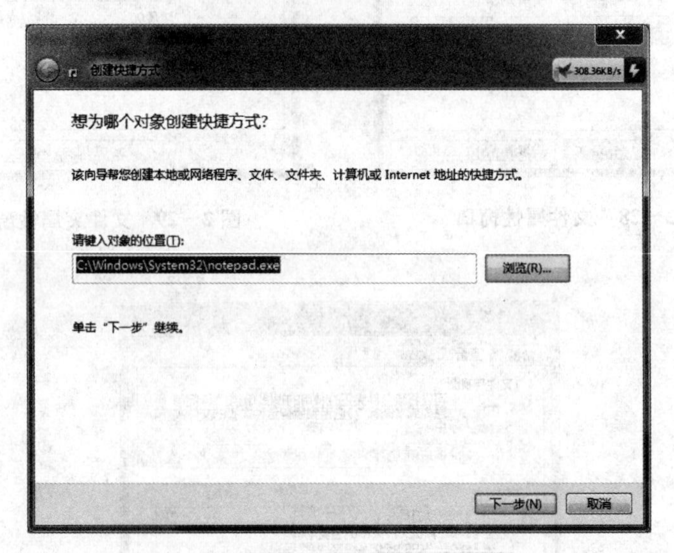

图 2—32　找到要创建快捷方式的应用程序的位置

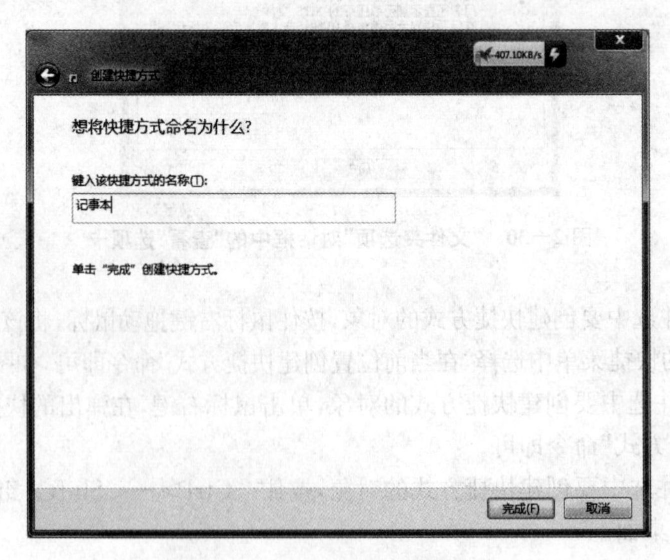

图 2—33　输入快捷方式的名称

在“开始”菜单或文件夹中创建快捷方式的方法与在桌面创建的方法相类似，只需把目标位置改为“开始”菜单或文件夹即可。

2.5　Windows 7 的控制面板与系统设置

2.5.1　控制面板简介

对计算机系统进行合理的设置和管理,尤其是按照使用者的习惯进行设置,可以使得计算机的使用更为便捷,从而提高工作效率。

Windows 的大部分系统属性设置和调整都是通过控制面板来完成的。例如:对设备进行设置与管理,调整系统的环境参数和各种属性,添加新的硬件和软件等。

Windows 7 的控制面板提供了以下几种视图方式:分类视图(如图 2—34 所示)、“大图标”或“小图标”(如图 2—35 所示),第一种按任务分类组织,每一大类下再划分成不同的功能模块;后两种是将所有的管理任务以图标的形式全部显示在一个窗口中。单击窗口中“查看方式”后面的类别按钮,在弹出的列表中选择所需的查看方式,即可在不同的视图方式之间转换。

图 2—34　控制面板的“分类”视图窗口

在“开始”菜单、“计算机”窗口中都可以打开控制面板。还可以用鼠标右键单击桌面“计算机”图标,在弹出的快捷菜单中选择“控制面板”命令,即可打开控制面板。

2.5.2　设置外观和主题

1. 设置 Windows 7 主题

Windows 7 提供了强大的主题功能,主题决定着整个桌面的显示风格,它将桌面壁纸、边框颜色、系统声效等内容组合起来,为用户提供了焕然一新的界面效果。Windows 7 内置了许多漂亮、个性化的 Windows 主题。

设置主题的方法是在桌面的空白处单击鼠标右键,在弹出的快捷菜单中选择“个性化”命令,打开“个性化”窗口,如图 2—36 所示。在窗口的中间列出了 Windows 7 的主题。

Windows 7 内置主题分为“我的主题”、“Aero 主题”和“基本和高对比度主题”三类。用户可以在窗口中选择自己喜欢的主题,单击即可应用。选择一个主题后,桌面背景、窗口颜色、声音和屏幕保护程序等都会随着改变。

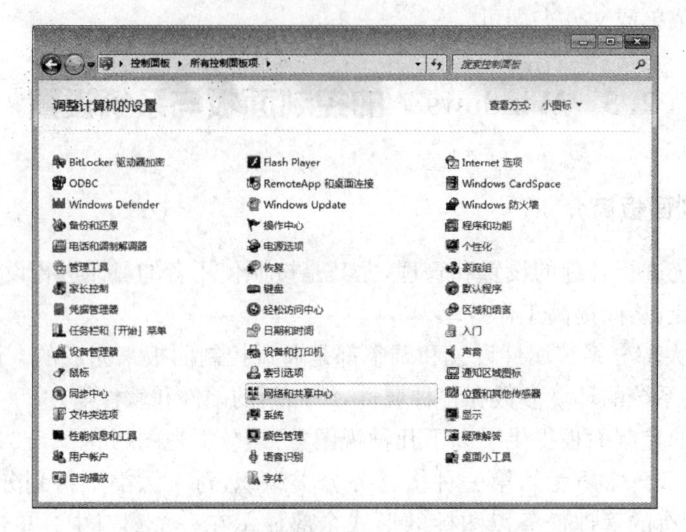

图 2－35　控制面板的“图标”视图窗口

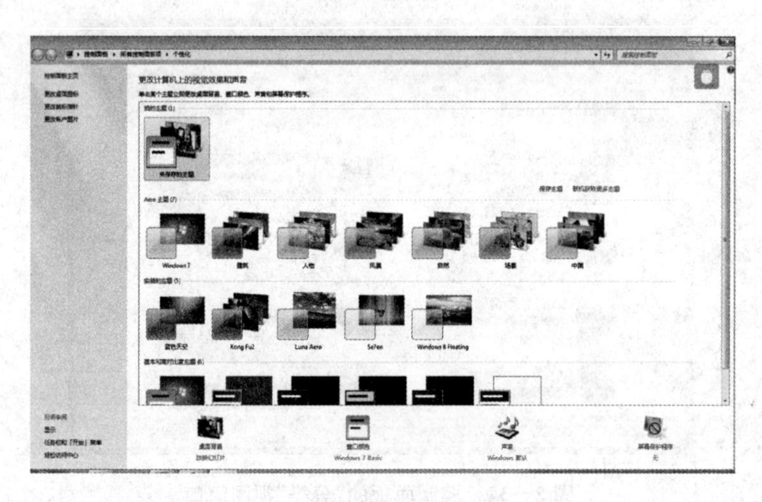

图 2－36　个性化窗口

Windows 7 除了内置的主题外，还允许用户从网络上下载并安装精美的主题，包括其他用户自制的 Windows 7 主题也能安装。

2. 设置桌面背景

在“个性化”窗口中单击下方的“桌面背景”超链接，打开“桌面背景”窗口，如图 2－37 所示；在“图片位置”下拉列表框中选择桌面背景类型，或单击“浏览”按钮选择图片所在的位置；然后选择一张或多张图片并设定图片的显示方式，如图 2－38 所示；最后单击“保存修改”按钮完成桌面背景的设置。

在“桌面背景”窗口下面列举了图片在桌面上的 5 种显示方式：“填充”指背景图片小于屏幕时，图片在纵向和横向都进行扩展以填充整个屏幕；“适应”指图片的大小与屏幕大小相匹配；“拉伸”指将图片拉伸到屏幕的大小以填充屏幕，如果图片较小，就会出现严重变形；“平铺”指多张相同的背景图片铺满整个屏幕；“居中”指将图片定位在屏幕的正中央。

如果同时选择了多张图片作为屏幕背景，下方的“更改图片时间间隔”选项便会激活，用户

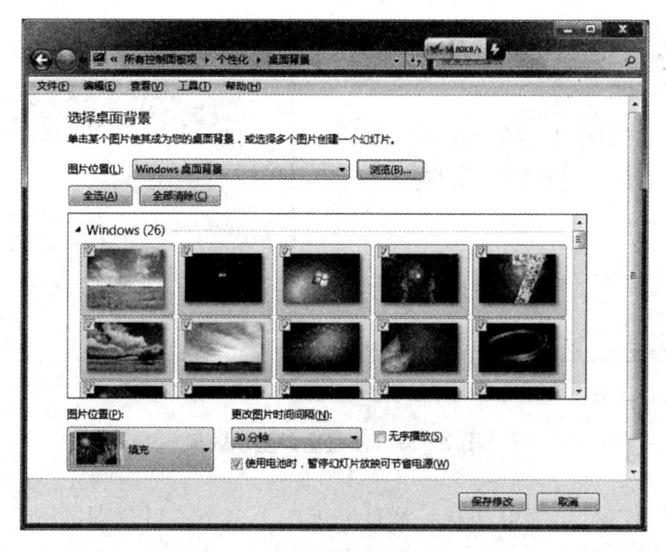

图 2—37 “桌面背景”窗口

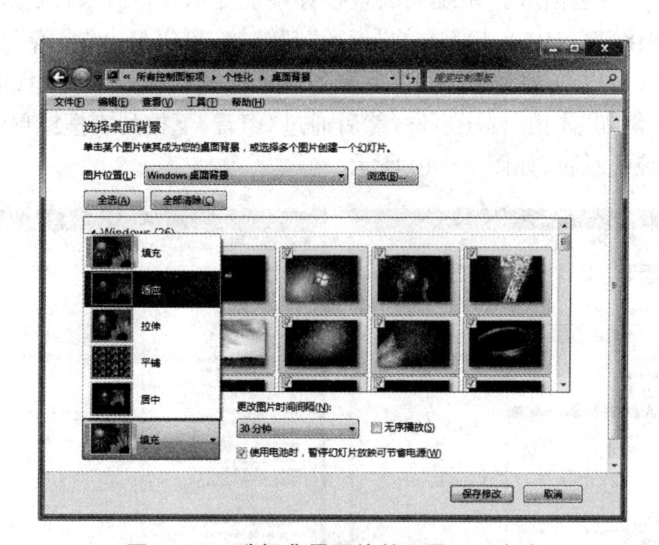

图 2—38 选择背景图片并设置显示方式

可以选择图片变化的时间，每隔设置的时间，便会自动在这几张桌面背景之间切换。

如果不喜欢使用图片作为桌面背景，用户还可以直接设定使用某种单一的颜色作为背景。在“图片位置”下拉列表框中选择“纯色”。在显示的纯色块中选择一个作为背景色，最后单击“确定”按钮即可。

3. 设置窗口显示效果

用户可以自定义设置窗口的颜色、透明度和外观等显示效果。在“个性化”窗口中单击下方的“窗口颜色”超链接，打开“窗口颜色和外观”窗口，如图 2—39 所示。

在窗口中单击某种颜色可快速更改窗口边框、“开始”菜单和任务栏的颜色；勾选“启动透明效果”复选框可设置透明效果；滑动“颜色浓度”滑动条的滑块可更改颜色的浓度；还可把“颜色混合器”显示出来，并拖动各项的滑块可手动调整颜色。

单击“高级外观设置”超链接，打开“窗口颜色和外观”对话框。在该对话框中，通过“项目”

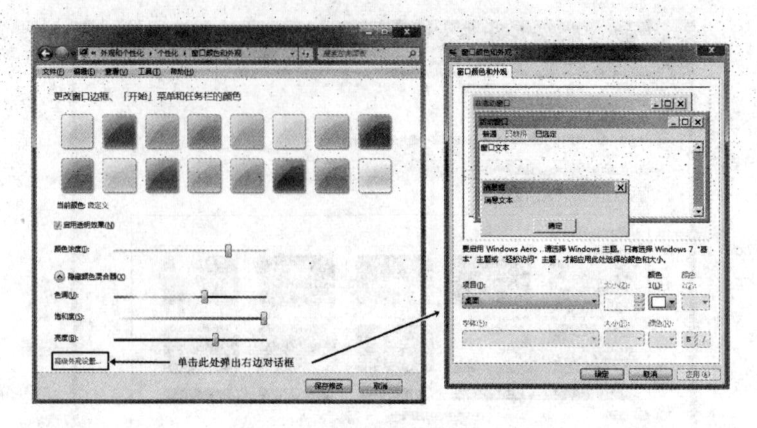

图 2－39 设置窗口显示效果

下拉列表框可对桌面、窗口、菜单、图标、消息框等二十多个项目分别进行设置。

4. 设置系统声音方案

平时用户在执行一些操作时，系统会出现各种系统提示音，用户可以根据自己的喜好来更换提示音。在“个性化”窗口中单击下方的“声音”超链接，可以打开“声音”对话框，并显示“声音”选项卡下的内容；可以通过“声音方案”下拉列表框快速切换声音方案；也可以在列表框中选择单个程序事件，例如“注销”程序事件，然后通过“声音”下拉列表框或单击“浏览”按钮指定单个程序事件的系统提示音，如图 2－40 所示。

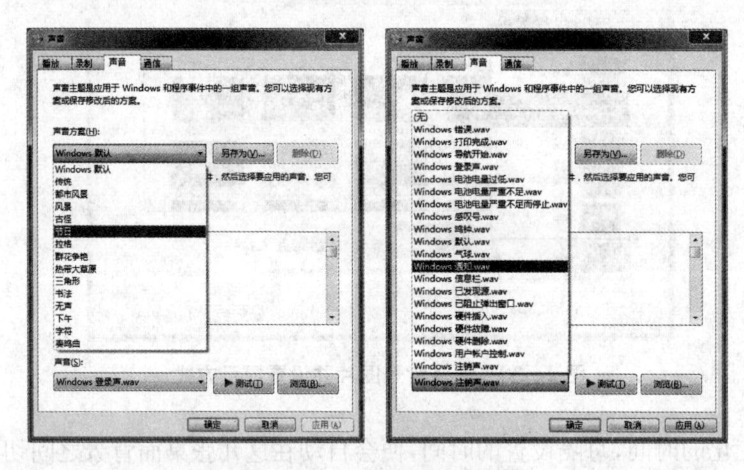

图 2－40 设置系统声音方案

5. 设置屏幕保护程序

如果用户长时间没有操作计算机，显示器显示同一画面，会对显示器造成损害。Windows 7 提供了屏幕保护功能，在一段时间用户没有操作计算机，屏幕保护程序就会自动启动，以较暗的或活动的画面显示，从而保护显示器屏幕。

设置屏幕保护程序的方法是：在“个性化”窗口中的单击下方的“屏幕保护程序”超链接，打开“屏幕保护程序设置”对话框；然后在弹出的对话框中，在“屏幕保护程序”下拉列表框中选择喜爱的屏幕保护程序，单击“设置”按钮可以进行详细的设置；在“等待”数值框中设置屏幕保护程序的启动时间，单击“确定”按钮即可完成设置，如图 2－41 所示。

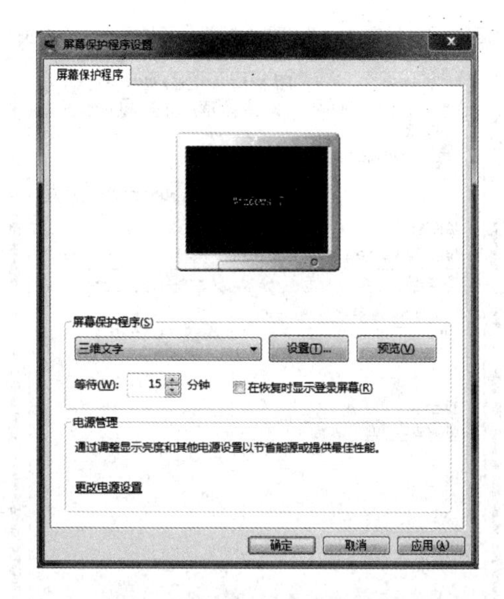

图 2—41　“屏幕保护程序设置”对话框

如果用户设置了系统登录密码，可以勾选“在恢复时显示登录屏幕”复选框，完成设置后，当退出屏幕保护程序时，弹出“密码”对话框，必须输入正确的密码才能退出屏幕保护程序。

6. 设置屏幕分辨率

屏幕分辨率是指显示器上显示的像素数量，分辨率越高，显示器显示的像素就越多，屏幕区域就越大，可以显示的内容就越多，相应的图标也变小。

设置屏幕分辨率的方法是：在桌面的空白处单击鼠标右键，在弹出的快捷菜单中选择“屏幕分辨率”命令，打开“屏幕分辨率”窗口；然后单击“分辨率”选项的向下箭头，在弹出的滑动条上用鼠标滑动滑块来选择合适的分辨率即可，如图 2—42 所示；如果需要设置颜色和刷新率，可以在“屏幕分辨率”窗口中单击“高级设置”超链接，在打开的“通用即插即用监视器”对话框中选择“监视器”选项卡，可以来进行设置，如图 2—43 所示。

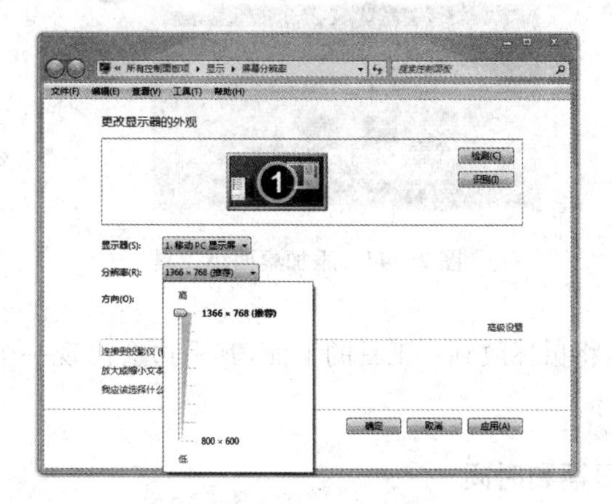

图 2—42　“屏幕颜色和刷新率”设置

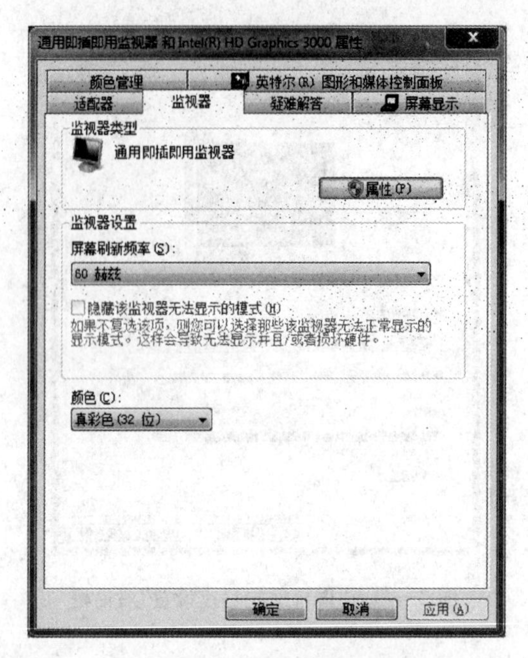

图 2—43 屏幕分辨率

2.5.3 使用桌面小工具

Windows 7 为用户提供了一些桌面小工具程序，显示在桌面上既美观又实用。显示桌面小工具的方法是：在桌面的空白处单击鼠标右键，在弹出的快捷菜单中选择"小工具"命令，打开"小工具"对话框，在列表框中选择需要在桌面显示的小工具程序，双击即可在桌面右上角显示该项程序，如图 2—44 所示。

图 2—44 添加桌面小工具

显示桌面小工具后，将鼠标放到小工具的上面，其右边会出现一个控制框，通过控制框可以设置或关闭小工具程序。

2.5.4 设置系统日期和时间

在"控制面板"的"图标"视图窗口中，单击"日期和时间"超链接，打开"日期和时间"对话框，选择"日期和时间"选项卡，单击 更改日期和时间(D)... 按钮，打开"日期和时间设置"对话框，即可来更改计算机的日期和时间，如图 2—45 所示。

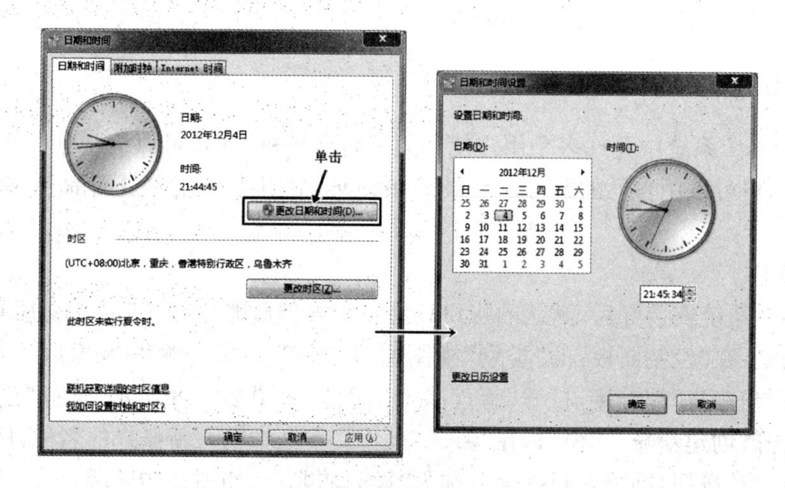

图 2—45 设置系统日期和时间

2.5.5 区域和语言选项设置

区域与语言选项可以用于设置区域位置、数字、货币、时间、日期等格式。

在“控制面板”的“图标”视图窗口中，单击“区域和语言”超链接，打开“区域和语言”对话框，如图 2—46 所示。

①选择“格式”选项卡，在“用户”区域的下拉列表框中可以选择自己使用的语言，如“中文(简体，中国)”。要更改数字、货币、时间、日期等格式，则可单击“其他设置”按钮，打开“自定义格式”对话框，如图 2—47 所示。用户可以根据实际的情况来设置相关内容。设置完成后，单击“应用”按钮，就可以在“示例”区域中看到设置的效果。

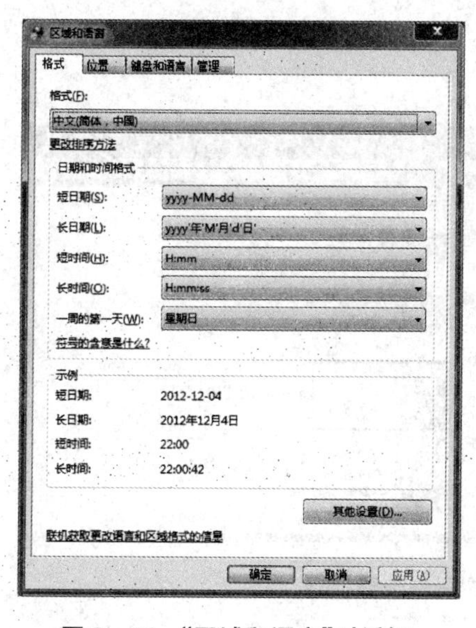

图 2—46 “区域和语言”对话框

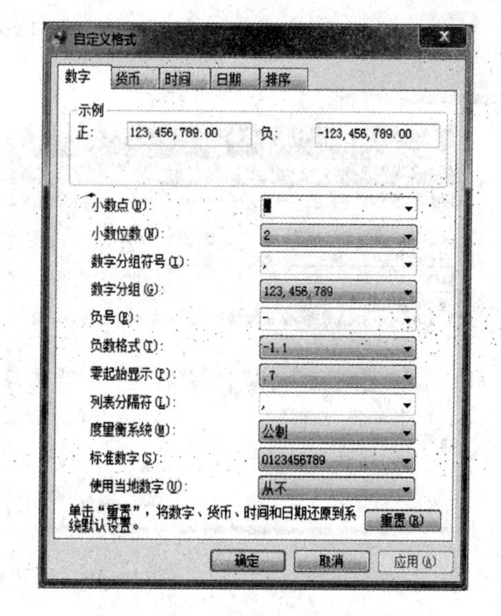

图 2—47 “自定义格式”对话框

②选择“位置”选项卡，则可在“位置”区域的下拉列表框中选择自己的国家。

③选择“键盘和语言”选项卡，在出来的对话框中，单击 更改键盘(C)... 按钮，在弹出“文本服务

和输入语言”的对话框中，可以来添加或删除输入法，还可设置在不同输入法之间切换的快捷键。

2.5.6　用户账户管理

在 Windows 7 系统中允许多个用户使用同一台计算机，并且可以为不同的用户建立独立的账户，每个用户可以用自己的账号来登录 Windows，并且多个用户之间的 Windows 设置是相对独立的。

1. 新建账户

Windows 7 系统安装好后，默认的账户只有一个管理员账户，我们可以根据实际情况来新建账户。方法是：在“控制面板”的“类别”视图窗口中，单击“用户账户和家庭安全”分类下的“添加或删除用户账户”超链接，打开“管理账户”窗口，如图 2—48 所示；选择“创建一个新账户”超链接，打开“创建新账户”窗口，在“新账户名”文本框中输入新账户的名称，例如“123”，然后点击“创建账户”按钮，即可新建一个名称为“123”的账户，如图 2—49 所示。

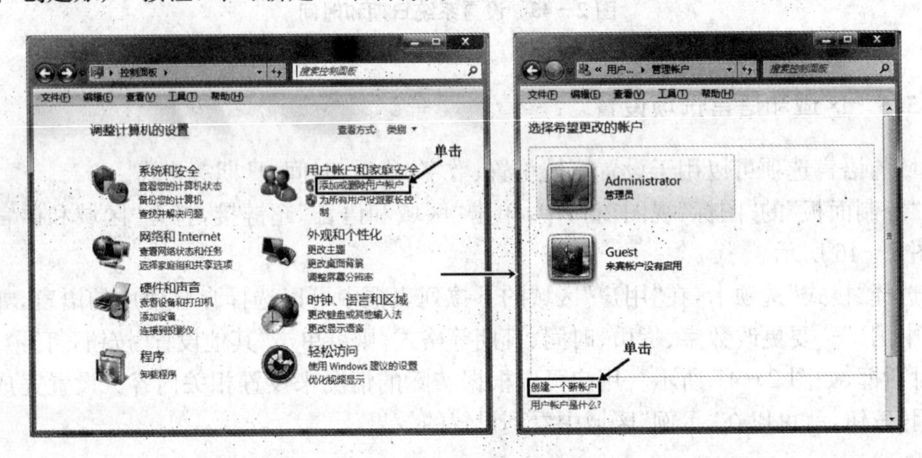

图 2—48　新建账户操作步骤(一)

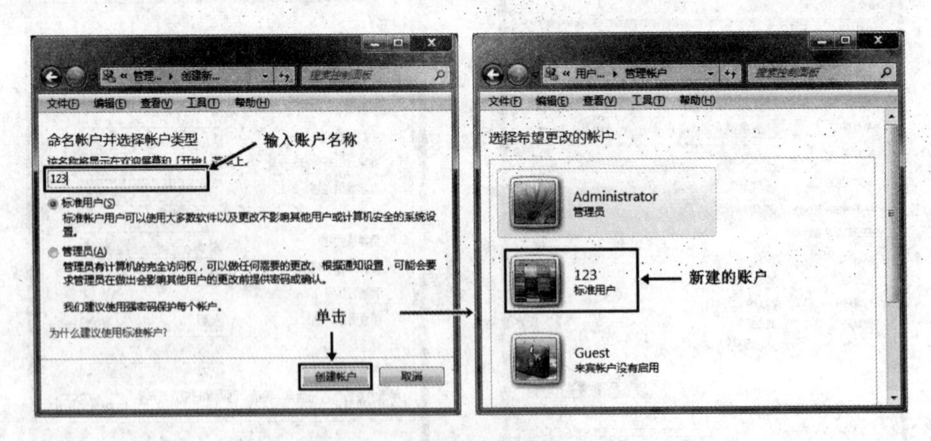

图 2—49　新建账户操作步骤(二)

2. 更改用户账户

我们还可以对新建的账户的一些信息进行更改。方法是：用上面的方法打开“管理账户”窗口，在“选择希望更改的账户”列表中单击需要更改的账户，在打开的“更改账户”窗口中即可进行更改账户名称、创建或修改密码、更改图片、删除账户等操作，如图 2－50 所示。

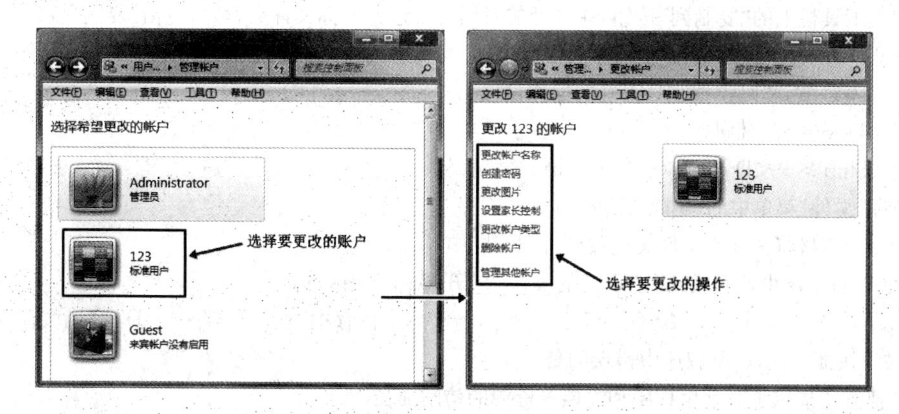

图 2－50　更改用户账户

练 习 题

一、选择题

1. 操作系统的功能是________。

A. 管理微处理机存储程序和数据　　B. 管理存储器

C. 管理和控制计算机系统所有资源　　D. 管理输入输出设备

2. 在 Windows 中，有些菜单的选项的右端有一个向右的箭头，则表示该菜单项________。

A. 包含子菜单　　B. 当前不能选用　　C. 已被选中　　D. 将弹出一个对话框

3. 在 Windows 中，有些菜单的选项的右端带有省略号(…)，则表示________。

A. 已被删除　　B. 将弹出对话框

C. 当前不能选用　　D. 该菜单项正在起作用

4. 在 Windows 中，当一个运行中的应用程序窗口被最小化后，该应用程序将________。

A. 继续在前台执行　　B. 被暂停执行　　C. 转入后台执行　　D. 被终止执行

5. 在 Windows 系统的下列操作中，不能使已运行(打开)的窗口成为当前活动窗口的操作是(在运行了多个应用程序的情况下)________。

A. 单击任务栏上的窗口图标　　B. 按＜Alt＞＋＜Esc＞键

C. 按＜Alt＞＋F4 键　　D. 按＜Alt＞＋＜Tab＞键

6. 下列关于 Windows 对话框的描述中，不正确的是________。

A. 所有对话框的大小都是可以调整改变的

B. 对话框的位置是可以移动的

C. 对话框是由系统提供给用户输入信息或选择某项内容的矩形框

D. 对话框可以由用户选中菜单中带有“…”省略号的选项弹出来

7. 在 Windows7 中，利用键盘在打开的多窗口之间切换，可用________组合键。

A. ＜Alt＞＋＜Enter＞　　B. ＜Alt＞＋＜Tab＞　　C. ＜Ctrl＞＋＜Tab＞　　D. ＜Ctrl＞＋＜Esc＞

8. 在 Windows7 的“资源管理器”窗口中，当选择好文件或文件夹后，下列________操作不能完成同一磁盘上文件或文件夹的复制(在系统的默认状态下)。

A. 用鼠标左键拖动到目标文件夹处，释放鼠标即可

B. 按住＜Ctrl＞键，用鼠标左拖动到目标文件夹处，释放鼠标即可

C. 按<Ctrl>+C键，再打开目标文件夹，然后按<Ctrl>+V键

D. 单击工具栏上的“复制到”按钮，在打开的对话框中选择目标文件夹，然后点击“复制”按钮

9. 在Windows 7的默认状态下，在“资源管理器”窗口中选定C盘上的文件或文件夹后，若想将它们立即物理删除，而不是放到“回收站”中，正确的操作是________。

A. 按<Delete>(<Del>)键

B. 按<Shift>+<Delete>(<Del>)键

C. 选择“文件”菜单中的“删除”命令

D. 用鼠标直接将文件或文件夹拖放到“回收站”中

10. 在Windows中，“回收站”是系统在________开辟的一块区域。

A. 软盘上　　B. 硬盘上　　C. 内存中　　D. 高速缓存中

11. 关于快捷方式，以下叙述中错误的是________。

A. 快捷方式提供了对常用程序和文档等资源的访问捷径

B. 快捷方式不改变其对应资源的存储位置

C. 删除快捷方式时，其对应资源不会被删除

D. 只能在桌面上创建快捷方式

12. 在Windows中，若设置了某文件的属性为“只读”，则可对该文件进行________。

A. 读操作　　B. 写操作

C. 修改其内容并保存　　D. 以上都不能

13. 下列关于Windows文件和文件夹的说法中，错误的是________。

A. 在一个文件夹下，不能存在两个同名的同级文件夹

B. 在一个文件夹下，可包含一个与之同名的文件夹

C. 文件夹下不能包含文件夹，但能包含其他文件

D. 文件夹下可包含文件和文件夹

14. 将某应用程序的图标拖动到“开始”菜单的“所有程序”的________组中，这样每次运行Windows时，该程序将自动执行。

A. 程序　　B. 启动　　C. 附件　　D. 游戏

15. Fat32是一种________。

A. 文件系统格式　　B. 磁盘分区工具　　C. 文件压缩工具　　D. 硬盘控制器

16. 若将C盘某文件夹下的一批文件复制到D盘某文件夹下，在Windows资源管理器中将鼠标指针指向所选定的文件，拖动鼠标将其移动到目的文件夹上并________。

A. 同时按住<Alt>键　　B. 同时按住<Shift>键

C. 同时按住<Tab>键　　D. 不要按任何键

17. 在Windows资源管理器中，单击第一个文件名后，按住________键，再依次单击其他文件，可选定一组不连续的多个文件。

A. <Ctrl>　　B. <Alt>　　C. <Shift>　　D. <Tab>

18. Windows7是一个可同时运行多个程序的操作系统，当多个程序被依次启动运行时，屏幕上显示的是________。

A. 最初一个程序窗口　　B. 最后一个程序窗口

C. 系统的当前窗口　　D. 多窗口叠加

19. 在Windows中，以下说法正确的是________。

A. 双击任务栏上的日期/时间显示区，可调整机器默认的日期或时间

B. 如果鼠标坏了，将无法正常退出Windows

C. 如果鼠标坏了，就无法选中桌面上的图标

D. 任务栏总是位于屏幕的底部

20. 在 Windows 中，若要退出一个运行的应用程序，________。

A. 可执行该应用程序窗口的“文件”菜单中的“退出”命令

B. 可用鼠标右键单击应用程序窗口标题栏最左边的控制菜单图标

C. 可按＜Ctrl＞＋C 键

D. 可按＜Ctrl＞＋F4 键

21. 在 Windows 环境下，如果某个应用程序窗口处于最大化，双击该窗口的标题栏等价于单击该窗口的________按钮。

A. 还原　　B. 关闭　　C. 最小化　　D. 最大化

22. 在 Windows 支持的长文件名中，不可使用的字符是________。

A. 空格　　B. ＋（加号）　　C．－（减号）　　D. \（反斜杠）

23. 在下面关于 Windows 窗口的描述中，不正确的是________。

A. 窗口是 Windows 应用程序的用户界面

B. Windows 的桌面也是 Windows 窗口

C. Windows 窗口有两种类型：应用程序窗口和文档窗口

D. 用户可以在屏幕上移动窗口和改变窗口大小

24. 操作系统是________的接口。

A. 用户与软件　　B. 系统软件与应用软件

C. 主机与外设　　D. 用户与计算机

25. 在 Windows 中，一个文件夹中可以包含________。

A. 文件　　B. 文件夹　　C. 快捷方式　　D. 以上三个都可以

二、文件操作题

1. 在桌面上新建一个文件夹，命名为 Result；然后在 Result 文件夹内新建一个子文件夹，命名为“班级＋姓名”，如“工商管理 1 班张××”。将 FileTest 文件夹复制到刚创建的子文件夹中。

2. 将当前文件夹下的“Afile. doc”文件复制到当前文件夹下的 B 文件夹中；将当前文件夹下的 B 文件夹中的“Bfile. doc”文件分别复制到：当前文件夹和当前文件夹下的 A 文件夹中。

3. 删除当前文件夹中的“Bug. doc”文件；删除当前文件夹下的 C 文件夹中的“Cat. doc”文件；删除 C 文件夹下的 CCC 文件夹中的“Dog. doc”文件。

4. 将当前文件夹下的“Tom. doc”文件的文件属性改为“只读”和“隐藏”；将当前文件夹下的 A 文件夹中的“Jerry. doc”文件的文件属性改为“只读”和“隐藏”。

5. 将当前文件夹下的“修改扩展名”文件的扩展名改为“txt”。

三、Windows 操作题

1. 设置屏幕保护程序为“气泡”。

2. 设置货币负数格式为“$ 1.1－”。

3. 设置数字分组为“12，34，56，789”。

4. 设置日期分隔符为“/”。

5. 设置数字的度量衡系统为“美制”。

6. 设置数字的列表分隔符为“，”。

7. 查找到系统提供的应用程序“Notepad. exe”，并在桌面上建立其快捷方式，快捷方式名为“我的记事本”。

8. 设置时间格式为“tt h：mm：ss”。

9. 设置时间的上午符号为“AM”。

10. 查找到系统提供的应用程序“write. exe”，并在开始→所有程序中建立其快捷方式，快捷方式名为“我的写字板 2”。

11. 设置长日期格式为“dddd yyyy'年'M'月'd'日'”。

12. 在桌面上建立 C 盘的快捷方式，快捷方式名为“C 盘”。

Word 2010 文字处理

学习重点

掌握 Word 2010 的基本操作
掌握文本编辑、排版方法
掌握表格的制作与应用
掌握图文混排操作
掌握 Word 2010 的高级应用

中文 Word 2010 是由美国微软公司所推出的文字处理软件，它是办公软件的一种，Word 2010 的功能不只是制作一些报告或公文、编排书，它还可以处理图形、声音等多媒体信息，并能与 Web 应用紧密结合。

3.1　Word 2010 的基本操作

当用户安装完 Office 2010 之后，Word 2010 也将自动安装到系统中，这时启动 Word 2010 就可以正常使用它来创建文档了。

3.1.1　Word 2010 的启动

常用的启动方法主要有两种：常规启动、通过现有文档启动。

1. 常规启动

“常规启动”是指在 Windows 操作系统中最常用的启动方式。依次单击“开始”→“程序”→“Microsoft Office” →“Microsoft Word 2010”命令即可启动。

2. 通过现有文档启动

用户在创建并保存了Word文档后，可以通过直接双击已有的Word文档图标启动Word 2010。

当然，还有其他方法，如：双击桌面的Word 2010快捷方式图标；在桌面或文件夹内空白区域右击鼠标，在弹出的快捷菜单中选择“新建→Microsoft Word文档”。

3.1.2 Word 2010的窗口及组成

Word 2010的工作窗口，如图3－1所示。

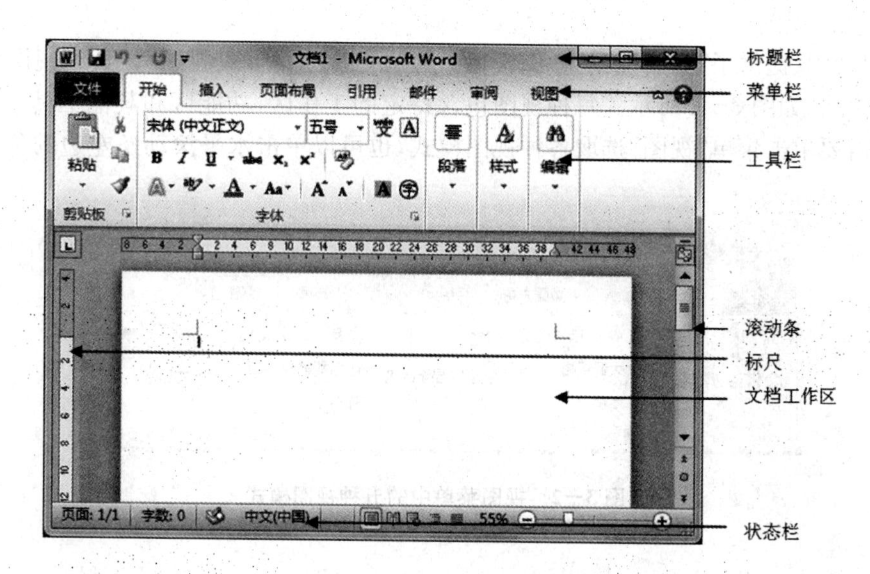

图3－1 Word 2010的工作窗口

1. 工作窗口

启动Word 2010后，将打开工作窗口。其中包括标题栏、菜单栏、工具栏、文档工作区、状态栏等。

(1)标题栏。

位于窗口的顶端，用来显示当前正在编辑的文档名和Word的窗标名。它的左边是一个控制菜单按钮，右边有三个控制按钮，分别是：最小化、最大化(或向下还原)、关闭按钮。

(2)菜单栏。

位于标题栏的下方，包含了Word 2010的所有控制功能。

工具栏：Word 2010的工具栏与Word 2003有很大的区别，它将图标与菜单栏有机地结合了起来，按操作类别分别组织到不同的主要工作区。如图3－1所示，单击开始、插入、页面布局、引用、邮件、审阅、视图等不同菜单，将显示不同的命令图标。

(3)文档工作区。

是Word工作窗口的最大部分，它是用Word进行文档编辑的主要工作区。

(4)标尺。

是设置及观察段落和页面格式的主要工具。Word中有水平标尺和垂直标尺，水平标尺可以方便地改变段落缩进，调整页面边距，改变制表位。垂直标尺可以调整页面的上下页边距和表格的行高。要显示或隐藏标尺，可从菜单“视图”中选择或取消“标尺”。

(5)滚动条。

Word 的工作窗口中还包括一个水平滚动条和一个垂直滚动条，它们分别位于文档工作区的右部和底部。可以用鼠标点击滚动条上的箭头或点击滚动条框或拖动滚动条滑块来选择显示文本的当前位置。也可按动向上或向下的双箭头实现翻动文档的上一页或下一页。

(6)状态栏。

位于 Word 工作窗口的最底端，显示当前文档的有关信息，如：页码、当前节或页、插入点位置、字数、视图版式、操作提示等。

2. 文档的视图

Word 2010 提供了“页面视图”、“阅读版式视图”、“Web 版式视图”、“大纲视图”、“草稿”五种视图模式，如图 3－2 所示。每种视图包含特定的工作区、功能区和其他工具。用户可以根据工作需要单击菜单“视图”选取各种视图模式，也可以单击水平滚动条左边的各个视图按钮。

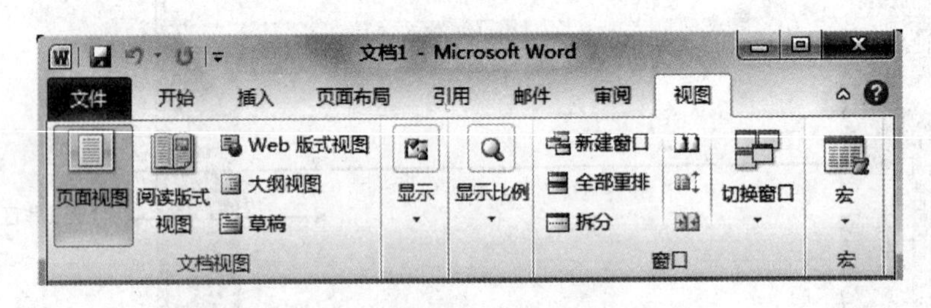

图 3－2　视图菜单中的五种视图模式

3.1.3　文档的基本操作

1. 创建文档

Word 2010 进行文字处理工作首先要建立新文档，录入文字，然后保存。创建一个新文档的方法很多，主要有两种：

方法一：单击“文件”→“新建”命令，在弹出的“新建文档”对话框中选取“空白文档”，可以创建新文档。

方法二：直接按下快捷键<Ctrl>＋N。

2. 保存文档

用户在进行文本的录入时，应及时进行保存，以免断电或意外丢失信息。选择菜单“文件”→“保存”，或直接单击标题栏上的“保存”按钮，或直接按下快捷键<Ctrl>＋S，都可以实现文件的保存。第一次保存文件时，会打开“保存”对话框，用户可以输入保存文件的路径和文件名。

如果不想覆盖原有的文档内容，可以执行“文件”→“另存为”命令，打开“另存为”对话框，输入保存文件的路径和文件名即可。

3. 打开文档

有时需要修改、查看或打印已有的文档，可以执行菜单“文件”→“打开”，或使用快捷键<Ctrl>＋O，在弹出的“打开”对话框中选取所需要的文档。

4. 文档的关闭

保存完文档后，Word 编辑窗口仍未关闭，若要真正关闭 Word 编辑窗口，需要单击右上角的“关闭”按钮，或执行标题栏最左边的Word按钮图标→“关闭”命令。

3.1.4 编辑修改文档

1. 文本录入

在新建的空白文档中可以输入文档内容，包括文字、符号、表格、图形、公式等。并且可以对录入的内容进行各种格式的修改、设置与排版等。

如果输入汉字，需要切换到中文输入状态下，可以按<Ctrl>+<Shift>键进行输入法的选择，也可以按<Ctrl>+<Space>(空格)键在中英文输入法之间切换。

Word具有自动换行功能，用户在文档录入时可不必理会是否满一行，当行满时会自动跳至下一行。当需要开始新的段落时，可按<Enter>键换行。

2. 选取文字

文字的选取在Word中是非常重要的，几乎在进行所有操作时，都必须先选取文字，以“反白”表示文字被选取了，若要取消选取状态，只要在文档中任一区域单击鼠标即可。

(1)选取连续的文字。

从需要选取的起始文字开始，按住鼠标左键，拖曳鼠标到最后一个文字。

(2)选取一行文字。

将鼠标移至要选取的那一行的左侧，当指针显示为向右的空心斜向箭头时，单击左键。

(3)选取一段文字。

将鼠标移至要选取的段落左侧，当指针显示为向右的空心斜向箭头时，双击左键。

(4)选取全文。

将鼠标移至文档左侧，当指针显示为向右的空心斜向箭头时，三击左键；或者按快捷键<Ctrl>+A。

(5)选取矩形文本块。

按住“<Alt>”键，用鼠标拖动，可选取一个矩形文本。

3. 复制、移动和删除文本

(1)复制。

选择要复制的文本，执行菜单栏上的“开始”→“复制”命令或按快捷键<Ctrl>+C；然后将光标移至目标位置，执行菜单栏上的“开始”→“粘贴”命令或按快捷键<Ctrl>+V。

(2)移动。

文本移动是将文本从一个位置剪切下来保存到系统剪贴板中，然后粘贴到指定位置，操作方法类似复制文本。选择要移动的文本，执行菜单栏上的“开始”→“剪切”命令或按快捷键<Ctrl>+X；然后将光标移至目标位置，执行菜单栏上的“开始”→“粘贴”命令或按快捷键<Ctrl>+V。

(3)删除。

删除文本最基本的方法是用键盘，单击<Back Space>键可删除光标前一个字符；单击<Delete>键可删除光标后一个字符。若要删除大段文本，可先选择要删除的内容，再单击<Back Space>键或<Delete>键即可。

4. 撤消和恢复

当删除了不该删除的文本或图形时，Word提供了反悔的功能，只需按快捷键<Ctrl>+Z，或使用标题栏上的“撤消”按钮，撤消上一次执行的操作即可。也可以利用“撤消”按钮右侧的下拉列表框，选择某个要撤消的操作。

如果使用了“撤消”功能后，又想把它复原回来，只需按快捷键<Ctrl>+Y，或使用标题栏上的“恢复”按钮，恢复上一次撤消的操作即可。

5. 查找和替换

查找与替换操作是文字编辑工作中常用的操作之一，Word 提供了强大的查找和替换功能，它不仅可以查找并有选择地替换文本，还可以对带格式和样式的文本、特殊格式进行查找与替换。

例：打开“上海财经大学浙江学院简介.doc”，也即输入下文内容，运用查找和替换功能，将全文中的“上海财经大学浙江学院”都替换为“上财浙院”。

上海财经大学浙江学院简介

上海财经大学浙江学院于2008年5月经教育部批准成立，由上海财经大学和浙中教育集团合作举办，是一所按新机制和新模式运作的具有独立法人资格、举办全日制本科学历教育的独立学院。

学院地址为金华市环城南路99号(位于金华市环城南路以南，环城东路以西)，占地面积为1 000余亩，规划建筑面积为28万平方米。拥有现代化的教学和生活设施，为广大师生提供完善的学习与生活保障。

学院坚持“质量兴院、特色强院”的办学理念，采用先进的教育方法、教育手段，配置优良的教育资源，拥有一支结构合理、稳定的高素质教师队伍，开设有会计学等9个专业，并努力建设一批具有领先水平的特色专业。

学院依托上海财经大学在财经学科领域的深厚积淀和财经人才培养方面的丰富经验，紧密契合浙江社会经济发展和文化特色，紧贴长三角、浙中城市群经济和社会发展的需要，致力于建成一所省内一流并在国内具有较高声誉的万人规模的多科性本科院校，培养能够融入国际社会、参与社会竞争和国际竞争的应用型、开拓型、外向型优秀人才。

操作步骤：

第一步：打开上海财经大学浙江学院简介.doc，将光标定位到文档开始处，执行菜单栏上的“开始”→“替换”命令，将弹出“查找和替换”对话框。在“查找内容”一栏中输入“上海财经大学浙江学院”，在“替换为”一栏中输入“上财浙院”。如图3－3所示。

第二步：单击“替换”按钮可逐个替换，单击“全部替换”按钮则进行一次性全部替换。替换完成后，Word会告诉用户完成情况，这时，点按确定即可，如图3－4所示。

注意：在文本的查找和替换时，可以对指定格式的内容进行操作，如将“上海财经大学浙江学院”都替换为红色的“上财浙院”。这时选中图3－3的“上财浙院”四个字，单击下方的“更多”按扭，打开对话框，先在字体一栏中进行设置好后再进行替换操作。

3.2 文本编辑

在Word中输入文字时，文字在默认情况下以“宋体五号”来编排的，用户可以根据不同的需要设定文本的格式。

3.2.1 知识点讲解

本小节主要讲解文稿编辑中字体格式、段落格式的设置，项目符号和编号、页眉页脚设置

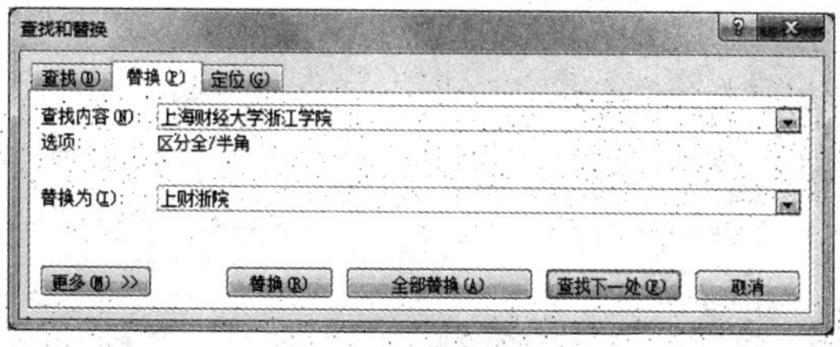

图 3—3 “查找和替换”对话框

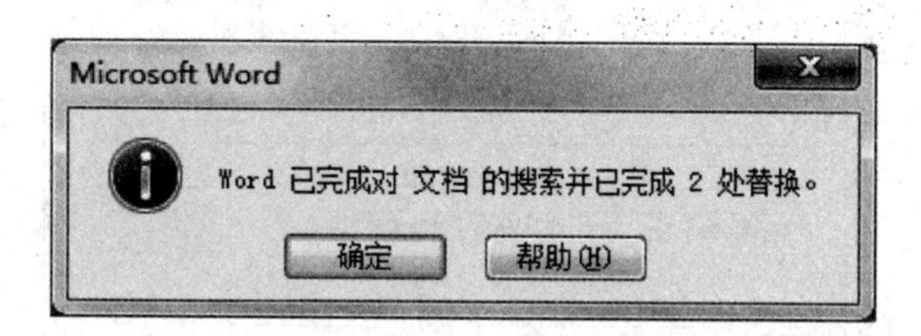

图 3—4 “替换完成”对话框

等内容。

1. 字符格式的设置

在编辑文稿时，先选定需要进行格式设置的文本内容，然后使用“开始”菜单栏上的各种命令按钮，如图 3—5 所示，快捷地对文字的字体、字形、字号进行设置。

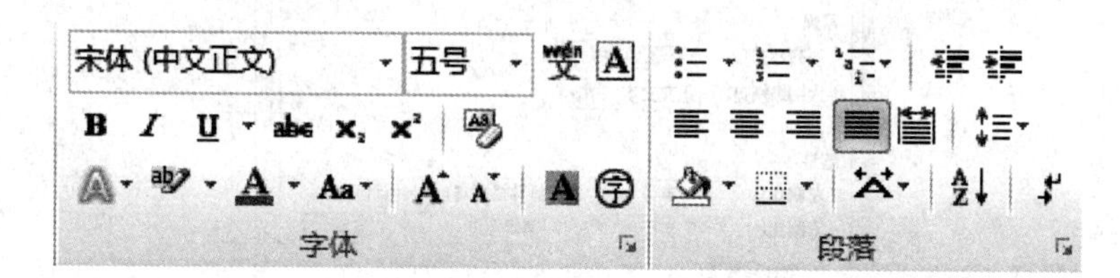

图 3—5 格式工具栏

或者选定需要进行格式设置的文本内容，单击鼠标右键，选取“字体”，打开“字体”对话框，进行设置，如图 3—6 所示。

在字体对话框中分“字体”、“高级”两个栏目。

①字体：用于描述字符的外观。该栏目中可以对选定的文字进行中文字体、西文字体、字形、字号、颜色、下划线、着重号、效果(上标、下标、空心、阴影等)等格式的设置。

②高级：主要是进行字符间距的设置。该栏目可以对选定的文字进行“缩放”(100%，200%，50%)、“间距”(标准间距、加宽间距、紧缩间距)、“位置”(提升位置、标准位置、降低位置)等内容进行设置。

2. 段落格式的设置

当输入文字刚好达到一行时，文字就会自动转向下一行，这称为“自动换行”；而以回车键为结束标志的整段文字称为“段落”。段落格式化以段落为单位，包括对齐方式、缩进、段间距、行间距等内容的设置。选定需要设置格式的段落后，执行菜单栏上的“开始”→“段落”命令进行设置。如图 3—7 所示。

文本的对齐方式常见的有五种：左对齐、居中、右对齐、两端对齐、分散对齐。缩进的格式

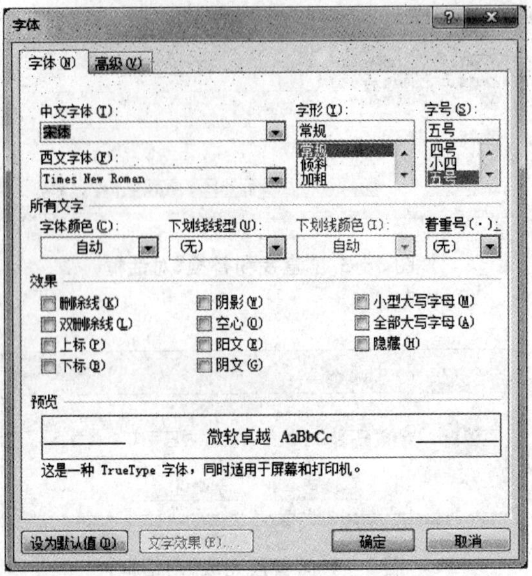

字体

字体(N) 高级(V)

中文字体(T): 宋体

西文字体(F): Times New Roman

字形(Y): 常规 倾斜 加粗

字号(S): 五号 四号 小四 五号

所有文字

字体颜色(C): 自动 下划线线型(U): (无) 下划线颜色(I): 自动 着重号(·): (无)

效果

删除线(K) 双删除线(L) 上标(P) 下标(B) 阴影(W) 空心(O) 阳文(E) 阴文(G) 小型大写字母(M) 全部大写字母(A) 隐藏(H)

预览

微软卓越 AaBbCc

这是一种 TrueType 字体，同时适用于屏幕和打印机。

设为默认值(D) 文字效果(E)... 确定 取消

图 3—6 “字体”对话框

有左缩进、右缩进、首行缩进、悬挂缩进四种。

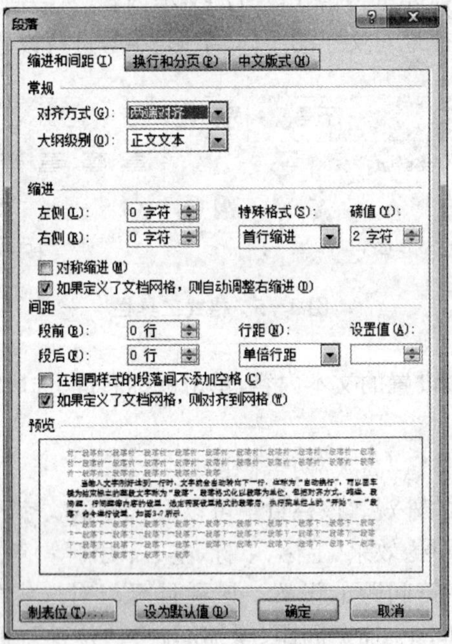

段落

缩进和间距(I) 换行和分页(P) 中文版式(H)

常规

对齐方式(G): 两端对齐

大纲级别(O): 正文文本

缩进

左侧(L): 0 字符 特殊格式(S): 磅值(Y):

右侧(R): 0 字符 首行缩进 2 字符

对称缩进(M)

如果定义了文档网格，则自动调整右缩进(D)

间距

段前(B): 0 行 行距(N): 设置值(A):

段后(F): 0 行 单倍行距

在相同样式的段落间不添加空格(C)

如果定义了文档网格，则对齐到网格(W)

预览

制表位(T)... 设为默认值(D) 确定 取消

图 3—7 “段落”对话框

3. 项目符号和编号

为了使文档条理清晰，重点突出，便于阅读，可以在段落中添加项目符号和编号。

操作方法：选定要设置项目符号的文本行，执行菜单栏上的“开始”→“段落”→ “项目符号”命令按钮，将打开“项目符号”对话框，选取合适的项目符号，图 3—8 为打开的项目符号库。

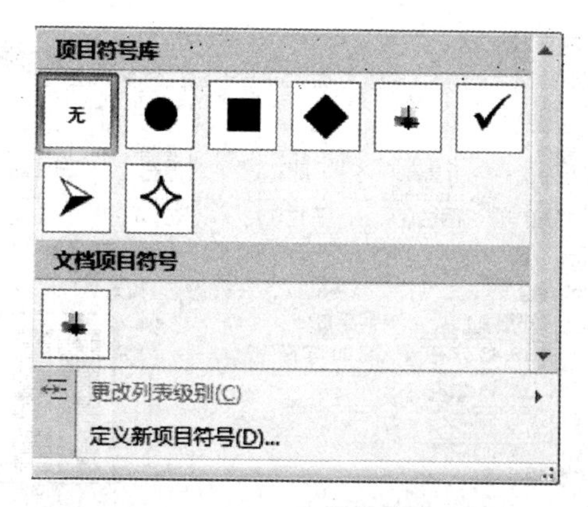

图3-8 “项目符号库”对话框

4. 边框和底纹

为了修饰文本，可以在文字上加入边框和底纹，可以执行菜单栏上的“页面布局”→“页面背景”→“页面边框”命令，打开“边框和底纹”对话框，进行个性化地设置。如图3-9所示。

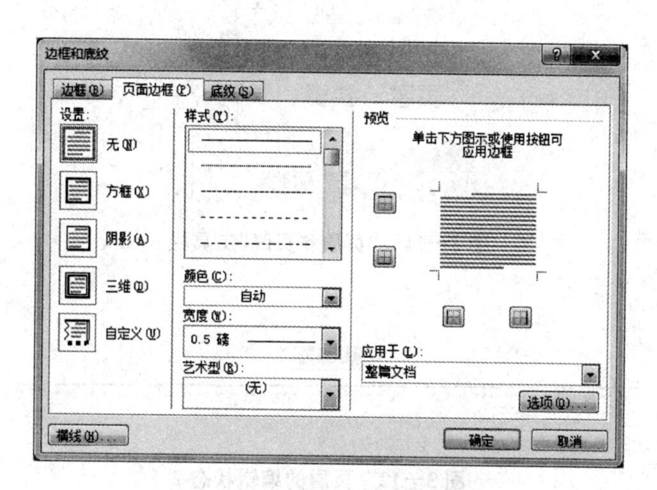

图3-9 “边框和底纹”对话框

5. 分栏

在报纸上，经常可以看到文章被分成若干小块的不同栏目，从而使得版面生动、层次分明，这种排版效果称为“分栏”。

操作方法：选定要设置分栏的文本内容，执行菜单栏上的“页面布局”→“页面设置”→“分栏”命令，打开“分栏”对话框，进行个性化地设置，如图3-10所示。

6. 页眉和页脚

页眉、页脚是指分别出现在每页的顶端和底部的一些信息，如文件名、章节号、电子信息、页码、日期等。其中日期、时间是以域代码的形式添加到页眉或页脚中，它们总是以最新的内容呈现，页码则由各页的具体页码来呈现。

操作方法：执行菜单栏上的“插入”→“页眉和页脚”→“页眉”命令，如图3-11所示；在打开的“内置”对话框中选取“编辑页眉”进入页眉的编辑状态，如图3-12所示。

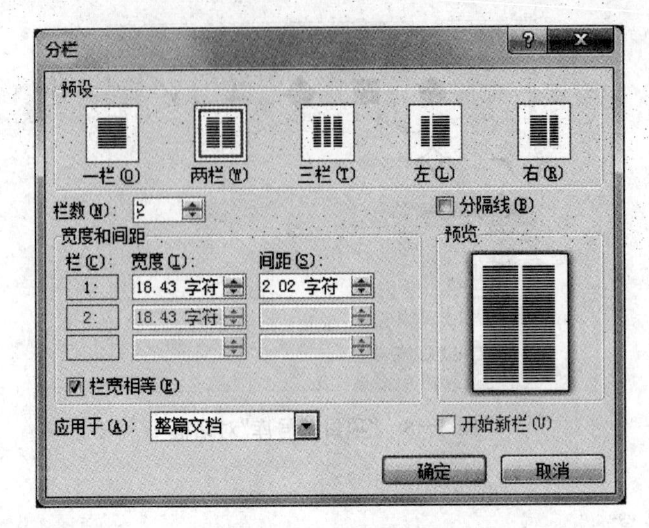

图 3－10 “分栏”对话框

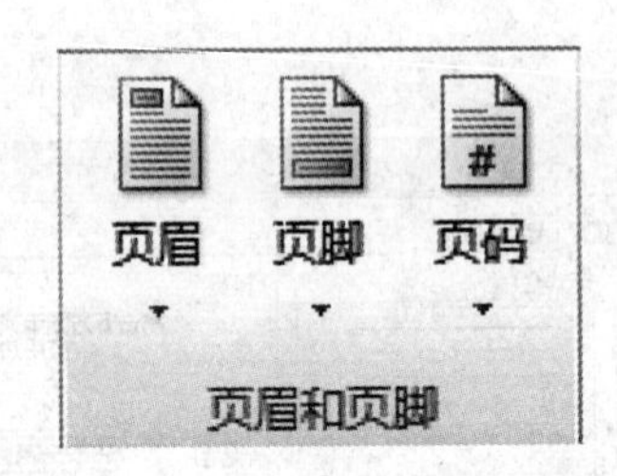

图 3－11 “页眉和页脚”工具栏

图 3－12 页眉的编辑状态

7. 分隔符

在排版时，插入分隔符可以把长文档分成不同的节。

操作方法：执行菜单栏上的“页面布局”→“页面设置”→“分隔符”命令，弹出“分隔符”下拉菜单，如图 3－13 所示；选取相应的类型。

8. 脚注和尾注

脚注和尾注是 Word 提供的一种注释文字的工具。如对某页中的某一个作者或词语在本页的尾部或整篇文档的尾部给出进一步的解释，这种工具在论文撰写中经常见到。

操作方法：把光标定位到需要注释的内容的后面，执行菜单栏上的“引用”→“脚注” 命令，将弹出的“脚注和尾注”对话框，如图 3－14 所示；用户在选取“位置”、“格式”等内容后点按“插入”按钮，并在光标闪烁处输入注释的内容。

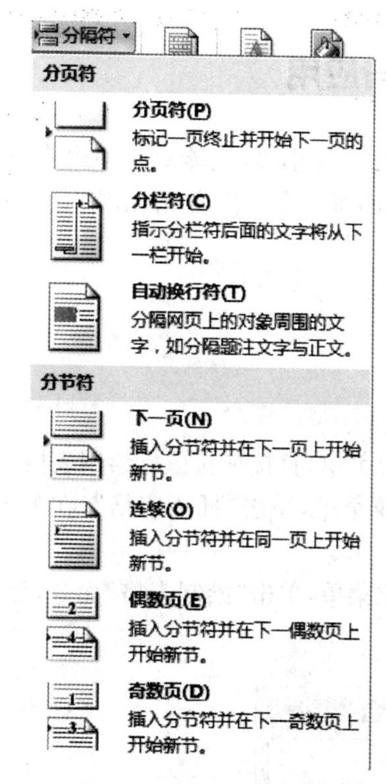

图3—13 “分隔符”对话框

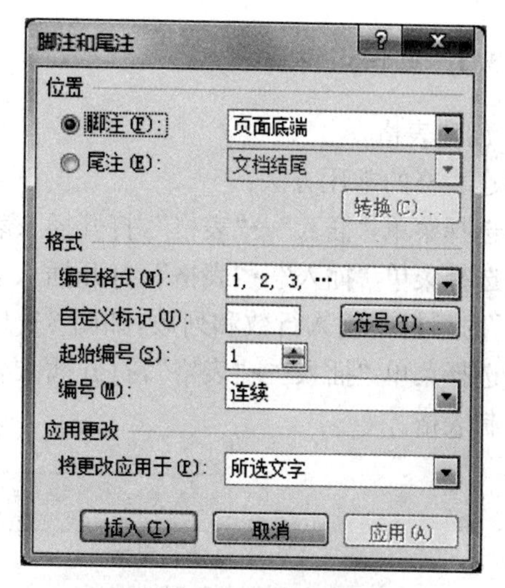

图3—14 “脚注和尾注”对话框

3.2.2 综合实例(一)

1. 打开素材“上海财经大学浙江学院简介 .doc”,按下列要求完成操作:

①将页面设置为:“A4纸”,左、右边距均为“2.5厘米”,装订线为“0.3厘米”,其他为缺省值。

②设置正文字体格式为:“宋体”、“四号字”、首行缩进“2个字符”、“两端对齐”、行距为“1.5倍”。

③将本文标题设置为“居中对齐”、“二号”、“红色”、“黑体”,加宽“1磅”。

④给第一段加上12.5%的蓝色底纹;给最后一段加上红色的三维边框。

⑤给第二段的文字进行首字下沉“3行”,“金华市环城南路99号”加上着重号。

⑥将第三段中的“质量兴院、特色强院”提升“3磅”。

⑦将第三段文字分为两栏,并添加分隔线。

⑧给文章加入页眉“上海财经大学浙江学院 Word综合实例1”;加入页脚:当前的日期,页码。

⑨将文中所有的“上海财经大学”替换成加粗、绿色的“上海财大”。

⑩给正文中首次出现“独立学院”的地方加上脚注“浙江省独立学院一共有22所。”

2. 操作步骤(略)

3.3 表格的制作与应用

在 Word 中可以建立表格，并能设定表格的环绕方式、大小等，还能对表格内的数据进行计算和排序。表格由“行”和“列”组成，行与列相交而成的每一个小格为“单元格”，它是表格的基本单位。

3.3.1 知识点讲解

1. 创建表格

创建表格的常用方法：

①选择菜单“插入”→“表格”，打开插入表格的下拉菜单，直接拖拉鼠标绘制表格。

②选择菜单“插入”→“表格”，打开插入表格的下拉菜单，单击“插入表格”，在弹出的“插入表格”对话框中输入行数和列数，如图 3－15 所示。

③选择菜单“插入”→“表格”，打开插入表格的下拉菜单，单击“绘制表格”命令，然后进行手动绘制表格。

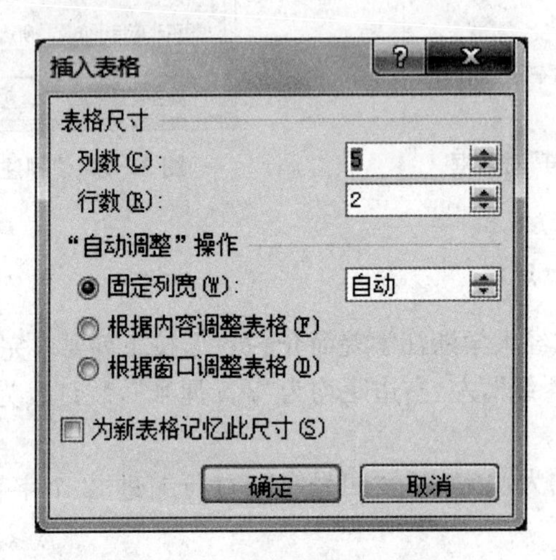

图 3－15 “插入表格”对话框

2. 编辑表格

实际应用中的表格一般是不规则的，因此，可以先建立规则表格，然后利用“合并、拆分单元格、橡皮擦”等功能对表格进行编辑。

表格的编辑操作主要包括：插入行、列和单元格，删除行、列和单元格，调整行高与列宽，合并与拆分单元格，表格的边框和底纹，绘制斜线表头，表格与文字的转换等。

(1)插入行、列和单元格。

将鼠标移至要插入行、列和单元格的位置上，单击鼠标右键，选取“插入”命令，可直接插入行、列或单元格。

(2)删除行、列和单元格。

将鼠标选中要删除的行、列或单元格，单击鼠标右键，选取 “删除”命令，可直接删除选定的行、列或单元格。

(3)调整行高与列宽。

由于各单元格输入的内容有多有少，表格中各单元格的高度和宽度均有不同的要求，因此需要调整单元格的列宽和行高，一般有四种方法：

方法一：缩放整个表格。将光标放在表格的任意位置，表格的右下角将出现一个方框型的调整勾柄，拖曳鼠标即可对表格进行整体的缩放。

方法二：手动调整。把光标移动到表格单元格的横线或竖线位置，光标的形状变为双箭头形状，这时用光标上下拖动横线，可调整行高，用光标左右拖动竖线，可调整列宽。

方法三：自动调整。选取表格，执行菜单栏上的“布局”→“自动调整”命令，Word 会根据内容与窗口调整表格，或固定列宽，或平均分布各行与各列。

方法四：自定义行高与列宽。鼠标选定某行或某列，执行菜单栏上的“布局”→“单元格大小”命令，在弹出的“表格属性”对话框中选择“行”选项卡或“列”选项卡，勾选“指定高度”或“指定宽度”，输入具体的行高或列宽，如图 3－16 所示。

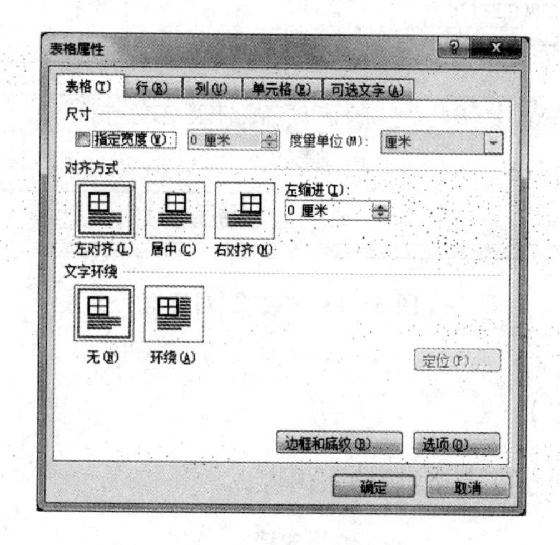

图 3－16　表格属性

(4)合并与拆分单元格。

进行合并操作时，一定要选取两个或两个以上的单元格，然后单击鼠标右键，在弹出的菜单中选择“合并单元格”命令即可。

拆分单元格操作时，选中某个单元格，然后单击鼠标右键，在弹出的菜单中选择“拆分单元格”对话框中设置“列数”和“行数”，如图 3－17 所示。

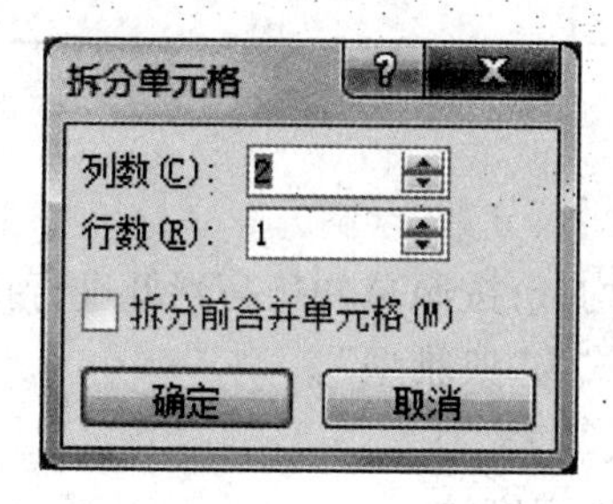

图 3－17　拆分单元格

(5)表格的边框和底纹。

鼠标在表格内任意处单击,执行菜单栏上的"格式"→"边框和底纹"命令,在弹出的"边框和底纹"对话框中设置。

(6)表格与文字的转换。

在 Word 中,可以将现有的表格转换为一般文字,也可以将有规则排列的文字转换成表格,在转换时需要选择"文字分隔符"的选项。

3. 表格的数据处理

在 Word 中制作的表格可以进行简单的计算和排序。选中单元格,执行菜单"布局"→"数据"→"公式"可以打开"公式"对话框,如图 3-18 所示。

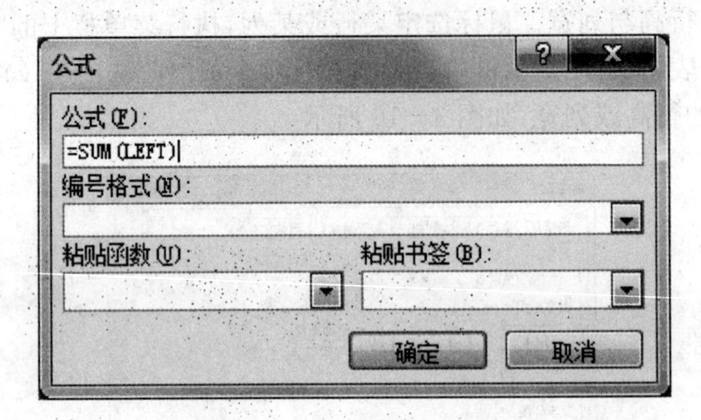

图 3-18 "公式"对话框

3.3.2 综合实例(二)

1. 按表 3-1 所示,先建立表格,后输入内容。

表 3-1 成绩

	语文	数学	英语	计算机	总分
赵一	78	84	67	58	
钱二	67	94	74	67	
张三	76	86	56	78	
李四	45	67	89	100	
学科平均分					

2. 按下列要求完成操作:

(1)为上表加入斜线表头(姓名、分数、学科)。

(2)运用公式计算总分和平均分;按照总分从高到低进行排序。

(3)将成绩表格自动套用格式为"典雅型"。

(4)为上表加入表注"表 1 成绩表"。

(5)将行标题设置浅绿色的填充底纹。

3. 操作步骤(略)

3.4 图文混排

Word的最大优点是能够实现图文混排，即在文档中插入图片、艺术字，使文档变得图文并茂，更加生动形象。

3.4.1 知识点讲解

1. 插入图片

Word中可以插入以下三种形式的图片：

(1)插入剪贴画图片。

执行菜单"插入"→"插图" →"剪贴画"命令，打开"剪贴画"任务窗格，单击"管理剪辑"，打开"收藏夹 Microsoft 剪辑管理器"窗口，选取"Office 收藏集"或"Web 收藏集"下某一个栏目内的一个剪贴画，单击其右边的小三角，从弹出的快捷菜单中选择"复制"命令，将其粘贴在文档中需要插入图片的位置上。

(2)插入来自文件的图片。

执行菜单"插入"→"插图"→"图片"打开"插入图片"对话框，选择路径和需要的文件名。

(3)插入与绘制自选图形。

执行菜单"插入"→"插图" →"形状"命令，显示各工具栏，选择、绘制并设置自选图形的格式。

在文档中插入图片后，还可以调出图片的"格式"工具栏，如图3－19所示，对图片进行格式设置，如调整亮度、对比度、阴影效果、边框等。

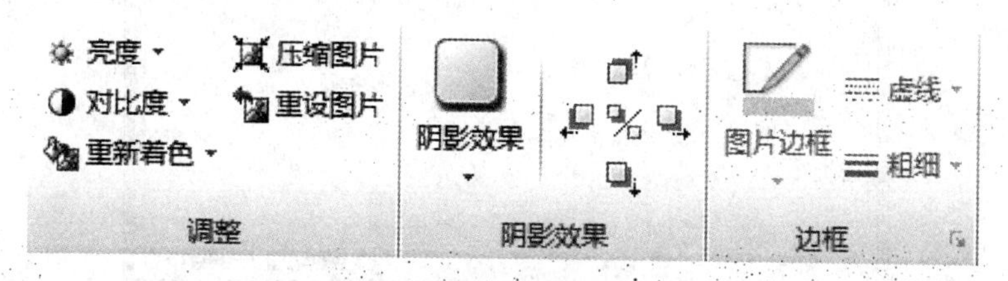

图3－19 图片"格式"工具栏

2. 插入文本框

文本框是用来标志一段文档的方框，它可放在文档的任意位置，在文本框内的文字可以进行字体和段落的设置，也可以进行横排或者竖排。执行菜单"插入"→"文本"→"文本框"，选取相应的类型，在光标处用鼠标拖曳出方框即可输入文本。

3. 插入艺术字

在Word中插入各种艺术字，可以设计出形式多样的文档，艺术字可以作为图形对象来处理。插入艺术字的方法：执行菜单"插入"→"文本"→"艺术字"；可以打开"艺术字库"，如图3－20所示。

然后，在"艺术字库"中选好样式，点按确定，打开"编辑艺术字文字"对话框，如图3－21所示，输入内容，点按确定即可。

4. 插入公式

在Word中还可以插入各种数学公式，从而满足比较复杂试卷的编排。

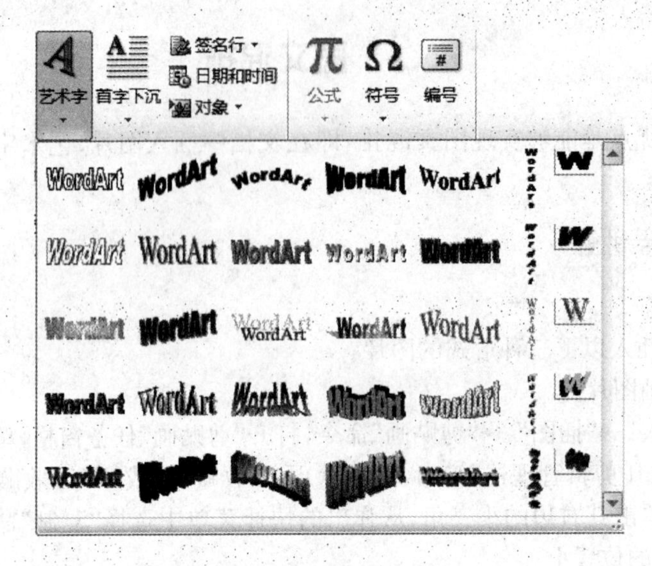

图 3—20 “艺术字库”

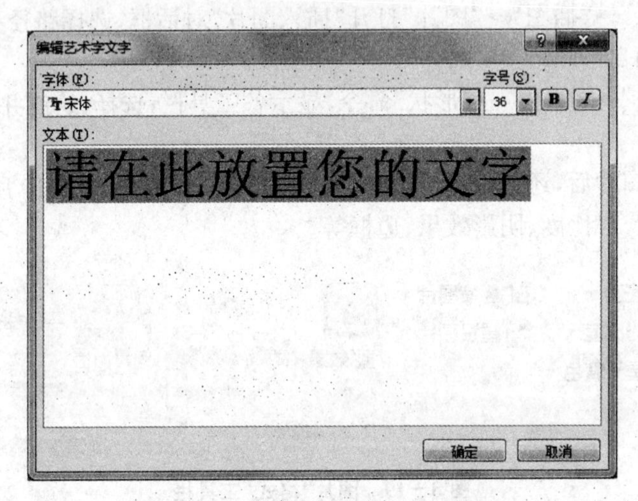

图 3—21 “编辑艺术字文字”对话框

打开公式编辑器的方法：执行菜单“插入”→“文本”→“对象”命令，打开“对象”对话框，选取“Microsoft 公式 3.0”，单击“确定按钮”，进入公式编辑器模板和窗口，这时可以编辑公式了。

3.4.2 综合实例(三)

1. 打开素材“上海财经大学浙江学院简介 .doc”，按下列要求完成操作：

①将文章的标题“上海财经大学浙江学院简介”设置为艺术字，格式为：“艺术字”库第三行第四列，字号大小为“36”，字体为“黑体”，形状为“正 V 形”，艺术字高为“2 厘米”，宽为“12 厘米”；设置“中心心辐射”的双色填充效果(其中颜色 1 为“红色”，颜色 2 为“蓝色”)。

②页面设置为 A4，其他为缺省值；设置正文字体格式为：“宋体”、“小四字”、首行缩进“2 个字符”、“两端对齐”、行距为“20 磅”。

③按样稿插入图片“校门.jpg”、“图书馆.jpg”。

④在文中插入数学公式：$f(x)=\int_0^{\sqrt{2}a}\left(\frac{x}{\sqrt{3a^2-x^2}}\right)dx$，并设置其格式为高“2 厘米”，宽“8 厘米”，“粉红色”边框，“花束”纹理填充。

⑤按样稿插入 Offoice 收藏集中的学院类剪贴画“教师授课”，设置图片的填充颜色为“浅绿色”，线条颜色为“深红色”，设置阴影为“阴影样式 2”。

2. 操作步骤(略)

3.5 文档打印

要想打印出漂亮的文档，首先要对文档的页面进行合理设置，然后对文档进行排版，最后再进行打印预览和打印。

3.5.1 页面设置

一般情况下，用户可以采用系统提供的模板进行排版，如果要进行个性化的设置，可以执行菜单“页面布局”→“页面设置”命令，打开“页面设置”对话框进行设置。设置内容包括页边距(上、下、左、右)、方向(纵向、横向)、纸张(A4、16 开等)、版式(对页眉、页脚与边界的距离、行号)等，如图 3—22 所示。

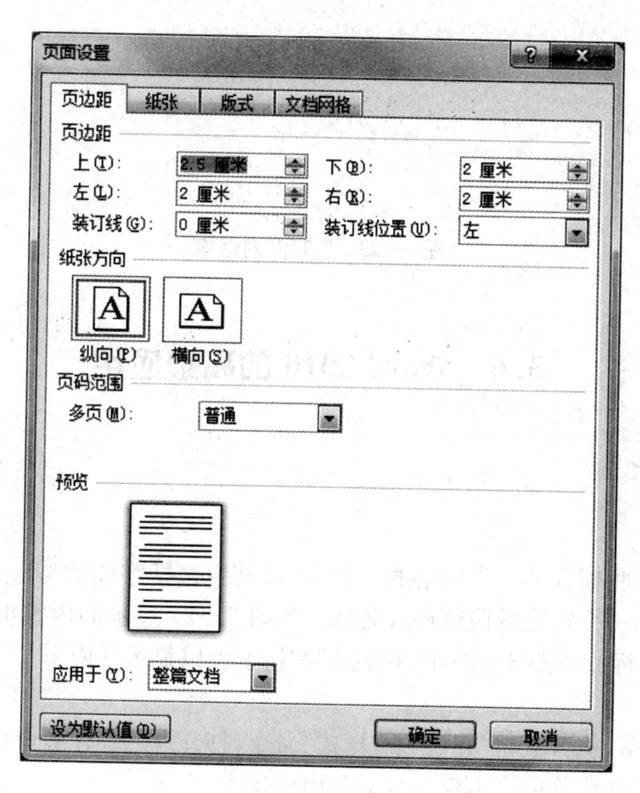

图 3—22 “页面设置”对话框

3.5.2 打印预览与打印

打印预览用来模拟显示文档的打印效果，可以避免不必要的纸张浪费和节约用户的时间。在打印预览的窗口中可以设置单页或多页预览及显示比例。

如果用户需要纸质文稿，在通过预览确认编排效果后，就可以打印文档了，但在打印前要确认打印机是否已安装好，是否放好了纸。

执行菜单"文件"→"打印"命令，弹出"打印"对话框，设置相应内容后，可以实现打印的功能，如图 3—23 所示。

图 3—23 "打印"对话框

3.6 Word 2010 的高级应用

3.6.1 样式

1. 样式的概念

所谓样式，就是将修饰某一类段落的一组参数，其中包括字体类型、字体大小、字体颜色、对齐方式等，命名为一个特定的段落格式名称。如图 3—24 显示的内容正是系统默认的标题 1 的样式内容，将鼠标放在图 3—25 的"标题 1"按钮上可以显示该内容。

2. 样式的套用

选中文字或段落，执行菜单"开始"→"样式"命令，打开"样式"任务窗格，如图 3—25 所示。单击某一样式，选中的段落或文本就会自动套用该样式。

3. 样式的设置

(1)修改样式。

在"样式"任务窗格中选择面板中某一具体的样式，在右边的下栏列表中选择"修改样式"，

标题 1:
字体
字体: 二号, 加粗
字符间距: 字距调整二号
段落
缩进:
左侧: 0 厘米
悬挂缩进: 4.25 字符
对齐方式: 居中
间距:
行距: 多倍行距 2.41 字行
段前: 30 磅
段后: 30 磅
换行和分页: 与下段同页, 段中不分页
大纲级别: 1 级
制表位:
制表位: 2.02 字符, 列表制表位
项目符号和编号
列表: 多级符号
级别: 1
编号样式: 1, 2, 3, …
起始编号: 3
对齐方式: 左侧
对齐位置: 0 厘米
制表符后于: 0.75 厘米
缩进位置: 0.75 厘米
样式
样式 自动更新, 快速样式
基于: 正文
后续样式: 正文

图 3－24 “标题 1”的样式

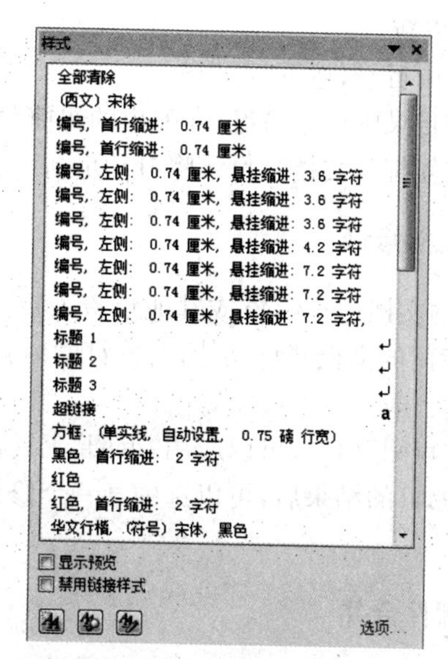

图 3－25 “样式”任务窗格

打开“修改样式”面板进行样式的修改。可以将修改的样式添加到模板中。

(2)删除样式。

在“样式”任务窗格中选择面板中某一具体的样式，在右边的下栏列表中选择“删除”。

3.6.2 文档目录的生成

Word 为我们提供了自动创建目录的功能，但要实现该功能之前，文档必须正确设置了大纲级别或全部套用了“标题 1”、“标题 2”等标题样式，否则无法自动创建目录。

1. 目录的创建

选择菜单“引用”→“目录”→“插入目录”，打开“目录”对话框，如图 3－26 所示。设置好格式、显示级别等内容后，单击“确定”按扭，目录自动创建完成。

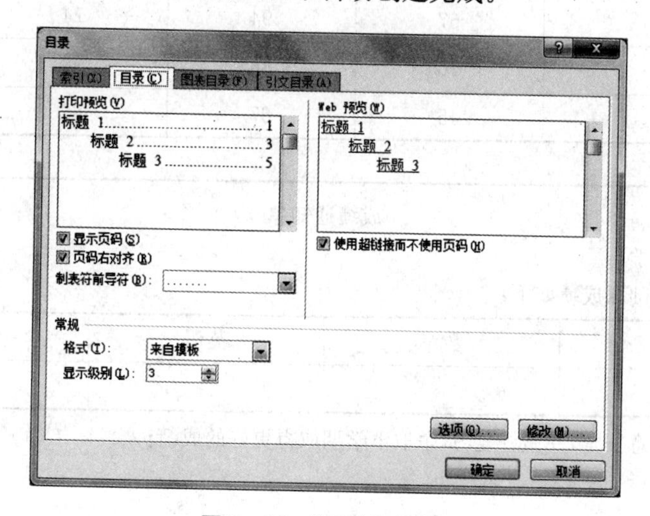

图 3－26 “目录”对话框

2. 目录的更新

方法一:选中目录,按下"F9"键。

方法二:在目录中单击右键,在弹出的快捷菜单中选择"更新域"菜单项。

方法三:重新打开文档时目录将自动更新。

3.6.3 文档修订

用户写好的文档送给编辑或其他负责人审阅时,审阅者一般会提出审阅与修订的建议。Word 提供了专门的文档修订功能,对修订的内容进行标示,同时用户对修订的建议可以接受或拒绝。

执行菜单"审阅"命令,可以应用"审阅"工具栏,有校对、批注、修订、更改等。

用户看到修订的结果后,可以选中某一个修订,然后单击右键选择"接受所选修订"或"拒绝所选修订"。

3.6.4 邮件合并

当学校要给全校学生发放成绩单时,你也许会将成绩单复印好,再逐份写上学生姓名、各科成绩;当一个公司要举行庆典时就会给多家公司或个人发出邀请函,你也许会将邀请函复印好,再逐份写上名字……对于以上这些情况,Word 提供了"邮件合并"的功能来制作信函与标签。

下面以制作学生成绩通知单为例,说明邮件合并的制作过程。

1. 操作要求

建立"成绩.xls",数据如表 3-2 所示;再使用邮件合并功能,建立信息范本文件"成绩单模板.doc"(如图 3-27 所示),最后生成所有学生的成绩单"成绩单.doc"。

表 3-2　成绩

姓名	语文	数学	英语	计算机
赵一	78	84	67	58
钱二	67	94	74	67
张三	76	86	56	78
李四	45	67	89	100

成绩通知单

________同学:

你本学期的基础课成绩如下:

语文	数学	英语	计算机

在假期内请注意安全,并做好复习,争取下学期取得更好的成绩!

班主任:郑大学

2013 年 7 月 1 日

图 3-27　成绩通知单

2. 操作步骤

第一步：启动 Excel2010，新建“成绩 . xls”文件，输入数据，效果如图 3—28 所示。

图 3—28　成绩 . xls

第二步：启动 Word2010 或右键新建“成绩单模板 . doc”，输入内容，如图 3—29 所示。

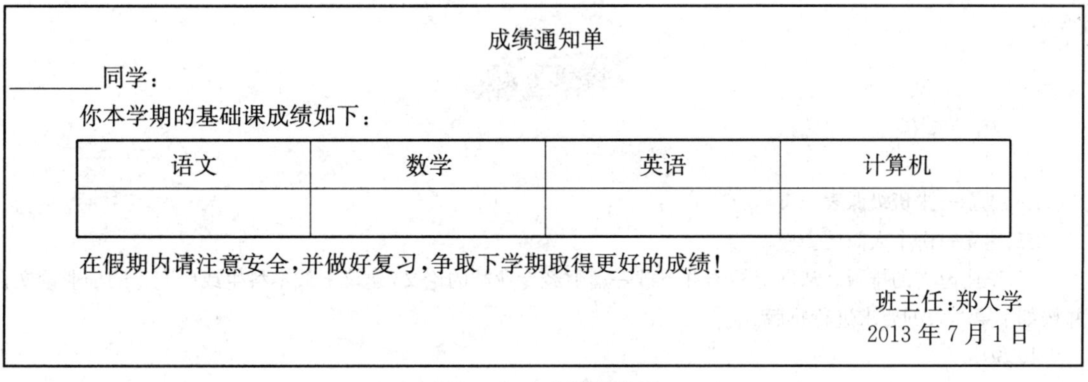

成绩通知单

________同学：

你本学期的基础课成绩如下：

语文	数学	英语	计算机

在假期内请注意安全，并做好复习，争取下学期取得更好的成绩！

班主任：郑大学

2013 年 7 月 1 日

图 3—29　成绩单模板

第三步：在 Word 2010 应用程序中，选择菜单“邮件”→“开始邮件合并”→“普通 Word 文档”。

第四步：菜单“邮件”→“开始邮件合并”→“选择收件人”→“使用现有列表”，打开“选取数据源”对话框。选择数据库“成绩 . xls”文件，并选择工作表 1(Sheet1＄)，导入数据，如图3—30 所示。

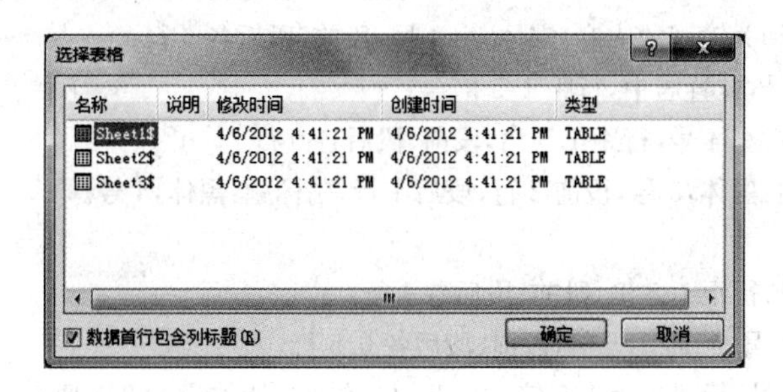

图 3—30

第五步：把光标定位到同学前面，单击“插入合并域”按钮，如图 3－31 所示，选择“姓名”。

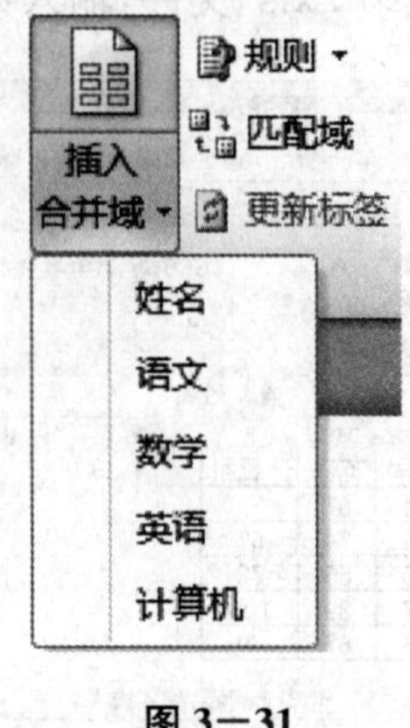

图 3－31

第六步：重新定位光标，按第五步的操作方法，依次插入语文、数学、英语、计算机选项。

第七步：执行“完成并合并”→“编辑单个文档”命令，生成各位同学的成绩单，保存为“成绩单．doc”。

练习题

一、建立一张班级课表。

二、建立一份个人简历。

三、毕业论文的排版。从网上检索并下载一篇财经专业类的论文，建议下载本科生或研究生的毕业论文，并按如下第 2 条的要求进行排版。

1. 说明

毕业生论文的具体撰写要求由各学校统一制定，如摘要字数、论文的总字数等。但是，毕业论文一般由以下几个部分组成：(1)中文摘要、中文关键词；(2)英文摘要、英文关键词；(3)目录；(4)论文题目；(5)正文；(6)参考文献及注释；(7)致谢。

2. 排版要求

(1)中文摘要、关键词：黑体，小 4 号，行距 1.5 倍，段前、段后各 1.5 行。

(2)中文摘要的内容和关键词的内容：宋体，小 4 号，段前、段后各 0 行。

(3)英文摘要、关键词：Times New Roman，4 号，行距 1.5 倍，段前、段后各 1.5 行。

(4)英文摘要的内容和关键词的内容：宋体，小 4 号，段前、段后各 0 行。

(5)目录：黑体，小 3 号，位置居中，行距 1.5 倍。

(6)目录的内容：宋体，小 4 号，行距 1.5 倍，段前、段后各 0 行。

(7)论文题目：主标题：黑体，3 号，段前 2 行，段后 1 行；副标题：黑体，4 号。

(8)正文：

a. 大标题：黑体，4 号，行距 1.5 倍，段前、段后各 1 行。

b. 小标题：黑体，小 4 号，行距 1.5 倍，段前、段后各 0.5 行。

c. 正文内容：宋体，5 号，行间距为 1.5 倍，上、下、左、右页边距均设为 2.5 厘米；正文中需插入页码，并能在生成目录时显示。

(9)参考文献及注释：黑体，小 4 号；内容：宋体，小 5 号，行间距为单倍。

(10)致谢:黑体,小 3 号,位置居中;内容:宋体,小 4 号,行间距为 1.5 倍。

四、打开“国际货币基金组织 .doc”文件,按以下要求完成操作,操作结果可参考“国际货币基金组织 .pdf”文件。

1. 对正文进行排版,其中:

(1)章名使用样式“标题 1”,并居中;

章号(例:第一章)的自动编号格式为:第×章(例:第 1 章),其中×为自动排序;

注意:×为阿拉伯数字序号。

(2)小节名使用样式“标题 2”,左对齐;

自动编号格式为:多级符号,X. Y;

X 为章数字序号,Y 为节数字序号(例:1.1)。

注意:X,Y 均为阿拉伯数字序号。

(3)新建样式,样式名为:“样式 0000”;其中:

a. 字体。

—中文字体为“楷体_GB2312”;

—西文字体为“Times New Roman”;

—字号为“小四”。

b. 段落:

—首行缩进 2 字符;

—段前 0.5 行,段后 0.5 行,行距 1.5 倍。

c. 其余格式,默认设置。

(4)对出现“1.”、“2.”... 处,进行自动编号,编号格式不变;对出现“(1)”、“(2)”... 处,进行自动编号,编号格式不变。

(5)将(3)中的样式应用到正文中无编号的文字。注意:不包括章名、小节名、表文字、表和图的题注。

(6)对正文中的图添加题注“图”,位于图下方,居中。要求:

—编号为“章序号”—“图在章中的序号”,(例如,第 1 章中第 2 幅图,题注编号为 1—2);

—图的说明使用图下一行的文字,格式同编号;

—图居中。

(7)对正文中出现“如下图所示”中的“下图”两字,使用交叉引用,改为“图 X-Y”,其中“ X-Y”为图题注的编号。

(8)对正文中的表添加题注“表”,位于表上方,居中。

— 编号为“章序号”—“表在章中的序号”,(例如,第 1 章中第 1 张表,题注编号为 1—1);

— 表的说明使用表上一行的文字,格式同编号;

— 表居中,表内文字不要求居中。

(9)对正文中出现“如下表所示”中的“下表”两字,使用交叉引用,改为“表 X-Y”,其中“X-Y”为表题注的编号。

(10)对正文中首次出现“华盛顿”的地方插入脚注,添加文字“美国首都华盛顿,全称"华盛顿哥伦比亚特区" ”。

2. 在正文前按序插入节,分节符类型为“下一页”。使用“引用”中的目录功能,生成如下内容:

(1)第 1 节:目录。其中:

a.“目录”使用样式“标题 1”,并居中;

b.“目录”下为目录项。

(2)第 2 节:图索引。其中:

a.“图索引”使用样式“标题 1”,并居中;

b.“图索引”下为图索引项。

(3)第 3 节：表索引。其中：

a.“表索引”使用样式“标题 1”，并居中；

b.“表索引”下为表索引项。

3. 对正文作分节处理，每章为单独一节。

4. 添加页脚。使用域，在页脚中插入页码，居中显示。其中：

(1)正文前的节，页码采用“i,ii,iii,...”格式，页码连续；

(2)正文中的节，页码采用“1,2,3,...”格式，页码连续，并且每节总是从奇数页开始，若该节从偶数页开始，则在该节之前再插入一节；

(3)更新目录、图索引和表索引。

5. 添加正文的页眉。使用域，按以下要求添加内容，居中显示。其中：

(1)对于奇数页，页眉中的文字为“章序号”+“章名”；

(2)对于偶数页，页眉中的文字为“节序号”+“节名”；

(3)所有页面中页眉横线必须添加。

Excel 2010 电子表格处理

学习重点

掌握 Excel 2010 的基本操作
掌握文本编辑、排版方法
掌握表格的制作与应用
掌握图文混排操作
掌握 Excel 2010 的高级应用

4.1 工作表的基本操作

电子表格可以输入输出、显示数据，可以帮助用户制作各种复杂的表格文档，进行繁琐的数据计算，并能对输入的数据进行各种复杂统计运算后显示为可视性极佳的表格，同时它还能形象地将大量枯燥无味的数据变为多种漂亮的彩色商业图表显示出来，极大地增强了数据的可视性。另外，电子表格还能将各种统计报告和统计图打印出来。正因为这些强大的功能，人们在日常生活和商务活动中越来越重视电子表格的应用。

4.1.1 电子表格窗口的组成

在 Windows 中启动 Excel 应用程序，就会显示如图 4－1 所示的窗口。

在该窗口中，除了与 Word、PowerPoint 等应用程序有相似之处的工具栏、菜单栏以外，还有一个地址名称栏和编辑栏。地址名称栏中显示了表格中黑色框(编辑光标)所在单元格的地址，如图 4－1 中的 A1。在对光标显示的单元格命名后，可以显示光标所在单元格的内容，还可以对光标所在单元格的内容进行编辑，如输入数据和计算表达式、修改已经输入的内容。

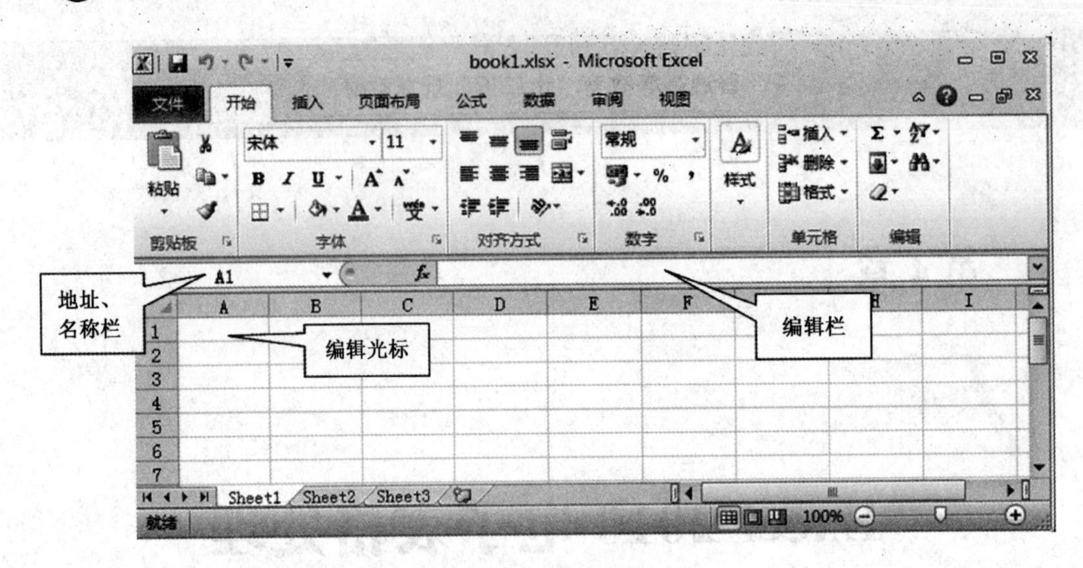

图 4—1　Excel 窗口

图 4—2 所示的是工作簿窗口，在该窗口中可以编辑、存储、处理数据。

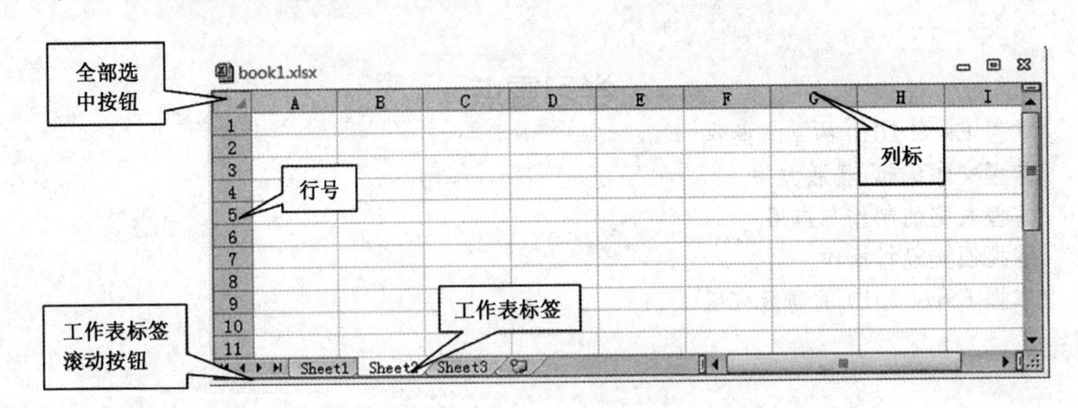

图 4—2　Excel 工作簿窗口

工作簿窗口的第一行是标题栏，显示所要编辑的工作簿的名称。当打开或新建一个新的工作簿时，Excel 自动为其命名为 Book1，Book2……。

每个工作簿中可以包含多个工作表。一般情况下，新建一个工作簿含有三个工作表。每个工作表的名称先由 Excel 命名为 Sheet1、Sheet2、Sheet3，这些名称显示在工作簿窗口的工作表标签中。任何一个工作表都是由 16 384 列×1 048 576 行组成。每行与每列的交叉点就是工作表的单元格。在地址名称栏中显示的就是单元格的行列标号或名称。被光标显示的单元格就是当前单元格。

每个工作表相互独立。用鼠标单击某个工作表名就可以选择其作为当前工作表。

可以同时选取多个工作表。用鼠标单击第一个工作表名，然后用＜＜Shift＞＞＋鼠标单击最后一个工作表名，可以选择多个相邻工作表；如果要选取的工作表名不相邻，可用鼠标单击任一要选取的工作表名,然后用<<Ctrl>>+鼠标单击其余各个要选取的工作表名。①

如果有多个工作表或是工作表的名称比较长,那么在选择工作表时可以用鼠标单击四个工作表标签滚动按钮来左右移动工作表标签。

4.1.2 单元格、区域的选取和命名

单元格是Excel在工作表上最基本的操作单位,主要用于存放数据信息。与工作表的选择一样,任何时刻在当前工作表中只有一个活动单元格,即只能对当前活动的单元格进行编辑操作。活动单元格显示时其周围有黑色的粗框线,而且它所在的行号和列标是“凸出”显示的。

1. 单元格的选取

选择一个单元格,可将鼠标指向它,单击鼠标左键;此时,该单元格处于激活状态,可以对其实施编辑操作。

用键盘也能完成对单元格的选取操作,如表4—1所示。

表4—1　用键盘选取单元格

按键	功能
←or→	左移或右移一个单元格
↑or↓	上移或下移一个单元格
<Ctrl>+←or<Ctrl>+→	左移或右移一个有效区域行首、行尾
<Ctrl>+↑or<Ctrl>+↓	上移或下移一个有效区域行首、行尾
<Pg Up>or<Pg Dn>	上移或下移一屏
<Ctrl>+<Home>	移至当前工作表的A1单元格
<Ctrl>+<End>	移至当前工作表的最后一个单元格

2. 区域的选取

区域是指在工作表中一组相邻单元格所组成的矩形。区域的名称Excel默认为左上角单元格的地址与右下角单元格的地址,中间以冒号隔开。

选择一个单元格区域,可选中左上角的单元格,然后按住鼠标左键向右拖曳,直到需要的位置松开鼠标左键即可;若要选择两个或多个不相邻的单元格区域,在选定一个单元格区域后,可按住<Ctrl>键,然后再选另一个区域即可;若要选择整行或整列,只需单击行号或列标,这时该行或该列第一个单元格将成为活动的单元格;若单击左上角行号与列标交叉处的按钮,即可选定整个工作表。

3. 单元格或区域的命名

Excel给每个单元格都有一个默认的名字,其命名规则是列标加行标,例如,D3表示第四列、第三行的单元格。如果要将某单元格重新命名,可以采用下面两种方法:(1)只要用鼠标单击某单元格,在表的左上角就会呈现它当前的名字,再用鼠标选中名字,就可以输入一个新的名字了;(2)在“公式”选项卡的“定义的名称”功能区有“名称管理器”按钮,点击后显示如图4—3,单击新建,弹出“新建名称”对话框,如图4—4所示可输入相关数据。

① 注意:选取多个工作表,并不意味着当前工作表是多个。当前工作表是唯一的,可用鼠标单击工作表名进行切换。

在给单元格命名时需注意：名称的第一个字符必须是字母或汉字，它最多可包含255个字符，可以包含大、小写字符，但是名称中不能有空格，且不能与单元格引用相同。

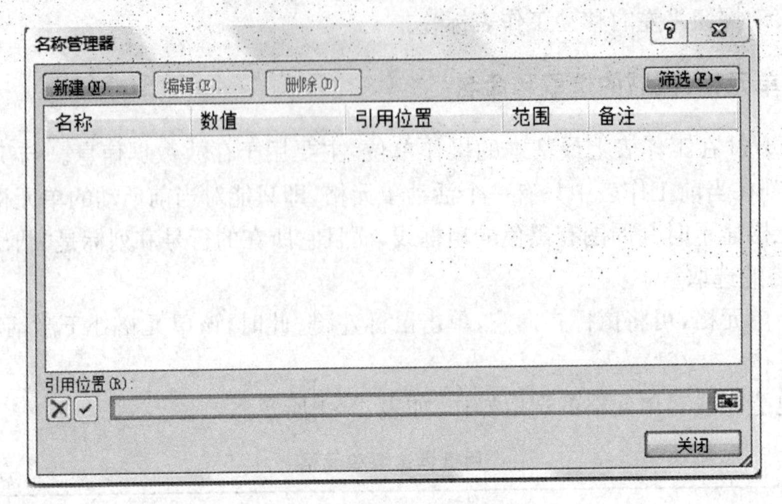

图4—3 Excel单元格命名

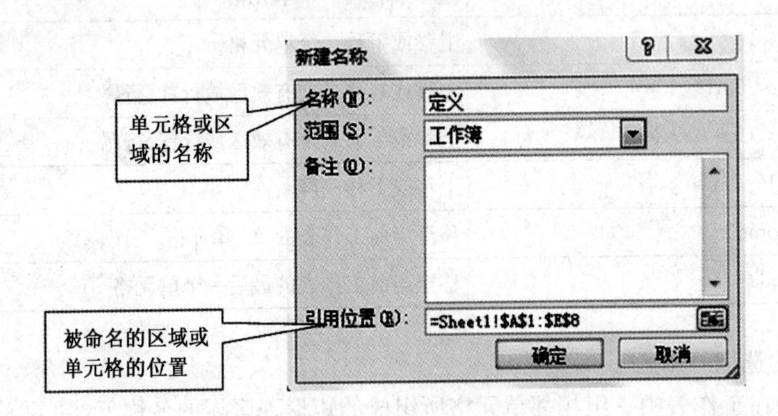

图4—4 名称管理器

一旦对单元格或区域命名后，以后要选中该单元格或区域时，只需用鼠标单击地址名称栏右边的按钮，单击所命名的名称，Excel就会用反相显示出所选中的单元格或区域。凡是被命名的单元格或区域，在输入有关计算表达式时可以直接使用该单元格或区域的名称。

4.1.3 单元格的编辑和格式设置

1. 单元格的输入和编辑

图4—5显示了某超市公司下属的几个省份销售部在去年每个季度的营业额，现以该表为例，说明在Excel中对于单元格的输入和编辑。

(1)数据的输入。

在Excel的单元格中，既可以输入数值，也可以输入字符。第一个输入的如果是数字，则默认为在该单元格中输入的是数字值。如果没有对单元格进行任何编辑操作，那么数字在单元格中靠右排放，字符串则靠左边排放。

注意:如果要输入的内容是由数字组成的字符串,一般以单引号开始,然后再键入数字。

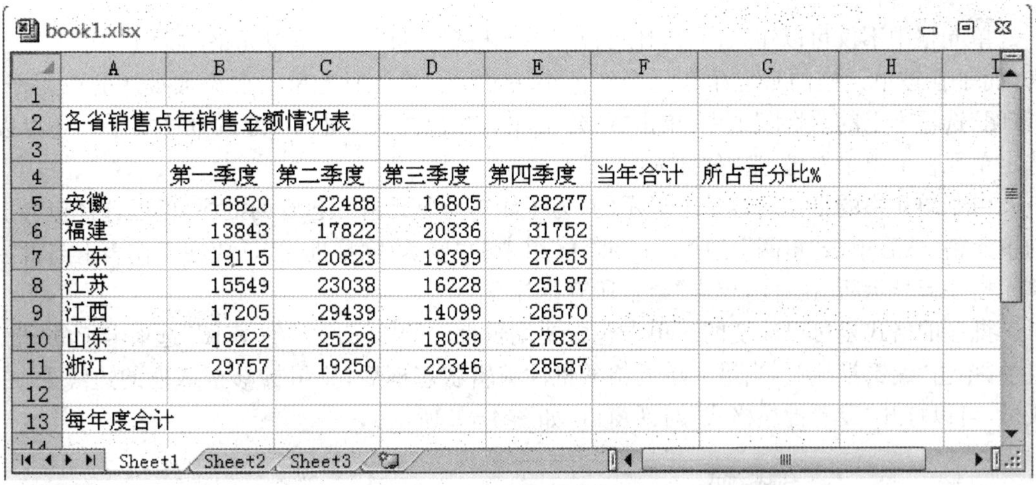

book1.xlsx

	A	B	C	D	E	F	G	H
1								
2	各省销售点年销售金额情况表							
3								
4		第一季度	第二季度	第三季度	第四季度	当年合计	所占百分比%	
5	安徽	16820	22488	16805	28277			
6	福建	13843	17822	20336	31752			
7	广东	19115	20823	19399	27253			
8	江苏	15549	23038	16228	25187			
9	江西	17205	29439	14099	26570			
10	山东	18222	25229	18039	27832			
11	浙江	29757	19250	22346	28587			
12								
13	每年度合计							

Sheet1 Sheet2 Sheet3

图4—5 Excel数据输入

在输入行标题时,激活要操作的单元格A5进行编辑,按<Enter>键让Excel接受键入的内容。按<Enter>键或者<↓>键,完成A5的编辑并激活A6,如此重复,完成行标题输入。

在输入列标题时,与输入行标题类似,用鼠标激活B4单元格,键入"第一季度",按<Tab>键或<→>键,即可显示所键入的内容,并自动激活同行右边的C4,使之成为当前的单元格。

输入数据时,可以采用行标题或列标题的方向顺次完成。

输入图4—5所示的表格标题时,选中A2单元格,键入"各省销售点年销售金额情况表"。因为该标题的字数比较多,无法在A2的单元格中装下,所以出现了在相邻单元格B2、C2中也显示该标题的情形。如果相邻单元格中也有内容,则只能看到本单元格中显示的几个字。虽然看不到全部内容,但在激活该单元格后,在编辑栏中还是能看到其全部内容。

(2)数据的编辑。

当单击单元格使其处于活动状态时,单元格中的数据会被自动选取,一旦开始输入,单元格中原来的数据就会被新输入的数据所取代。如果单元格中包含大量的字符或复杂的公式,而用户只想修改其中的一部分,那么可以按以下两种方法进行编辑:(1)双击单元格,或者单击单元格后按F2键,在单元格中进行编辑;(2)单击激活单元格,然后单击编辑栏,在编辑栏中进行编辑。

(3)数据的插入、删除和清除。

有时需要在已经输入数据的工作表中增加数据。具体操作时必须先选定插入位置,然后在"开始"选项卡"单元格"功能区中选择"插入"选项。如果选择了"活动单元格下移"的单选项,在按"确定"按钮以后,原来选定的单元格及其下方的所有单元格的内容都会下移一个位置。同样,也可以插入一整行或一整列。

需要插入多大空间就要选定多大区域,如新插入3行,则需要选中3行。

要删除单元格中的数据,可以先选中该单元格,然后按Del键即可;要删除多个单元格中的数据,则可同时选定多个单元格,然后按Del键。如果想要完全控制对单元格的删除操作,只使用Del键是不够的。在"开始"选项卡的"编辑"组中,单击"清除"按钮,在弹出的快捷菜单中选择相应的命令，即可删除单元格中的相应内容。

(4)单元格的批注。

单元格中不仅可以输入内容，还可以对单元格附加批注，但是单元格的批注一般不显示出来，而是在该单元格的右上角有一个红色小块显示。操作时先单击要添加批注的单元格，在“审阅”选项卡上的“批注”组中，单击“新建批注”，在批注文本框中，键入批注文字。还可以在选定单元格上单击右键，选择“插入批注”。

由于单元格的批注内容是不显示的，为了能够与单元格一起看到批注，可以选择包含批注的单元格，然后单击“审阅”选项卡上“批注”组中的“显示/隐藏批注”。要在工作表上与批注的单元格一起显示所有批注，单击“显示所有批注”。

批注的格式是可以改变的。单击包含要编辑批注的单元格。在“审阅”选项卡上的“批注”组中，单击“编辑批注”。当进入单元格的批注编辑状态框后，将鼠标移至该框的边缘处，右击鼠标，可以打开“设置批注格式”对话窗口，如图4—6所示。

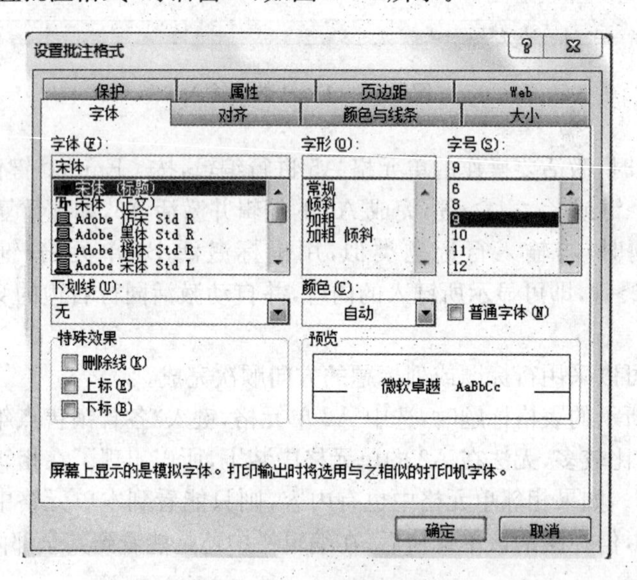

图4—6 设置批注格式

在“审阅”选项卡上的“批注”组中，单击“删除”或者在“审阅”选项卡上的“批注”组中，单击“显示/隐藏批注”以显示批注，双击批注文本框，然后按Del键可以完成批注的删除操作。

(5)数据的移动、复制和填充。

①数据的移动、复制。在Excel 2010中，不但可以复制整个单元格，还可以复制单元格中的指定内容。也可通过单击粘贴区域右下角的“粘贴选项”来变换单元格中要粘贴的部分。移动或复制单元格或区域数据的方法基本相同，选中单元格数据后，在“开始”选项卡的“剪贴板”组中单击“复制”按钮或“剪切”按钮，然后单击要粘贴数据的位置并在“剪贴板”组中单击“粘贴”按钮，即可将单元格数据移动或复制到新位置。如图4—7，在粘贴的时候，可以选择多种粘贴方式。

在Excel 2010中，还可以使用鼠标拖动法来移动或复制单元格内容。要移动单元格内容，应首先单击要移动的单元格或选定单元格区域，然后将光标移至单元格区域边缘，当光标变为箭头形状后，拖动光标到指定位置并释放鼠标即可。

②数据的填充。在Excel 2010中复制某个单元格的内容到一个或多个相邻的单元格中，

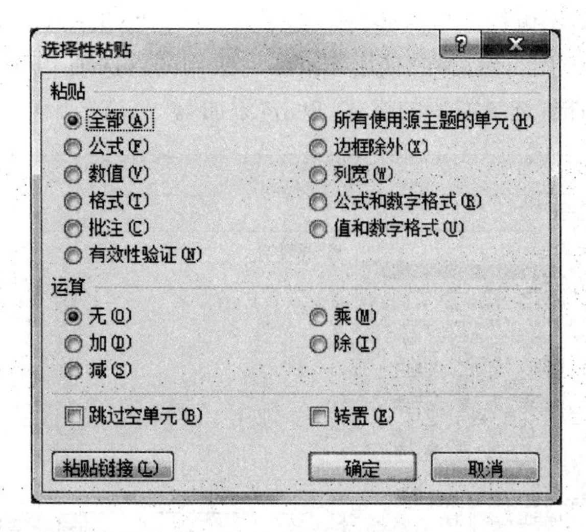

图4—7 选择性粘贴

使用复制和粘贴功能可以实现这一点。但是对于较多的单元格,则可以使用自动填充功能。另外,使用填充功能不仅可以复制数据,还可以按需要自动应用序列。

如果在一连串相邻的单元格中要填入相同的数据,先要在第一个单元格中键入数据,然后将要填充的相邻单元格选定,选择"编辑"功能区的"填充"选项,选择填充方向。用鼠标填充只需选中包含填充数据的单元格,然后用鼠标拖动填充柄(位于选定区域右下角的小黑色方块,将鼠标指针指向填充柄时,鼠标指针更改为黑色十字形状),经过需要填充数据的单元格后释放鼠标即可。

当要在一个表格中产生一个数据序列,例如,要在当前工作表中产生0、2、4、6、8、10等一组序列,先选定一个单元格,键入数字0,然后选定该单元格,选择如图4—8的序列命令("填充"按钮子菜单选择"系列"),在"序列产生在"、"类型"、"日期单位"选项区域中选择需要的选项,然后在"预测趋势"、"步长值"和"终止值"等选项中进行操作,单击"确定"按钮即可。

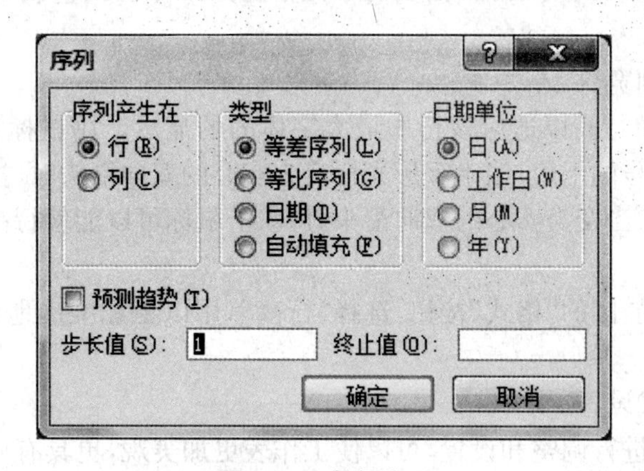

图4—8 数据序列

除了利用命令来产生一组数据序列外,也可以用鼠标来完成。在相邻的两个单元格中分别键入0和2,然后用鼠标选定这两个相邻的单元格,移动鼠标至填充柄处,按住鼠标向右或向下拖曳鼠标就能在表中产生出相应的数据序列。

在 Excel 中还可以用鼠标产生一些自定义序列。单击“Microsoft Office 按钮”，然后单击“Excel 选项”。单击“常用”，然后在“使用 Excel 时采用的首选项”下单击“编辑自定义列表”，出现如图 4－9 的对话框，选择需要的格式，单击“添加”。

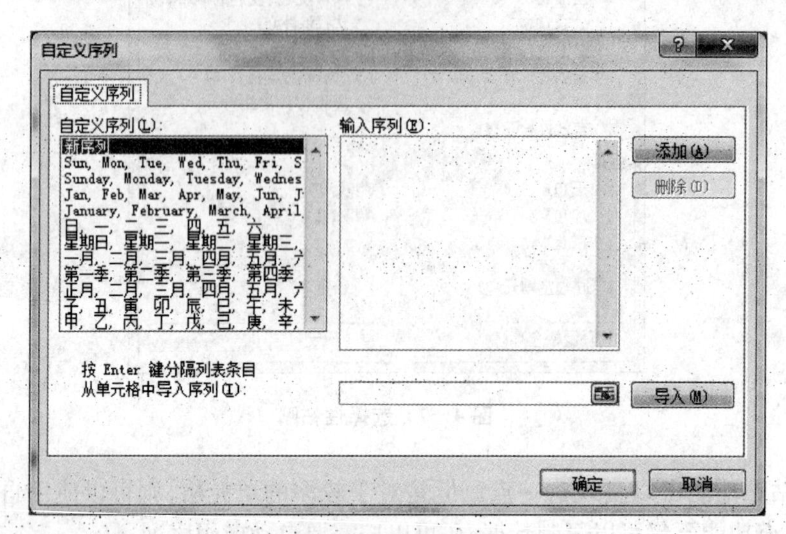

图 4－9 自定义序列

(6)数据文件的保存。

在对工作表进行操作时，应记住经常保存 Excel 工作簿，以免由于一些突发状况而丢失数据。在 Excel 2010 中常用的保存工作簿方法有以下 3 种：在“文件”菜单中选择“保存”命令；在快速访问工具栏中单击“保存”按钮；使用＜Ctrl＞＋S 快捷键。此外，Excel2010 还可以另存为多种不同的格式。

2. 单元格的格式设置

在 Excel 中，所建立的新工作表其所有的单元格的行和列都具有相同的行高和列宽。但有时为了能让数据完整的显示出来，需要对单元格的大小尽心调整或是显示的数据格式进行设置。

(1)改变行高和列宽。

Excel 能自动调整行高以适应该行中最大字体的的显示。用鼠标来改变行高时，将鼠标移至要改变行高的行号的下边，当十字形光标变为实心的双向箭头时，按住鼠标左键上下移动就能改变行高。此外，当变为实心的双向箭头时，双击鼠标可以能使行高自动适应所需的最大行高。

单击“单元格”功能区的“格式”按钮，选择“行高”，用以更加准确地设置行高，同样的方法也可以设置列宽。

(2)单元格的格式设置。

对单元格的格式进行调整和设置，可以使工作表更加美观，更具有可读性。

①自动格式化数据。单击“样式”功能区“套用表格格式”按钮，选择合适的样式，在选中的区域里还可以实时的查看效果。

如果要删除格式套用，选择要去除其当前表样式的表，这时会显示“表工具”，同时添加“设计”选项卡。在“设计”选项卡上的“表格样式”组中，单击“其他”按钮；单击“清除”就可以删除格式。

②单元格格式设置。选定单元格或区域,然后右键选择“设置单元格格式”,就会出现如图 4—10 所示的对话框。该窗口中有数字、对齐、字体、边框、图案、保护等多张选项卡。

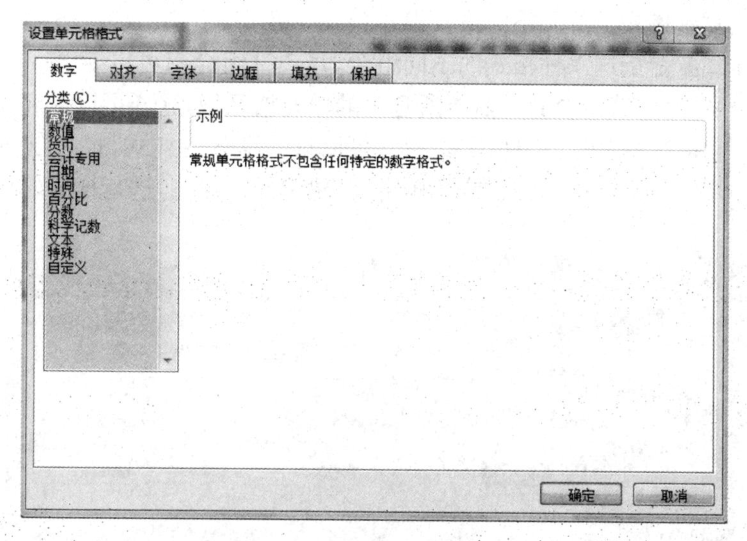

图 4—10　设置单元格格式

通过对这些选项卡的不同选择,可以完成单元格的格式设置。在 Excel 的窗口中,格式化工具栏上的按钮可以对单元格完成大部分的格式设置。

当需要在工作表中突出显示某些特别有意义的单元格时,可以利用条件格式完成。具体操作是:先选定有关的区域,在“样式”功能区选择“条件格式”。Excel 2010 不仅选择不同的条件格式,也可以自定义格式规则,单击“其他规则”,出现如图 4—11 所示的对话框,允许设置新的规则。

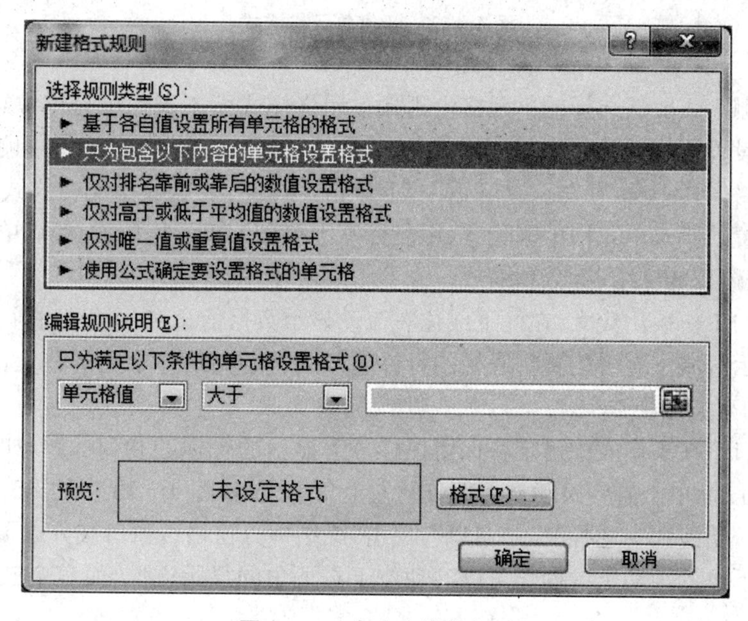

图 4—11　自定义格式规则

如果要删除条件格式，在选定区域后，选择删除选项。

(3)格式的复制和删除。

①利用样式复制格式。单元格的格式设置包括了数字、字体、对齐、边框、图案、保护六种格式的设置。样式就是指这六种格式的不同组合，每一种组合都可以赋予一个样式名称。利用样式，可以将预定的格式组合直接赋予所选定的单元格区域，这样可以提高操作的效率。

选择“样式”功能区的“单元格样式”按钮。可以选择默认的样式，也可以在某一样式上单击右键，如图 4－12 所示，选择“修改”或者单击“新建单元格样式”进行样式的自定义操作。

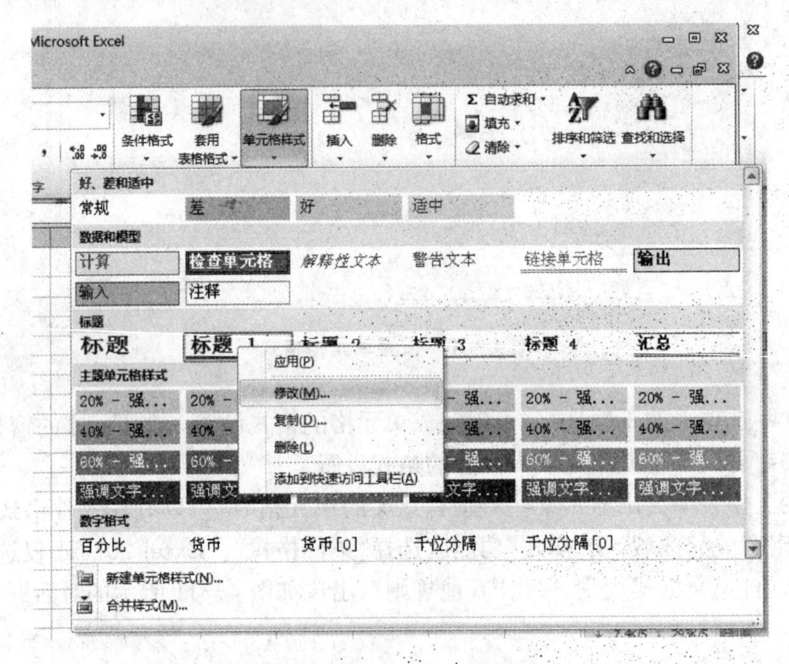

图 4－12 新建单元格样式

②格式的删除。要从选择的单元格中删除单元格样式而不删除单元格样式本身，选择用该单元格样式设置格式的单元格，单击“单元格样式”；若要从选定的单元格中删除单元格样式而不删除单元格样式本身，在“好、差和适中”下单击“常规”；要删除单元格样式并从使用该样式进行格式设置的所有单元格中删除它，用鼠标右键单击该单元格样式，然后单击“删除”。

(4)工作表窗口的冻结、拆分和缩放。

如果所做的工作表比较大，在往下或往右流动显示数据信息时，可能会将行标题或列标题移出屏幕的显示区域。有时需要将表格的行标题及列标题始终显示在屏幕上，这时就要用到 Excel 中窗口的有关命令。

①冻结窗口。在工作表中确定要保留在屏幕上显示的行标题和列标题，如图 4－13 中的行、列 标题，用鼠标单击需要滚动显示部分的左上角单元格，图 4－13 中的 B5，然后在“视图”选项卡的“窗口”功能区中选择“冻结窗口”，单击“冻结拆分窗格”，窗口被分成了的四块。通过对窗口右边及下边的滚动条的操作可以滚动位于右下角的显示区域，而其余三块在屏幕上保持不动。

一旦窗口被冻结后，原来的“冻结拆分窗格”命令变为“取消冻结窗格”命令。

②拆分窗口。如果要独立地显示并滚动工作表中的不同部分，可以使用拆分窗口功能。

book1.xlsx

	A	B	C	D	E	F	G
1							
2	各省销售点年销售金额情况表						
3							
4		第一季度	第二季度	第三季度	第四季度	当年合计	所占百分比%
5	安徽	16820	22488	16805	28277	84390	0.138047799
6	福建	13843	17822	20336	31752	83753	0.137005774
7	广东	19115	20823	19399	27253	86590	0.141646628
8	江苏	15549	23038	16228	25187	80002	0.130869771
9	江西	17205	29439	14099	26570	87313	0.142829334
10	山东	18222	25229	18039	27832	89322	0.146115719
11	浙江	29757	19250	22346	28587	99940	0.163484975
12							
13	每年度合计	130511	158089	127252	195458	611310	
14							

Sheet1 Sheet2 Sheet3

图 4—13 工作表窗口

拆分窗口时，选定要拆分的某一单元格位置，然后在“视图”选项卡的“窗口”组中单击“拆分”按钮，这时 Excel 自动在选定单元格处将工作表拆分为 4 个独立的窗格。可以通过鼠标移动工作表上出现的拆分框，以调整各窗格的大小。

在操作时注意，如果将水平分割线到窗口的顶部或者底部，则数据将会被复制在窗口的另一部分显示，如图 4—14 所示。

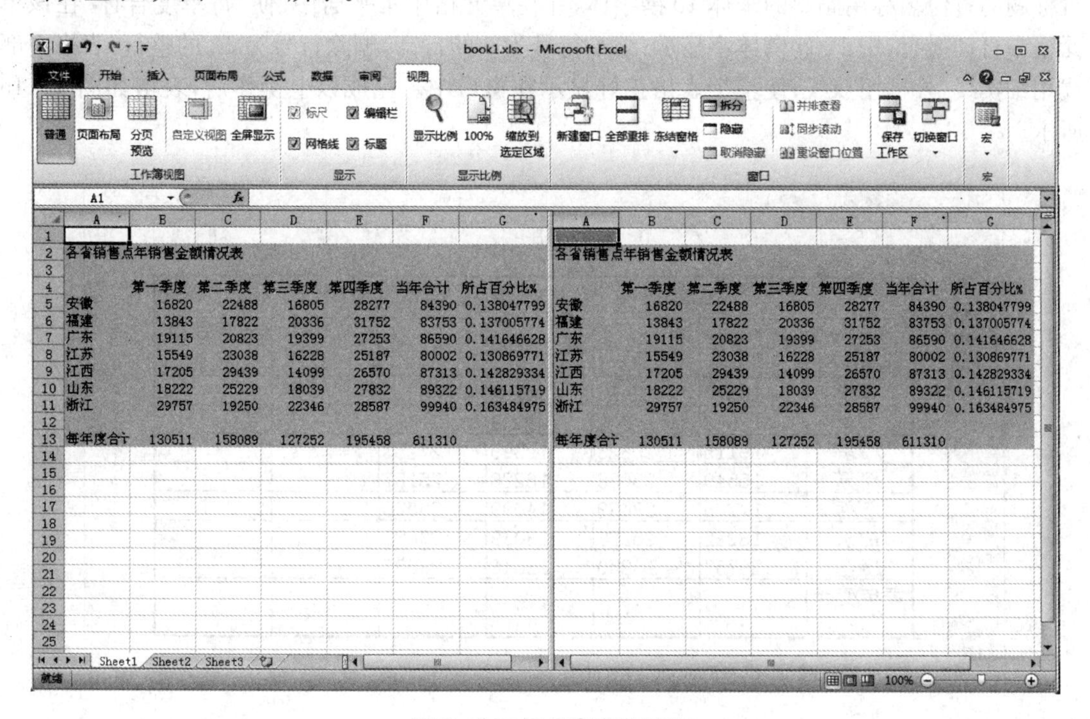

图 4—14 工作表窗口显示

③缩放窗口。如果工作表的数据量很大，使用正常的显示比例不便于对数据进行浏览和修改，则可以重新设置显示比例。打开“视图”选项卡，在“显示比例”组中，单击“显示比例”按钮，打开“显示比例”对话框。在对话框的“缩放”选项区域中选择要调整的工作表显示比例。如图 4－15 所示。

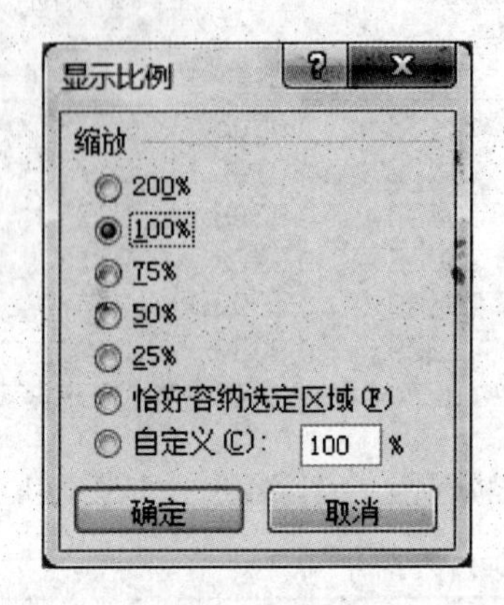

图 4－15　调整的工作表显示比例

下面以图 4－13 所示的工作表，利用上述的各种操作来进行表格的格式设置。用水平对齐格式的“合并后居中”、16 磅的宋体使表格的标题在整修表中居中；列标题以 12 磅的楷体字在每列标题单元格中水平和垂直都居中，并使每列的单元格自动适应列标题的宽度，在 H4 中键入“所占百分比%”，自动换行，使这一列与左边的列宽度相等，并以同样的字形与大小显示，调整该行高度使之自动适应；在表格的左上角单元格中画一斜线，并键入“季度”和“省份”；行标题的省份名称用倾斜的宋体 10 磅字体，并在单元格中水平居中；使“每季度合计”在该单元格中自动换行，用 12 磅楷体字显示；缩小行号为 3 的行高，删除行号为 12 的整行；表格内部线用细实线，外框用双线；使整个表格正好显示在窗口中。完成以上操作后，表格如图 4－16 所示。

book1.xlsx

	A	B	C	D	E	F	G	H
1								
2		各省销售点年销售金额情况表						
4		季度 省份	第一季度	第二季度	第三季度	第四季度	当年合计	所占百分比%
5		安徽	16820	22488	16805	28277		
6		福建	13843	17822	20336	31752		
7		广东	19115	20823	19399	27253		
8		江苏	15549	23038	16228	25187		
9		江西	17205	29439	14099	26570		
10		山东	18222	25229	18039	27832		
11		浙江	29757	19250	22346	28587		
12		每年度合计						
13								

Sheet1 / Sheet2 / Sheet3

图 4－16　表格显示

注意：制作斜线表头可以插入直线，通过调整得到，也可以通过以下方法得到：选中单元格，右键选择“设置单元格格式”，选择“对齐”标签，将垂直对齐的方式选择为“靠上”，将“文本控制”下面的“自动换行”复选框选中，再选择“边框”标签，按下“外边框”按钮，使表头外框有线，接着再按下面的“斜线”按钮，为单元格添加一个对角线，设置好后，单击“确定”按钮，这时选中单元格中将多出一个对角线。双击单元格，进入编辑状态，并输入文字，如“季度”、“省份”，接着将光标放在“季”字前面，连续按空格键，使这4个字向后移动，因为我们在单元格属性中已经将文本控制设置为“自动换行”，所以当“省份”两字超过单元格时，将自动换到下一行。

4.1.4　工作簿的管理

打开Excel应用程序，默认创建了三个工作表。实际上，在工作表标签处不仅可以看到工作表的名称，还能看到图表的名称。在Excel中还有一种表，称为宏表，但宏表的名称不在工作表标签显示。

图表是根据工作表中的数据生成的，而宏表则是用一段程序指令的执行来完成对工作表中数据的有关操作。把这些相关的工作表、图表、宏表合在一起作为一个文件存放在磁盘上，这个文件就是Excel中的一个工作簿。

1. 工作表的命名、插入、删除、移动、复制和隐藏

默认一个工作簿含有三张工作表，如果需要打开更多的工作表可以进行以下操作：打开“Excel选项”，在“常规”选项卡“新建工作簿时”中“包含的工作表数”，更改数值即可。

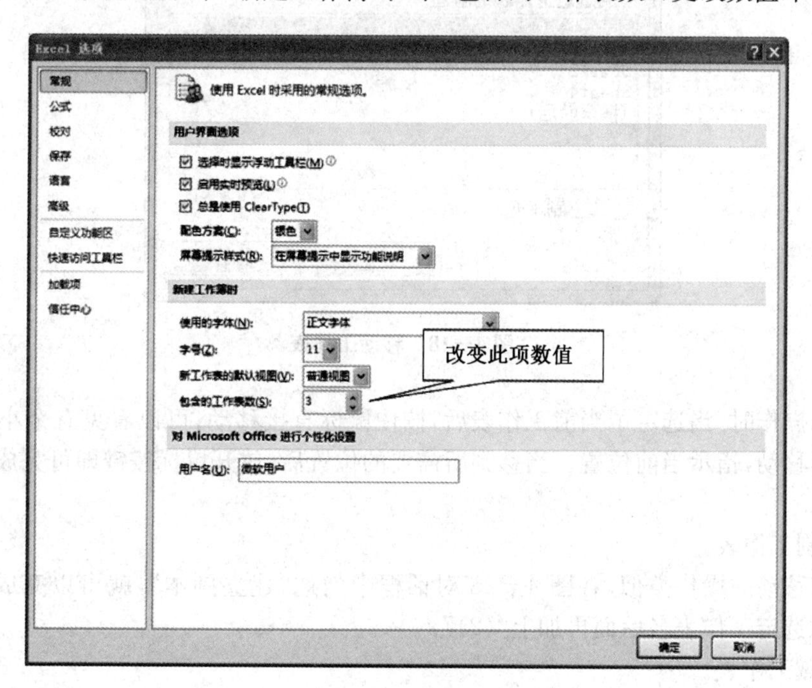

图4—17　打开更多的工作表

(1)工作表的命名。

在工作表标签处双击，或是右键选择重命名都可以给工作表命名。需要注意的是，在同一个工作簿中，工作表的名称是不能相同的。

(2)插入新的工作表。

在“单元格”功能区单击“插入”,选择“插入工作表”,就可以为工作簿添加新的工作表,且该工作表为当前工作表。

(3)删除工作表。

在删除单个工作表时,首先选择要删除的工作表为当前工作表,在“开始”选项卡上的“单元格”功能区中,单击“删除”旁边的箭头,然后单击“删除工作表”,或者在工作表标签处点击右键,选择删除。因为工作表的删除是永久性的,撤消按钮不能将已经删除的工作表恢复回来,所以删除之前会有提醒。如果要删除多个表,相邻的表按＜Shift＞键,不相邻的按＜Ctrl＞键,再用鼠标单击来选择工作表。

(4)移动工作表。

移动工作表就是将某个工作表的表名移至某一个位置上。选择要移动的工作表,例如Sheet1,右键选择“移动或复制工作表”,出现如图4－18所示的对话框,在“下列选定工作表之前”框中进行选择。如果要将Sheet1移至Sheet3的后面,则选择Sheet3,再确定,Sheet1就被移到了Sheet3的后面。

图4－18 移动工作表

用鼠标操作时,当选定了当前工作表后,按住鼠标直接移动,可以看见有个小三角形在工作表标签上移动,指示当前位置。当移到所需要的位置后,放开鼠标按键即可完成工作表的移动。

(5)复制工作表。

复制与移动的操作类似,在图4－18对话框中勾选“建立副本”,就可以完成复制,Excel命其名为原选定工作表名后面再加上“(2)”。

(6)隐藏工作表。

如果要使某个工作表的表名在显示时不出现在工作表标签中,在选择了该工作表后,右键选择“隐藏”即可。

注意:一个工作簿里至少有一个工作表是不能被隐藏的。

2. 多窗口操作

多窗口操作是针对工作簿而言,不是针对工作簿中工作表的操作。

(1)在同一个工作簿中多窗口的操作。

如果要建立当前工作簿的另一个窗口，在“视图”选项卡“窗口”功能区选择“新建窗口”，出现一个新的窗口，其内容、工作表的个数与原来工作簿一样，只是工作簿名称稍有变化。

如果打开了两个或两个以上的工作簿，则可用“窗口”功能区的“全部重排”命令，在如图4－19所示的对话框中选择排列方式。通过这种方式，可以同时查看到同一工作表中的不同部分内容，或是查看同一工作簿中不同工作表的内容。

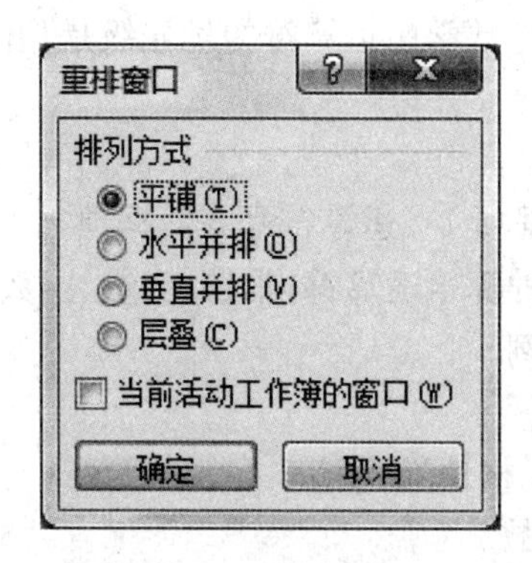

图4－19　选择排列方式

(2)在不同工作簿的多窗口操作。

一个Excel的文件就是一个工作簿，在“窗口”功能区的“切换窗口”命令处，可以查看打开的工作簿名称，并进行窗口切换。按下“<Ctrl>＋Tab”也可以在窗口之间进行切换。

(3)窗口的隐藏。

选择“窗口”功能区的“隐藏”命令，可以将当前工作簿的窗口隐藏。一旦有窗口被隐藏，“取消隐藏”命令显示，点击，可以选择取消隐藏的工作簿。

4.1.5　单元格的引用与计算

因为Excel是电子表格处理软件，所以每个单元格中不仅可以输入文字、数值，也可以输入有关的计算表达式。不仅可以使用本工作表中已经有的数据进行处理，还可以跨工作表，甚至可以跨工作簿对有关数据进行处理。

1. 表达式中的运算符

在单元格中输入计算的表达式，在激活该单元格后，先要键入“＝”。这是Excel区分单元格中输入的是字符还是计算表达式的标志。在计算表达式中，需要用有关的运算符号：

(1)算术运算符。

这是进行基本的数学运算，如加法、减法和乘法以及连接数字和产生数字结果等的运算符。算术运算符有：加“＋”(加号)、减“－”(减号)、乘“*”(星号)、除“/”(斜杠)、百分比“%”(百分号)和乘方“^”(脱字符)六种；

(2)比较操作符。

是用于比较两个值的操作符，其比较的结果是一个逻辑值，即比较结果是TRUE或FALSE。比较运算符有：等于“＝”(等号)、大于“＞”(大于号)、小于“＜”(小于号)、大于等于“＞＝”(大于等于号)、小于等于“＜＝”(小于等于号)和不等于“＜＞”六种。

(3)文本串联符。

使用连字符(&)加入或连接一个或多个字符串而形成一个长的字符串的运算符。文本运算符“&”(连字符)。

(4)引用操作符。

引用操作符可以将单元格区域合并计算。引用操作符有:区域运算符“:”(冒号)和联合操作符“,”(逗号)2种。区域运算符是对指定区域运算符之间(包括两个引用在内)的所有单元格进行引用。联合操作符将多个引用合并为一个引用。

表达式中运算符的优先级与数学中运算符的优先级是相同的。利用括号可以改变表达式中运算符的优先级。

2. 表达式的输入

键入表达式格式为:=数据项1<运算符号>数据项2

在一个公式中可以包含各种算术运算符、常量、变量、函数、单元格地址等。

下面是几个输入公式的实例。

=100*22 常量运算

=A3*1200-B4 使用单元格地址(变量)

=SQRT(A5+C7)使用函数

在单元格中输入公式的步骤如下:选择要输入公式的单元格。在编辑栏的输入框中输入一个等号“=”,键入一个数值、单元格地址、函数或者名称(有关名称的内容将在后面介绍),如果输入完毕,按下“Enter”键或者单击编辑栏上的“确认”按钮。如果没有输入完毕,则按照下列步骤继续输入公式,键入一个运算符号,重复输入过程。

(1)计算表达式的输入。

如果在键入的表达式中需要用到某个单元格的内容,则需要进行单元格的引用。

①键入法。例如,在图4-13中,要完成安徽省当年的销售数据汇总,先激活单元格F5,然后键入“=B5+C5+E5+D5”,按<Enter>键。

②指引法。在激活F5后,键入“=”,用鼠标单击B5单元格,键入“+”,单击C5,键入“+”,单击D5,键入“+”,单击E5,按<Enter>键。

③使用函数。在本例中,所要用到的求和函数是一个经常用到的函数,“自动求和”按钮。激活单元格F5后,单击该按钮,在F5中就会自动填入“=SUM(B5:E5)”,同时区域B5:E5的边框闪烁,必要时可以利用鼠标重新选择其他的求和区域,然后按<Enter>键。

(2)表达式与单元格地址的关系。

在图4-13中,如果用填充或复制的方法完成表达式的键入,可以看到一旦单元格里有了计算表达式,很快就显示出了计算结果。如果用鼠标单击F6单元格,在编辑栏中可以发现它与F5中的表达式是一样的,只是单元格的引用地址不同。当用填充或复制来操作时,有关引用的单元格地址也会自动进行调整,发生相应的变化。这就是相对引用单元格的地址。

在图4-13中,为求百分比,需要在G5的单元格中键入“=F5/F12”,利用上述填充复制的操作方法时,从G6开始的各个单元格中,都会有一个错误。单击G6单元格,从编辑栏中可以看到其内容为“=F6/F13”。但在数据表中,F13中并没键入过任何数据,可见在Excel中,当一个单元格中没有任何数据,但又被工作表中某些计算表达式所引用时,Excel会默认该单元格中的数值为0,所以才会出现错误。

在图4-13中,为了求得各省当年销售额所占的百分比,当用填充或复制G6单元格中计算表达式时,其分母的单元格引用是绝对不变的,即始终引用F12中的内容。将G5单元格中

计算表达式改为“＝F5/ $F$12”，再进行填充或复制操作，就能改正“除数为 0”的错误。

在 Excel 中，单元格的引用除了相对引用和绝对引用外，还有混合引用，即在行/列号的前面加上“$”。如 $F12、F$12 就是混合引用。有时在进行目标单元格的填充或复制时，要改变的可能只是行号或列标，这时就可以使用混合引用。

(3)跨工作表及工作簿的单元格引用。

在同一工作簿中，引用不同工作表之间的数据称为二维引用，其引用格式为：工作表名！单元格地址。

输入时可以按照其引用格式从键盘上键入，也可以用鼠标来完成。操作时，在当前工作表中的单元格中键入“＝”，然后用鼠标单击另一个要去引用单元格所在的工作表名，找到要引用的单元格后单击鼠标，再按＜Enter＞键或继续键入有关的运算符号。

在不同工作簿中，需要引用单元格中的内容称为三维引用。其引用格式为：

[工作簿名称]工作表名！单元格地址

其中工作簿名称必须是已经存过磁盘的 Excel 文件名。

一旦计算表达式被送入了单元格后，只要被引用的单元格里的内容发生变化，都会导致计算机重新计算一次。如果要使表达式的计算结果不随被引用单元格中的数值变化而变化，则可以在图 4－20 中去掉“自动重算”。

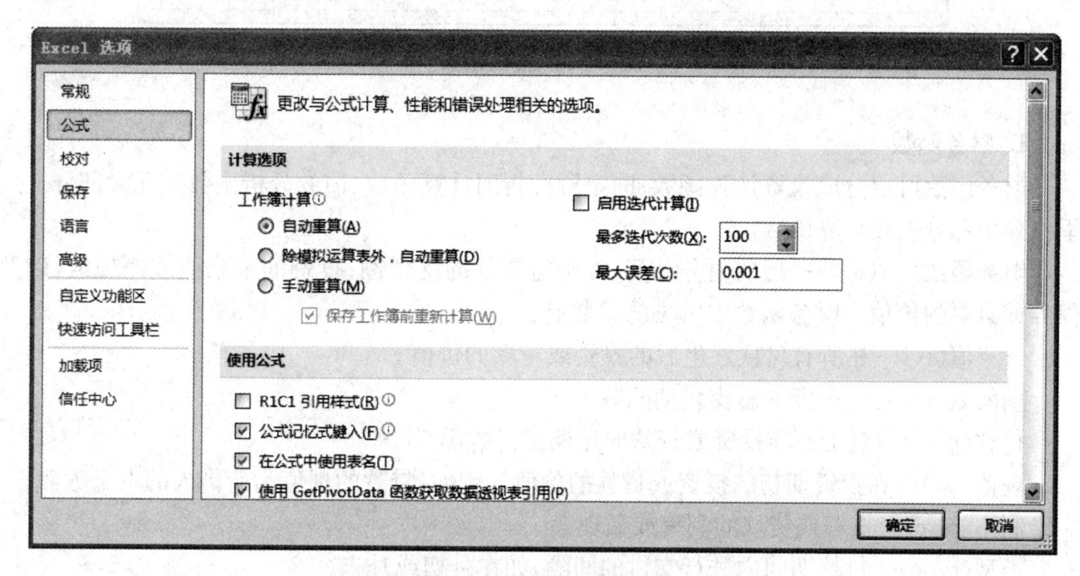

图 4－20　自动重算设置

4.1.6　Excel 的部分函数

因为在 Excel 中可以进行统计分析、决策分析，所以程序中提供了许多计算和分析函数。在“公式”选项卡“函数库”功能区中单击“插入函数”，出现如图 4－21 所示的对话框，可以根据函数分类，找到想要的函数。

在 Excel 中，许多函数需要多个参数，但在具体使用时不一定都需要。当参数多于一个时，必须用逗号将它们隔开。这些参数既可以是常量，也可以是单元格地址或区域，甚至是又一个函数。参数的类型可以是数值，也可以是文本。若是文本，则必须用西文或半角的引号括起来。

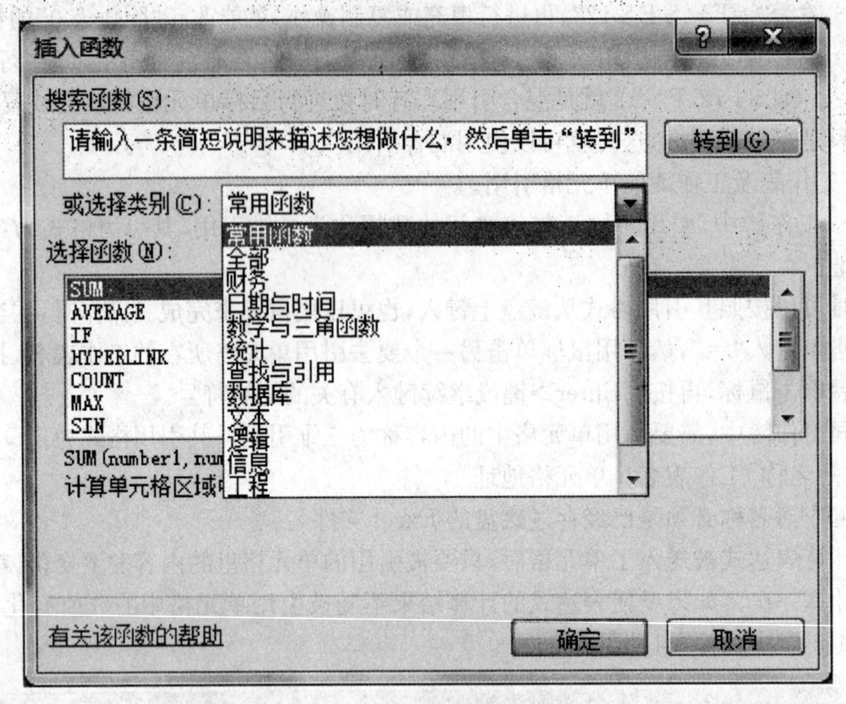

图 4－21 插入函数

1. 财务函数

财务函数可以分成投资计算函数、固定资产折旧计算函数、债券分析函数等几大部分。这里仅列出部分投资计算函数。

财务函数可以进行一般的财务计算，如确定贷款的支付额、投资的未来值或净现值，以及债券或息票的价值。财务函数中常见的参数有：

未来值(fv)—在所有付款发生后的投资或贷款的价值。

期间数(nper)—投资的总支付期间数。

付款(pmt)—对于一项投资或贷款的定期支付数额。

现值(pv)—在投资期初的投资或贷款的价值。例如，贷款的现值为所借入的本金数额。

利率(rate)—投资或贷款的利率或贴现率。

类型(type)—付款期间内进行支付的间隔，如在月初或月末。

(1)PMT 支付函数。

PMT 函数基于固定利率及等额分期付款方式，返回投资或贷款的每期付款额。PMT 函数可以计算为偿还一笔贷款，要求在一定周期内支付完时，每次需要支付的偿还额，也就是我们平时所说的“分期付款”。比如借购房贷款或其他贷款时，可以计算每期的偿还额。

其语法形式为：PMT(rate，nper，pv，fv，type)其中，rate 为各期利率，是一个固定值，nper 为总投资(或贷款)期，即该项投资(或贷款)的付款期总数，pv 为现值，或一系列未来付款当前值的累积和，也称为本金，fv 为未来值，或在最后一次付款后希望得到的现金余额，如果省略 fv，则假设其值为零(例如，一笔贷款的未来值即为零)，type 为 0 或 1，用以指定各期的付款时间是在期初还是期末。如果省略 type，则假设其值为零。

例如，需要 10 个月付清的年利率为 8％的￥10 000 贷款的月支额为：

PMT(8%/121 010 000)计算结果为:－¥1 037.03。

(2)PV 现值函数。

PV 函数用来计算某项投资的现值。年金现值就是未来各期年金现在的价值的总和。

其语法形式为:PV(rate,nper,pmt,fv,type)其中 rate 为各期利率。nper 为总投资(或贷款)期,即该项投资(或贷款)的付款期总数。pmt 为各期所应支付的金额,其数值在整个年金期间保持不变。通常 pmt 包括本金和利息,但不包括其他费用及税款。fv 为未来值,或在最后一次支付后希望得到的现金余额,如果省略 fv,则假设其值为零(一笔贷款的未来值即为零)。type 用以指定各期的付款时间是在期初还是期末。

例如,假设要购买一项保险年金,该保险可以在今后 20 年内于每月末回报¥600。此项年金的购买成本为 80 000,假定投资回报率为 8%。那么该项年金的现值为:

PV(0.08/12, 12×20 600,0)计算结果为:¥－71 732.58。

负值表示这是一笔付款,也就是支出现金流。年金(－¥71 732.58)的现值小于实际支付的(¥80 000)。因此,这不是一项合算的投资。

(3)FV 将来值函数。

FV 函数基于固定利率及等额分期付款方式,返回某项投资的未来值。

其语法形式为 FV(rate,nper,pmt,pv,type)。其中 rate 为各期利率,是一个固定值,nper 为总投资(或贷款)期,即该项投资(或贷款)的付款期总数,pv 为各期所应付给(或得到)的金额,其数值在整个年金期间(或投资期内)保持不变,通常 pv 包括本金和利息,但不包括其他费用及税款,pv 为现值,或一系列未来付款当前值的累积和,也称为本金,如果省略 pv,则假设其值为零,type 为数字 0 或 1,用以指定各期的付款时间是在期初还是期末,如果省略 t,则假设其值为零。

例如,假如某人两年后需要一笔比较大的学习费用支出,计划从现在起每月初存入 2 000 元,如果按年利 2.25%,按月计息(月利为 2.25%/12),那么两年以后该账户的存款额会是多少呢?

公式写为:FV(2.25%/12, 24,－2 000,0,1)计算结果为:¥770 527.03

还有很多财务函数,这里就不一一列举了。

2. 逻辑函数

Excel 中的逻辑函数是用来对所罗列的各种条件进行判断,进而在两条不同的分支之间进行选择。条件是由关系表达式来构成的,而关系表达式的形式为:

表达式 1　比较运算符　表达式 2

若是有两个或两个以上的关系表达式来构成复合条件,则在 Excel 中的表示形式为:

逻辑运算符(关系表达式 1,关系表达式 2)

逻辑运算符只有三个:NOT(逻辑非)、AND(逻辑与,逻辑乘)、OR(逻辑或,逻辑加)。条件判断的结果只会出现两种结果:TRUE(真)和 FALSE(假)。

(1)AND 函数。

所有参数的逻辑值为真时返回 TRUE;只要一个参数的逻辑值为假即返回 FALSE。简言之,就是当 AND 的参数全部满足某一条件时,返回结果为 TRUE,否则为 FALSE。

语法为 AND(logical1,logical2,…),其中 Logical1, logical2,…表示待检测的 1 到 30 个条件值,各条件值可能为 TRUE,可能为 FALSE。参数必须是逻辑值,或者包含逻辑值的数组或引用。

例如，① 在B2单元格中输入数字50，在C2中写公式＝AND(B2＞30，B2＜60)。由于B2等于50的确大于30、小于60。所以两个条件值(logical)均为真，则返回结果为TRUE。

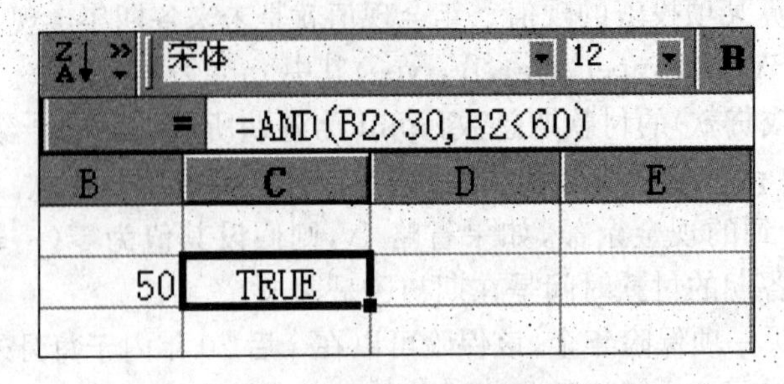

图4－22　AND函数

②如果B1～B3单元格中的值为TRUE、FALSE、TRUE，显然三个参数并不都为真，所以 在B4单元格中的公式＝AND(B1：B3)等于FALSE。

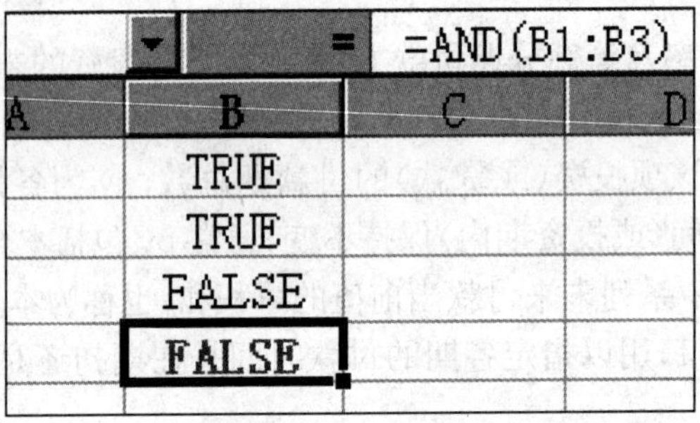

图4－23　AND函数

(2)OR函数。

OR函数指在其参数组中，任何一个参数逻辑值为TRUE，即返回TRUE。它与AND函数的区别在于，AND函数要求所有函数逻辑值均为真，结果方为真。而OR函数仅需其中任何一个为真即可为真。比如，上面的示例②，如果在B4单元格中的公式写为＝OR(B1：B3)则结果等于TRUE。

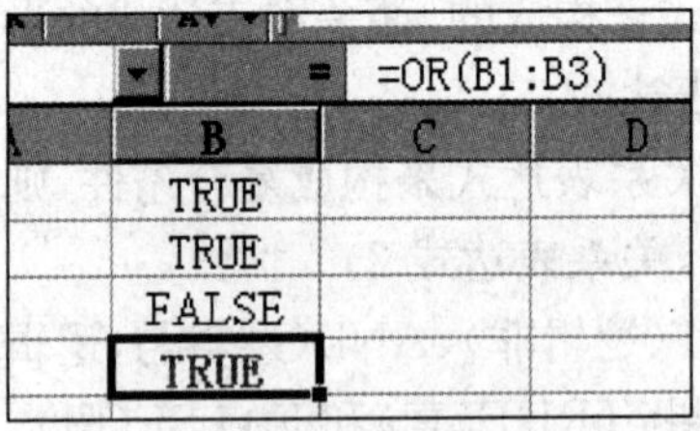

图4－24　OR函数

(3)NOT函数。

NOT函数用于对参数值求反。当要确保一个值不等于某一特定值时，可以使用NOT函数。简言之，就是当参数值为TRUE时，NOT函数返回的结果恰与之相反，结果为FALSE。

比如NOT(2＋2＝4)，由于2＋2的结果的确为4，该参数结果为TRUE，由于是NOT函数，因此，返回函数结果与之相反，为FALSE。

(4)IF函数。

IF函数用于执行真假值判断后，根据逻辑测试的真假值返回不同的结果，因此IF函数也称之为条件函数。它的应用很广泛，可以使用函数IF对数值和公式进行条件检测。

其语法为IF(logical_test，value_if_true，value_if_false)。其中Logical_test表示计算结果为TRUE或FALSE的任意值或表达式。本参数可使用任何比较运算符。Value_if_true显示在logical_test为TRUE时返回的值，Value_if_true也可以是其他公式。Value_if_false显示在logical_test为FALSE时返回的值。Value_if_false也可以是其他公式。

简言之，如果第一个参数logical_test返回的结果为真的话，则执行第二个参数Value_if_true的结果，否则执行第三个参数Value_if_false的结果。IF函数可以嵌套七层，用value_if_false及value_if_true参数可以构造复杂的检测条件。

Excel还提供了可根据某一条件来分析数据的其他函数。例如，如果要计算单元格区域中某个文本串或数字出现的次数，则可使用COUNTIF工作表函数。如果要根据单元格区域中的某一文本串或数字求和，则可使用SUMIF工作表函数。

3. 数学计算函数

在Excel中提供了不少的有关数学方面的函数。下面是一些在经济管理中比较常用的计算函数。

(1)SUM函数。

这是用来计算一系列数据总和的函数。

其使用语法为：SUM(number1，number2，…，number30)

每个参数可以是数值、公式、区域或区域名等的引用。在计算时，它会忽略引用的文本值、逻辑值、空白单元格等。

与SUM函数类似的有SUMIF函数。SUMIF函数是在求和之前，先对所选择的单元格或区域进行检查，符合条件的将被求和。其使用语法为：=SUMIF(单元格区域range，条件criteria，实际求和区域sum_range)，其中第三个参数可以省略，这时将前面单元格区域进行求和计算，否则在满足条件的情况下，对给定的区域sum_range进行求和。

(2)ROUND函数。

这是一个完成四舍五入到指定倍数的函数。其使用语法为：ROUND(number，num_digits)，参数num_digits可以取正数、负数或是零，但只有其整数有效。当大于零时，保留指定的小数位数；当小于零时，对整数部分进行四舍五入操作。

(3)SQRT函数。

求一个正数平方根函数的使用语法为：SQRT(number)

(4)INT函数。

取整函数的功能是求得不大于其本身的整数值。其使用语法为：INT(number)

(5)RAND函数。

该函数每次运行可以产生一个0～1之间的随机数。它的语法格式为：RAND()。这是一个无参数函数。如果果工作表处于自动重新计算时，则每输入一个工作表项，该函数值都会发生变化，利用这个函数可以产生不超过某个值的随机数，如果要生成小于25的正整数，可以用表达式INT(RAND()*25)来实现。

如果要生成在某一个指定的区间内的随机数，可以利用RANDBETWEN函数。语法为：

RANDBETWEEN(bottom,top)

例如,若计算表达式"=RANDBETWEEN(100,200)"为X,则计算结果为100≤X≤200中的某一个数值,这个函数经常用于统计分析中。

4.2 图表的建立

在Excel中,有两种图表形式,一种是嵌入图表,另一种是独立图表。嵌入图表是将所作的图表建立在工作表中,与工作表中的数据一起作为工作表的内容保存在工作簿中。而独立图表所作的图表是以单独的一个"图表"形式存放在工作簿中,该图表中没有工作表的内容,仅仅是用其他工作表中的数据来绘制的图形。

制作图表,先选中作图的数据,然后可以选择插入菜单中的图表命令,在"插入"选项卡中的"图表"功能区,可以选择插入图表的命令。

4.2.1 选定用于作图表的数据

以图4—13为例介绍常用的图表制作方法。要作图,首先要选定作图的数据区域。需要说明的是:所要选定的数据区域应该是矩形的,如图4—25,而且如果选定区域不是连续区域,则不连续的区域必须与第一块区域所在的行数相同,或是与第一块区域所在的列数相同。

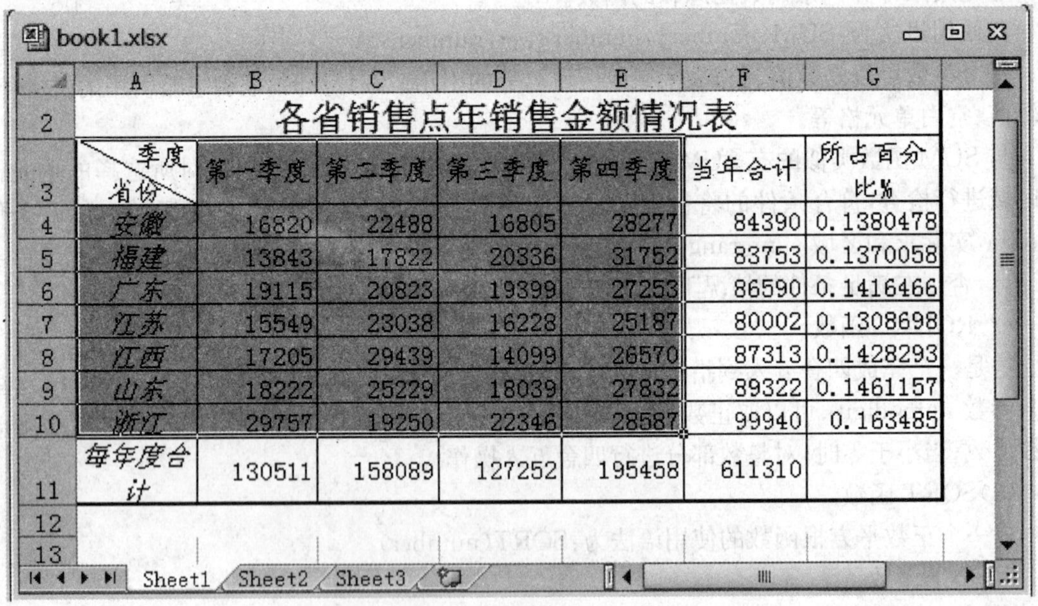

book1.xlsx

各省销售点年销售金额情况表

季度 / 省份	第一季度	第二季度	第三季度	第四季度	当年合计	所占百分比%
安徽	16820	22488	16805	28277	84390	0.1380478
福建	13843	17822	20336	31752	83753	0.1370058
广东	19115	20823	19399	27253	86590	0.1416466
江苏	15549	23038	16228	25187	80002	0.1308698
江西	17205	29439	14099	26570	87313	0.1428293
山东	18222	25229	18039	27832	89322	0.1461157
浙江	29757	19250	22346	28587	99940	0.163485
每年度合计	130511	158089	127252	195458	611310	

Sheet1 Sheet2 Sheet3

图4—25 选定数据区域

4.2.2 利用图表向导创建图表

点击"图表"功能区右下角的小三角形,可以打开"插入图表"的对话框,Excel提供的所有图表样式都可以在这里找到。表4—2列出了标准类型图表的简要介绍。

表 4－2

标准类型图简介

名称	简要说明
柱形图	主要用于表示一段时间内数据的变化或者描述各个项目之间数据的比较
折线图	将一系列的数据点用直线连接起来，以相等间隔显示数据的变化趋势
饼图	能够反映出统计数据中各项所占的百分比，或者某个单项占总体的比例。使用该类图表便于查看整体与个体之间的关系
条形图	使用条形图可以显示出各个分类项目之间数据的差异。条形图主要强调在特定的时间点上进行水平轴与垂直轴的比较
面积图	用于显示某个时间阶段总数与数据系列的关系
散点图	XY 散点图用于显示两个变量之间的关系，可以利用散点图绘制函数曲线
圆环图	用来显示部分与整体的关系，但是圆环图可以含有多个数据系列。圆环图中的某个环代表一个数据系列
雷达图	在雷达图中，每个分类都拥有自己的数值坐标轴。这些坐标中点向外辐射，并由同一系列中值连接起来。雷达图可以用来比较若干数据系列的总和值
曲面图	可以使用不同的颜色和图案来指示在同一取值范围内的区域。曲面图常用于寻找两组数据间的最佳组合，或反映大量数据间的关系
气泡图	气泡图是一种特殊类型的 XY 散点。它显示两个值的交点，气泡的大小表示数据组中第三个变量的值
股价图	股价图经常用来描绘股票价格的趋势和成交量。生成股价图时，必须是以正确的顺序来组织数据
圆锥图	三维图，显示效果比平面图好

如图 4－26 所示，以“各省销售点年销售金额情况表”为数据源，选择“簇状柱形图”为模板作出一张二维的柱形图表。可以看到 Excel 中出现了“设计”、“布局”、“格式”三个选项卡，点击“设计”选项卡，在“数据”功能区选择“选择数据”，出现如图 4－27 所示的对话框，可以对图表数据区域进行操作，例如交换行列、删减字段等。

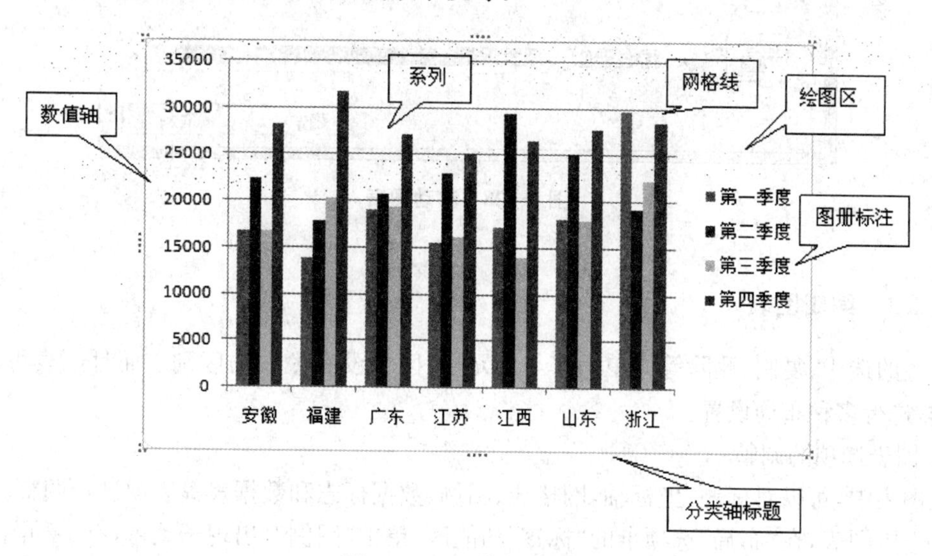

图 4－26 二维柱形图表

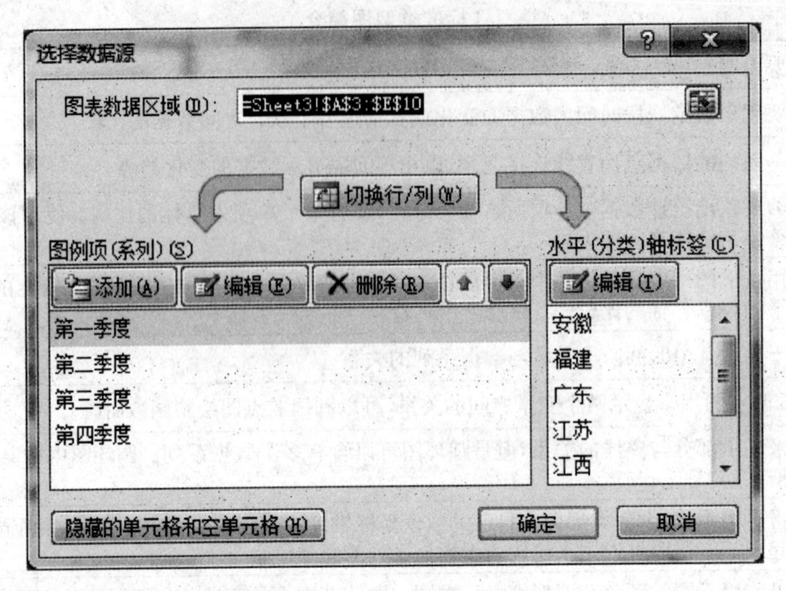

图 4—27 选择数据对话框

如果需要显示标签,在"布局"选项卡的"标签"功能区可以进行设置,也可在"设计"选项卡中选择"图表布局";当然还可以在"坐标轴"功能区设置坐标轴和网格线。

在 Excel 2010 中,选择插入图表以后,系统自动默认生成一个嵌入图表,且图表插入的位置大约为屏幕的正中间,如果想要移动图表,可以在"设计"选项卡的"位置"功能区选择"移动图表",如图 4—28,然后调整图表的位置。

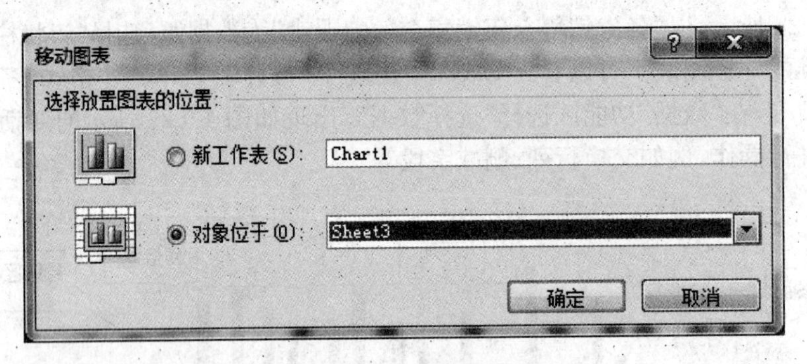

图 4—28 移动图表

4.2.3 编辑图表

图表的选中、复制、删除等简单操作与单元格、区域没有太大的区别。而且图表可以像区域一样,进行多种布局设置。

1. 图表选项的调整

在图表中,可以对标题、坐标轴、网格线、图例、数据标志和数据表等表项进行调整。

①选中图表,在"布局"选项卡的"标签"功能区,单击"图例",出现子菜单,有多种图例的显示方法供选择,类似的方法可以设置其他的图表选项。

②有时候需要在柱形图、折线图等图表中添加一些网格线,这样可以更清楚地读取有关的

数据，在“布局”选项卡的“坐标轴”功能区，单击“网格线”，可以选择网格线的格式，也可以自定义网格线设置。类似的方法还可以设置坐标轴选项。

2. 调整数据系列

①如果需要在已经建立的图表上再增加数据系列，可以使用多种方法。不管是嵌入图表还是独立图表，选中图表后，单击“设计”选项卡“数据”功能区的“选择数据”，在弹出的对话框的“图表数据区域”处更改数据源，图表就会随之而变；此外，可以先在工作表中选定要添加的数据系列，复制到粘贴板中，选定图表，用粘贴命令来实现，这样图表也会发生改变。

②由以上操作可以看出，图表中的数值会随着数据源的数值而变化。如果我们想要改变数据系列的显示顺序而不变更数据源的数据，则在“选择数据”对话框中，选择需要改变顺序的数据系列，选择“上移”或“下移”，可以实现调整。

③在 Excel 中不仅可以将数据以图形方式表示出来，而且可以对二维图中的条形图、柱形图、折线图、XY 散点图等图表添加趋势线和误差线。

趋势线是利用数据系列中各数据点的值来拟合出某种类型的直线或曲线。趋势线可以突出某些特殊数据的发展和变化情况，可用于预测研究。实际上就是对数据进行线性回归分析。要添加趋势线，可先选定某个数据系列，选择“布局”功能区“分析”选项卡中单击“趋势线”或是直接单击右键，出现对话框，设置格式，单击“确定”即可，如果在对话框中选定了“显示公式”和“显示 R 平方值”两项，则相关的公式也会显示在图表中。

④有时需要在图表中加入一些其他的内容，这些内容在创建图表时不能自动生成，在图表被激活的状态下，需通过操作加入。选中图表以后，可以选择插入命令，插入文本，当然还可以插入箭头、调节器等。

3. 调整图表显示格式

①如果要使数据系列之间的间隙变小，可以改变数据系列的间隔，任选一个数据列或数据点后，右键打开“设置数据系列格式”，对数据系列进行设置。

②由于每一种图表类型都有其自己特定的含义，所以在实际应用中可能经常需要对已经创建好的图表改变其类型。在“设计”选项卡“类型”功能区单击“图表类型”，或是在图表任意区域单击右键选择更改的模型。如图 4—29 所示，可更改为三维柱形图。

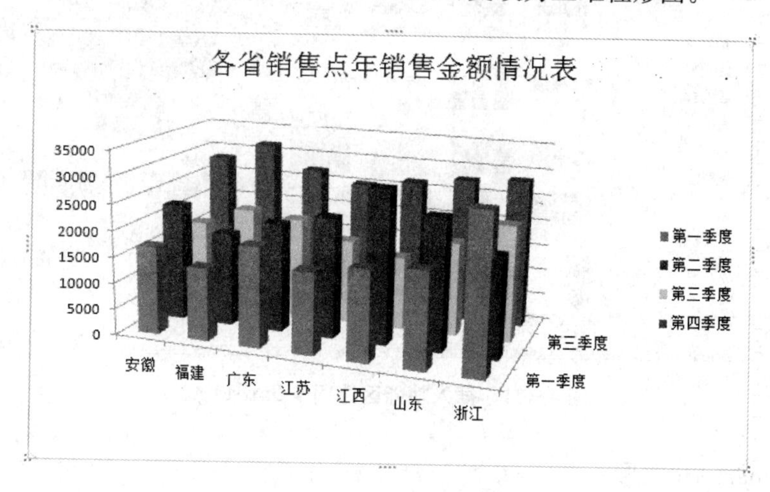

图 4—29　改变图表类型

与二维图形相同，三维图形也可以设置格式，如图 4—30 所示，更改“旋转”的内容，就可以调整三维图形显示的角度。

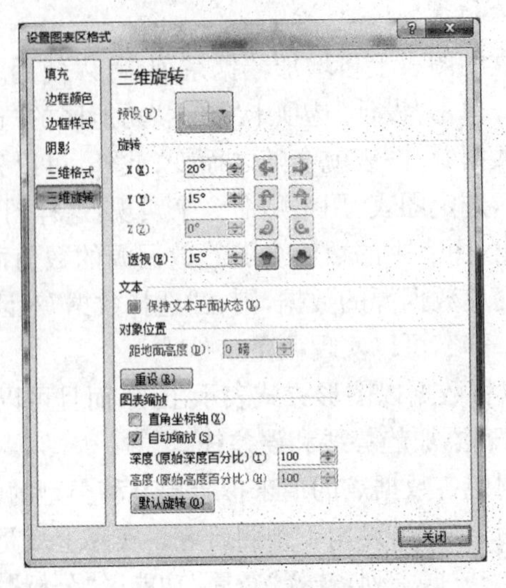

图 4—30 调整三维图形显示角度

4.2.4 使用 SmartArt 图形

SmartArt 图形是信息和观点的视觉表达形式。可以从多种不同布局中选择创建 SmartArt 图形，从而快速、轻松、有效地传达信息。

1. 插入 SmartArt 图形

新建一个工作表，将光标定位到工作表中，单击“插入”功能区“插图”选项卡的“SmartArt”，出现如图 4—31 所示的对话框，选择需要的模板，输入要展示的内容。

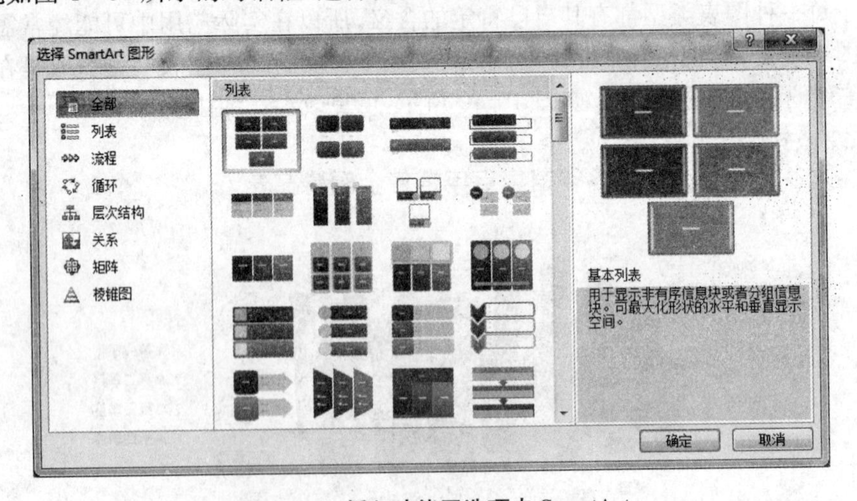

图 4—31 插入功能区选项卡 SmartArt

2. 设置 SmartArt 图形

SmartArt 图形如一般的图表一样，可以设置格式。例如，在“设计”选项卡中选择“更改颜色”，就会出现子菜单，可供改变颜色，当然也可以非常方便地改变布局。

4.3　动态可调图形与可视化分析

一般情况下，在 Excel 2010 中只要改变工作表的某个数据，与之相关的数据项都会重新计算一遍，根据这些数据创建的图表也随之改变。那么如何使数据在一个范围内发生变化而使图形也随着一起变化呢？

Excel 2010 提供了优良的控件功能，能与所创建的图形很好地结合在一起，于是，原来静态图形就可以变成一个可调的图形。不言而喻，可调图形与各种静态图形相比，大大提高了信息的显示能力。

制作可调图形需要以下几个步骤：

①根据工作表的数据创建所需要的图表；

②在所创建的静态图形中，根据需要建立起控件，如滚动条、填加控件，并将这些控件与某些需要变动的单元格连接，从而完成静态向动态的过度；

③在图形上制作一个控制面板，用以显示控件的调整数值。

表 4—3 所示数据是一个公司的项目决策数据。

表 4—3　　**某公司的项目决策数据**

	现金付出		现金收入			贴现率	22%
	第 0 年	第 1 年	第 1 年	第 2 年		项目甲净现值	¥9 274.12
项目甲	−21 000	−50 000	23 000	78 000		项目乙净现值	¥6 772.37
项目乙	−50 000	−35 000	10 000	115 000		项目丙净现值	¥10 060.47
项目丙	−40 000	−15 000	10 500	80 000			
						最大投资项目	项目丙
		净现金流入量				净现值极大值	¥10 060.47
		第 0 年	第 1 年	第 2 年			
项目甲		−21 000	−27 000	78 000		项目甲内部报酬率	39%
项目乙		−50 000	−25 000	115 000		项目乙内部报酬率	29%
项目丙		−40 000	−4 500	80 000		项目丙内部报酬率	36%

然后，根据表 4—3 中的数据制作该项目的模拟运算表，如表 4—4 所示。

表 4—4　　**项目的模拟运算**

	项目甲	项目乙	项目丙
	¥9 274.12	¥6 772.37	¥10 060.47
5%	24 034.013 61	30 498.866 21	28 276.634 99
10%	18 917.355 37	22 314.049 59	22 024.793 39
15%	14 500.951 18	15 217.391 3	16 578.449 91
20%	10 666.666 67	9 027.777 778	11 805.555 56
25%	7 320	3 600	7 600
30%	4 384.615 385	−1 183.431 953	3 875.736 645
35%	1 798.353 909	−5 418.381 344	562.414 266 1
40%	−489.795 918 4	−9 183.673 469	−2 397.959 184

选中模拟运算表区域,在"插入"选项卡的"图表"中插入散点图,得到图4—32。

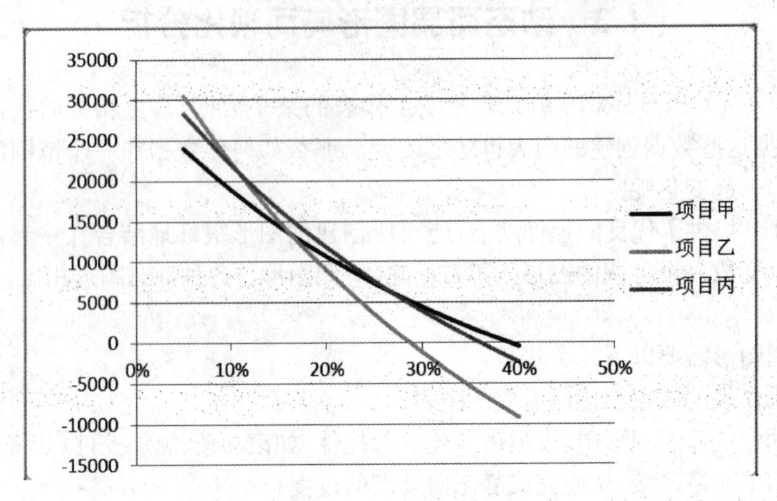

图4—32 项目图表

打开快速访问工具栏,选择"其他命令",在"Excel选项"对话框中,选择"自定义功能区"选项卡,勾选"主选项卡"中"开发工具"选项卡,选择工具栏上的"开发工具",单击"插入"命令,在插入对象中可选择自己所需要的控件。

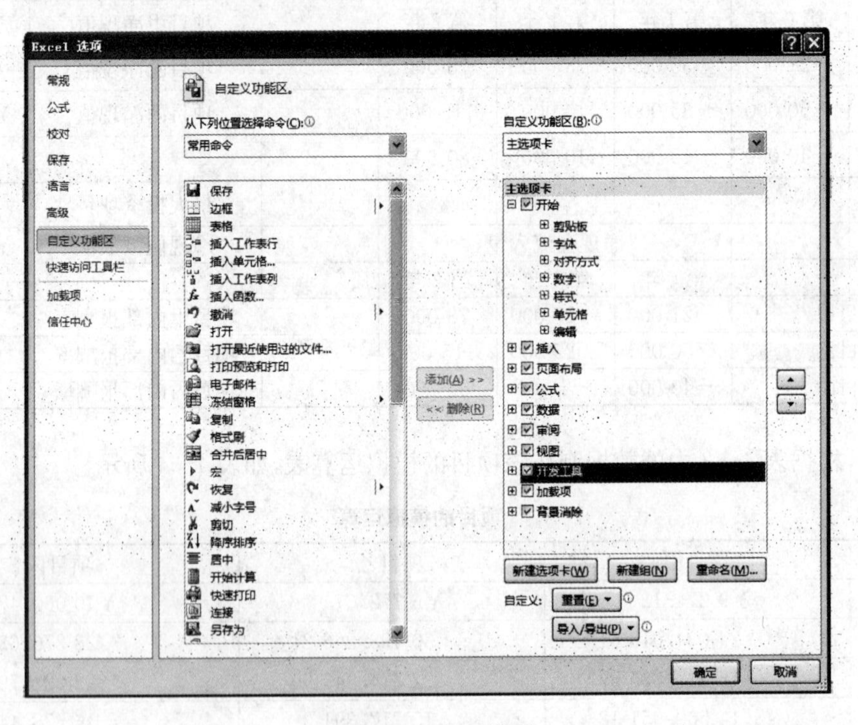

图4—33 Excel选项

光标在控件处右击鼠标,得到如下对话框,对控件的最小值、最大值、步长、单元格连接(就是变量,如本例中的贴现率)。然后就可以通过控件调节贴现率来分析项目收益,进行决策。

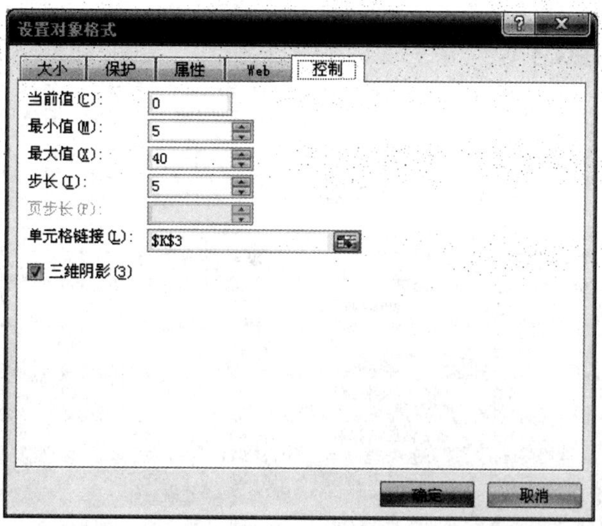

图 4－34　控件的最小值、最大值、步长、单元格连接

4.4　数据管理

4.4.1　数据列表的建立和编辑

在 Excel 2010 中数据区域为数据列表具备以下特征：(1)区域中同一列的单元格包含类型相同的数据；(2)每一列的第一个数据是列标题，且必须是字符串。

1. 数据列表的建立

Excel 中的数据列表可看成一个数据库文件。建立数据列表，应注意：

(1)数据列表中不能有任何空行和空列；

(2)数据列表与其他数据列表和数据之间至少应有一个空行或空列；

(3)单元格的内容之间不要添加空格；

(4)每个数据列表最好在一个工作表中。

例如，图 4－35 即为一个数据列表。

Excel 2010 与关系型数据库模型相似，都是二维表，数据库管理系统对数据的组织和检索等功能很强，Excel 2010 在数据管理方面有数据库的一般功能，还可以利用数据绘制表格，而且提供了强大的数据分析功能。

2. 数据列表的编辑

对数据的编辑就是对数据进行增加、修改、删除等操作，这些操作在“记录单”中进行。

单击按钮中“Excel 选项”，“自定义功能区”、“从下列位置选择命令”、“所有命令”，出现按拼音列出的所有命令，找到“记录单 . . ”，单击“添加＞＞”、“确定”；“记录单”就出现在“快速访问工具栏”上了。单击“记录单”选项卡，就出现了记录单，参见图 4－36。

(1)显示记录。

打开窗口就显示了一条记录，可单击“上一条”或“下一条”来显示别的记录。

(2)检索记录。

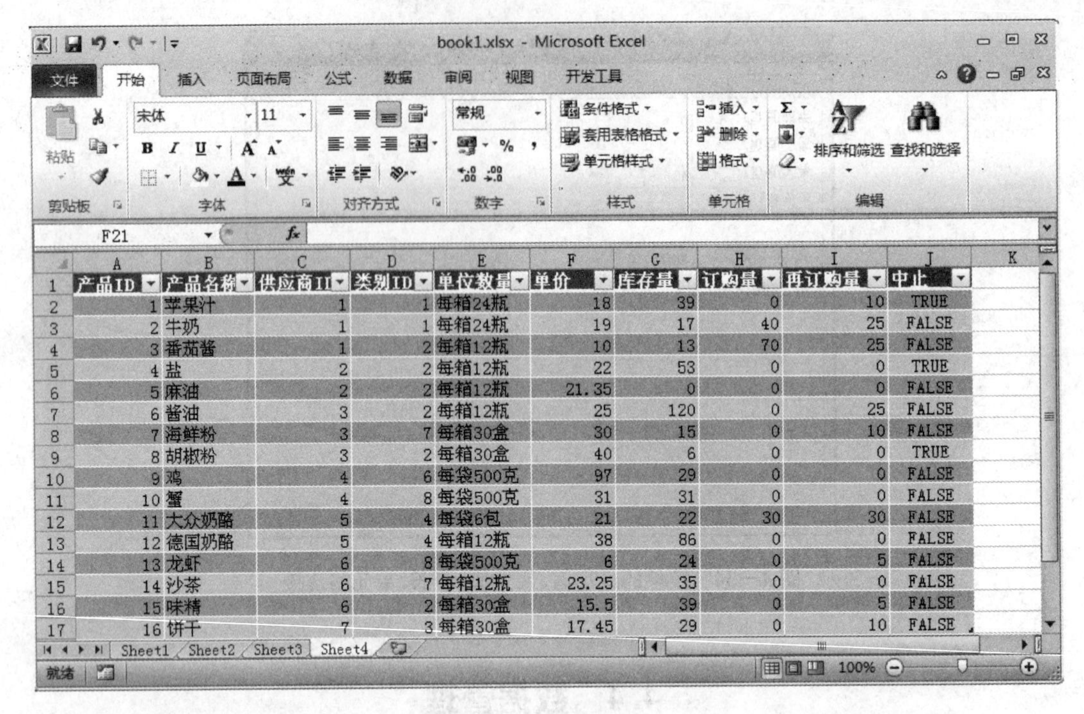

产品ID	产品名称	供应商II	类别ID	单位数量	单价	库存量	订购量	再订购量	中止
1	苹果汁	1	1	每箱24瓶	18	39	0	10	TRUE
2	牛奶	1	1	每箱24瓶	19	17	40	25	FALSE
3	番茄酱	1	2	每箱12瓶	10	13	70	25	FALSE
4	盐	2	2	每箱12瓶	22	53	0	0	TRUE
5	麻油	2	2	每箱12瓶	21.35	0	0	0	FALSE
6	酱油	3	2	每箱12瓶	25	120	0	25	FALSE
7	海鲜粉	3	7	每箱30盒	30	15	0	10	FALSE
8	胡椒粉	3	2	每箱30盒	40	6	0	0	TRUE
9	鸡	4	6	每袋500克	97	29	0	0	FALSE
10	蟹	4	8	每袋500克	31	31	0	0	FALSE
11	大众奶酪	5	4	每袋6包	21	22	30	30	FALSE
12	德国奶酪	5	4	每箱12瓶	38	86	0	0	FALSE
13	龙虾	6	8	每袋500克	6	24	0	5	FALSE
14	沙茶	6	7	每箱12瓶	23.25	35	0	0	FALSE
15	味精	6	2	每箱30盒	15.5	39	0	5	FALSE
16	饼干	7	3	每箱30盒	17.45	29	0	10	FALSE

图 4—35 数据列表

图 4—36 记录单

单击“条件“按钮，将相应的筛选条件键入相应的文本框，单击“表单”然后可单击“上一条”或“下一条”来显示查询结果。

(3)增加记录。

选择“新建”按钮可以在数据列表的尾部增加一个新纪录。

(4)修改记录。

可以在记录的对话框中直接进行修改，可单击“恢复”来恢复修改前的内容。

(5)删除记录。

选择“删除”按钮，就可以删除当前记录。

3. 数据列表的操作

(1)数据的排序。

在“数据”选项卡中单击“排序”，弹出“排序”的对话框(如图 4－37 所示)。然后选择主要关键字、排序依据、次序(升序或降序)。如果还有排序条件，就“添加条件”；如果不需要次关键字，就“删除条件”。

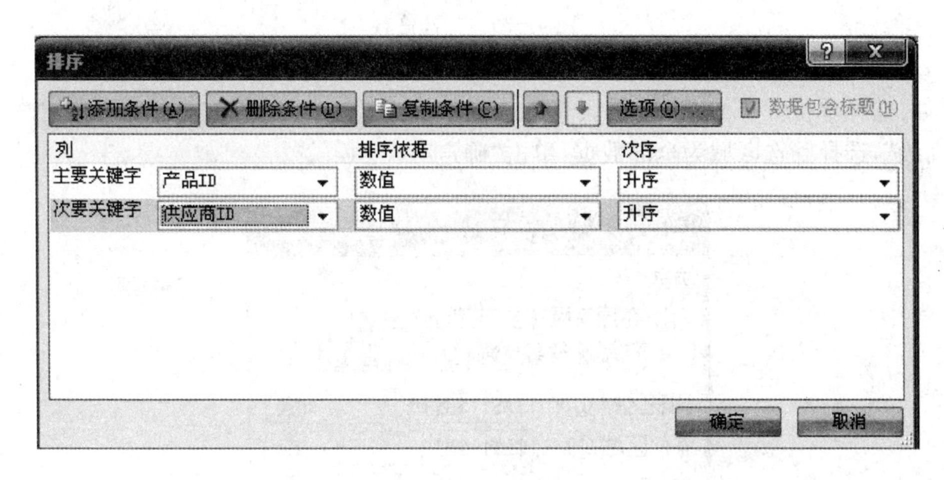

图 4－37　数据排序

(2)数据的筛选。

①自动筛选。全选数据列表，单击“数据”中的“筛选”按钮，数据列表第一行的列标题，出现，单击要进行检索的列的，即可对信息进行检索。

②高级筛选。在“数据”中单击排序和筛选中的“高级”出现“高级筛选”对话框(如图 4－38)，列表区域就是要进行筛选操作的区域。如选整个数据列表，条件区域是选择筛选的条件，先在一个空的单元表格中输入筛选的列，然后输入筛选条件，如，“复制到”点击一个空的独立单元格，单击“确定”，即可得到筛选信息(如图 4－39)。

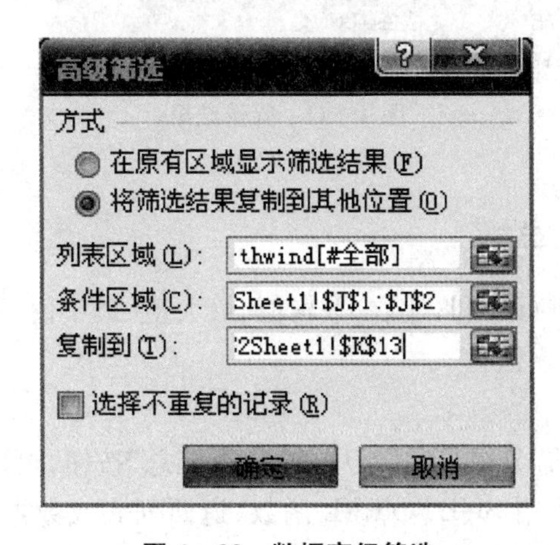

图 4－38　数据高级筛选

L	M	N	O	P	Q	R	S	T	U
产品ID	产品名称	供应商ID	类别ID	单位数量	单价	库存量	订购量	再订购量	中止
1	苹果汁	1	1	每箱24瓶	18	39	0	10	TRUE
5	麻油	2	2	每箱12瓶	21.35	0	0	0	TRUE
9	鸡	4	6	每袋500克	97	29	0	0	TRUE
17	猪肉	7	6	每袋500克	39	0	0	0	TRUE
24	汽水	10	1	每箱12瓶	4.5	20	0	0	TRUE
28	烤肉酱	12	7	每箱12瓶	45.6	26	0	0	TRUE
29	鸭肉	12	6	每袋3千克	123.79	0	0	0	TRUE
42	糙米	20	5	每袋3千克	14	26	0	0	TRUE
53	盐水鸭	24	6	每袋3千克	32.8	0	0	0	TRUE

图 4－39　筛选信息

例如:选择单价大于 20、库存量大于 100 的产品。选择一个区域键入条件（单价 >20，库存量 >100）,然后单击“高级”,选择筛选区域为全部数据,单击“确定”。

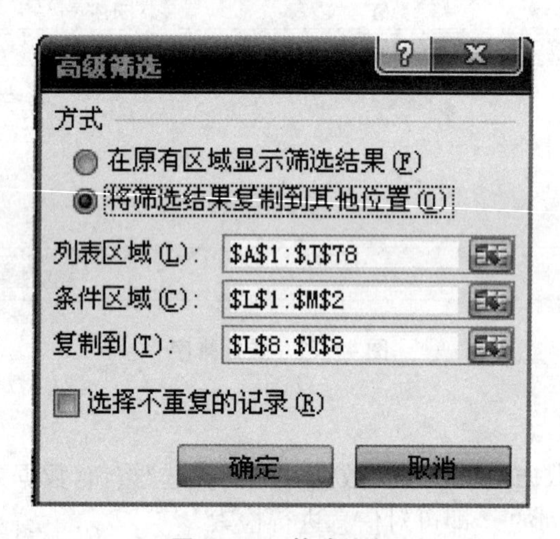

图 4－40　筛选信息

产品ID	产品名称	供应商ID	类别ID	单位数量	单价	库存量	订购量	再订购量	中止
6	酱油	3	2	每箱12瓶	25	120	0	25	FALSE
22	糯米	9	5	每袋3千克	21	104	0	25	FALSE
55	鸭肉	25	6	每袋3千克	24	115	0	20	FALSE
61	海鲜酱	29	2	每箱24瓶	28.5	113	0	25	FALSE

图 4－41　筛选结果

4.4.2　数据的分类汇总

分类汇总可以对数据进行求和、计数、平均值、最大值、最小值、乘积、标准差、变异值等统计运算。

1. 设置分类汇总

单击“数据”命令标签的“分级显示”组中的“分类汇总”按钮,可以自动计算列表中的分类汇总和总计。用户也可以使用 SUBTOTAL 函数(返回列表或数据库中分类汇总)计算分类汇总，或通过编辑 SUBTOTAL 函数对该列表进行修改。

例如:要查看不同供应商的总订购量和总再订购量。分类字段为“供应商 ID”,汇总方式为“总和”，汇总项为“订购量”、“再订购量”。

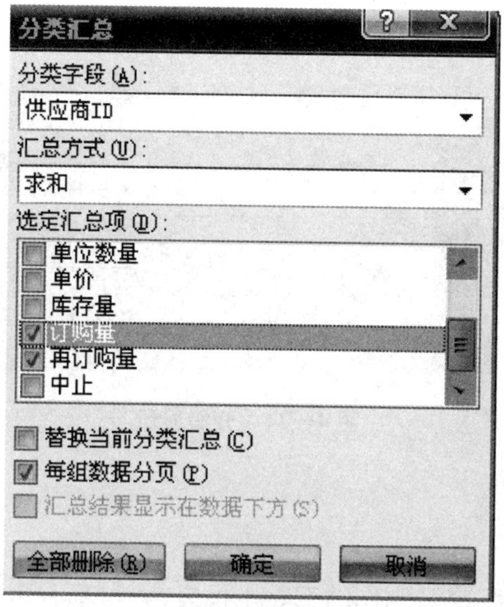

分类汇总

分类字段(A)：供应商ID

汇总方式(U)：求和

选定汇总项(D)：

- 单位数量
- 单价
- 库存量
- ☑ 订购量
- ☑ 再订购量
- 中止

替换当前分类汇总(C)

☑ 每组数据分页(P)

汇总结果显示在数据下方(S)

全部删除(R)　确定　取消

图 4－42　分类汇总设置

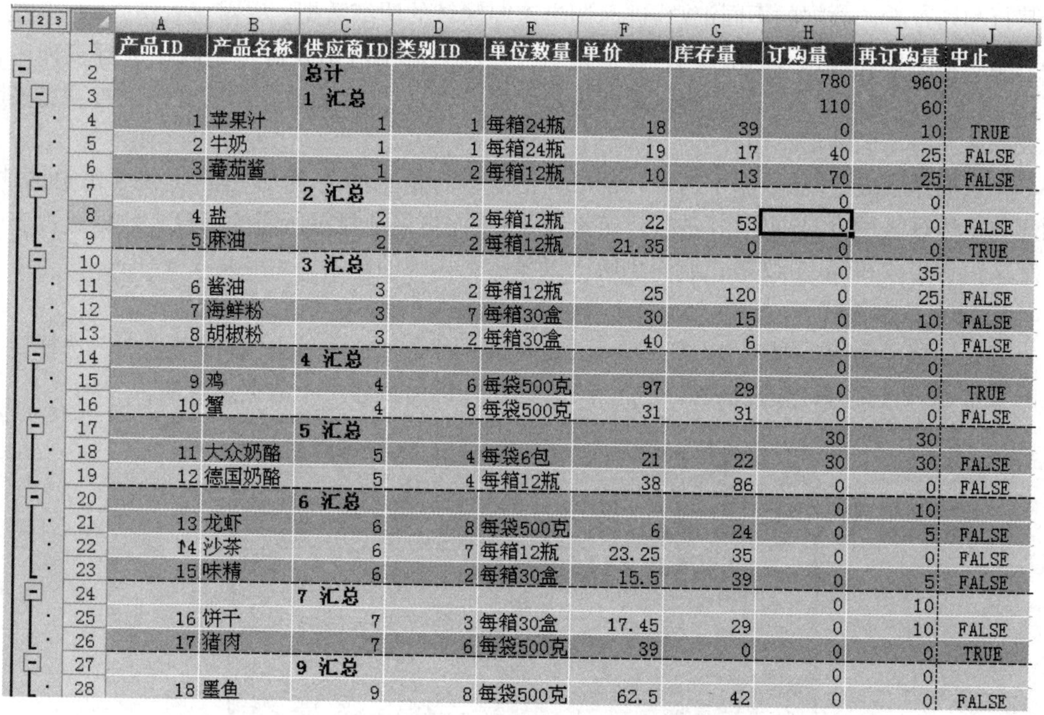

	A	B	C	D	E	F	G	H	I	J
1	产品ID	产品名称	供应商ID	类别ID	单位数量	单价	库存量	订购量	再订购量	中止
2			总计					780	960	
3			1 汇总					110	60	
4	1	苹果汁	1	1	每箱24瓶	18	39	0	10	TRUE
5	2	牛奶	1	1	每箱24瓶	19	17	40	25	FALSE
6	3	蕃茄酱	1	2	每箱12瓶	10	13	70	25	FALSE
7			2 汇总					0	0	
8	4	盐	2	2	每箱12瓶	22	53	0	0	FALSE
9	5	麻油	2	2	每箱12瓶	21.35	0	0	0	TRUE
10			3 汇总					0	35	
11	6	酱油	3	2	每箱12瓶	25	120	0	25	FALSE
12	7	海鲜粉	3	7	每箱30盒	30	15	0	10	FALSE
13	8	胡椒粉	3	2	每箱30盒	40	6	0	0	FALSE
14			4 汇总					0	0	
15	9	鸡	4	6	每袋500克	97	29	0	0	TRUE
16	10	蟹	4	8	每袋500克	31	31	0	0	FALSE
17			5 汇总					30	30	
18	11	大众奶酪	5	4	每袋6包	21	22	30	30	FALSE
19	12	德国奶酪	5	4	每箱12瓶	38	86	0	0	FALSE
20			6 汇总					0	10	
21	13	龙虾	6	8	每袋500克	6	24	0	5	FALSE
22	14	沙茶	6	7	每箱12瓶	23.25	35	0	0	FALSE
23	15	味精	6	2	每箱30盒	15.5	39	0	5	FALSE
24			7 汇总					0	10	
25	16	饼干	7	3	每箱30盒	17.45	29	0	10	FALSE
26	17	猪肉	7	6	每袋500克	39	0	0	0	TRUE
27			9 汇总					0	0	
28	18	墨鱼	9	8	每袋500克	62.5	42	0	0	FALSE

图 4－43　分类汇总结果

2. 分类汇总的分级显示

在分类汇总的左侧有分级线、分级按钮、加号和减号等。分级线表明分级的范围，单个项的分级线是个圆点，分级按钮用于控制数据显示的层次，加号或减号按钮用于显示或隐藏数据明细，展开或折叠分级显示。

如果要取消左侧的分级显示，可在“数据”分级显示中单击“取消组合”；如果要恢复分级显示，则单击“组合”。

	A	B	C	D	E	F	G	H	I	J
1	产品ID	产品名称	供应商ID	类别ID	单位数量	单价	库存量	订购量	再订购量	中止
2			总计					780	960	
3			1 汇总					110	60	
7			2 汇总					0	0	
10			3 汇总					0	35	
14			4 汇总					0	0	
17			5 汇总					30	30	
20			6 汇总					0	10	
24			7 汇总					0	10	
27			9 汇总					0	0	
29			8 汇总					40	10	

图 4—44 分级显示

4.4.3 数据透视表

数据透视表是一种交互、交叉制作的 Excel 报表，一组具有多个字段的数据进行多维度的分析汇总，用于对多种来源的数据进行汇总和分析，从而可以快速合并、比较大量数据。当数据规模比较达时，这种分析的意义就显得尤为突出。运用 Excel 数据透视表，用户可以通过旋转其行和列查看源数据的不同汇总，进而调出需要区域的明细数据。

用户如果要分析相关的汇总值，特别是要合计较大数字清单并对每个数字进行多种比较时，可以运用数据透视表。因为数据透视表是交互的，可以随时更改数据的视图以查看更多明细数据或计算不同的汇总额。

在数据透视表中，源数据中的每列都成为汇总多行信息的透视表字段，提供要汇总的值。创建数据透视表后，用户可对其进行自定义设置，从而更好地显示所需的信息。数据透视表的自定义包含更改布局，更改格式或深化层次以显示更详细的数据。

1. 建立数据透视表

将光标移动到数据列表中的任一单元格，在“插入”选项卡中单击“数据透视表”，选择要分析的数据，然后选择数据透视表的位置，单击“确定”，即可创建一个数据透视表。

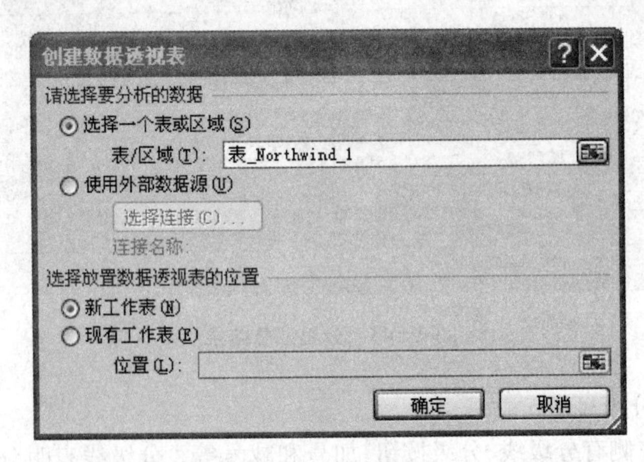

图 4—45 创建数据透视表

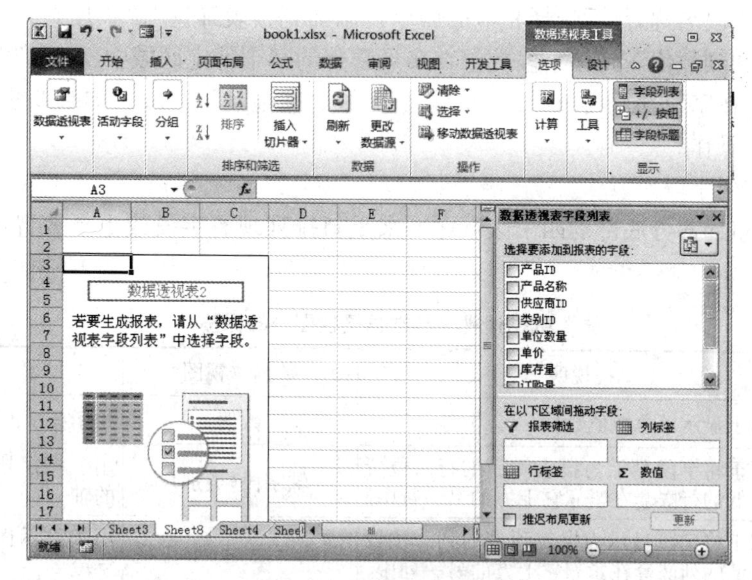

图 4—46　数据透视表设置

左边为透视表的报表生成区域，会随着选择的字段不同而自动更新；右侧为数据透视表字段列表。将我们希望按行显示的字段拖到“行标签”，按列显示的字段拖到“列标签”，将汇总(如求和、计数、平方值、方差等)的字段拖到“数值”，选择汇总方式。如果希望对报表进行筛选，显示每类项目相关的报表，则将筛选的字段拖动到“报表筛选”。

例如，如果想要查看 1996 年 7 月份各天、各个城市的订单个数，按照城市所在的地区进行报表筛选。

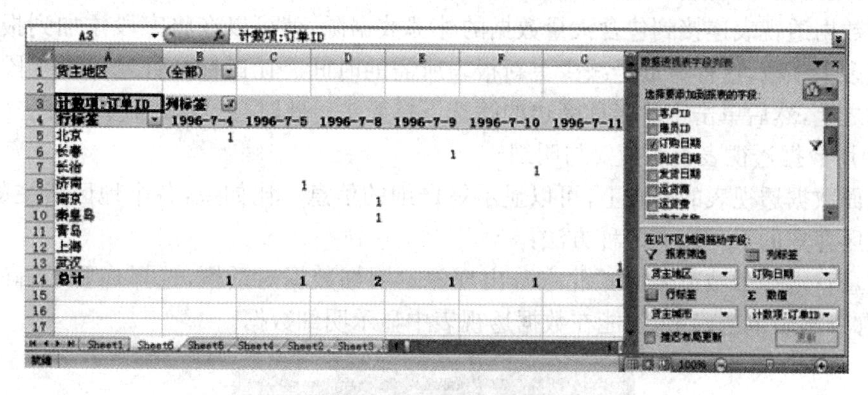

图 4—47　数据透视表

2. 数据透视表的基本操作

(1)添加字段。

要将字段添加到报表，需执行下列一项或多项操作：

在字段部分选中各字段名称旁边的复选框。字段放置在布局部分的默认区域中。可以在需要时重新排列这些字段。

默认情况下，非数值字段会被添加到“行标签”区域，数值字段会被添加到“数值”区域，而 OLAP 日期和时间层次会被添加到“列标签”区域。

右键单击字段名称，然后选择相应的命令："添加到报表筛选"、"添加到列标签"、"添加到行标签"和"添加到数值"，将该字段放置在布局部分的某个特定区域中。也可以单击并按住某个字段名，然后在字段部分与布局部分的某个区域之间拖动该字段。如果要多次添加某个字段，可以重复该操作。

(2)重新排列字段。

可以使用布局部分底部的四个区域之一来重新排列现有字段或重新放置那些字段，参见表4—5。

表4—5　　数据透视表和数据透视图中的标签

数据透视表	说明	数据透视图	说明
数值	用于显示汇总数值数据	数值	用于显示汇总数值数据
行标签	用于将字段显示为报表侧面的行。位置较低的行嵌套在紧靠它上方的另一行中	轴字段(类别)	用于将字段显示为图表中的轴
列标签	用于将字段显示为报表顶部的列。位置较低的列嵌套在紧靠它上方的另一列中	图例字段(系列)标签	用于显示图表的图例中的字段
报表筛选	用于基于报表筛选中的选定项来筛选整个报表	报表筛选	用于基于报表筛选中的选定项来筛选整个报表

(3)删除字段。

要删除字段，可在布局区域之一中单击字段名称，然后单击"删除字段"；也可以清除字段部分中各个字段名称旁边的复选框；还可以在布局部分中单击并按住字段名，然后将它拖到数据透视表字段列表之外。若在字段部分中清除，复选框会从报表中删除该字段的所有实例。

(4)将数据添加到报表之前筛选数据。

如果数据透视表连接到包含大量数据的外部数据源，就可以在将字段添加到报表之前筛选一个或多个字段，这样有助于减少更新报表所需的时间。让鼠标指针悬停于字段部分中的字段名称之上，然后单击字段名称旁边的筛选下拉箭头。此时会显示"筛选"菜单。

3. 使用数据透视表查看摘要与明细

在上面数据透视表的基础上，可以显示更详细的信息。比如说，各个地区货主的名称，或者各个地区客户的ID等，有两种方法：

①任意双击一个城市名，如"北京"，出现显示明细数据对话框，选择你要了解的明细，如"货主名称"，然后单击确定，就能在数据透视表中显示明细数据。

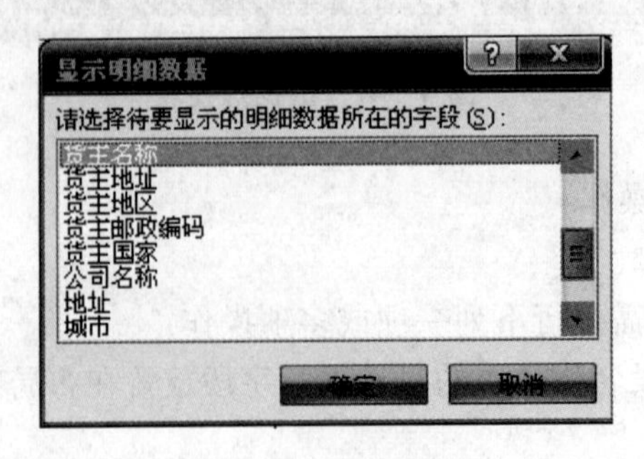

图4—48　显示明细

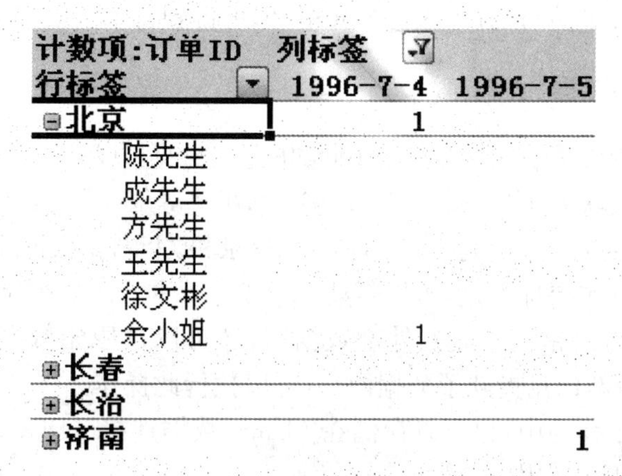

计数项:订单ID	列标签	
行标签	1996-7-4	1996-7-5
⊟北京	1	
陈先生		
成先生		
方先生		
王先生		
徐文彬		
余小姐	1	
⊞长春		
⊞长治		
⊞济南		1

图 4－49　查看摘要与明细

②直接将数据透视表字段列表中的相关字段拖到行标签城市名的下面。如将“公司名称”拖到行标签，就可得到明细数据。

在以下区域间拖动字段:
报表筛选　列标签
货主地区　订购日期
行标签　数值
货主城市　计数项:订单ID
公司名称
推迟布局更新　更新

图 4－50　明细数据

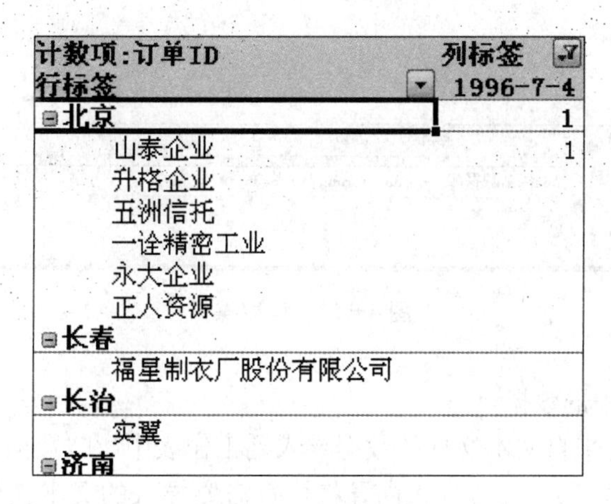

计数项:订单ID	列标签
行标签	1996-7-4
⊟北京	1
山泰企业	1
升格企业	
五洲信托	
一诠精密工业	
永大企业	
正人资源	
⊟长春	
福星制衣厂股份有限公司	
⊟长治	
实翼	
⊟济南	

图 4－51　明细数据

如果要看每一个订单的明细，则双击单元格，即可得到订单的明细据。

4.4.4 获取外部数据

Excel 2010 工作簿中的数据可来自两个不同的位置。数据可以直接存储在工作簿中，也可以存储在文本文件、数据库或联机分析处理（OLAP）多维数据集等外部数据源中。外部数据源通过“数据连接”连接到工作簿，“数据连接”是描述如何查找、登录和访问外部数据源的一组信息。

连接到外部数据的主要优点是，可以定期分析这些数据，而无需重复复制数据，重复复制数据可能很费时且容易出错。连接到外部数据后，还可以从原始数据源自动刷新（或更新）Excel 工作簿。只要用新信息更新了数据源，就可以执行此操作。

连接信息存储在工作簿中，也可以存储在 Office 数据连接（ODC）文件（.odc）或数据源名称文件（.dsn）等连接文件中。

1. 读取数据库文件

如果想要在 Excel 工作簿中使用 Access 数据，以便利用数据分析和制作图表功能、数据排列和布局的灵活性或 Access 中不可用的功能，可在“数据”中的获取外部数据源单击“自 Access”，出现“选取数据源”对话框，然后“打开”，选择需要的表格，然后导入数据，就可以将数据库中的数据导入到 Excel 中。参见图 4—52 至图 4—55。

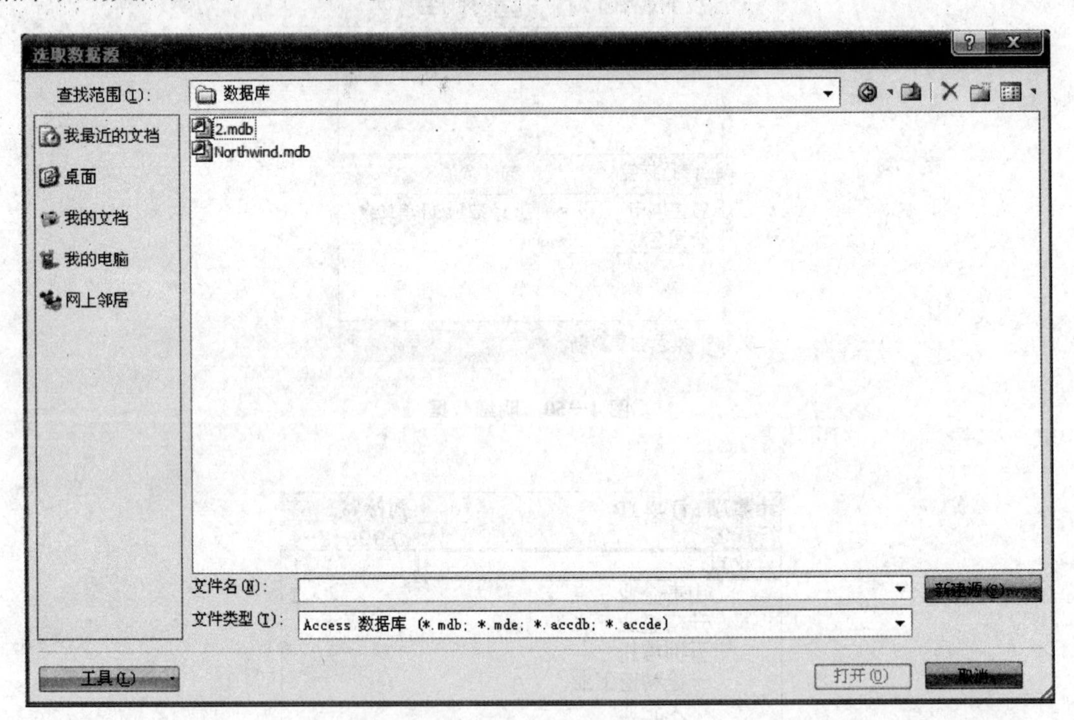

图 4—52 读取操作

2. 读取文本文件中的数据

使用 Excel 可以将来自文本文件的数据导入到工作表中（在“数据”选项卡上的“获取外部数据”组中，单击“自文本”）。文本导入向导将检查需要导入的文本文件并按照用户希望的方式导入数据。参见图 4—56 至图 4—60。

按照以上的方式，你还可以导入来自网站的数据、XML 的数据、SQL Server 等的数据源，

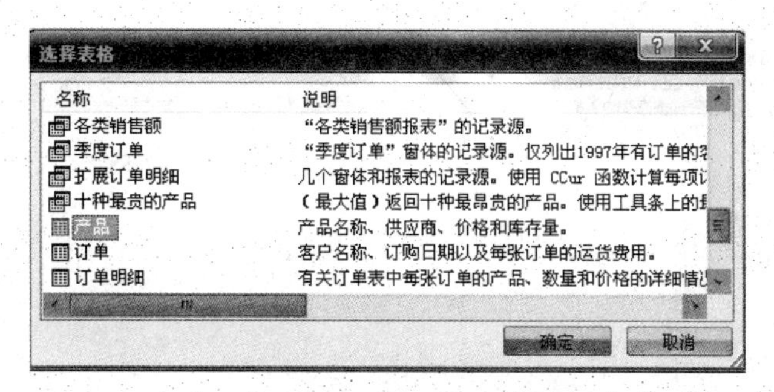

图 4—53　选择表格

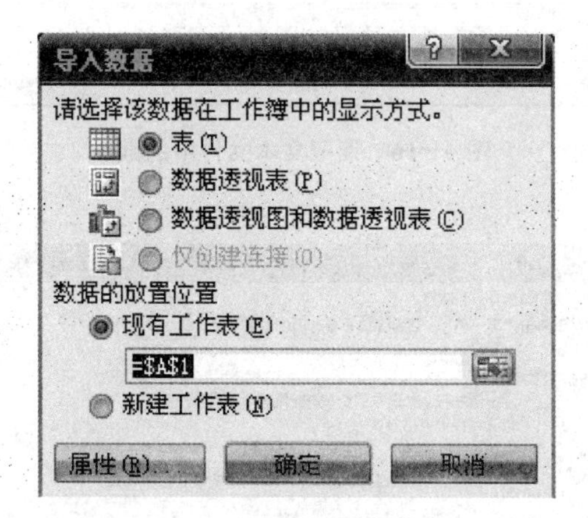

图 4—54　导入数据

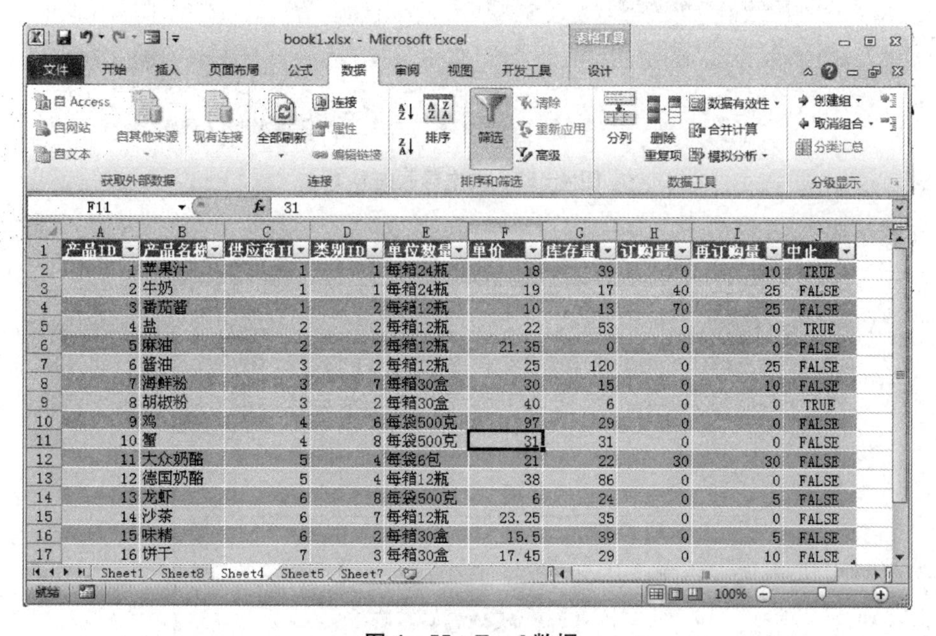

	A	B	C	D	E	F	G	H	I	J
1	产品ID	产品名称	供应商ID	类别ID	单位数量	单价	库存量	订购量	再订购量	中止
2	1	苹果汁	1	1	每箱24瓶	18	39	0	10	TRUE
3	2	牛奶	1	1	每箱24瓶	19	17	40	25	FALSE
4	3	番茄酱	1	2	每箱12瓶	10	13	70	25	FALSE
5	4	盐	2	2	每箱12瓶	22	53	0	0	TRUE
6	5	麻油	2	2	每箱12瓶	21.35	0	0	0	FALSE
7	6	酱油	3	2	每箱12瓶	25	120	0	25	FALSE
8	7	海鲜粉	3	7	每箱30盒	30	15	0	10	FALSE
9	8	胡椒粉	3	2	每箱30盒	40	6	0	0	TRUE
10	9	鸡	4	6	每袋500克	97	29	0	0	FALSE
11	10	蟹	4	8	每袋500克	31	31	0	0	FALSE
12	11	大众奶酪	5	4	每袋6包	21	22	30	30	FALSE
13	12	德国奶酪	5	4	每箱12瓶	38	86	0	0	FALSE
14	13	龙虾	6	8	每袋500克	6	24	0	5	FALSE
15	14	沙茶	6	7	每箱12瓶	23.25	35	0	0	FALSE
16	15	味精	6	2	每箱30盒	15.5	39	0	5	FALSE
17	16	饼干	7	3	每箱30盒	17.45	29	0	10	FALSE

图 4—55　Excel 数据

在 Excel 中对这些数据进行分析。

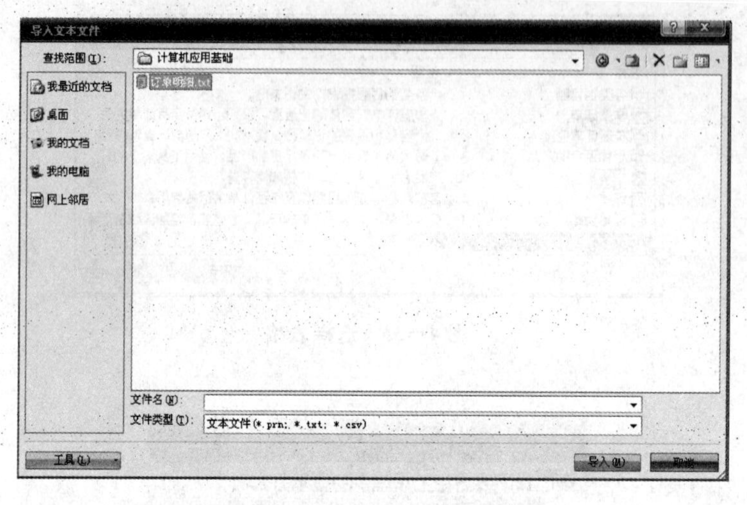

图 4－56　读取文本文件中的数据

文本导入向导 - 步骤 1 (共 3 步)

文本分列向导判定您的数据具有分隔符。

若一切设置无误，请单击“下一步”，否则请选择最合适的数据类型。

原始数据类型

请选择最合适的文件类型：

分隔符号(D) - 用分隔字符，如逗号或制表符分隔每个字段

固定宽度(W) - 每列字段加空格对齐

导入起始行(R)：1　文件原始格式(O)：936 ：简体中文(GB2312)

预览文件 E:\计算机应用基础\订单明细.txt:

1 订单ID产品ID单价数量折扣
2 102505142.4350.150000006
3 102506516.8150.150000006
4 102512216.860.050000001

取消　< 上一步(B)　下一步(N) >　完成(F)

图 4－57　文本导入向导 1

文本导入向导 - 步骤 2 (共 3 步)

请设置分列数据所包含的分隔符号。在预览窗口内可看到分列的效果。

分隔符号

Tab 键(T)

分号(M)

逗号(C)

空格(S)

其他(O)：

连续分隔符号视为单个处理(R)

文本识别符号(Q)："

数据预览(P)

订单ID	产品ID	单价	数量	折扣
10250	51	42.4	35	0.150000006
10250	65	16.8	15	0.150000006
10251	22	16.8	6	0.050000001

取消　< 上一步(B)　下一步(N) >　完成(F)

图 4－58　文本导入向导 2

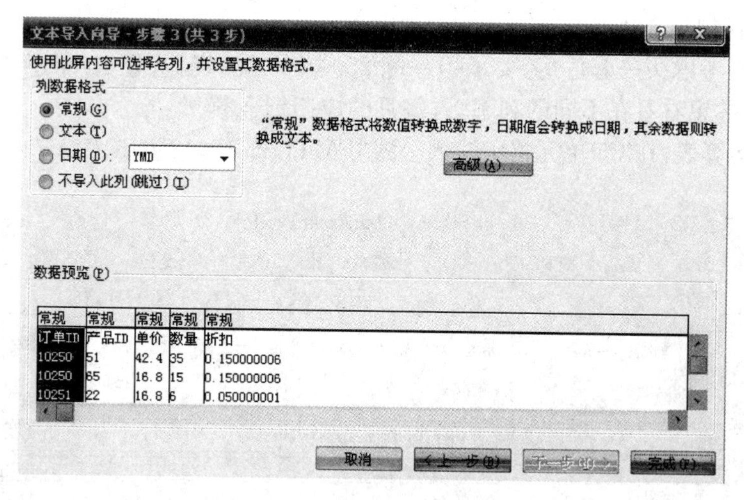

图 4—59 文本导入向导 3

	A	B	C	D	E
1	订单ID	产品ID	单价	数量	折扣
2	10250	51	42.4	35	0.150000006
3	10250	65	16.8	15	0.150000006
4	10251	22	16.8	6	0.050000001
5	10251	57	15.6	15	0.050000001
6	10251	65	16.8	20	0
7	10252	20	64.8	40	0.050000001
8	10252	33	2	25	0.050000001
9	10252	60	27.2	40	0
10	10253	31	10	20	0
11	10253	39	14.4	42	0
12	10253	49	16	40	0
13	10254	24	3.6	15	0.150000006
14	10254	55	19.2	21	0.150000006

图 4—60 导入数据

4.5 数据分析

4.5.1 模拟运算表

当某个数据在一定范围内变化时，利用模拟运算表可以分析它对结果的影响。模拟运算表又称数据表或模拟分析表。模拟运算表是一个单元格区域，它可显示一个或多个公式中替换不同值时的结果。有两种类型的模拟运算表：单输入模拟运算表和双输入模拟运算表。在单输入模拟运算表中，用户可以对一个变量键入不同的值，从而查看它对一个或多个公式的影响；在双输入模拟运算表中，用户对两个变量输入不同值，从而查看它对一个公式的影响。下面以案例来介绍。

1. 单输入模拟运算表

假设某人正考虑买一套住房，要承担一笔 250 000 元的贷款，分 15 年还清。现想查看每月的还贷金额，并想看看在不同的利率下，每月的应还贷金额。

建立模拟运算表，在 C5 单元格中输入公式“PMT(B5/12,12 * 15,C2)。”①

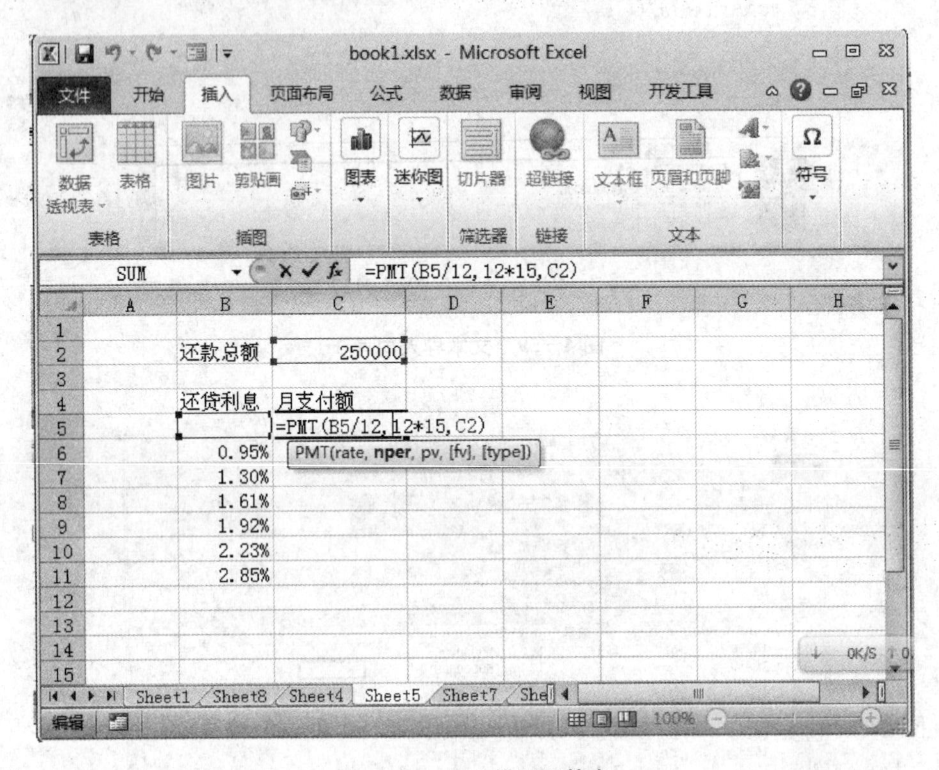

图 4-61 建立模拟运算表

先选定 B5 : C12 区域，然后选择“数据”中的“模拟分析”的“模拟运算表”，出现模拟运算表对话框，输入引用列的单元格“B5”，单击“确定”。

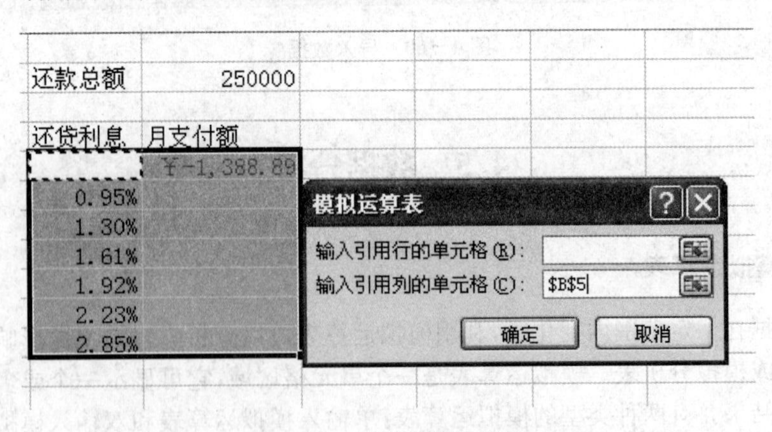

图 4-62 模拟运算表操作

① PMT 函数表示在固定的利率下，贷款的等额分期付款额。

表 4－6　　模拟运算

还款总额	250 000
还贷利息	月支付额
	￥－1 388.89
0.95%	－1 490.745 455
1.30%	－1 529.453 612
1.61%	－1 564.267 924
1.92%	－1 599.578 819
2.23%	－1 635.384 889
2.54%	－1 671.684 518
2.85%	－1 708.475 885

如果要查看在同等利率下，分别贷款 250 000、400 000、550 000、800 000 的每月还贷金额。分别在 D5、E5、F5 中输入"＝PMT(B5/12,12＊15,D2)""＝PMT(B5/12,12＊15,E2)""＝PMT(B5/12,12＊15,F2)"，然后选定区域，进行假设分析。如图 4－63、图 4－64 所示。

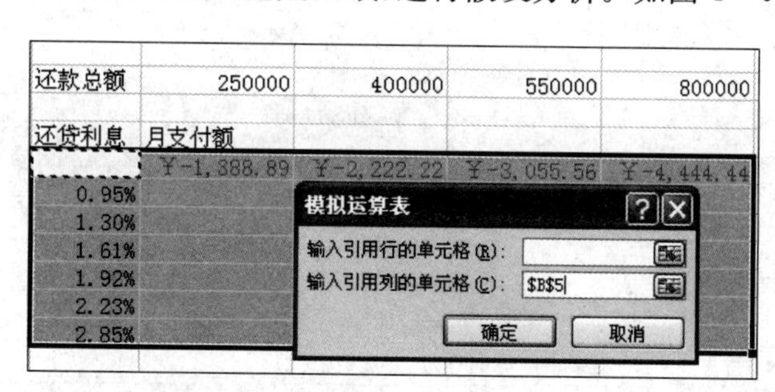

图 4－63　模拟运算表应用举例

2. 双输入模拟运算表

假设某人想贷款 45 万元购买一部车，要查看在不同利率和不同偿还年限下，每个月应还的贷款金额。假设要查看贷款利率为 5%、5.5%、6.5%、7%、7.5%、8%，偿还期限为 10 年、15 年、20 年、30 年、35 年时，每月应还的贷款金额是多少？

建立模拟运算表，在 B4 中输入"＝PMT(A2/12,A3＊12,C2)"。如图 4－65 所示。

选中数值区域，在"数据"的"模拟分析"中选取"模拟运算表"，输入引用单元格的行 A3，输入引用单元格的列 A2，然后确定，就得到结果。如图 4－66 所示。

4.5.2　单变量求解

所谓单变量求解，就是求解具有一个变量的方程，Excel 2010 通过调整可变单元格中的数值，使之按照给定的公式来满足目标单元格中的目标值。

某公司想向银行贷款 900 万元人民币，贷款利率是 8.7%，贷款限期为 8 年，每年应偿还多少金额？如果公司每年可偿还 120 万元，该公司最多可贷款多少金额？

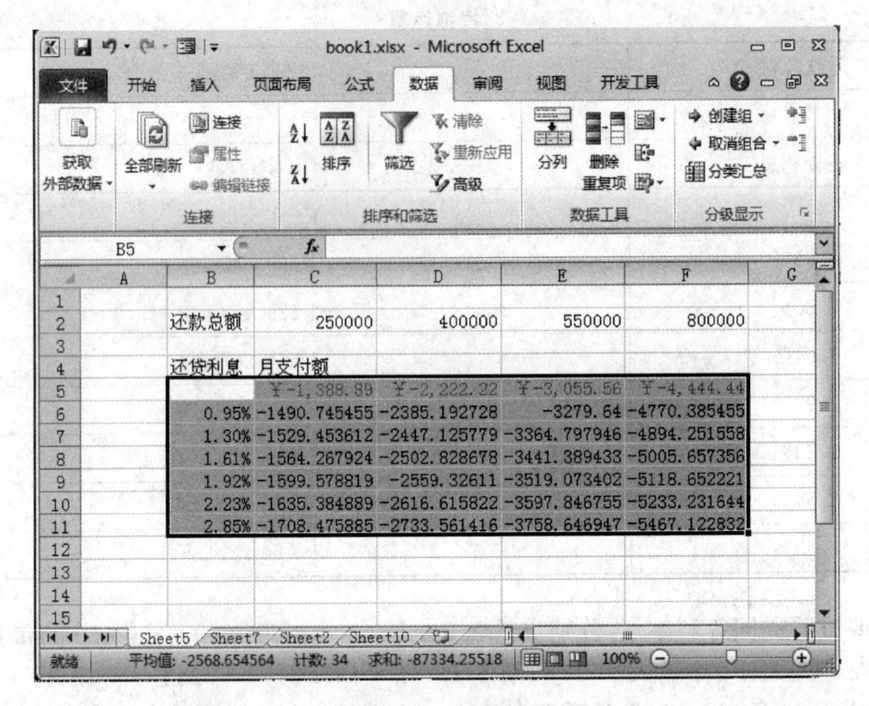

图 4—64 应用举例

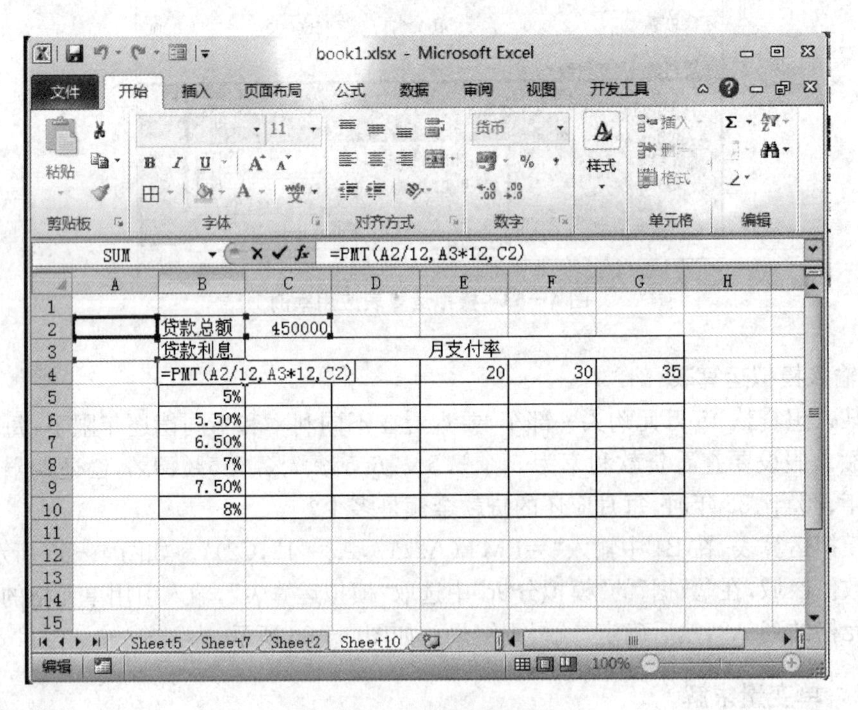

图 4—65 建立模拟运算表

建立求解公式，B3 中输入“=PMT(B2，B4，B5)”。如图 4—67 所示。

设置求解公式，单击“数据”“模拟分析”中的“单变量求解”，设置目标单元格为 B3，目标值为 120，可变单元格为 B5，然后确定。如图 4—68 所示。

	A	B	C	D	E	F	G
1							
2		贷款总额	450000				
3		贷款利息	月支付率				
4		#NUM!	10	15	20	30	35
5		5%	-4772.95	-3558.57	-2969.8	-2415.7	-2271.09
6		5.50%	-4883.68	-3676.88	-3095.49	-2555.05	-2416.57
7		6.50%	-5109.66	-3919.98	-3355.08	-2844.31	-2718.69
8		7%	-5224.88	-4044.73	-3488.85	-2993.86	-2874.85
9		7.50%	-5341.58	-4171.56	-3625.17	-3146.47	-3034.09
10		8%	-5459.74	-4300.43	-3763.98	-3301.94	-3196.17

图 4－66　结果

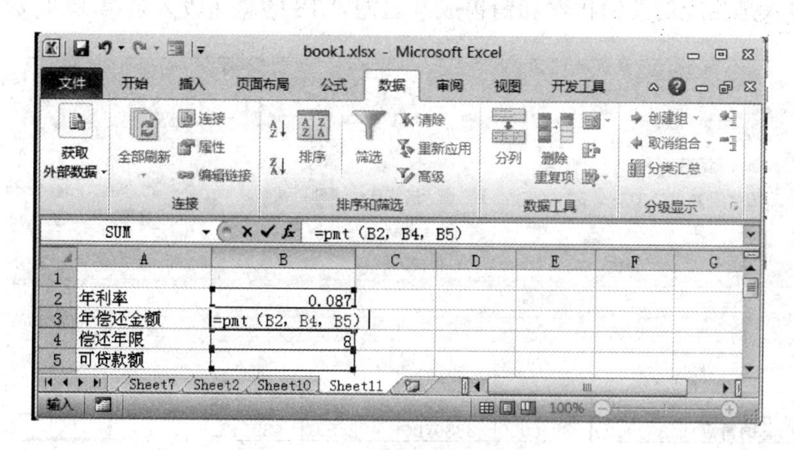

图 4－67　输入求解公式

4.5.3　方案分析

方案是已命名的一组输入值，是 Excel 2010 保存在工作表中并可用来自动替换某个计算模型的输入值，用来预测模型的输出结果。

已知某茶叶公司 2013 年的总销售额及各种茶叶的销售成本，现要在此基础上制订一个五年计划。由于市场竞争的不断变化，所以只能对总销售额及各种茶叶销售成本的增长率做一些估计。最好的方案当然是总销售额增长率高，各茶叶的销售成本增长率低。最好的估计是总销售额增长 13%，花茶、绿茶、乌龙茶、红茶的销售成本分别增长 10%、6%、10%、7%。

建立方案解决工作表。输入图 4－69 中 A 列、B 列及第 3 行的所有数据；在 C4 单元格中输入公式"＝B4 * (1＋ $B$16)"，然后将其复制到 D4～F4；在 C7 中输入公式"＝B7 * (1＋ $B$17)"，并将其复制到 D7～F7；在 C8 中输入公式"＝B8 * (1＋ $B$18)"，并将其复制到 D8 和 F8；在 C9 中输入公式"＝B9 * (1＋ $B$19)"，并将其复制到 D9～F9；在 C10 中输入公式"＝B9 * (1＋ $B$20)"，并将其复制到 D10～F10；第 11 行数据是第 7、8、9、10 行数据对应

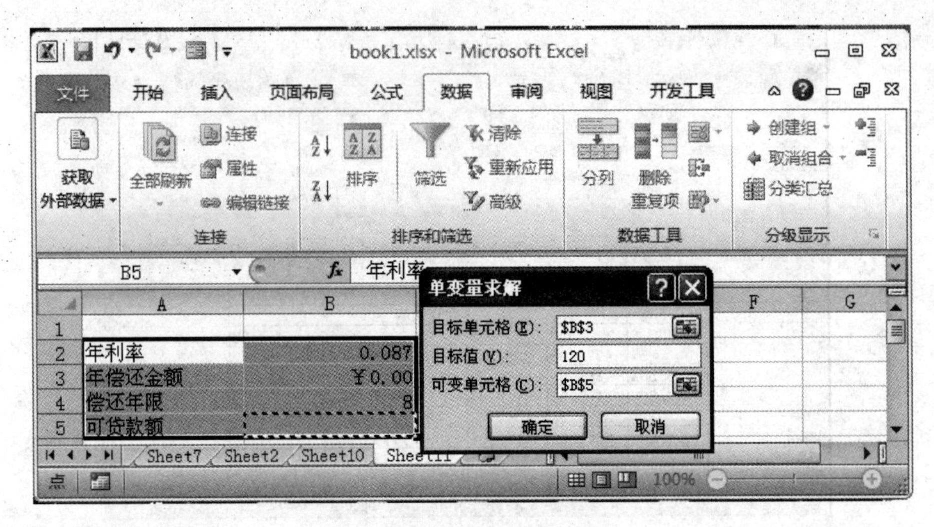

图 4—68　单变量求解设置

列之和;净收入是相应的总销售额和销售成本之差,E18 的总净收入是第 13 行数据之和。

	A	B	C	D	E	F
1						
2						
3		2001	2002	2003	2004	2005
4	总销售额	3000000	3390000	3830700	4328691	4891421
5						
6	销售成本					
7	花茶	1100000	1210000	1331000	1464100	1610510
8	绿茶	240000	254400	269664	285843.8	302994.5
9	乌龙茶	240000	264000	290400	319440	351384
10	红茶	720000	770400	824328	882031	943773.1
11	总计	2300000	2498800	2715392	2951415	3208662
12						
13	净收入	700000	891200	1115308	1377276	1682759
14						
15	增长估计					
16	总销售额	13%				
17	花茶	10%			五年总净收入	
18	绿茶	6%			5766543	
19	乌龙茶	10%				
20	红茶	7%				

图 4—69　方案分析

单击“数据”中“假设分析”的“方案管理”,输入方案名,可变单元格为 B16 : B20,单击“确定”，出现方案变量值对话框，可以再添加不同的方案。如图 4－70、图 4－71 所示。

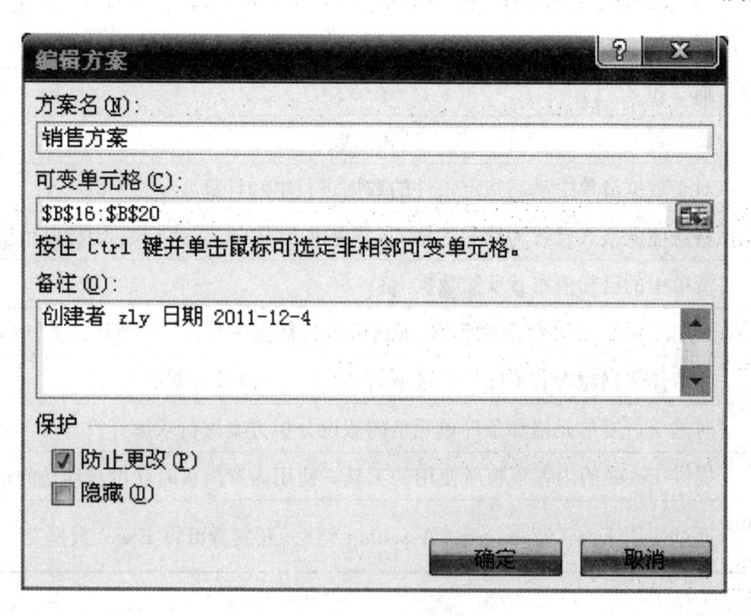

图 4－70　编辑方案

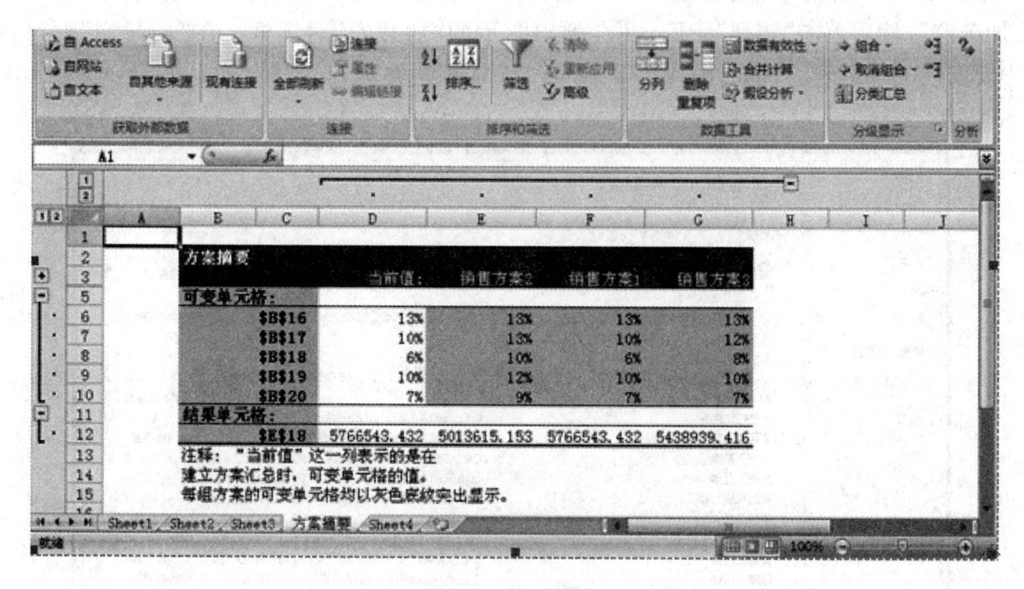

图 4－71　结果

4.5.4　加载宏

加载宏是一种可选择性地安装到计算机中的软件组件，用户可根据需要决定是否安装。其作用是为 Excel 添加命令和函数，扩充 Excel 的功能。Excel 2010 加载宏的扩展名是. xlam。在默认情况下，Excel 将表 4－7 列出的加载宏程序安装在如下某一磁盘位置：“Microsoft Office\Office”文件夹下的“Library”文件夹或其子文件夹，或 Windows 所在文件夹下的“Profiles\用户名\Application Data\Microsoft\AddIns”文件夹下。网络管理员也可将加载宏程序安装到其他位置。

表 4—7　　Excel 内置的加载宏

加载宏	描　述
分析工具库	添加财务、统计和工程分析工具和函数
条件求和向导	对于数据清单中满足指定条件的数据进行求和计算
欧元工具	将数值的格式设置为欧元的格式，并提供 EUROCONVERT 函数以用于转换货币
查阅向导	清单中的已知值查找所需数据
ODBC 加载宏	利用安装的 ODBC 驱动程序，通过开放式数据库互连（ODBC）功能与外部数据源相连
报告管理器	为工作簿创建含有不同打印区域、自定义视面以及方案的报告
规划求解	对基于可变单元格和条件单元格的假设分析方案进行求解计算
模板工具	提供 Excel 的内置模板所使用的工具。使用内置模板时就可自动访问这些工具
Internet Assistant VBA	通过使用 Excel 97 Internet Assistant 语法，开发者可将 Excel 数据发布到 Web 上

加载宏工具的安装：

单击 Office 按钮，然后单击“Excel 选项”。单击“加载项”，然后在“管理”框中，选择“Excel 加载宏”，然后单击“转到”。Excel 会弹出图示的“加载宏”对话框。在“加载宏”框对话中选中要安装的加载宏。例如，图 4—72、图 4—73 加载线性规划。

图 4—72　加载宏工具

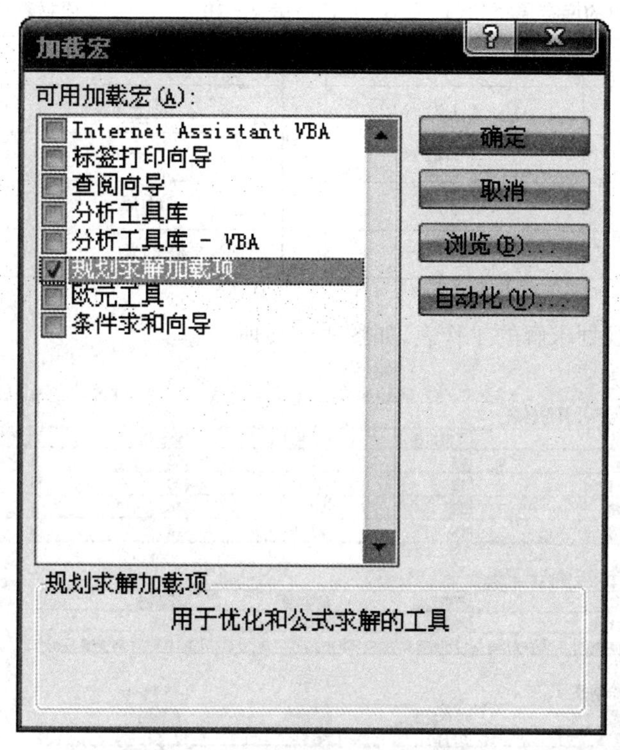

图 4—73 加载宏选项

4.5.5 线性规划

规划求解问题的特点是：问题有单一的目标，如求运输的最佳路线、求生产的最低成本、求产品的最大盈利、求产品周期的最短时间等。问题有明确的不等式约束条件，例如生产材料不能超过库存，生产周期不能超过一个星期等。问题有直接或间接影响约束条件的一组输入值。

某肥料厂专门收集有机物垃圾，如青草、树枝、凋谢的花朵等。该厂利用这些废物，并掺进不同比例的泥土和矿物质来生产高质量的植物肥料，生产的肥料分为底层肥料、中层肥料、上层肥料、劣质肥料 4 种。为使问题简单，假设收集废物的劳动力是自愿的，除了收集成本之外，材料成本是低廉的。该厂目前的原材料、生产各种肥料需要的原材料比例，各种肥料的单价等如表 4—8 至表 4—10 所示。

问题：求出在现有的情况下，即利用原材料的现有库存，应生产各种类型的肥料各多少数量才能获得最大利润？最大利润是多少？

表 4—8　　各肥料成品用料及其价格　　单位：元

产品	泥土	有机垃圾	矿物质	修剪物	单价
底层肥料	55	54	76	23	105.00
中层肥料	64	32	45	20	84.00
上层肥料	43	32	98	44	105.00
劣质肥料	18	45	23	18	57.00

表 4—9　　生产肥料的库存原材料　　单位：元

库存情况	现有库存
泥土	4 100
有机垃圾	3 200
矿物质	3 500
修剪物	1 600

表 4—10　　单位原材料成本单价　　单位：元

项目	单位成本
泥土	0.20
有机垃圾	0.15
矿物质	0.10
修剪物	0.23

首先建立线性规划求解的工作表，如图 4—74 所示。

	A	B	C	D	E	F	G	H
1	表一：成品用料及其价格表							
2	产品	泥土	有机垃圾	矿物质	修剪物	生产数量	单价	总价值
3	底层肥料	55	54	76	23	0	105	=F3*G3
4	中层肥料	64	32	45	20	0	84	=F4*G4
5	上层肥料	43	32	98	44	0	105	=F5*G5
6	劣质肥料	18	45	23	18	0	57	=F6*G6
7								
8	表二：材料库存及使用状况表							
9	库存情况	泥土	有机垃圾	矿物质	修剪物			
10	现有库存	4100	3200	3500	1600			
11	可用库存	=SUM(B3:B6*$F$3:$F$6)	=SUM(C3:C6*$F$3:$F$6)	=SUM(D3:D6*$F$3:$F$6)	=SUM(E3:E6*$F$3:$F$6)			
12								
13	表三：成本价格表							
14	项目	泥土	有机垃圾	矿物质	修剪物			
15	单位成本	0.2	0.15	0.1	0.23			
16	单项成本	=B15*B11	=C15*C11	=D15*D11	=E15*E11			
17								

方案数据透视表　Sheet4　Sheet7　Sheet8　Sheet9

就绪　100%

图 4—74　线性规划求解的工作表

其次，在“数据”单击“分析”中的“规划求解”，参数变量设置如图 4—75 所示。

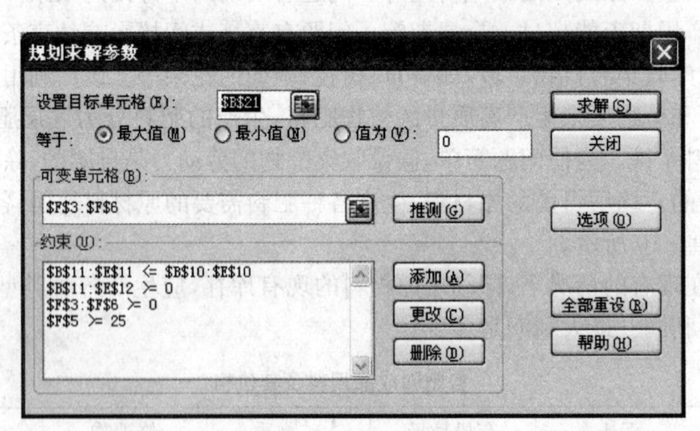

图 4—75　规划求解参数

最后，单击“确定”，求出结果。见图 4—76。

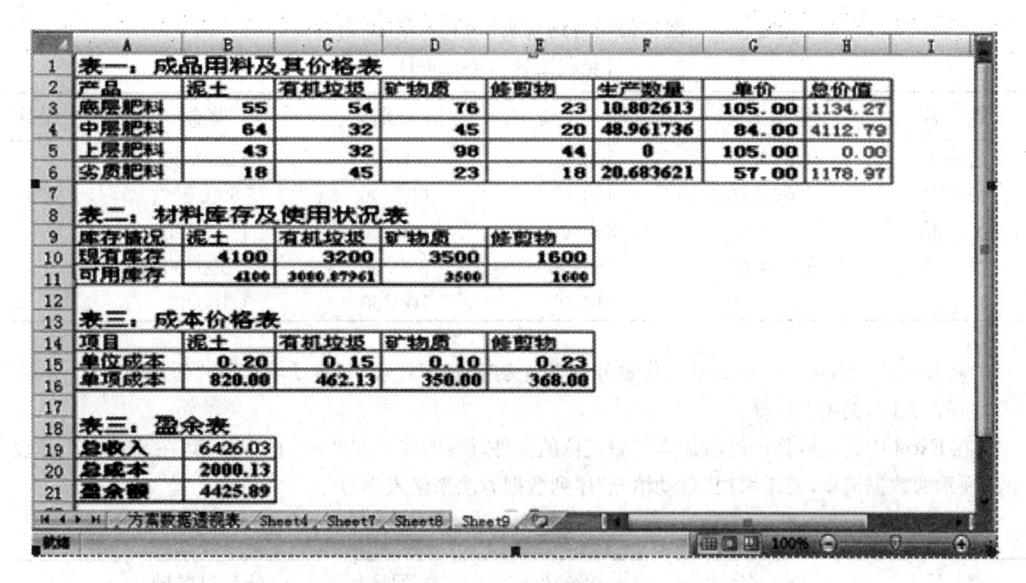

	A	B	C	D	E	F	G	H
1	表一：成品用料及其价格表							
2	产品	泥土	有机垃圾	矿物质	修剪物	生产数量	单价	总价值
3	底层肥料	55	54	76	23	10.802613	105.00	1134.27
4	中层肥料	64	32	45	20	48.961736	84.00	4112.79
5	上层肥料	43	32	98	44	0	105.00	0.00
6	劣质肥料	18	45	23	18	20.683621	57.00	1178.97
7								
8	表二：材料库存及使用状况表							
9	库存情况	泥土	有机垃圾	矿物质	修剪物			
10	现有库存	4100	3200	3500	1600			
11	可用库存	4100	3080.87961	3500	1600			
12								
13	表三：成本价格表							
14	项目	泥土	有机垃圾	矿物质	修剪物			
15	单位成本	0.20	0.15	0.10	0.23			
16	单项成本	820.00	462.13	350.00	368.00			
17								
18	表三：盈余表							
19	总收入	6426.03						
20	总成本	2000.13						
21	盈余额	4425.89						

图 4—76　结果

1. 在 Excel 中创建以你的姓名为文件名的工作簿，在 Sheet1 工作表中输入下表所示的数据 。

销售统计表

年度	上半年	下半年	总额
2008	12 312 300	15 360 000	
2009	15 300 000	19 492 700	
2010	19 132 100	25 000 000	
2011	24 726 500	18 965 400	
2012	30 848 200	32 861 800	
合　计			

(1)采用公式复制的方法，计算各年度的销售总额。

(2)采用“自动求和”的方法，计算上半年、下半年及总额的历年合计数。

(3)销售额数据的显示格式采用千位分隔符且数值前加上人民币符号￥，如￥1 536 000。

(4)保存文件。再在 Sheet2 工作表中输入以下数据。

① 在区域 A1∶A10 中填入 2,4,6,8,10,12,14,16,18,20；

② 在区域 B1∶B10 中填入 1,2,4,8,16,32,64,128,256,512；

③ 在区域 C1∶C10 中填入 JAN,FEB,MAR,APR,MAY,JUN,JUL,AUG,SEP,OCT；

④ 在区域 D1∶D10 中填入 2001—9—1,2002—9—1,2003—9—1,2004—9—1,2005—9—1,2006—9—1,2007—9—1,2008—9—1,2009—9—1,2009—9—2；

(5)保存文件。再在 Sheet3 工作表中输入以下数据。将 e2 单元格更名为 income,在 f4 单元格创建计算税款公式,并使用公式复制的方法填充其他职工的税款(政策是超过 1 600 元按 5%缴纳个人所得税)。

虚构公司月纳税表(20××年10月)

(免税工资:1 600.00)

姓　名	基本工资	职务工资	补贴	奖金	税款
孟都京	1 800.00	500.00	600.00	1 200.00	
张光中	1 690.00	460.00	600.00	600.00	
吴　琨	2 100.00	850.00	800.00	1 500.00	
兰　天	1 030.00	350.00	800.00	2 000.00	
叶小兰	1 360.00	410.00	700.00	1 100.00	

(6)将Sheet1、Sheet2和Sheet3工作表分别更名为“销售统计表”、“自动填充”和“公式计算”。

(7)保存文件,关闭工作簿。

2. 在Excel中建立以你的姓名加学号后三位的文件,例如:张三098.xls的工作簿,在Sheet1工作表中输入下表所示的数据清单,要求采用“自动填充”序列数据方法来输入学号。

学生考试成绩

学　号	姓　名	大学英语	英语听力	计算机基础	平均分
9051201	姚　慧	82	86	82	
9051202	刘森耀	74	76	66	
9051203	崔立新	86	85	82	
9051204	陶　东	56	68	53	
9051205	高慧丽	76	72	86	
9051206	杨艳林	66	49	95	
9051207	江　晓	71	80	73	
9051208	郭　佩	82	89	80	
9051209	吴丽萍	83	70	66	
9051210	鄢　敏	67	72	76	

(1)利用“记录单”对话框来追加2名学生的成绩,其内容如下:

9051211　王晓辉　72　68　91

9051212　周　莹　63　64　80

(2)求出每个学生的平均分,结果四舍五入取整数。

(3)将当前工作表更名为“成绩表”。

(4)将成绩表复制到Sheet2中,然后在新工作表上按平均分降序排序,把当前工作表更名为“排名表”。

(5)将成绩表复制到Sheet3中,然后完成如下处理:

①在“平均分”列的右边增加新列“总评”。

②根据以下条件,通过IF函数求出总评结果。

若平均分≥80,总评为“优良”;

若70≤平均分<80,总评为“中”;

若60≤平均分<70,总评为“及格”;

若平均分<60,总评为“不及格”

③将当前工作表更名为“总评”。

(6)插入工作表sheet4,采用“高级筛选”方法,从“成绩表”中找出三科成绩都是优良(≥80)的记录,把条件区域和查找结果存放在Sheet4上,将其更名为“优良表”。

(7)插入工作表sheet5,采用“高级筛选”方法,从“成绩表”中找出有不及格的记录,把条件区域和查找结果存放在Sheet5上,将其更名为“不及格表”。

(8)插入工作表sheet6，利用频率分布函数FREQUENCY，从“成绩表”中统计出平均分<50，50≤平均分<60，60≤平均分<70，70≤平均分<80，80≤平均分<90，平均分≥90的学生数各为多少。把统计的间距数组和结果数组存放在Sheet6中，将其更名为“分数段表”。(这一小题选做)

(9)插入工作表sheet7，将成绩表复制到Sheet7中，然后完成如下处理：

①在“姓名”列的右边插入一列“性别”，对应姓名中的人名，在性别这一列中分别输入“女 男 男 男 女 女 男 女 女 女 男 女”。

②利用分类汇总，统计出男女的“计算机基础”的平均分。将统计出的平均分格式设置为保留小数点后2位。

③设置条件格式，将“平均分”这一列中超过85分的字体设置为绿色，不及格的字体设置为黄色，将这张工作表更名为“分类汇总表”。

④给成绩表加上边框，要求外框用红色的细双线，内框用虚线，颜色为蓝色。

(10)保存文件，关闭工作簿。

(11)打开以你姓名加学号后三位建立的工作簿，插入一张工作表sheet8，将成绩表中的如下数据复制到sheet8中。

姓　名	大学英语	英语听力	计算机基础
姚　慧	82	86	82
刘森耀	74	76	66
崔立新	86	85	82
陶　东	56	68	53
高慧丽	76	72	86

(12)对表格中的所有学生的数据，在当前工作表中创建嵌入的条形圆柱图图标，图标标题为“学生成绩表”。

(13)对Sheet8中创建的嵌入图表进行如下编辑操作：

①将该图表移动、放大到A8：G22区域，并将图表类型改为柱形圆柱图。

②将图表中的英语听力和计算机基础的数据系列删除，然后再将计算机基础的数据系列添加到图表中，并使计算机基础数据系列位于大学英语数据系列的前面。

③为图表中计算机基础的数据系列增加以值显示的数据标记。

④为图表添加分类轴标题“姓名”及数值轴标题“分数”。

(14)对Sheet8中创建的嵌入图表进行如下格式化操作：

①将图表区的字体大小设置为11号，并选用最粗的圆角边框。

②将图表标题“学生成绩表”设置为粗体、16号、单下划线；将分类轴标题“姓名”设置为粗体、11号；将数值轴标题“分数”设置为粗体、11号、45度方向。

③将图例的字体改为8号、边框改为带阴影边框，并将图例移到图表区的右下角。

④将数值轴的主要刻度线间距改为12、字体大小设置为8号；将分类轴的字体大小设置为8号。

⑤去掉背景墙区域的图案。

⑥将计算机基础数据标记的字号设置为16号、上标效果。

(15)将这张工作表改名为“成绩图表”，保存文件，关闭工作簿。

3. 建立一个工作簿，并作如下操作：

(1)在Sheet1工作表中输入如下内容：

在A1单元格中输入：中华人民共和国

以数字字符的形式在B1单元格中输入：99999999

在A2单元格中输入：12345678912345

在A3单元格中输入：2001年12月12日

用智能填充数据的方法向A4至G4单元格中输入：

星期日，星期一，星期二，星期三，星期四，星期五，星期六

先定义填充序列:车间一、车间二、车间三、……、车间七,向 A5 至 G5 单元格中输入:

车间一、车间二、车间三、……、车间七

利用智能填充数据的方法向 A6 至 F6 单元格中输入等比系列数据:6、24、96、384、1536。

(2)将新建立的工作簿以文件名:操作 1,保存在用户文件夹下。

4. 打开"操作 1"工作簿,并作如下操作:

(1)将"Sheet1"工作表更名为"操作 1"

(2)将"Sheet2"和"Sheet3"定义成一个工作组,并将该工作组复制到该工作簿中

(3)将"Sheet2(2)"移动到"Sheet2"之前

(4)新建一工作簿并以文件名:操作 2,保存在用户文件夹下。

(5)将"操作 1"工作簿中的"Sheet3"和"Sheet3(2)"复制到"操作 2"工作簿中。

(6)在"操作 1"工作簿中的"Sheet3"之前插入一工作表,并命名为"操作 2"。

(7)将"操作 2"工作表水平分割成两个工作表。

(8)将"操作 2"工作表垂直分割成两个工作表。

(9)将"操作 1"工作簿更名为"操作 3"保存在用户文件夹下。

5. 打开"操作 3"工作簿,并作如下操作:

(1)取消"操作 2"工作表水平和垂直分割。

(2)置"操作 1"工作表为当前。

(3)将 A1 单元格中内容复制到 H1 单元格中。

(4)将 A1 和 B1 单元格中内容移动到 A21 和 B21 单元格中。

(5)清除 A4 单元格中的内容。

(6)清除 B4 单元格中的格式。

(7)在第 4 行之前插入一空行。

(8)在第 4 列之前插入二空列。

(9)在第 B5 单元格上方插入一空单元格。

(10)在第 C5 单元格左方插入二空单元格。

(11)将第 5 行删除。

(12)将第 5 列删除。

(13)将 C5 单元格删除。

(14)将表中的"车间"全部改为"工厂"。

(15)将"操作 3"工作簿更名为"操作 4"保存在用户文件夹下。

6. (1)创建一新工作簿。

(2)在"Sheet1"表中编制下列所示的销售统计表。

山姆超市第 3 季度洗衣机销售统计表							
2012 年 10 月 9 日							
品牌	单价	七月	八月	九月	销售小计	平均销量	销售额
小天鹅	1 500	58	86	63			
爱妻	1 400	64	45	47			
威力	1 450	97	70	46			
乐声	1 350	76	43	73			

(3)将该表的名称由"Sheet1"更为"洗衣机销售统计表"。

(4)在该工作簿中插入一新工作表，取名为“销售统计表”。

(5)将“洗衣机销售统计表”中的内容复制到“Sheet2”、“Sheet3”、“销售统计表”中。

(6)在“洗衣机销售统计表”中，运用输入公式方法，求出各种品牌洗衣机的销售量小计、月平均销售量和销售额。

(7)在“Sheet2”工作表中，先利用公式的输入方法，求出“小天鹅“的销售量小计、月平均销售量和销售额小计；再利用复制公式的方法，求出其余各品牌的销售量小计、月平均销售量和销售额。

(8)在“Sheet3”工作表中，利用自动求和按钮，求出各品牌的销售量小计。

(9)在“销售统计表”中，运用输入函数的方法，求出各种品牌洗衣机的销售量小计、月平均销售量。

(10)在“Sheet3”工作表中，利用多区域自动求和的方法，求出各品牌的销售量的总和，并将计算结果存放在“B8”单元格中。

下列操作均在“洗衣机销售统计表”中进行：

(11)在“洗衣机销售统计表”中的“乐声”行上面插入一空行，在该空行的品牌、单价、七月、八月、九月的各栏中分别填入：水仙、1375、56、78、34；最后利用复制公式的方法，求出该品牌的销售量小计、月平均销售量和销售额。

(12)在“洗衣机销售统计表”中的“销售额”前插入一空列，并在该列的品牌行填入“平均销售额”；最后利用输入公式和复制公式的方法，求出各品牌的月平均销售额。

(13)在“洗衣机销售统计表”中的下一空行最左边的单元格内填入“合计”，利用自动求和按钮，求出各种品牌洗衣机的七、八、九月销售量合计和销售额合计。

(14)使[“山姆”超市第 3 季度洗衣机销售统计表]标题居中。

(15)使[2012 年 10 月 9 日]居中。

(16)“品牌”列和第 1 行的字符居中，其余各列中的数字右对齐。

(17)将第 3 行的行高设置为“16”。

(18)将第 1 列的列宽设置为“12”。

(19)将表中的“2012 年 10 月 9 日”的格式改为“二〇一二年十月九日”。

(20)将表中七月份列中的数字的格式改为带 2 位小数。

(21)将“洗衣机销售统计表”增添表格线，内网格线为最细的实线，外框线为最粗实线。

(22)将第 3 行的所有字符的字体设置为楷体、加粗，字号为 14，颜色设置为红色，填充背景色为青绿色。

(23)各品牌的名称的字体设置为仿宋体、加粗，字号为 11，颜色设置为蓝色，填充背景色为青淡黄色。

(24)利用“格式刷”将该表的格式复制到以“A12”单元格为开始的区域上。

(25)利用“图表向导”制作如下的图表。

(26)利用“自动绘图”制作如下的图表。

(27)将本工作簿保存在考生文件夹内(自行创建)，文件名为“表格实验”。

7.(1)创建一新工作簿，并在 Sheet1 工作表中建立如下成绩数据表：

班级编号	学号	姓名	性别	语文	数学	英语	物理	化学	总分
01	100011	鄢小武	男	583	543	664	618	569	2 977
01	100012	江旧强	男	466	591	511	671	569	2 808
01	100013	廖大标	男	591	559	581	635	563	2 929
01	100014	黄懋	男	534	564	625	548	541	2 812
01	100015	程新	女	591	485	476	633	575	2 760
01	100016	叶武良	男	632	485	548	566	569	2 800
01	100017	林文健	男	649	499	523	579	541	2 791

续表

班级编号	学号	姓名	性别	语文	数学	英语	物理	化学	总分
01	100018	艾日文	男	496	538	553	528	652	2 767
01	100019	张小杰	男	457	567	678	445	555	2 702
01	100020	张大华	男	519	596	480	596	625	2 816
01	100021	韩文渊	男	575	596	585	580	541	2 877
01	100022	陈新选	男	519	570	519	700	526	2 834
01	100023	林文星	男	624	509	657	589	546	2 925
01	200025	吴宏祥	男	519	518	571	538	617	2 763
01	200026	郑为聪	男	443	559	495	645	588	2 730
01	200027	王为明	女	467	567	489	678	568	2 769
01	200027	陈为明	女	467	567	489	678	568	2 769
01	200028	林青霞	女	543	504	697	552	516	2 812
01	200029	钱大贵	男	385	640	630	559	634	2 848
01	200030	江为峰	男	567	559	590	545	569	2 830
01	200031	林明旺	男	527	559	532	538	662	2 818
01	200032	赵完晨	男	551	523	625	569	541	2 809
01	200033	林新莹	男	575	538	590	528	569	2 800
01	200034	张文锬	女	599	618	562	477	531	2 787
01	200035	张清清	女	466	570	595	566	546	2 743
01	200036	邱伟文	男	608	467	585	566	491	2 717
01	200037	陈飞红	女	551	533	677	593	531	2 885
01	200038	黄娜	女	496	570	620	538	582	2 806
01	200039	黄林	男	591	623	488	559	582	2 843
01	200040	王许延	男	527	559	562	593	588	2 829
01	300041	黄华松	男	534	564	557	518	643	2 816
01	300042	庄俊花	男	443	674	528	596	569	2 810
01	300043	陈小炜	男	567	591	519	559	563	2 799
01	300044	王晶金	男	624	523	553	515	575	2 790
01	100045	张海	男	591	533	567	593	503	2 787
01	300046	李立四	女	567	589	678	456	489	2 779
01	300047	陈勤	女	644	570	515	535	588	2 852
01	300048	胡琴华	女	616	504	523	589	563	2 795
01	300049	吴生明	男	583	499	548	556	625	2 811

(2)编辑记录操作

①将学号为“2”开头的所有学生的班级编号改为“02”,学号为“3”开头的所有学生的班级编号改为“03”。

②在学号为“200025”之前插入一条新记录,内容如下:

班级编号	学号	姓名	性别	语文	数学	英语	物理	化学	总分
02	200024	张小杰	男	551	514	562	604	575	2 806

③在数据表的最后面追加一条新记录,内容如下:

班级编号	学号	姓名	性别	语文	数学	英语	物理	化学	总分
03	300050	陈明名	男	534	575	571	579	536	2 795

④将学号为“200027”,姓名为“陈为明”的记录删除。

(3)排序操作:

①对该成绩数据表按“语文成绩”从高到低排列,若语文相同,则按“数学成绩”从高到低排列。

②将该成绩数据表复制到 sheet2 中,并将 shett1 中的成绩数据表取消排序。

(4)筛选数据操作:

①在本工作簿的最后面插入 3 张新工作表。

②在 shett1 中的成绩数据表中,筛选出性别为“女”的记录,并将筛选后的成绩数据表的内容复制到 sheet3 中,shett1 中的原成绩数据表取消筛选。

③在 shett1 中的成绩数据表中筛选出语文成绩为 591 或 511 的记录,并将筛选后的成绩数据表的内容复制到 sheet4 中,shett1 中的原成绩数据表取消筛选。

④在 shett1 中的成绩数据表中,筛选出性别为“女”且语文成绩大于 591 的记录,并将筛选后的成绩数据表的内容复制到 sheet5 中,shett1 中的原成绩数据表取消筛选。

(5)在 shett1 中的成绩数据表中,按班级汇总各班级各门功课的平均成绩,并将汇总后的成绩数据表的内容复制到 sheet6 中,shett1 中的原成绩数据表取消汇总。

(6)保护数据操作:

①将该工作簿以“操作练习 4”的名称保存在用户文件夹下,同时进行打开权限和修改权限密码的设置。

②对该工作簿的工作表和窗口施行保护后,再撤销对该工作簿的保护。

③对该工作簿中的 sheet1 工作表施行保护后,再解除 C2 : C41 单元格区域的锁定,使其能够修改,最后撤销对该工作表的保护。

④隐藏 I2 : I41 单元格区域,再取消隐藏。

(7)根据第一题“成绩数据”表建立一数据透视表,数据源的区域为 B1 : J8,字段包含学号、姓名及各课程的成绩。

PowerPoint 2010 演示文稿

学习重点

PowerPoint 2010 的基本操作
演示文稿的编辑、修饰
动画与交互技术
演示文稿的放映方式
掌握 PowerPoint 2010 的高级应用

PowerPoint 2010 是目前最流行的演示文稿制作工具，它和 Word 2010、Excel 2010 一样是由美国微软公司推出的 Office 系列软件之一。使用 PowerPoint 2010 可以制作出集文字、图形、图像、声音等多媒体信息于一体的演示文稿，常用于产品演示、学术交流、项目答辩等方面。

5.1 PowerPoint 2010 的基本操作

当用户安装完 Office 2010 之后，PowerPoint 2010 也将自动安装到系统中，这时启动 PowerPoint 2010 就可以正常使用它来创建演示文稿了。

5.1.1 PowerPoint 2010 的启动

常用的启动方法主要有两种：常规启动、通过现有文档启动。

1. 常规启动

"常规启动"是指在 Windows 操作系统中最常用的启动方式。依次单击"开始"→"程序"→"Microsoft Office"→"Microsoft PowerPoint2010"命令即可启动。

2. 通过现有文档启动

用户在创建并保存了某一个演示文稿后，可以通过直接双击该演示文稿图标启动 PowerPoint 2010。

当然，还有其他方法，如：双击桌面的 PowerPoint 快捷方式图标；在桌面或文件夹内空白区域右击鼠标，在弹出的快捷菜单中选择“新建→Microsoft PowerPoint 演示文稿”。在 PowerPoint 2010 中创建的演示文稿默认的扩展名为 .pptx。

5.1.2 PowerPoint 2010 的窗口及组成

1. 工作窗口

启动 PowerPoint 2010 后，将打开工作窗口，如图 5－1 所示。其中包括标题栏、菜单栏、工具栏、幻灯片窗格、大纲窗格、视图切换按钮、备注窗格、绘图工具栏、状态栏等。

2. 视图模式

PowerPoint 2010 主要提供了四种视图模式，分别是“普通视图”、“幻灯片浏览视图”、“阅读视图”、“幻灯片放映”。每种视图各有不同的用途，包含特定的工作区、功能区和其他工具，在“视图”菜单中可以选取不同的视图，也可以通过单击状态栏上的“视图切换按钮”进行切换。如图 5－1 所示。

单击“普通视图”，进入正常编辑状态，用户可以进行各种编辑。

单击“幻灯片浏览视图”，进入该视图模式，可以显示用户创建所有幻灯片的缩略图。在该视图模式中，用户不能进行编辑但可以增加、删除、移动和排序幻灯片。

单击“幻灯片放映视图”，进入该视图模式，并且从当前选中的幻灯片开始放映。如果按 F5 或执行菜单“幻灯片放映”→“从头开始”，将从第一张幻灯片开始放映。

在放映过程中，如果用户想中止放映，可以在屏幕上单击鼠标右键，在弹出的快捷菜单中选取“结束放映”。

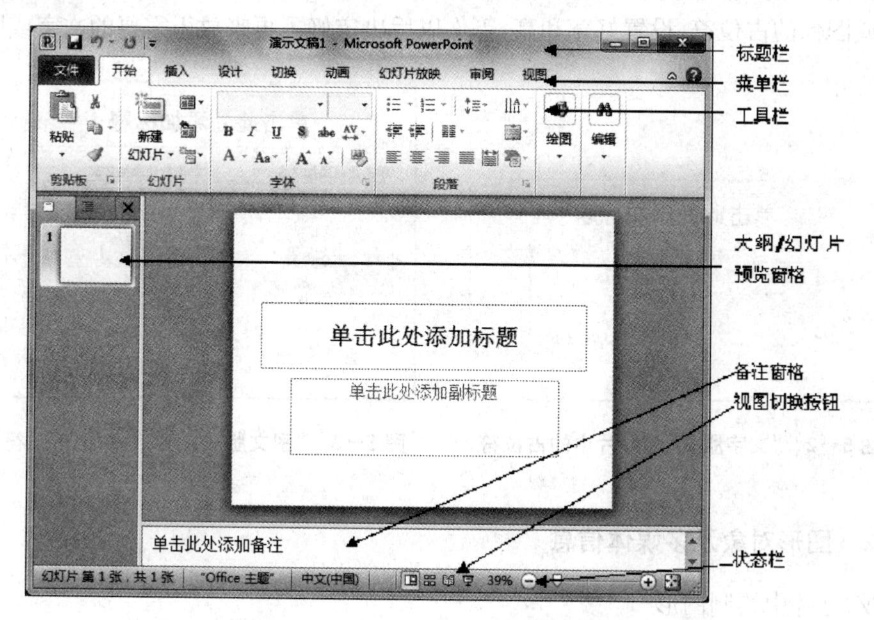

图 5－1 PowerPoint 2010 的工作窗口

5.1.3 创建演示文稿

所谓演示文稿，就是用于介绍和说明某个问题或事件的一组多媒体材料，也就是 PowerPoint 制作出来的整个可以放映的文件，由多张幻灯片组成。每一页称作幻灯片。

启动 PowerPoint 后，单击菜单栏的“文件”→“新建”命令，打开“新建演示文稿”窗格，用户可以选取“空演示文稿”或“已安装的模板” 创建新的演示文稿，也可以选取“根据现有内容新建”快速创建演示文稿。

5.2 幻灯片的编辑与制作

在幻灯片中输入和编辑文本的方法与在 Word 中的操作方法相似。

5.2.1 文本的编辑

在 PowerPoint 中，文本的基本操作主要包括选择、复制、剪切、撤销、查找、替换等。用户可以通过插入文本框的方法输入文本，并对文本属性进行设置。文本的属性设置包括对字体、字号、字体颜色、特殊文本格式、文本对齐方式等进行设置。

如果应用了版式，那么幻灯片也具有了预先定义的属性，即对各文本、图表框都定义了“占位符”，如图 5—2 和图 5—3 所示。用户只需在相应的占位符中输入文字或插入图片即可。当然，用户也可以移动或改变占位符的大小，来重新设计版式。

顾名思义，“占位符”就是先占住一个固定的位置，等你往里面添加内容。用于幻灯片上，就表现为一个虚框，虚框内部往往有“单击此处添加标题”之类的提示语，一旦鼠标点击之后，提示语会自动消失。当我们要创建自己的模板时，占位符就显得非常重要，它能起到规划幻灯片结构的作用。比如在排版时，当你不能决定要在版面的一个地方放什么内容时，你可以先放一个文字或图像的占位符，设置好宽和高，等你以后决定好了再来放入需要的文字或图片。

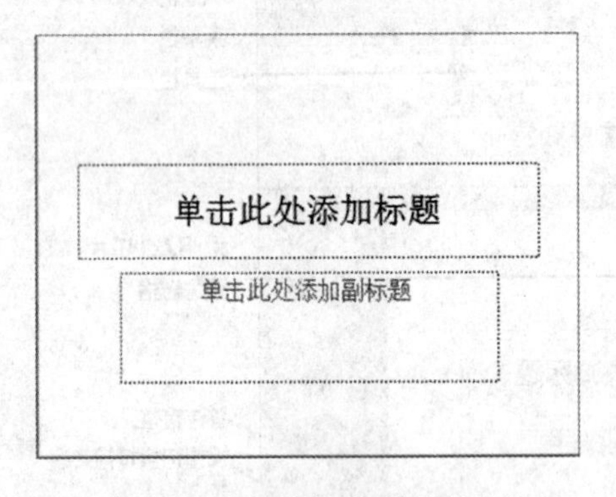

图 5—2 “文字版式”幻灯片中的占位符

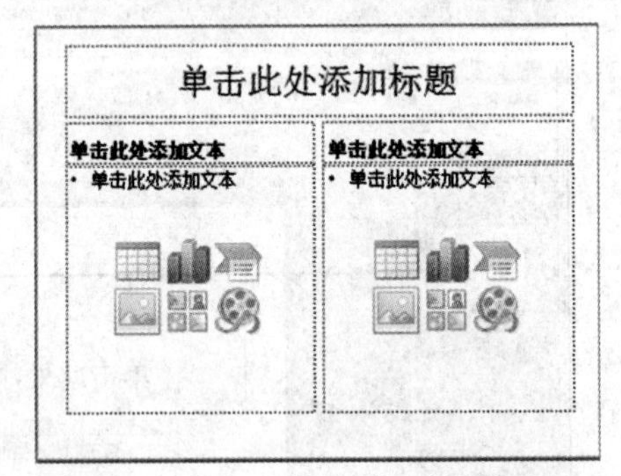

图 5—3 “图文版式”幻灯片中的占位符

5.2.2 图形对象及多媒体信息

1. 在幻灯片中绘制图形

执行菜单“开始”→“绘图”，利用绘图工具栏中的“自选图形”菜单和其他按钮，可在幻灯片上绘制各种图形，还可以对图形的形状、颜色等进行修改，方法与 Word 2010 相同。

2. 插入与编辑艺术字

执行菜单“插入”→“文本”→“艺术字”，在弹出的“艺术字库”中选择合适的样式，在弹出的编辑“艺术字”对话框中输入文字，并进行相应的文本格式设置。

3. 插入图片和剪贴画

在演示文稿中插入图片文件或“剪辑库”中的图片，可以使演示文稿图文并茂，更生动形象地阐述主题。在插入图片时，要充分考虑幻灯片的主题，使图片与主题和谐一致。

执行菜单“插入”→“插图”→“图片”或“剪贴画”，可以插入需要的图片，方法与 Word 2010 相同。

4. 插入图表

PowerPoint 除了提供绘制图形、插入图像等基本的功能外，还提供了绘制表格、插入图表等。与文字数据相比，表格或图表更形象与直观，只需执行菜单“插入”→“插图”→“图表”命令即可。

5. 插入图示

组织结构图是 PowerPoint 图示库中最为常用的图示，可以非常直观地说明层级关系，常用于表现事物内部的级别、层次之间的关系。

执行菜单“插入”→“插图”→“SmartArt”命令，在弹出的“选择 SmartArt 图形”对话框中选择所需的类型即可，如图 5−4 所示。然后对相应的图示进行编辑。

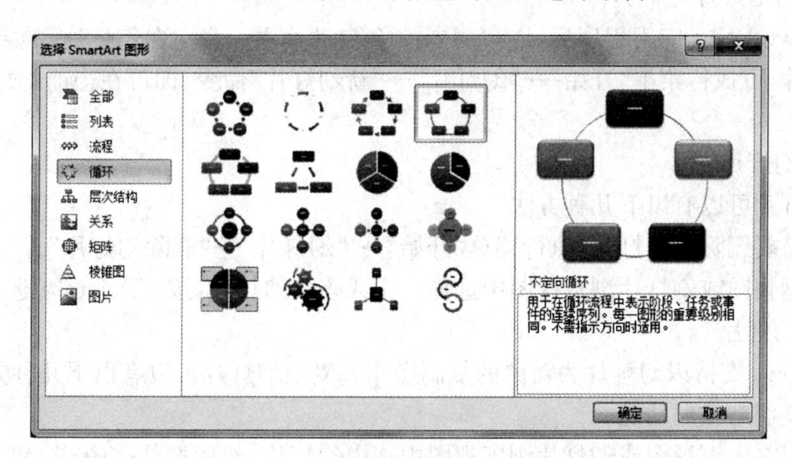

图 5−4 图示库

6. 插入影片、声音

作为一个优秀的多媒体演示文稿制作程序，PowerPoint 允许用户方便地插入影片、声音等。如插入外部文件的影片：执行菜单“插入”→“媒体剪辑”→“影片”命令，弹出“插入影片”对话框；用户选取相应的影片文件，单击“确定”按钮，即可将其插入到幻灯片中。用户还可对影片进行大小、位置、旋转、亮度等进行设置。

7. 插入对象

执行菜单“插入”→“文本”→“对象”，打开“插入对象”对话框，如图 5−5 所示。可以插入 Flash 文档，Excel 工作表、公式，Word 文档等各种对象。

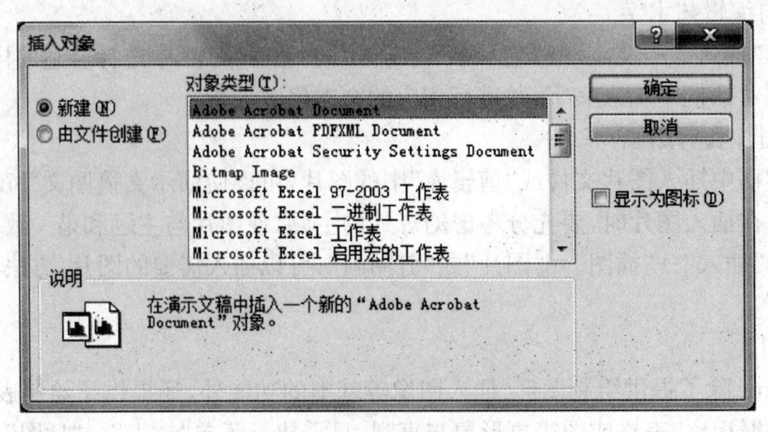

图 5—5 “插入对象”对话框

5.2.3 编辑幻灯片

在 PowerPoint 中,幻灯片作为一种对象,和一般对象一样,可以对其进行编辑操作。主要包括添加新幻灯片、删除幻灯片、复制幻灯片和调整幻灯片顺序。

1. 添加新幻灯片

启动 PowerPoint 应用程序后,PowerPoint 会自动建立一张空白幻灯片,如果需要添加一张新的幻灯片,可执行菜单“开始”→“幻灯片”→“新幻灯片”命令,即可在当前幻灯片后添加一张幻灯片。

2. 删除幻灯片

删除幻灯片可以有以下几种方法:

①选中需要删除的幻灯片,执行菜单“开始”→ “幻灯片”→“删除幻灯片”。

②在大纲视图或幻灯片浏览视图中选择一张或多张幻灯片,按<Delete>键。

3. 复制幻灯片

PowerPoint 支持以幻灯片为对象的复制操作。复制幻灯片可以有以下几种方法:

①使用复制与粘贴功能。

②也可以在大纲视图或幻灯片浏览视图中选中幻灯片,然后按住<Ctrl>键,用鼠标直接将其拖曳到目标位置。

4. 调整幻灯片顺序

在制作演示文稿时,如果需要对幻灯片的顺序重新排列,就需要移动幻灯片。调整幻灯片顺序可以有以下几种方法:

①可以使用剪切和粘贴功能。

②在幻灯片预览窗格或浏览视图中,用鼠标直接拖曳幻灯片到目标位置即可。

5.3 演示文稿的修饰

当编辑完幻灯片的内容之后,可以对其进一步的美化。PowerPoint 提供了大量的主题模板,包含颜色、字体和效果等的设置。执行菜单“设计”→“主题”命令,选取相应图标,就可以将该主题应用于选定的幻灯片或所有幻灯片。

5.3.1 母版

如果要使演示文稿中的所有幻灯片有一致的风格，或在所有的幻灯片的同一位置使用相同的图标等，可以使用母版功能。母版分为幻灯片母版、讲义母版和备注母版三种。

1. 幻灯片母版

幻灯片母版决定着幻灯片的外观，用于设置幻灯片的标题、正文文字等样式，包括字体、字号、颜色、阴影等效果；也可以设置幻灯片的背景、页眉、页脚等。执行菜单“视图”→“演示文稿视图”→“幻灯片母版”命令，进入幻灯片母版的编辑模式。

2. 讲义母版

讲义母版主要用来设置在一张打印纸中可以打印多少张幻灯片，并设置打印页面的整体外观，包括打印页面的页眉、页脚、日期、页码等。执行菜单“视图”→“演示文稿视图”→“讲义母版”命令，进入讲义母版的编辑模式。

3. 备注母版

备注母版可以用来编辑具有统一格式的备注页，执行菜单“视图”→“演示文稿视图”→“备注母版”命令，进入备注母版的编辑模式。

5.3.2 背景与主题颜色

1. 主题颜色

PowerPoint 2010 提供了内置的多种不同的主题模板，用户可以根据需要选择不同的模板来设计演示文稿，包括文字/背景、强调文字颜色、超链接、已访问的超链接等。例如，应用或修改配色方案的操作如下：

①执行菜单“设计”→“主题”命令，选取“主题”栏上的相应图标，如图 5－6 所示。

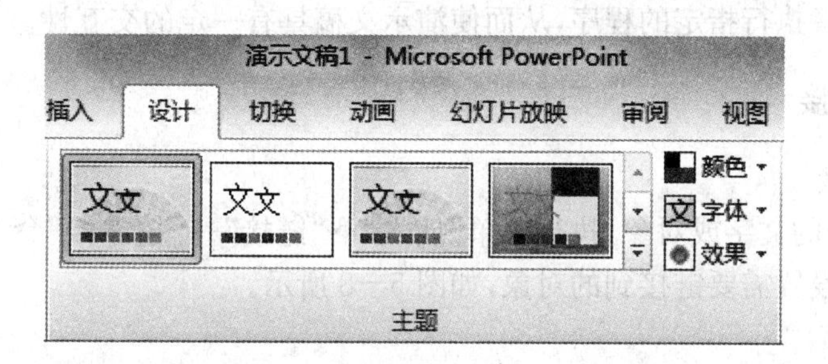

图 5－6 “幻灯片设计”对话框

②如果希望将某一配色方案应用于选定的幻灯片，只需将鼠标指向该方案上，单击右侧按钮，选择“应用于所选幻灯片”即可。

2. 背景

如果简单的颜色背景不能满足幻灯片的设置要求时，可以利用配色方案来更改幻灯片的背景色，也可以使用“设计”→“背景”命令，打开“设置背景格式”窗格，更改幻灯片的背景设置。

5.3.3 页眉和页脚

在 PowerPoint 中用户也可以为幻灯片设置相应的页脚，用来显示一些特殊的内容。执行菜单“插入”→“文本”→“页眉和页脚”命令，可以打开“页眉和页脚”对话框，如图 5－7 所示。

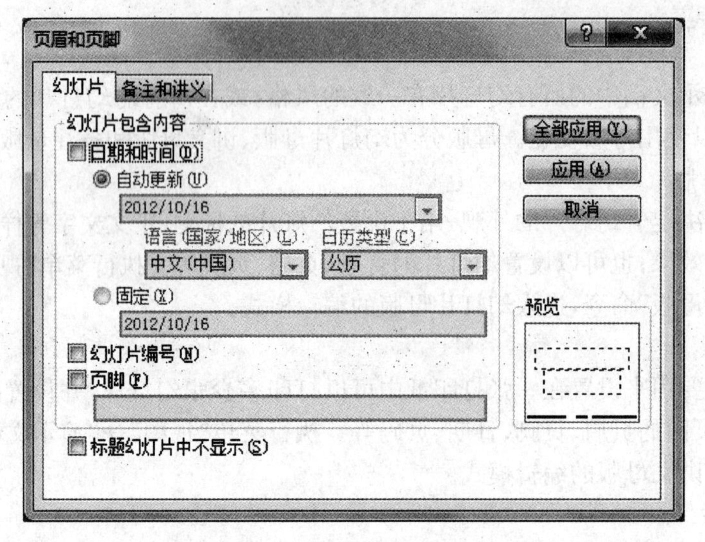

图 5—7 “页眉和页脚”对话框

在图 5—7 中选择“幻灯片”选项卡，可以进行日期和时间、幻灯片编号、页脚等内容的设置，可以对日期和时间设置为自动更新。

5.4 幻灯片放映与交互技术

在 PowerPoint 中，用户可以为幻灯片中的文本、图形等各个对象设置超链接或动作。当放映幻灯片时，可以在设置了动作或超链接的对象及按钮上单击，这时程序将自动跳转到指定的幻灯片页面，或者执行指定的程序，从而使演示文稿具有一定的交互性。

5.4.1 超链接

1. 创建超链接

选定幻灯片中的文字或对象，执行菜单“插入”→“链接”→“超链接”命令，在弹出的“插入超链接”对话框中设置需要链接到的对象，如图 5—8 所示。

2. 编辑超链接

如果需要对已经设置好的“超链接”进行修改，可以将鼠标选中该对象，单击右键，选取“编辑超链接”或“打开超链接”进行修改。

3. 删除超链接

选中要删除超链接的对象，单击右键选中“删除超链接”。

5.4.2 动作按钮

动作按钮是 PowerPoint 中预先设置了一组带有特定动作的图形按钮，这些按钮被预先设置为指向前一张、后一张、第一张、最后一张幻灯片等链接，用户可以应用这些预置的按钮，也可以自行设计按钮，实现在放映幻灯片时跳转的目的。

1. 创建动作按钮

选取需要创建动作按钮的幻灯片；执行菜单“插入”→“插图”→“形状”→“动作按钮”命令，

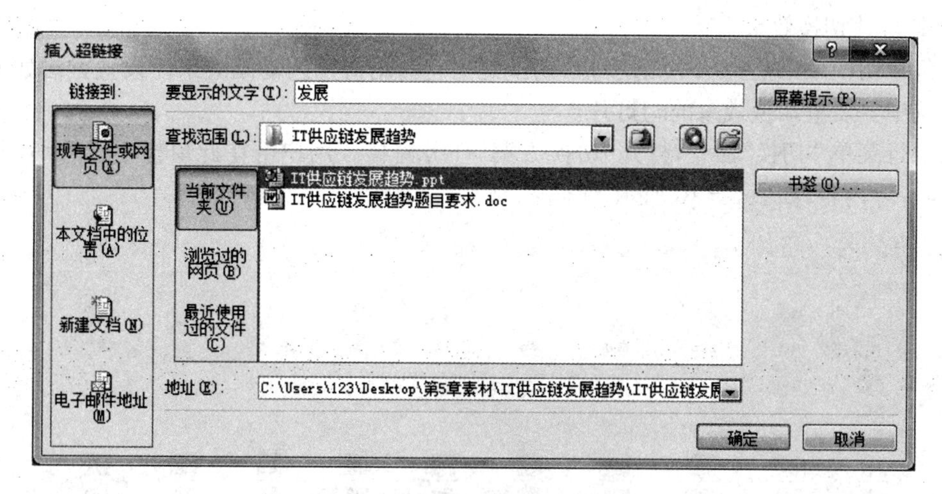

图 5—8 "插入超链接"对话框

选择一个动作按钮;在幻灯片的具体位置上用鼠标拖拉出一个按钮;松开鼠标后会弹出一个"动作设置"对话框,如图 5—9 所示。在该对话框中设置好相应内容后按"确定"按钮。

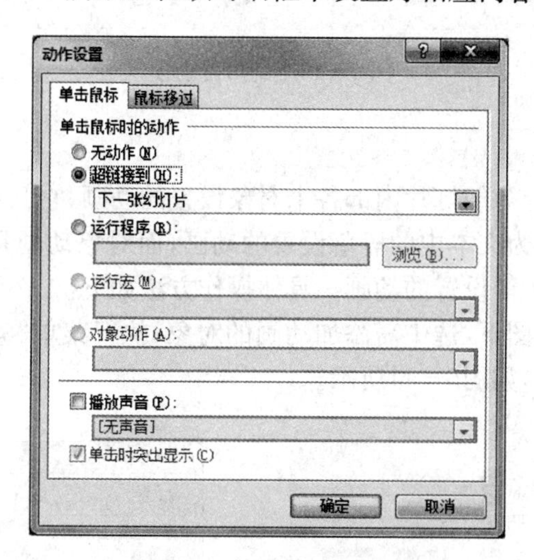

图 5—9 "动作设置"对话框

2. 编辑动作按钮

如果需要对已经创建好的动作按钮进行修改或编辑,可以使用以下几种方法:

①选中动作按钮,单击右键,选择"编辑超链接",打开"动作设置"对话框进行编辑或修改。

②选中动作按钮,执行菜单"插入"→"链接"→"超链接"命令,打开"动作设置"对话框进行编辑或修改。

3. 删除动作按钮

选中需要删除的动作按钮,直接按"Delete"键。

5.4.3 动画设计

在 PowerPoint 中,用户可以对幻灯片进行切换效果的设计,也可以为演示文稿中的文本或其他对象添加特殊的视觉效果、动画效果,还可以自定义动画。

1. 幻灯片切换效果

幻灯片切换效果是指从一张幻灯片切换到另一张幻灯片的动画效果。设置方法如下：

①选中要设置切换效果的幻灯片。

②执行菜单“切换”命令,打开“切换方案”任务窗格。用户可在此窗格中设置切换效果、速度、声音等内容,如图 5－10 所示。

图 5－10 幻灯片切换

2. 自定义动画

所谓自定义动画,是指为幻灯片内部各个对象设置的动画,它又可以分为项目动画和对象动画。其中项目动画是指为文本中的段落设置的动画,而对象动画是指为幻灯片中的其他各种对象,如图形、表格、图示等设置的动画。具体操作方法如下：

①在幻灯片的普通视图下,选中需添加动画的对象;执行菜单“动画”→“添加动画”命令,打开“添加动画”任务窗格,如图5－11所示。

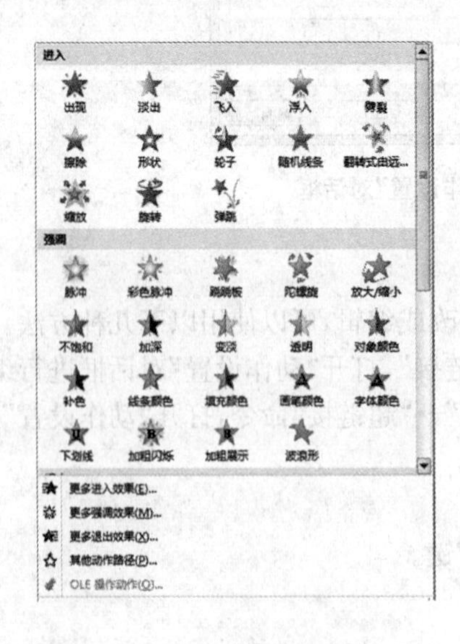

图 5－11 “添加动画”任务窗格

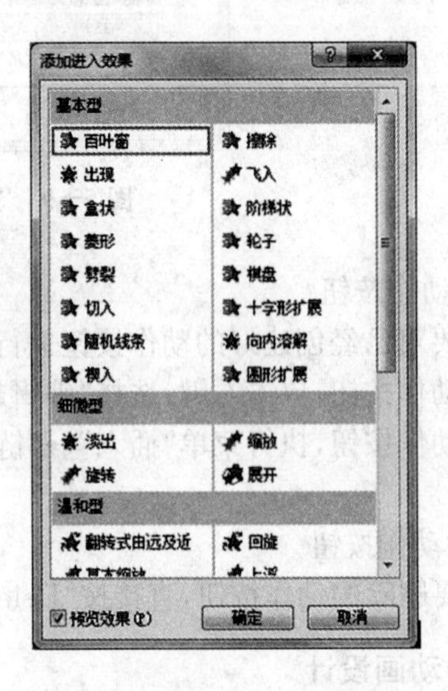

图 5－12 添加动画级联菜单

②单击“添加效果”下拉按钮，显示动画效果的五种方式，即进入、强调、退出、动作路径、自定义路径，如想要更多进入效果，则点按图5—11中的相应按钮进入，如图5—12所示。

③如果还想继续对该动画进行设置，则点按相应选项后的下拉按钮，进行设置。

④如果对多个对象进行动画设置，例如调整这些动画播放顺序，可通过窗格下的“重新排序”按钮调整。

在PowerPoint中，还可以设置对象的运动路径。此时应选择图5—11中的“动作路径”，然后选择相应的路径或绘制自定义路径。

5.4.4 幻灯片的放映

PowerPoint 2010为用户提供了多种放映幻灯片和控制幻灯片的方法，如正常放映、排练计时、跳转放映等。用户可以选择最理想的放映速度与放映方式，在放映时用户还可以利用绘图笔在屏幕上随时进行标示或强调，使重点更为突出。

1. 排练计时

执行菜单“幻灯片放映”→“设置”→“排练计时”命令，即可进行排练。此时在屏幕上弹出“录制”工具栏，如图5—13所示。

图5—13 “录制”对话框

排练计时完毕将出现消息框，如图5—14所示。

图5—14 排练计时完毕

2. 自定义放映

PowerPoint 2010中的自定义放映可以将演示文稿中的幻灯片进行分组，并放映演示文稿中的一部分。具体操作如下：

①执行菜单“幻灯片放映”→“开始放映幻灯片”→“自定义幻灯片放映”命令，打开“自定义放映”对话框，如图5—15所示。

②单击“新建”按钮，进入“定义自定义放映”对话框，对具体内容进行设置。

3. 设置放映方式

PowerPoint 2010提供了多种演示文稿的放映方式，可以对放映类型、放映选项、放映幻灯片、换片方式等进行相应设置，执行菜单“幻灯片放映”→“设置”→“设置幻灯片放映”，打开“设置放映方式”对话框，例如，图5—16所示为设置循环播放1～3张幻灯片。

4. 隐藏幻灯片

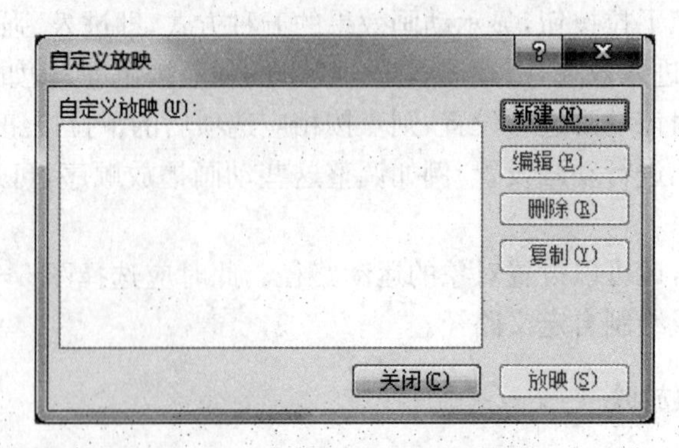

图 5—15 “自定义放映”对话框

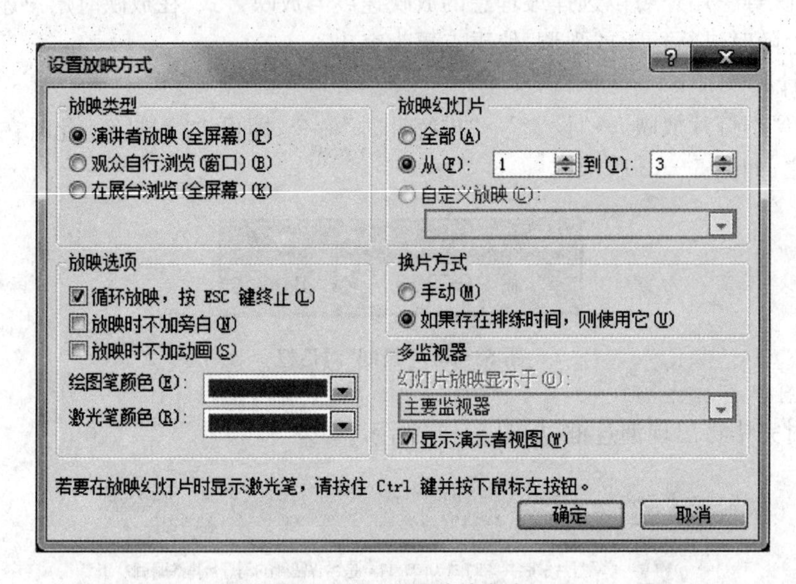

图 5—16 设置放映方式

PowerPoint 2010 中可以使用“隐藏幻灯片”命令，使演示文稿中的某些幻灯片放映时不显示。具体操作为：选中幻灯片，单击右键选择“隐藏幻灯片”或执行菜单“幻灯片放映”→“设置”→“隐藏幻灯片”。

5.5 演示文稿的输出

在 PowerPoint 2010 中设计与制作好演示文稿以后，还可以对其进行页面设置、打印、打包成 CD、发布成网页等设置。

5.5.1 保存演示文稿

在演示文稿的创建过程中，需要及时保存已有成果，以避免数据的意外丢失。在 PowerPoint 2010 中保存文件的操作方法与 Word 2010 中相似。

如果不想让保存的演示文稿被别人打开并修改，可以给演示文稿加密，但是用户要记住密码，否则将无法打开演示文稿。具体操作方法：

单击菜单栏的“文件”→“另存为”命令，打开“另存为”对话框，如图5－17所示。单击最下面的“工具”按钮，选中下拉菜单中的“常规选项”，打开“常规选项”对话框，输入“打开权限密码”和“修改权限密码”，如图5－18所示，单击“确定”按钮。

图5－17 “另存为”对话框

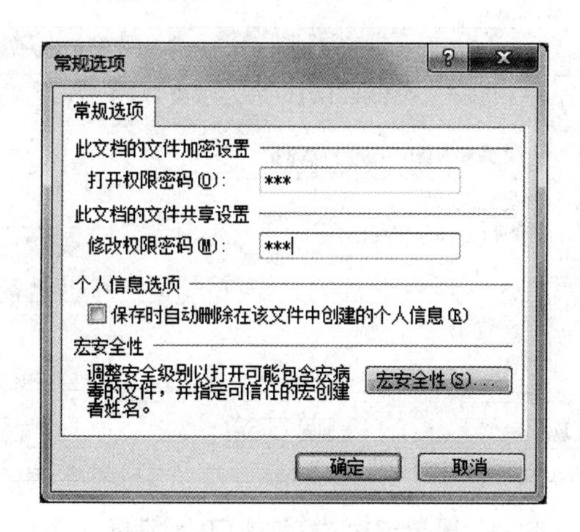

图5－18 “安全选项”对话框

5.5.2 打印

1. 打印

打印操作可以将幻灯片、备注页等从打印机输出，具体操作方法有以下几种：

①单击菜单栏的“文件”→“打印”命令，打开“打印”对话框，如图5－19所示。点按打印机图标即可。

②使用快捷键<Ctrl>+P。

一般情况下，在打印幻灯片时，一张纸打印一张幻灯片；如果想在一张纸上打印多张幻灯片，则打开“整页幻灯片”右边的“打印版式”列表框，如图5－20所示。

图5－19 “打印”对话框

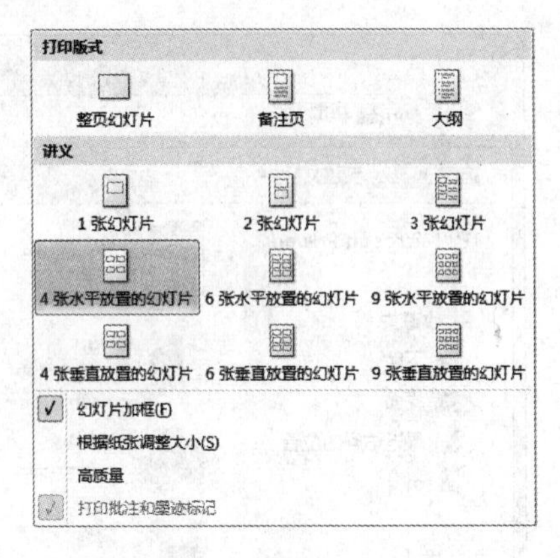

图5－20 “打印版式”对话框

5.5.3 打包成CD

PowerPoint 2010提供了“打包成CD”的功能，可以自动生成一系列打包文件到指定盘中，以便在没有安装PowerPoint的计算机中也可以放映该演示文稿。具体操作如下：

第一步：打开要打包的演示文稿如“第一个演示文稿.ppt”，单击菜单栏的“文件”→“保存并发送”→“将演示文稿打包成CD”对话框，如图5－21所示。

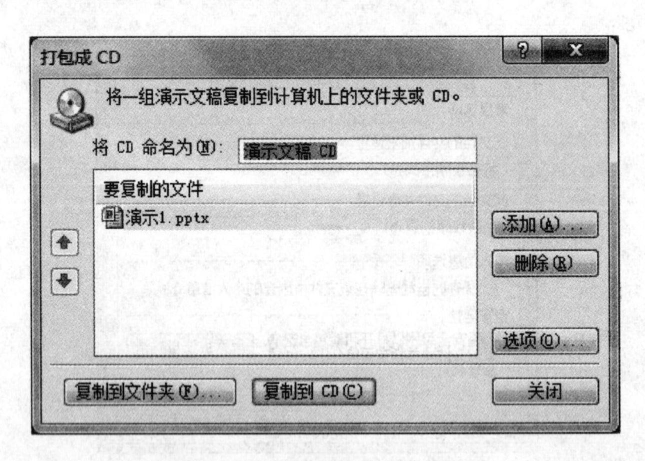

图5－21 “打包成CD”对话框

第二步：单击“复制到文件夹(F)…”按钮，在弹出的“复制到文件夹”对话框中指定文件夹名称和位置，如图5－22所示，单击“确定”按钮。

第三步：此时在“C:\我的演示文稿”中产生一个名为“演示文稿CD”的文件夹，打开该文件夹，里面有两个文件和一个文件夹，如图5－23所示。

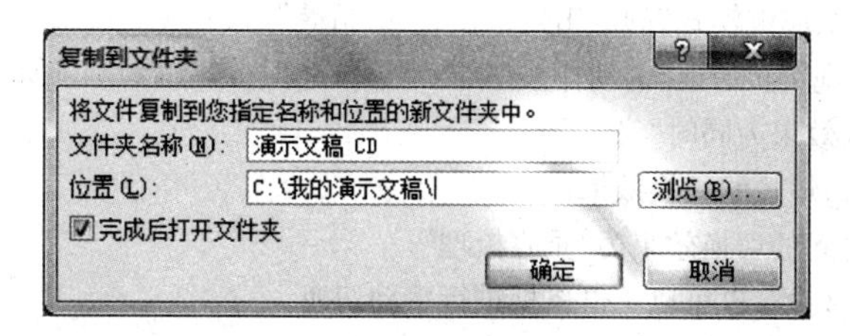

图 5—22　“复制到文件夹”对话框

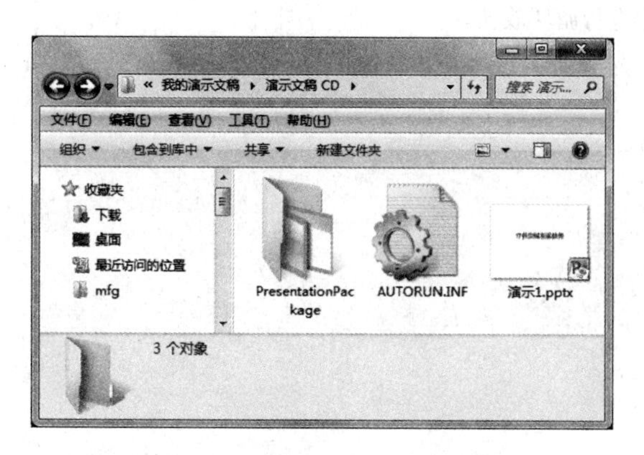

图 5—23　“演示文稿 CD”文件夹

练习题

1. 制作学生自己的“个人简历 . ppt”。

2. 打开“IT 供应链发展趋势 . ppt”文件，按以下要求完成操作，操作结果可参考“IT 供应链发展趋势 . exe”文件。

(1)使用模板与配色方案。

将第一张页面的设计模板设为“暗香扑面”，其余页面的设计模板设为“沉稳”。

(2)按照以下要求设置并应用幻灯片的母板。

①对于首页所应用的标题母板，将其中的标题样式设为“黑体，54 号字”；

②对于其他页面所应用的一般幻灯片母板，在日期区中插入当前日期并显示，在页脚中插入幻灯片编号(即页码)并显示。

(3)设置幻灯片的动画效果，具体要求如下：

①将首页标题文本的动画方案设置成系统自带的“向内溶解”效果；

②针对第二页幻灯片，按顺序(即播放时按照 a→h 的顺序播放)设置以下的自定义动画效果：

a. 将标题内容“目录”的进入效果设置成“棋盘”；

b. 将文本内容“两种供应链模式”的进入效果设置成“颜色打字机”，并且在标题内容出现 1 秒后自动开始，而不需要鼠标单击；

c. 将文本内容“用户需求的变化”的进入效果设置成“滑翔”；

d. 将文本内容“新供应模式发展的动力”的进入效果设置成“菱形”；

e. 将文本内容“新供应模式发展的阻碍”的强调效果设置成“波浪形”；

f. 将文本内容“企业的新兴职能”的动作路径设置成“向右”；

g. 将文本内容“两种供应链模式”的退出效果设置成“折叠”；

h. 在页面中添加“前进”与“后退”的动作按钮，当点击按钮时分别跳到当前页面的前一页与后一页，并设置这两个动作按钮的进入效果为同时“飞入”。

(4)按下面要求设置幻灯片的切换效果：

①设置所有幻灯片之间的切换效果为“垂直梳理”；

②实现每隔5秒自动切换，也可以单击鼠标进行手动切换。

(5)按下面要求设置幻灯片的放映效果：

①隐藏第五张幻灯片，使得播放时直接跳过隐藏页；

②选择前六页幻灯片进行循环放映。

计算机网络与信息安全

学习重点

了解计算机的发展历史、特点与应用
了解计算机的系统结构
了解计算机的软、硬件系统
了解信息技术相关知识
了解信息在计算机中的表示

6.1 计算机网络概述

6.1.1 计算机网络的产生与发展

计算机网络近年来获得了飞速的发展。20年前，很少有人接触过网络，现在，计算机通信已成为我们社会结构的一个基本组成部分。网络被用于工商业的各个方面，包括广告宣传、生产、销售、计划、报价和会计等，绝大多数公司拥有多个网络。从小学到研究生教育的各级学校都使用计算机网络为教师和学生提供全球范围的连网图书信息的即时检索和查寻等业务。从各级地方政府到中央机构以及各种军事机构都用网络进行办公、信息传输。简言之，计算机网络已遍布全球各个领域。

计算机网络从20世纪60年代发展至今，已经形成从小型的办公局域网络到全球性的大型广域网的规模。对现代人类的生产、生活等各个方面都产生了巨大的影响。计算机互连系统这个阶段的典型代表是：1969年12月，由美国国防部(DOD)资助、国防部高级研究计划局(ARPA)主持研究建立的数据包交换计算机网络ARPANET。ARPANET网络利用租用的通信线路将美国加州大学洛杉机分校、加州大学圣巴巴拉分校、斯坦福大学和犹太大学四个节点的计算机连接起来，构成了专门完成主机之间通信任务的通信子网。通过通信子网互连的主机负责运行用户程序，向用户提供资源共享服务，它们构成了资源子网。该网络采用分组交换技术传送信息，一旦这四所大学之间的某一条通信线路因某种原因被切断，这种技术保证信息仍能够通过其他线路在各主机之间传递。

ARPANET 网络就是 Internet 全球互联网络的前身。没有人预测到时隔二十多年后，计算机网络在现代信息社会中扮演了如此重要的角色。ARPANET 网络已从最初的四个节点发展为横跨全世界一百多个国家和地区、几十亿用户的互联网(Internet)。Internet 是当前世界上最大的国际性计算机互联网络，而且还在不断地迅速发展之中。

纵观计算机网络的发展历史可以发现，它和其他事物的发展一样，也经历了从简单到复杂、从低级到高级的过程。在这一过程中，计算机技术与通信技术紧密结合，相互促进，共同发展，最终产生了计算机网络。总体来看，网络的发展可以分为四个阶段。

在计算机网出现之前，信息的交换是通过磁盘进行相互传递资源的，如图 6—1 所示。

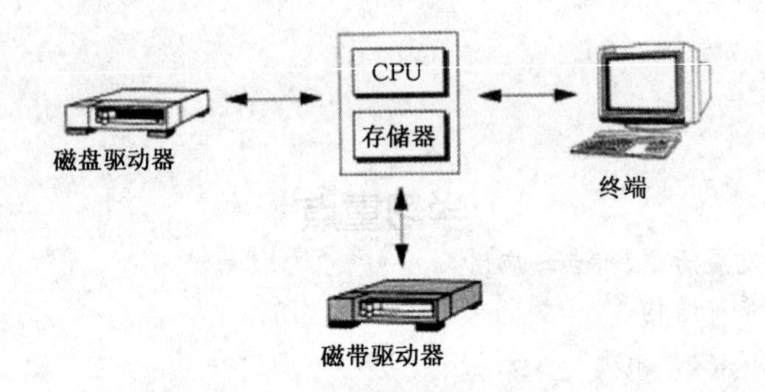

图 6—1　通过磁盘交换信息

在 1946 年，世界上第一台数字计算机问世，但当时计算机的数量非常少，且非常昂贵。而通信线路和通信设备的价格相对便宜，当时很多人都很想去使用主机中的资源，共享主机资源和进行信息的采集及综合处理就显得特别重要了。1954 年，联机终端是一种主要的系统结构形式，这种以单主机互联系统为中心的互联系统，即主机面向终端系统诞生了，如图 6—2 所示。

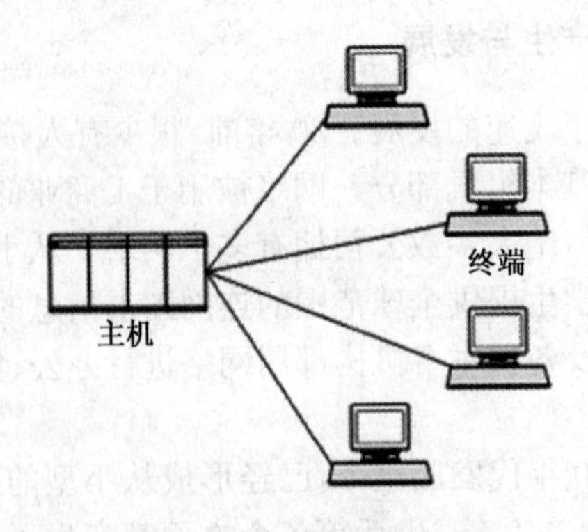

图 6—2　单主机互联系统

在这里，终端用户通过终端机向主机发送一些数据运算处理请求，主机运算后又发给终端机，而且终端用户要存储数据时向主机里存储，终端机并不保存任何数据。第一代网络并不是真正意义上的网络，而是一个面向终端的互联通信系统。当时的主机负责两方面的任务：

①负责终端用户的数据处理和存储。

②负责主机与终端之间的通信过程。

所谓终端就是不具有处理和存储能力的计算机。

随着终端用户对主机的资源需求量增加，主机的作用就改变了，原因是通信控制处理机(Communication Control Processor，CCP)的产生，它的主要作用是完成全部的通信任务，让主机专门进行数据处理，以提高数据处理的效率，如图 6－3 所示。

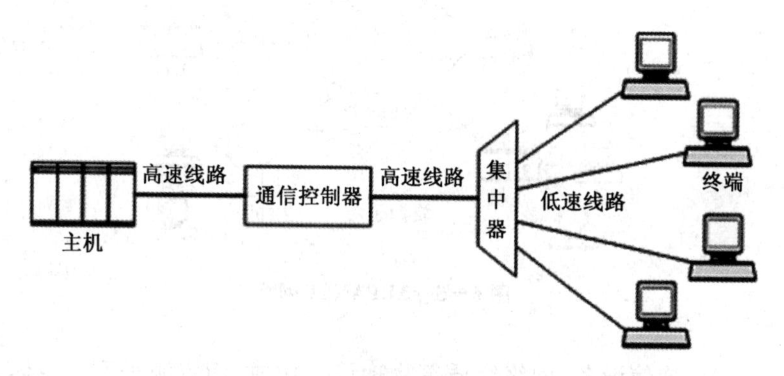

图 6－3　通信控制处理机

当时主机的作用是处理和存储终端用户发出对主机的数据请求，通信任务主要由通信控制器(CCP)来完成。通过把通信任务分配给通信控制器，主机的性能有了很大的提高，集线器主要负责从终端到主机的数据集中收集及主机到终端的数据分发。联机终端网络典型的范例是美国航空公司与 IBM 公司在 20 世纪 60 年代投入使用的飞机订票系统(SABRE-I)，当时在美国广泛应用。

为了克服第一代计算机网络的缺点，提高网络的可靠性和可用性，人们开始研究将多台计算机相互连接的方法。第二代网络运行于 20 世纪 60 年代中期到 70 年代中期。随着计算机技术和通信技术的进步，形成了将多个单主机互联系统相互连接起来，以多处理机为中心的网络，并利用通信线路将多台主机连接起来，为终端用户提供服务，如图 6－4 所示。

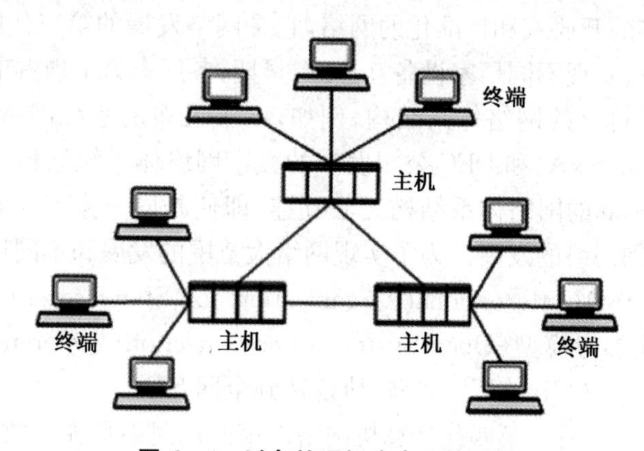

图 6－4　以多处理机为中心的网络

第二代网络是在计算机网络系统结构和协议的基础上形成的计算机初期网络。例如，20世纪60～70年代初期由美国国防部高级研究计划局研制的ARPANET网络，它将计算机网络分为资源子网和通信子网，如图6－5所示。

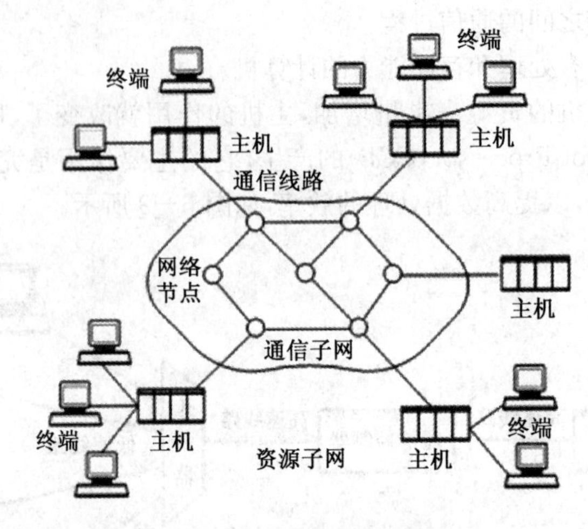

图6－5 ARPANET网络

通信子网一般由通信设备、网络介质等物理设备构成，而资源子网的主体为网络资源设备，如服务器、用户计算机(终端机或工作站)、网络存储系统、网络打印机、数据存储设备(虚线以外的设备)等。在现代的计算机网络中资源子网和通信子网也是必不可少的部分，通信子网为资源子网提供信息传输服务，资源子网上用户间的通信也是建立在通信子网的基础上的。没有通信子网，网络就不能工作，如果没有资源子网，通信子网的传输也就失去了意义，两者都结合起来组成了统一的资源共享网络。

第二代网络应用是网络分组交换技术实现数据的远距离传输。分组交换是主机利用分组技术将数据分成多个报文，每个数据报文自身携带足够多的地址信息，当报文通过节点时暂时存储并查看报文目标地址信息，再选择最佳目标传送路径将数据传送给远端的主机，从而完成数据的转发。

20世纪80年代是计算机局域网络发展的鼎盛时期。当时采用的是具有统一的网络体系结构并遵守国际标准的开放式和标准化的网络，它是网络发展的第三代阶段。在第三代网络出现以前，网络是无法实现不同厂家设备互连的，早期，各厂家为了霸占市场，各厂家采用自己独特的技术并开发了自己的网络体系结构，例如，IBM发布的系统网络体系结构(System Network Architecture，SNA)和DEC公司发布的数字网络体系结构(Digital Network Architecture，DNA)。不同的网络体系结构无法互连，即使是同一家产品在不同时期也无法互连，这就阻碍了大范围网络的发展。为了实现网络大范围的发展和不同厂家设备的互连，1977年国际标准化组织ISO(International Organization for Standardization)提出一个标准框架——开放系统互连参考模型(Open System Interconnection/ Reference Model，OSI)，共七层。1984年正式发布了OSI，使厂家设备、协议达到全网互联。

20世纪90年代至今属于第四代计算机网络。第四代网络是随着数字通信出现和光纤的接入而产生的，其特点是网络化、综合化、高速化及计算机协同能力。同时，快速网络接入Internet的方式也不断地诞生，如ISDN、ADSL、DDN、FDDI和ATM网络等。

计算机网络的发展趋势：

(1)向开放式的网络体系结构发展：使不同软硬件环境、不同网络协议的网络可以互相连接，真正达到资源共享、数据通信和分布处理的目标。

(2)向高性能发展：追求高速、高可靠和高安全性，采用多媒体技术，提供文本、图像、声音、视频等综合性服务。

(3)向智能化发展：提高网络性能和提供网络综合的多功能服务，并更加合理地进行网络各种业务的管理，真正以分布和开放的形式向用户提供服务。

6.1.2 计算机网络的功能与特点

1. 资源共享

(1)硬件资源。

网络硬件资源主要包括大型主机、大容量磁盘、光盘库、打印机、网络通信设备、通信线路和服务器硬件等。

(2)软件资源。

网络软件资源主要包括网络操作系统、数据库管理系统、网络管理系统、应用软件、开发工具和服务器软件等。

(3)数据资源。

网络数据资源主要包括数据文件、数据库和光磁盘所保存的各种数据。数据包括文字、图表、图像和视频等。数据是网络中最重要的资源。

资源共享是计算机网络产生的主要原动力。通过资源共享，可使网络中各处的资源互通有无、分工协作，从而大大提高系统资源的利用率。例如，计算机网络允许用户使用网上各种不同类型的硬件设备，这些共享的硬件资源有：高性能计算机、大容量磁盘、高性能打印机和高精度图形设备等。另外，网络上还提供了许多专用软件以及发布了大量信息，供网络用户调用或访问。

2. 数据通信

通信即在计算机之间传送信息，是计算机网络最基本的功能之一。通过计算机网络使不同地区的用户可以快速和准确地相互传送信息，这些信息包括数据、文本、图形、动画、声音和视频等。用户还可以收发 E-amil、VOD(视频点播)和 IP 电话等。

3. 分布处理与负载均衡

计算机网络中，各用户可根据需要合理选择网内资源，以便就近处理。例如：用户在异地通过远程登录可直接进入自己办公室的网络，当需要处理综合性的大型作业时(如人口普查、售火车票)，通过一定的算法将负载性比较大的作业分解并交给多台计算机进行分布式处理，起到负载均衡的作用，这样就能提高处理速度，充分发挥设备的利用率，提高设备的效率。

协同式计算方式就是利用网络环境的多台计算机来共同完成一个处理任务。

4. 提高可靠性

提高可靠性表现在计算机网络中的多台计算机可以通过网络彼此间相互备用，一旦某台计算机出现故障，其任务可由其他计算机代其处理。避免了单机损坏无后备机的情况下使用，例如：某台计算机由于故障原因而导致系统瘫痪，这时还可以由其他计算机作为后备，从而提高了整个网络系统的可靠性。

6.1.3 计算机网络的分类

1. 按网络覆盖的地理范围可分为：局域网(LAN)、城域网(MAN)和广域网(WAN)

(1)局域网 LAN(Local Area Network)。

局域网分布于一个间房、每个楼层、整栋楼及楼群之间等，范围一般在 2km 以内，最大距离不超过 10km，如图 6－6 所示。它是在小型计算机和微型计算机大量推广使用之后而逐渐发展起来的。一方面，它容易管理与配置；另一方面，容易构成简洁整齐的拓朴结构。局域网速率高、延迟小，传输速率通常为 10Mpbs～2Gbps。因此，网络节点往往能对等地参与整个网络的使用与监控。再加上成本低、应用广、组网方便及使用灵活等特点，深受用户欢迎，是目前计算机网络技术发展中最活跃的一个分支。局域网的物理网络通常只包括物理层和数据链路层。

局域网主要用来构建一个单位的内部网络，例如办公室网络、办公大楼内的局域网学校的校园网、工厂的企业网、大公司及科研机构的园区网等。局域网通常属于单位所有，单位拥有自主管理权，以共享网络资源和协同式网络应用为主要目的。

局域网主要特点有：

①适应网络范围小；

②传输速率高；

③组建方便、使用灵活；

④网络组建成本低；

⑤数据传输错误率低。

局域网按照采用的技术、应用范围和协议标准的不同，可以分为共享局域网和交换局域网。局域网发展迅速，应用日益广泛，是目前计算机网络中最活跃的分支。

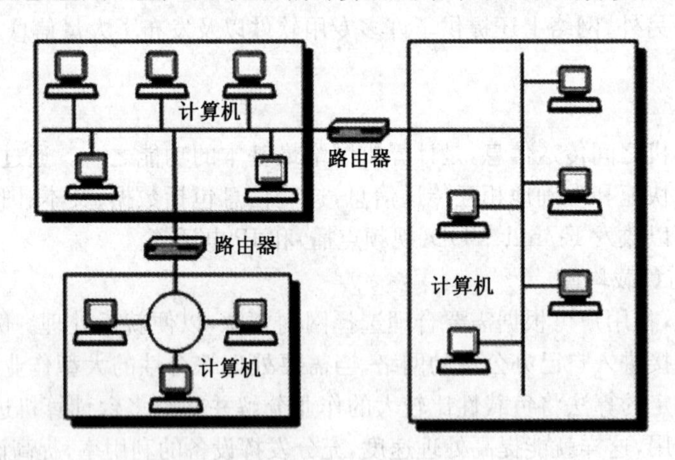

图 6－6 局域网

(2)城域网 MAN(Metropolitan Area Network)。

城域网是介于广域网与局域网之间的一种大范围的高速网络，它的覆盖范围通常为几公里至几十公里，传输速率为 2Mpbs 至若干 Gbps，如图 6－7 所示。随着使用局域网带来的好处，人们逐渐要求扩大局域网的范围，或要求将已经使用的局域网互相连接起来，使其成为一个规模较大的城市范围内的网络。因此，城域网设计的目标是要满足几十公里范围内的大量

企业、机关、公司与社会服务部门的计算机连网需求，实现大量用户、多种信息传输的综合信息网络。城域网主要指大型企业集团、ISP、电信部门、有线电视台和政府构建的专用网络和公用网络。

城域网主要特点有：

①适合比 LAN 大的区域(通常用于分布在一个城市的大校园或企业之间)；

②比 LAN 速度慢，但比 WAN 速度快；

③昂贵的设备；

④中等错误率。

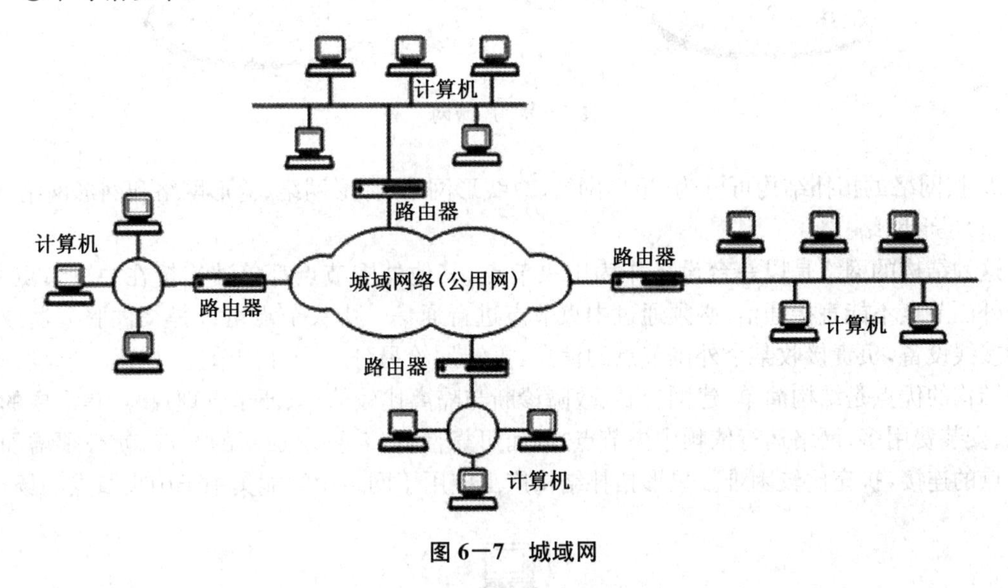

图 6—7　城域网

(3)广域网 WAN(Wide Area Network)。

广域网的覆盖范围很大，几个城市、一个国家、几个国家甚至全球都属于广域网的范畴，从几十公里到几千或几万公里，如图 6—8 所示。此类网络起初是出于军事、国防和科学研究的需要。例如，美国国防部的 ARPANET 网络，1971 年在全美推广使用并已延伸到世界各地。由于广域网分布距离遥远，其速率要比局域网低得多。另外，在广域网中，网络之间连接用的通信线路大多租用专线，当然也有专门铺设的线路。物理网络本身往往包含了一组复杂的分组交换设备，通过通信线路连接起来，构成网状结构。由于广域网一般采用点对点的通信技术，所以必须解决寻径问题，这也是广域网的物理网络中心包含网络层的原因。目前，许多全国性的计算机网络属于广域网络，例如 ChinaPAC 网和 ChinaDDN 网等。

互联网在范畴上属于广域网。但它并不是一种具体的物理网络技术，它是将不同的物理网络技术按某种协议统一起来的一种高层技术。是广域网与广域网、广域网与局域网、局域网与局域网之间的互联，形成了局部处理与远程处理、有限地域范围资源共享与广大地域范围资源共享相结合的互联网。目前，世界上发展最快、最热门的互联网就是 Internet，它是世界上最大的互联网。国内这方面的代表主要有：中国电信的 CHINANET 网、中国教育科研网(CERNET)、中国科学院系统的 CSTNET 和金桥网(GBNET)等。

广域网的主要特点有：

①规模可以与世界一样大小；

②一般比 LAN 和 MAN 慢很多；

③网络传输错误率很高；

④昂贵的网络设备。

图 6－8 广域网

2. 按网络的拓扑结构可分为：星形网络、总线形网络、环形网络、树形网络和网形网络

(1)星形网络。

这种结构的网络是以一台设备作为中央节点，其他外围节点都单独连接在中央节点上。各个外围节点不能直接通信，必须通过中央节点进行通信。中央节点可以是文件服务器或专门的接线设备，负责接收某个外围节点的信息，再转发给另外一个外围节点，如图 6－9 所示。这种结构的优点是结构简单、建网容易、故障诊断与隔离比较简单、便于管理；缺点是需要的电缆长、安装费用多，网络运行依赖中央节点，因而可靠性低，若要增加新的节点，就必须增加中央节点的连接，扩充比较困难。星形拓扑结构广泛应用于网络中智能集中于中央节点的场合。

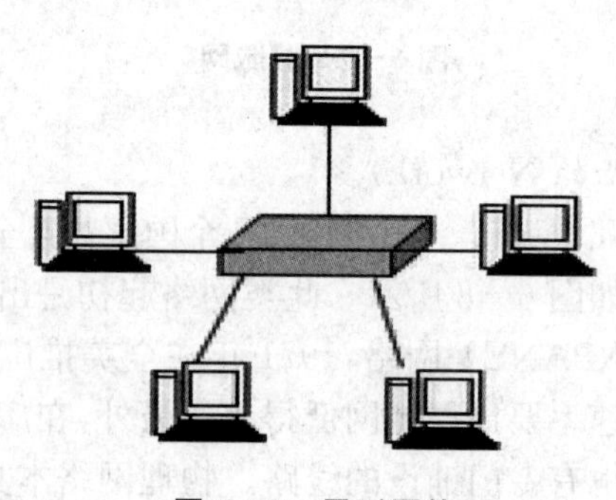

图 6－9 星形网络

(2)总线形网络。

这种结构的所有节点都直接连接到一条主干电缆上，这条主干电缆称为总线。该类结构没有关键性节点，任何一个节点都可以通过主干电缆与连接到总线上的所有节点通信，如图 6－10所示。这种结构的优点是电缆长度短、布线容易、结构简单、可靠性高，增加新节点时，只需在总线的任何点接入，易于扩充；缺点是故障检测需要在各个节点进行，故障诊断困难、隔离困难，尤其是总线故障会引起整个网络瘫痪。

(3)环形网络。

这种结构网络的各个节点形成闭合环，信息在环中作单向流动，可实现环上任意两节点间的通信，如图 6－11 所示。环形结构的优点是电缆长度短，成本低；缺点是某一节点出现故障会引起全网故障，且故障诊断涉及每一个节点，故障诊断困难，若要扩充环的配置，就需要关掉

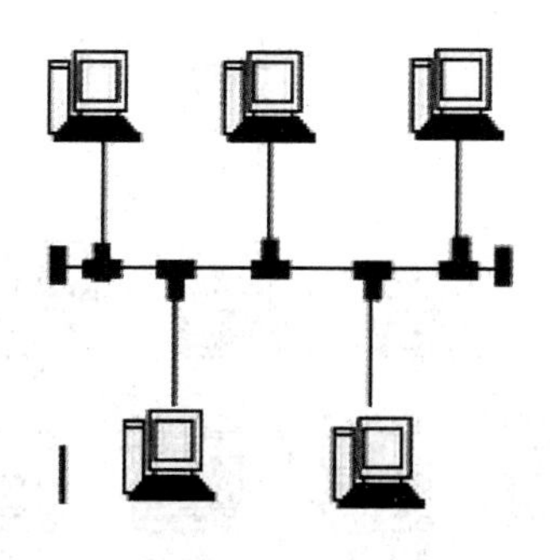

图6－10 总线形网络

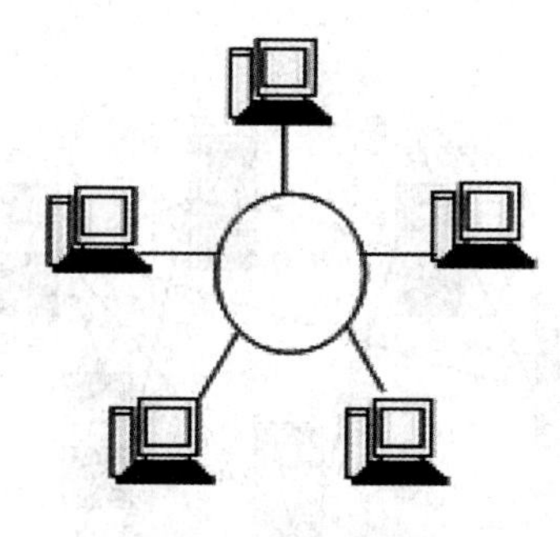

图6－11 环形网络

部分已接入网中的节点，重新配置困难。

(4)树形网络。

树形结构是总线形结构的扩展，它是在总线网上加上分支形成的，其传输介质可有多条分支，但不形成闭合回路；也可以把它看成是星形结构的叠加。又称为分级的集中式结构，如图6－12所示。树形拓扑以其独特的特点而与众不同，具有层次结构，是一种分层网，网络的最高层是中央处理机，最低层是终端，其他各层可以是多路转换器、集线器或部门用计算机。其结构可以对称，联系固定，具有一定容错能力，一般一个分支和节点的故障不影响另一分支节点的工作，任何一个节点送出的信息都由根接收后重新发送到所有的节点，可以传遍整个传输介质，也是广播式网络。著名的因特网(Internet)也是大多采用树形结构。其优点是：结构比较简单，成本低；网络中任意两个节点之间不产生回路，每个链路都支持双向传输；网络中节点扩充方便灵活，寻找链路路径比较方便。缺点：除叶节点及其相连的链路外，任何一个工作站或链路产生故障都会影响整个网络系统的正常运行。对根的依赖性很强，如果根发生故障，则全网不能正常工作。因此，这种结构的可靠性问题与星形结构相似。

(5)网形网络。

将多个子网或多个网络连接起来构成网际拓扑结构。在一个子网中，集线器、中继器将多个设备连接起来，而桥接器、路由器及网关则将子网连接起来。根据组网硬件的不同，主要有三种网际拓扑：

网状网：在一个大的区域内，用无线电通信链路连接一个大型网络时，网状网是最好的拓扑结构。通过路由器与路由器相连，可让网络选择一条最快的路径传送数据，如图6－13所示。

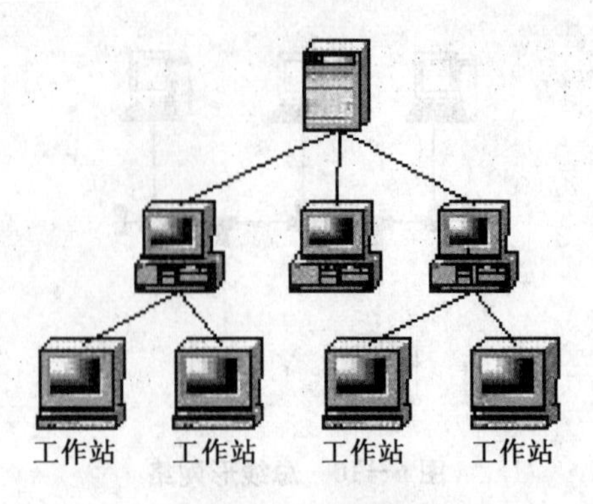

图 6—12　树形网络

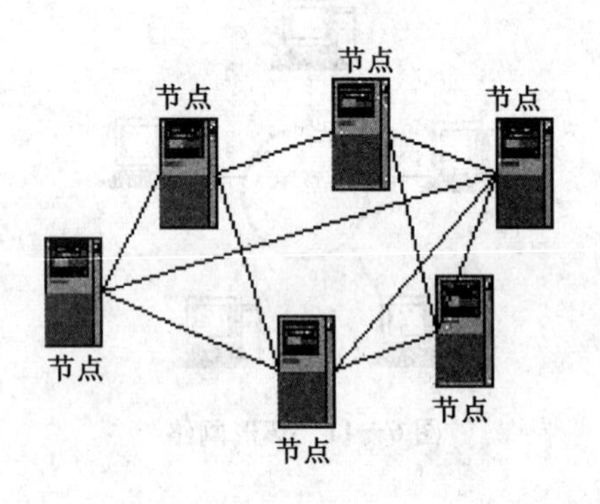

图 6—13　网状网

主干网:通过桥接器与路由器把不同的子网或 LAN 连接起来形成单个总线或环形拓扑结构,这种网通常采用光纤做主干线。

星状相连网:利用一些叫作超级集线器的设备将网络连接起来,由于星形结构的特点,网络中任一处的故障都可容易查找并修复。

这种网络的优点是:网络可靠性高,一般通信子网中任意两个节点交换机之间,存在着两条或两条以上的通信路径,这样,当一条路径发生故障时,还可以通过另一条路径把信息送至节点交换机,网络可组建成各种形状,采用多种通信信道,多种传输速率,网内节点共享资源容易,可改善线路的信息流量分配,可选择最佳路径,传输延迟小。其缺点是:控制复杂,软件复杂,线路费用高,不易扩充。

3. 按网络的通信方式可分为:点对点传输网和广播式传输网

(1)点到点式网络。

点到点传播指网络中每两台主机、两台节点交换机之间或主机与节点交换机之间都存在一条物理信道,即每条物理线路连接一对计算机,机器(包括主机和节点交换机)沿某信道发送的数据确定无疑地只有信道另一端的唯一一台机器收到。假如两台计算机之间没有直接连接的线路,那么它们之间的分组传输就要通过中间节点的接收、存储、转发直至目的节点。由于连接多台计算机之间的线路结构可能是复杂的,因此从源节点到目的节点可能存在多条路由,决定分组从通信子网的源节点到达目的节点的路由需要有路由选择算法。采用分组存储转发是点到点式网络与广播式网络的重要区别之一。

在这种点到点的拓扑结构中，没有信道竞争，几乎不存在介质访问控制问题。点到点信道无疑可能浪费一些带宽，因为在长距离信道上一旦发生信道访问冲突，控制起来是相当困难的，所以广域网都采用点到点信道，而用带宽来换取信道访问控制的简化。

(2)广播式网络。

广播式网络中的广播是指网络中所有连网计算机都共享一个公共通信信道，当一台计算机利用共享通信信道发送报文分组时，所有其他计算机都会接收并处理这个分组。由于发送的分组中带有目的地址与源地址，网络中所有计算机接收到该分组的计算机将检查目的地址是否与本节点的地址相同。如果被接受报文分组的目的地址与本节点地址相同，则接受该分组，否则将收到的分组丢弃。在广播式网络中，若分组是发送给网络中的某些计算机，则被称为多点播送或组播；若分组只发送给网络中的某一台计算机，则称为单播。在广播式网络中，由于信道共享可能引起信道访问错误，因此，信道访问控制是要解决的关键问题。

4. 按网络的服务方式可分为：客户机/服务器模式(C/S)网、专用服务网和对等网。

(1)客户机/服务器模式(Client/Server)。

为了使网络通信更方便、更稳定、更安全，我们引入基于服务器的网络(Client/Server，简称 C/S)，如图 6－14 所示。这种类型中的网络中有一台或几台较大计算机集中进行共享数据库的管理和存取，称为服务器，而将其他的应用处理工作分散到网络中其他计算机上去做，构成分布式的处理系统。服务器控制管理数据的能力已由文件管理方式上升为数据库管理方式，因此，C/S 中的服务器也称为数据库服务器，它注重数据定义、存取安全备份及还原、并行控制及事务管理，执行诸如选择检索和索引排序等数据库管理功能。它有足够的能力做到把通过其处理后用户所需的那一部分数据而不是整个文件通过网络传送到客户机，减轻了网络的传输负荷。C/S 结构是数据库技术的发展和普遍应用与局域网技术发展相结合的结果。

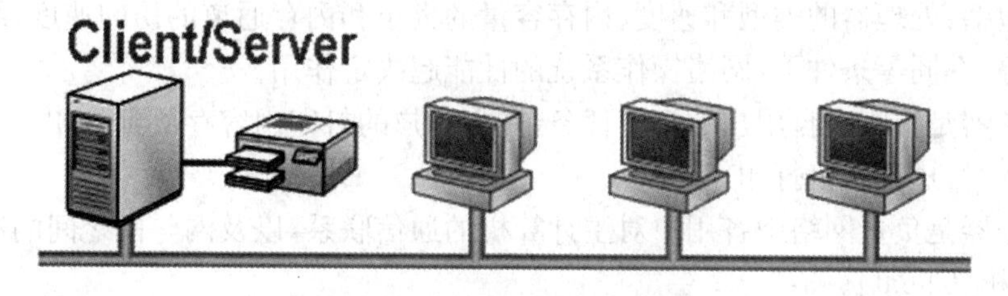

图 6－14　客户机/服务器模式

(2)专用服务器。

在专用服务器网络中，其特点和基于服务器模式功能差不多，只不过服务器在分工上更加明确。例如：在大型网络中服务器可能要为用户提供不同的服务和功能，如文件打印服务、WEB、邮件、DNS 等。那么，使用一台服务器可能承受不了这么大压力，所以，这样网络中就需要有多台服务器为其用户提供服务，并且每台服务器提供专一的网络服务。

(3)对等网(Peer to Peer)。

在对等网络中，所有计算机地位平等，没有从属关系，也没有专用的服务器和客户机。网络中的资源是分散在每台计算机上的，每一台计算机都有可能成为服务器也可能成为客户机。网络的安全验证在本地进行，一般对等网络中的用户小于或等于 10 台，如图 6－15 所示。对等网能够提供灵活的共享模式，组网简单、方便，但难以管理，安全性能较差。它可满足一般数据传输的需要，所以一些小型单位在计算机数量较少时可选用“对等网”结构。

图 6－15　对等网

6.1.4　计算机网络的组成及体系结构

大型计算机网络是一个复杂的系统。例如，现在所使用的 Internet。它是一个集计算机软件系统、通信设备、计算机硬件设备以及数据处理能力于一体的、能够实现资源共享的现代化综合服务系统。一般网络系统的组成可分为三部分：硬件系统、软件系统和网络信息。

1. 硬件系统

硬件系统是计算机网络的基础，硬件系统由计算机、通信设备、连接设备及辅助设备组成，通过这些设备形成了计算机网络的类型。下面是几种常用的设备。

(1)服务器(Server)。

在计算机网络中，核心的组成部分是服务器。服务器是计算机网络中向其他计算机或网络设备提供服务的计算机，并按提供的服务被冠以不同的名称。常用的服务器有文件服务器、打印服务器、通信服务器、数据库服务器、邮件服务器、信息浏览服务器和文件下载服务器等。

文件服务器是存放网络中的各种文件，运行的是网络操作系统，并且配有大容量磁盘存储器。文件服务器的基本任务是协调处理各工作站提出的网络服务请求。一般影响服务器性能的主要因素包括：处理器的类型和速度、内存容量的大小和内存通道的访问速度、缓冲能力、磁盘存储容量等，在同等条件下，网络操作系统的性能起决定作用。

打印服务器是接收来自用户的打印任务，并将用户的打印内容存放到打印队列中，当队列中轮到该任务时，送打印机打印。

通信服务器是负责网络中各用户对主计算机的通信联系，以及网与网之间的通信。

(2)客户机(Client)。

客户机是与服务器相对的一个概念。在计算机网络中享受其他计算机提供的服务的计算机就称为客户机。

(3)网卡。

网卡是安装在计算机主机板上的电路板插卡，又称网络适配器或网络接口卡(Network Interface Board)。网卡的作用是将计算机与通信设备相连接，负责传输或者接收数字信息。

(4)调制解调器。

调制解调器(又称 Modem)是一种信号转换装置，它可以将计算机中传输的数字信号转换成通信线路中传输的模拟信号，或者将通信线路中传输的模拟信号转换成数字信号。一般将数字信号转换成模拟信号，称为“调制”过程；将模拟信号转换成数字信号，称为“解调”过程。调制解调器的作用是将计算机与公用电话线相连，使得现有网络系统以外的计算机用户能够通过拨号的方式利用公用事业电话网访问远程计算机网络系统。

(5)集线器。

集线器是局域网中常用的连接设备，它有多个端口，可以连接多台本地计算机。

(6)网桥。

网桥(Bridge)也是局域网常用的连接设备。网桥又称桥接器,是一种在链路层实现局域网互联的存储转发设备。

(7)路由器。

路由器是互联网中常用的连接设备,它可以将两个网络连接在一起,组成更大的网络。路由器可以将局域网与 Internet 互联。

(8)中继器。

中继器工作可用来扩展网络长度。中继器的作用是在信号传输较长距离后,进行整形和放大,但不对信号进行校验处理等。

2. 软件系统

网络系统软件包括网络操作系统和网络协议等。网络操作系统是指能够控制和管理网络资源的软件,是由多个系统软件组成,在基本系统上有多种配置和选项可供选择,使得用户可根据不同的需要和设备构成最佳组合的互联网络操作系统。网络协议是保证网络中两台设备之间准确传送数据。

3. 网络信息

计算机网络上存储、传输的信息称为网络信息。网络信息是计算机网络中最重要的资源,它存储于服务器上,由网络系统软件对其进行管理和维护。

计算机网络系统是一个十分复杂的系统。将一个复杂系统分解为若干个容易处理的子系统,然后“分而治之”,这种结构化设计方法是工程设计中常见的手段。分层就是系统分解的最好方法之一。

一般分层结构中,n 层是 $n-1$ 层的用户,又是 $n+1$ 层的服务提供者。$n+1$ 层虽然只直接使用了 n 层提供的服务,实际上它通过 n 层还间接地使用了 $n-1$ 层以及以下所有各层的服务,如图 6－16 所示。

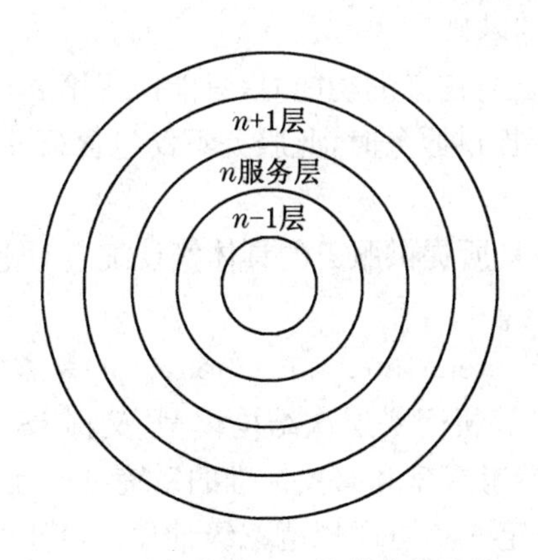

图 6－16 计算机网络的分层结构

层次结构的好处在于使每一层实现一种相对独立的功能。分层结构还有利于交流、理解和标准化。

所谓网络的体系结构(Architecture)就是计算机网络各层次及其协议的集合。层次结构一般以垂直分层模型来表示,如图 6－17 所示。

(1)层次结构的要点。

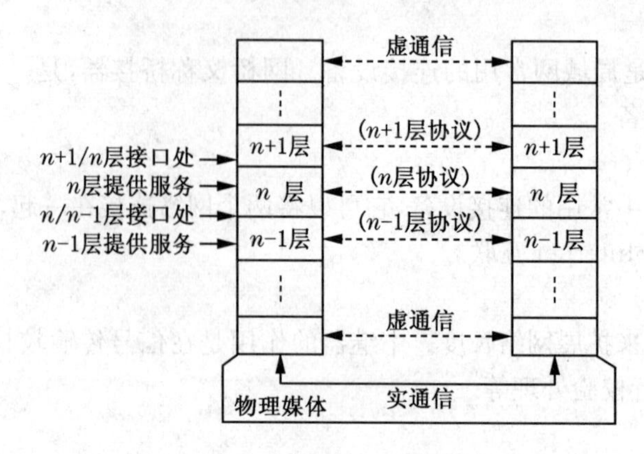

图 6－17　垂直分层模型

①除了在物理媒体上进行的是实通信之外，其余各对等实体间进行的都是虚通信。

②对等层的虚通信必须遵循该层的协议。

③n 层的虚通信是通过 $n/n-1$ 层间接口处 $n-1$ 层提供的服务以及 $n-1$ 层的通信（通常也是虚通信）来实现的。

(2)层次结构划分的原则。

①每层的功能应是明确的，并且是相互独立的。当某一层的具体实现方法更新时，只要保持上、下层的接口不变，便不会对“邻居”产生影响。

②层间接口必须清晰，跨越接口的信息量应尽可能少。

③层数应适中。若层数太少，则造成每一层的协议太复杂；若层数太多，则体系结构过于复杂，使描述和实现各层功能变得困难。

(3)网络体系结构的特点。

①以功能作为划分层次的基础。

②第 n 层的实体在实现自身定义的功能时，只能使用第 $n-1$ 层提供的服务。

③第 n 层在向第 $n+1$ 层提供服务时，此服务不仅包含第 n 层本身的功能，还包含由下层服务提供的功能。

④仅在相邻层间有接口，且所提供服务的具体实现细节对上一层完全屏蔽。

4. OSI 基本参考模型

①开放系统互连(Open System Interconnection，OSI)基本参考模型是由国际标准化组织(ISO)制定的标准化开放式计算机网络层次结构模型，又称 ISO’s OSI 参考模型。“开放”这个词表示能使任何两个遵守参考模型和有关标准的系统进行互连。

OSI 包括体系结构、服务定义和协议规范三级抽象。OSI 的体系结构定义了一个七层模型，用以进程间的通信，并作为一个框架来协调各层标准的制定；OSI 的服务定义描述了各层所提供的服务，以及层与层之间的抽象接口和交互用的服务原语；OSI 各层的协议规范，精确地定义了应当发送何种控制信息及何种过程来解释该控制信息。

需要强调的是，OSI 参考模型并非具体实现的描述，它只是一个为制定标准机而提供的概念性框架。在 OSI 中，只有各种协议是可以实现的，网络中的设备只有与 OSI 和有关协议相一致时才能互连。

如图 6－18 所示，OSI 七层模型从下到上分别为物理层(Physical Layer，PH)、数据链路层(Data Link Layer,DL)、网络层(Network Layer,N)、传输层(Transport Layer,T)、会话层(Session Layer,S)、表示层(Presentation Layer,P)和应用层(Application Layer,A)。

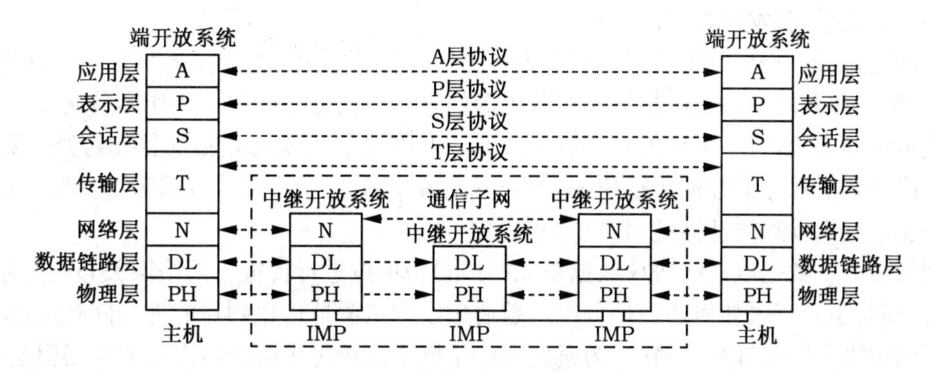

图6—18 OSI七层模型

从图6—18中可见,整个开放系统环境由作为信源和信宿的端开放系统及若干中继开放系统通过物理媒体连接构成。这里的端开放系统和中继开放系统,都是国际标准OSI7498中使用的术语。通俗地说,它们相当于资源子网中的主机和通信子网中的节点机(IMP)。只有在主机中才可能需要包含所有七层的功能,而在通信子网中的IMP,一般只需要最低三层甚至只要最低两层的功能就可以了。

②层次结构模型中数据的实际传送过程如图6—19所示。图中发送进程送给接收进程和数据,实际上是经过发送方各层从上到下传递到物理媒体;通过物理媒体传输到接收方后,再经过从下到上各层的传递,最后到达接收进程。

在发送方从上到下逐层传递的过程中,每层都要加上适当的控制信息,即图6—19中的H7,H6,…,H1,统称为报头。到最底层成为由"0"或"1"组成和数据比特流,然后再转换为电信号在物理媒体上传输至接收方。接收方在向上传递时过程正好相反,要逐层剥去发送方相应层加上的控制信息。

因接收方的某一层不会收到底下各层的控制信息,而高层的控制信息对于它来说又只是透明的数据,所以它只阅读和去除本层的控制信息,并进行相应的协议操作。发送方和接收方的对等实体看到的信息是相同的,就好像这些信息通过虚通信直接给了对方一样。

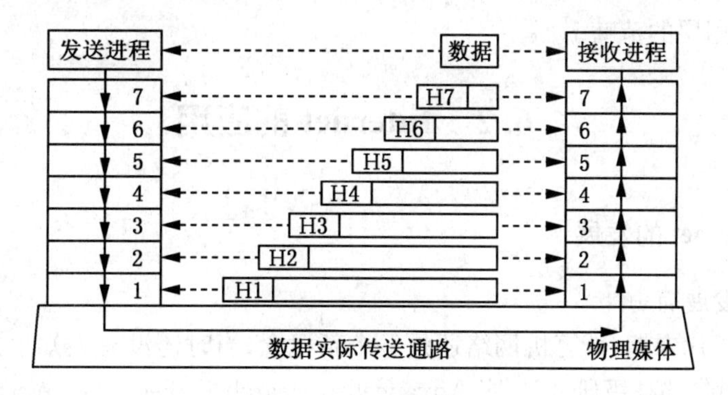

图6—19 数据传送过程

各层功能简要介绍:

物理层——定义了为建立、维护和拆除物理链路所需的机械的、电气的、功能的和规程的特性，其作用是使原始的数据比特流能在物理媒体上传输。具体涉及接插件的规格、“0”、“1”信号的电平表示、收发双方的协调等内容。

数据链路层——比特流被组织成数据链路协议数据单元(通常称为帧)，并以其为单位进行传输，帧中包含地址、控制、数据及校验码等信息。数据链路层的主要作用是通过校验、确认和反馈重发等手段，将不可靠的物理链路改造成对网络层来说无差错的数据链路。数据链路层还要协调收发双方的数据传输速率，即进行流量控制，以防止接收方因来不及处理发送方传来的高速数据而导致缓冲器溢出及线路阻塞。

网络层——数据以网络协议数据单元(分组)为单位进行传输。网络层关心的是通信子网的运行控制，主要解决如何使数据分组跨越通信子网从源址传送到目的地的问题，这就需要在通信子网中进行路由选择。另外，为避免通信子网中出现过多的分组而造成网络阻塞，需要对流入的分组数量进行控制。当分组要跨越多个通信子网才能到达目的地时，还要解决网际互连的问题。

传输层——是第一个端到端，也即主机到主机的层次。运输层提供的端到端的透明数据运输服务，使高层用户不必关心通信子网的存在，由此用统一的传输原语书写的高层软件便可运行于任何通信子网上。运输层还要处理端到端的差错控制和流量控制问题。

会话层——是进程—进程的层次，其主要功能是组织和同步不同的主机上各种进程间的通信(也称为对话)。会话层负责在两个会话层实体之间进行对话连接的建立和拆除。在半双工情况下，会话层提供一种数据权标来控制某一方何时有权发送数据。会话层还提供在数据流中插入同步点的机制，使得数据传输因网络故障而中断后，可以不必从头开始而仅重传最近一个同步点以后的数据。

表示层——为上层用户提供共同的数据或信息的语法表示变换。为了让采用不同编码方法的计算机在通信中能相互理解数据的内容，可以采用抽象的标准方法来定义数据结构，并采用标准的编码表示形式。表示层管理这些抽象的数据结构，并将计算机内部的表示形式转换成网络通信中采用的标准表示形式。数据压缩和加密也是表示层可提供的表示变换功能。

应用层——是开放系统互连环境的最高层。不同的应用层为特定类型的网络应用提供访问 OSI 环境的手段。网络环境下不同主机间的文件传送访问和管理(FTAM)、传送标准电子邮件的文电处理系统(MHS)、使不同类型的终端和主机通过网络交互访问的虚拟终端(VT)协议等都属于应用层的范畴。

6.2 Internet 的应用

6.2.1 Internet 的发展

1. Internet 发展简史

20 世纪 60 年代末期，计算机网络还是一个新概念，当时还没有人知道怎样建立和使用计算机网络，美国国防部高级研究计划(Advanced Research Projects Agency, ARPA)开始向军队投资进行多种技术联网的研究。到 70 年代末，ARPA 已有好几个计算机网络在运行，并已开始将这些技术推广到军队。当时 ARPA 的这个项目包括一个称为 ARPANet 的广域网与使用卫星和无线电传输进行通信的网络。经过一段时间的研究之后，ARPA 面临这样一个问题:每个网络所连接的一组计算机可以互通,但在不同网络中的计算机却无法进行通信。也就是说,每个网络连接一组计算机形成一个孤岛,而在岛与岛之间却没有信息通路。ARPA 的研究考察了怎样将一个大的企业或组织内的计算机都互联起来的问题,开始拨专款资助工业界和学术界的研究人员,并安排和协调不同研究人员的合作。

ARPA 研究中的一个关键思想是用一种新的方法将不同的 LAN 与 WAN 互联,成为互联网(Internetwork,这也就是 Internet 这个名词的来源)。这个互相连接的广域网络形成了 ARPANet 的主干网。为了区分这个特殊的广域网和通常网络互联的概念,特将 Internet 的第一个字母 I 大写,这个规范一直沿用至今。

计算机软件在网络互联中占据非常重要的地位。这些网络互联的软件包含以复杂的方式互相影响的许多程序,其中两个协议占据着非常突出的位置,即传输控制协议(Transmission Control Protocol ,TCP)和网络互联协议(Internet Protocol,IP)。其中 IP 提供基本的通信,而 TCP 提供应用通信程序中所需要的其他设施。这里,应当引起人们注意的是:进行网络通信的程序不仅仅是这两个协议,实际上是一个协议簇,称作 TCP/IP 协议簇,简称 TCP/IP。

ARPA 意识到伯克利版本的 UNIX 系统已经传播到了各个大学,因而决定使用该 UNIX 系统来传播 Internet 软件。他们与伯克利大学签订了一个科研合同,并按照该合同向伯克利大学的研究人员提供他们已经开发的 TCP/IP 软件,而伯克利大学的研究人员则将该软件集成到自己版本的 UNIX 系统中,并修改了应用程序,使其能够使用 TCP/IP。到 20 世纪 70 年代末期,许多计算机学家认识到了网络的重要性。一个研究小组向美国国家科学基金会(National Science Foundation,NSF)递交了一个网络项目的建议,该项目的目的是设计一个能将所有的计算机科研人员都连接起来的网络。NSF 接受了这个建议,并资助建立计算机科学网(Computer Science Network ,CSNet)的项目。这个项目同时也得到 ARPA 的资助。NSF 认识到 Internet 对科学的重要性之后,决定用其部分资金资助 Internet 的发展和 TCP/IP 的技术研究。1985 年,NSF 宣布要将 100 所大学的科研人员连到 Internet 上。在此之前,由于科学家通常使用高速的计算机来分析复杂的实验数据和进行理论研究,但这些能够担负这样重任的超级计算机非常昂贵,NSF 只在全美国建立了 5 个超级计算机中心。NSF 实施其 100 所大学联网的第一步是将已建立的这五个超级计算机中心连接起来,形成了美国 Internet 第二个主干网,称作 NSFNet。当时的 NSFNet 非常小,而且并不比 ARPANet 速度快。科学家们虽然发现这个网络很有用,但并不令人满意。NSF 知道他们建立的小网络不能取代 ARPANet,但他们也很清楚:为了美国在未来的发展之中处于不败之地,需要将计算机网络扩展到每一位科学家和工程人员。虽然 NSF 被 Internet 所提供的功能所打动,但他们也知道 ARPANet 没有足够的能力实现上述目标。NSF 决定利用其资金建立一个新的 Internet。但当他们考察了现有的技术和审查了预算之后发现,他们也没有足够的资金来独立负担整个项目。于是,他们决定以联邦政府拨款的方式提供部分资助,公司和其他组织向 NSF 递交书面建议来申请对该项目的资助。当 NSF 授权其他公司建立新的 Internet 广域网时,他们采用竞争激烈的招标方式。1987 年,NSF 要求投标者提供方案,并组织了一批科学家审查这些方案。在考虑了各个投标者的方案之后,NSF 选择了来自三家公司的一个联合方案。这三家公司是:IBM、MCI 和 MERIT,后者是位于美国密歇根州的一个公司,该公司曾建立并管理一所网络互联学校。这三家公司合作建立一个新的广域网,该网在 1988 年夏季成为 Internet 的主干网。MCI 在该网中提供长途传输线路,IBM 提供了广域网中所需要的计算机及软件,MERIT 是该网的管理者。这就是后来人们常说的 NSFNet 主干网。到 1991 年,Internet 的发展趋势已使人们认识到 NSFNet 主干网所能提供的传输量马上会达到极限。为解决这个问题,IBM、MCI 和 MERIT 组建了一家新公司:高级网络及服务公司(Advanced Network and Service,即 ANS)。1992 年,ANS 建立了一个新的广域网,即目前的 Internet 主干网 ANSNet(尽管人们还称其为 NSFNet)。新建的 ANSNet 的传输容量是被取代的 NSFNet 主干网传输容量的 30 倍。

早期的 TCP/IP 协议是在 UNIX 平台上开发出来的,但是并非所有需要联网的人都有一套 UNIX 系统。随着大众网络的发展,使用 IBM 大型主机的科研人员也发明了一种网络,称之为 BITNet,这种网络能使科研人员在 IBM 主机系统之间交换电子邮件。这种网络技术被许多国家采纳,目前还有不少人在使用。值得一提的是,除了 BITNet 之外,不少 IBM 主机之间也同时使用 TCP/IP 协议,所以用户同样可以通过 Internet 联到一台 IBM 主机上工作或相互传输文件。

计算机一出现,欧洲就开始建立计算机网络。欧洲的大多数国家都有一个机构负责邮政、电话和电报。这个机构称为 PTT,是政府机构,负责管理和控制包括计算机网络在内的各种形式的通信。当 PTT 对计算机网络感兴趣时,他们需要建立一个网络标准以保证其兼容性,这就是后来的 X.25 网络技术的起源。欧洲的许多国家之所以采纳了 X.25 技术,是因为 PTT 控制了计算机网络。到 1991 年,几个欧洲国家开始使用 TCP/IP 协议发展计算机网络,并利用这些网络将大学和研究所里的计算机互联起来。全欧洲的这些组织合在一起成立一个协作性的团体,其目的是建立一个高速的欧洲主干网(EBONet)。到 1994 年,欧洲的这个主干网组织包括了 21 个成员,每个成员每年向该组织缴纳年费,从而得到欧洲其他地区及美国的可靠联结。

从联入 Internet 的计算机数目来看,增长速度也是非常惊人的:1983 年,所有联到 Internet 上的主机数目只不过 562 台;10 年之后,这个数目增加了 2 000 多倍。到 1994 年初,平均每隔 30 秒钟就有一台联入到 Internet。

2. Internet 协议的发展

伴随着 Internet 的发展,该网络借以通信的协议也在不断发展着。同时,协议的发展反过来又推动了 Internet 的进一步发展。ARPANET 最初使用 NCP 协议,即 Network Control Protocol;1983 年 NCP 被技术上更先进的 TCP/IP 协议集所代替。TCP/IP 协议集由多个协议组成,在这些协议中最重要的是 TCP 协议和 IP 协议。在 TCP/IP 协议集中还包括 UUCP(Unix-Unix CopyProtocol),SNMP(Simple Network Management Procotol),NNTP(Net News Transfer Protocol)等。随着 Internet 服务的不断增加,TCP/IP 协议集又不断扩充了一些新的协议,如 HTTP(Hyper Text Transport Protocol)是随着 World Wide Web(WWW)的发明和使用而引入 TCP/IP 协议集的。TCP 协议最早由斯坦福大学的 Vinton Cerf 和 Bob Kabn 在 1973 年提出。1974 年他们向"IEEE Transaction of Communications"杂志提交了一篇有关 TCP 协议的文章,详细介绍了 TCP 协议的设计思想。1983 年,TCP/IP 协议被 Unix 4.2BSD 系统采纳,成为它的一部分。随着 Unix 的成功,TCP/IP 协议逐步成为 Unix 机器的标准网络协议,目前不仅 Unix 系统,其他很多操作系统也实现了 TCP/IP 协议。

3. Internet 的发展现状

信息技术革命强烈地改变着世界,计算机产业的蓬勃发展给各国带来了巨大的机遇和挑战,尤其是网络技术的广泛应用,模糊了国与国之间的边界,缩短了人们之间的距离。正是在这种情况下,以美国为首的西方国家纷纷提出了各自建设信息高速公路的国家政策,力图能够把握今后社会发展的方向。亚洲的主要国家也正以巨大的热情响应这一决策，纷纷提出建设国家信息基础设施的计划，以适应信息社会发展的需要。而Internet是信息高速公路的基础和入口点，它正潜移默化地改变着人类的生活方式。诚如IBM公司总裁Gerstner先生指出的那样，我们正进入以网络为中心的计算机时代。Internet提供了一个规模空前的互联网络，从而改变了我们许多传统的观念。对于国家的决策者来说，是认真考虑如何发挥Internet潜能为国家和本国公民服务的时候了。

就全世界范围而言，没有人能知道Internet目前的确切规模。因为除了运行TCP/IP通信协议的网络外，还有一些并非基于IP通信协议的网络(如BITNet和DECNet等)为方便其用户与Internet用户交换电子邮件，也通过网关(Gateway)与Internet连接。世界的发展变化以加速度的方式进行，时间不等人，我们今天了解的新东西，很快就会得到普及，并有可能被抛弃，但Internet所形成的新的生活观念是不会消失的，并将持续地发展和影响社会生活。

4. Internet的未来

要非常精确、全面地预测Internet未来的发展是很困难的，但以下几个方面是不可忽视的：随着世界各国信息高速公路计划的实施，Internet主干网的通信速度将大幅度提高；有线、无线等多种通信方式将更加广泛、有效地融为一体。

Internet的商业化应用将大量增加，商业应用的范围也将不断扩大；Internet的覆盖范围、用户入网数以令人难以置信的速度发展；Internet的管理与技术将进一步规范化，其使用规范和相应的法律规范正逐步健全和完善；网络技术不断发展，用户界面更加友好；各种令人耳目一新的使用方法不断推出，最新的发展包括实时图像和话音的传输；网络资源急剧膨胀。总之，人类社会必将更加依赖Internet，人们的生活方式将因此而发生根本的改变。

6.2.2　TCP/IP协议

TCP/IP协议并不完全符合OSI的七层参考模型。传统的开放式系统互连参考模型，是一种通信协议的7层抽象的参考模型，其中每一层执行某一特定任务。该模型的目的是使各种硬件在相同的层次上相互通信。如前所述，这7层是：物理层、数据链路层、网络层、传输层、会话层、表示层和应用层。而TCP/IP通讯协议采用了4层的层级结构，每一层都依靠它的下一层所提供的网络来完成自己的需求。这4层分别为：

应用层：负责应用程序间的沟通，如简单电子邮件传输(SMTP)、文件传输协议(FTP)、网络远程访问协议(Telnet)等。

传输层：在此层中，它提供了节点间的数据传送，应用程序之间的通信服务，主要功能是数据格式化、数据确认和丢失重传等。如传输控制协议(TCP)、用户数据包协议(UDP)等，TCP和UDP给数据包加入传输数据并把它传输到下一层中，这一层负责传送数据，并且确定数据已被送达并接收。

网际层：负责提供基本的数据封包传送功能，让每一块数据包都能够到达目的主机(但不检查是否被正确接收)，如网际协议(IP)。

网络接口层(主机—网络层)：接收IP数据包并进行传输，从网络上接收物理帧，抽取IP数据包转交给下一层，对实际的网络媒体的管理，定义如何使用实际网络(如Ethernet、Serial Line等)来传送数据。

下面简单介绍TCP/IP中的协议都具备什么样的功能、是如何工作的，如图6—20所示。

1. IP

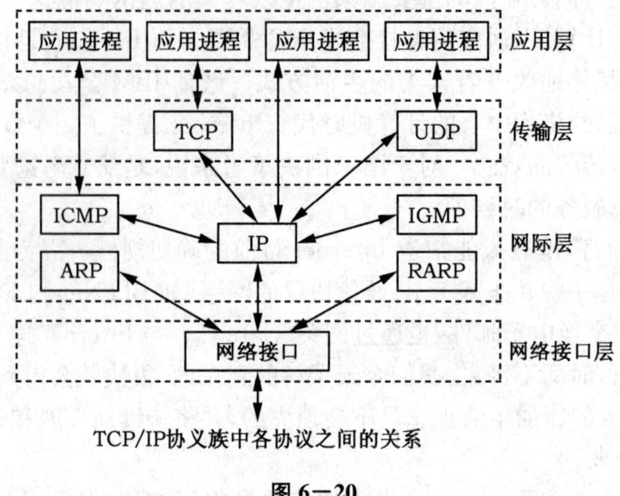

TCP/IP协议族中各协议之间的关系

图 6－20

网际协议 IP 是 TCP/IP 的心脏，也是网络层中最重要的协议。

IP 层接收由更低层(网络接口层，例如以太网设备驱动程序)发来的数据包，并把该数据包发送到更高层——TCP 或 UDP 层；相反，IP 层也把从 TCP 或 UDP 层接收来的数据包传送到更低层。IP 数据包是不可靠的，因为 IP 并没有做任何事情来确认数据包是否按顺序发送或者有没有被破坏。IP 数据包中含有发送它的主机的地址(源地址)和接收它的主机的地址(目的地址)。

高层的 TCP 和 UDP 服务在接收数据包时，通常假设包中的源地址是有效的。也可以这样说，IP 地址形成了许多服务的认证基础，这些服务相信数据包是从一个有效的主机发送来的。IP 确认包含一个选项，称作 IP source routing，可以用来指定一条源地址和目的地址之间的直接路径。对于一些 TCP 和 UDP 的服务来说，使用了该选项的 IP 包好像是从路径上的最后一个系统传递过来的，而不是来自于它的真实地点。这个选项是为了测试而存在的，说明了它可以被用来欺骗系统，进行平常是被禁止的连接。那么，许多依靠 IP 源地址做确认的服务将产生问题并且会被非法入侵。

2. TCP

如果 IP 数据包中有已经封好的 TCP 数据包，那么 IP 将把它们向“上”传送到 TCP 层。TCP 将数据包排序并检查错误，同时实现虚电路间的连接。TCP 数据包中包括序号和确认，所以，未按照顺序收到的数据包可以被排序，而损坏的数据包可以被重传。

TCP 将它的信息送到更高层的应用程序，例如 Telnet 的服务程序和客户程序。应用程序轮流将信息送回 TCP 层，TCP 层便将它们向下传送到 IP 层、设备驱动程序和物理介质，最后到接收方。

面向连接的服务(例如 Telnet、FTP 和 SMTP)需要高度的可靠性，所以它们使用了 TCP。DNS 在某些情况下使用 TCP(发送和接收域名数据库)，但使用 UDP 传送有关单个主机的信息。

3. UDP

UDP 与 TCP 位于同一层，但它不管数据包的顺序、错误或重发。因此，UDP 不被应用于那些使用虚电路的面向连接的服务，UDP 主要用于那些面向查询——应答的服务，例如 NFS。

相对于 FTP 或 Telnet，这些服务需要交换的信息量较小。使用 UDP 的服务包括 NTP（网络时间协议）和 DNS（DNS 也使用 TCP）。

欺骗 UDP 包比欺骗 TCP 包更容易，因为 UDP 没有建立初始化连接（也可以称为握手）（因为在两个系统间没有虚电路），也就是说，与 UDP 相关的服务面临着更大的危险。

4. ICMP

ICMP 与 IP 位于同一层，它被用来传送 IP 的控制信息。它主要是用来提供有关通向目的地址的路径信息。ICMP 的"Redirect"信息通知主机通向其他系统的更准确的路径，而"Unreachable"信息则指出路径有问题。另外，如果路径不可用了，ICMP 可以使 TCP 连接"体面地"终止。PING 是最常用的基于 ICMP 的服务。

5. TCP 和 UDP 的端口结构

TCP 和 UDP 服务通常有一个客户/服务器的关系，例如，一个 Telnet 服务进程开始在系统上处于空闲状态，等待被连接。用户使用 Telnet 客户程序与服务进程建立一个连接。客户程序向服务进程写入信息，服务进程读出信息并发出响应，客户程序读出响应并向用户报告。因而，这个连接是双向的，可以用来进行读写。

两个系统间的多重 Telnet 连接是如何相互确认并协调一致呢？TCP 或 UDP 连接唯一地使用每个信息中的如下四项进行确认：

源 IP 地址：发送包的 IP 地址。

目的 IP 地址：接收包的 IP 地址。

源端口：源系统上的连接端口。

目的端口：目的系统上的连接端口。

端口是一个软件结构，被客户程序或服务进程用来发送和接收信息。一个端口对应一个 16 比特的数。服务进程通常使用一个固定的端口，例如，SMTP 使用 25、Xwindows 使用 6000。这些端口号是"广为人知"的，因为在建立与特定的主机或服务的连接时，需要这些地址和目的地址进行通讯。

TCP/IP 协议的主要特点：

①开放的协议标准，可以免费使用，并且独立于特定的计算机硬件与操作系统；

②独立于特定的网络硬件，可以运行在局域网、广域网，更适用于互联网中；

③统一的网络地址分配方案，使得整个 TCP/IP 设备在网中都具有唯一的地址；

④标准化的高层协议，可以提供多种可靠的用户服务。

TCP/IP 模型的主要缺点有：

首先，该模型没有清楚地区分哪些是规范、哪些是实现；其次，TCP/IP 模型的主机—网络层定义了网络层与数据链路层的接口，并不是常规意义上的一层，接口和层的区别是非常重要的，TCP/IP 模型没有将它们区分开来。

6.2.3　IP 地址与域名系统

1. IP 地址构成

Internet 要对每一台主机进行统一编址，相当于电话号码，称为 IP 地址。这是网上的通信地址，是计算机、服务器、路由器的端口地址，每一个 IP 地址在全球是唯一的，是运行 TCP/IP 的唯一标识。IP 地址是由 32 位的二进制（0 和 1）构成的，或用三个"."分成四部分的十进制来表示，如图 6—21 所示。为什么用十进制来表示呢？因为十进制数显然要比二进制数的记忆好的多。比方说，你向别人介绍你自己的时候，你告诉他人你的身份证号码还是你的名字呢？当然是自己的姓名比较好记忆。

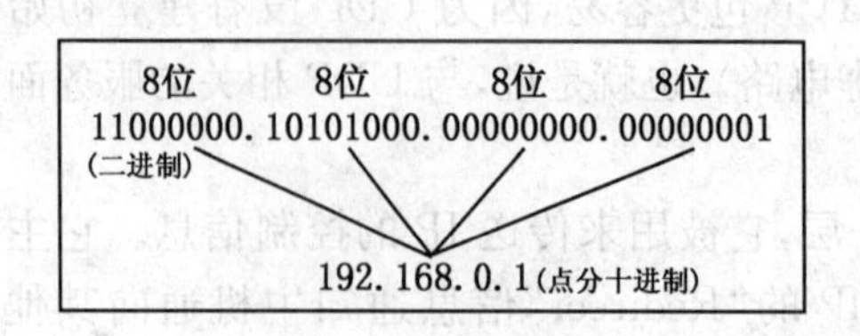

图 6－21 IP 地址

2. IP 地址组成

IP 地址是由网络 ID 和主机 ID 组成的。分配给这些部分的位数随着地址类的不同而不同。地址使得邮件有可能送达，一个 IP 地址使得可能将来自源址的数据通过路由而传送到目的地。

子网的概念延伸了地址的网络部分，以允许将一个网络分解为一些逻辑段(子网)。路由器将这些子网看成截然不同的网络，并且在它们中间分配路由。这帮助管理大型网络，以及隔离网络不同部分之间的通信量。因为在默认情况下，网络主机只能与相同网络上的其他主机进行通信，因此通信量隔离是可能的。为和其他网络进行通信，我们需要使用路由器。一个路由器本质上是一个带有多个接口的计算机。每个接口连接在不同的网络或子网上。路由器内部的软件执行在网络或子网之间中继通信量的功能。为达到这个目的，它用源网络上的地址通过一个接口接收数据包，并且通过连接到目的网络的接口而中继这个数据包。

IP 地址共分为五类，依次是 A 类、B 类、C 类、D 类、E 类。其中在互连网中最常使用的 A、B、C 三大类，而 D 类主要用于广域网，用于多播，E 类地址是保留地址，主要供科研使用。

(1) A 类地址。

A 类地址将 IP 地址前 8 位作为网络 ID，并且前 1 位必须以 0 开头，后 24 位作为主机 ID，如图 6－22 所示。

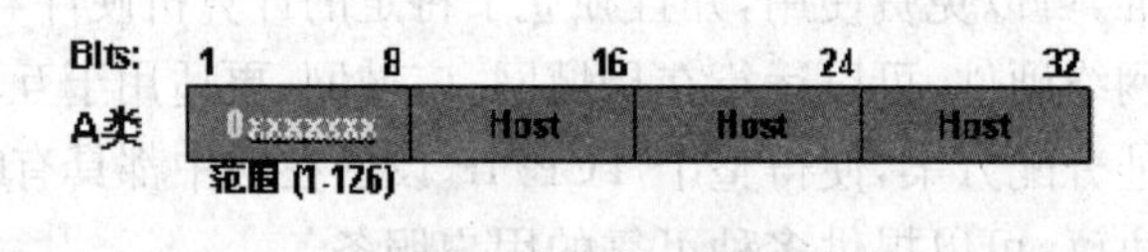

图 6－22 A 类地址

(2)B 类地址。

B 类地址将 IP 地址前 16 位作为网络 ID，并且前 2 位必须以 10 开头，后 16 位作为主机 ID，如图 6－23 所示。

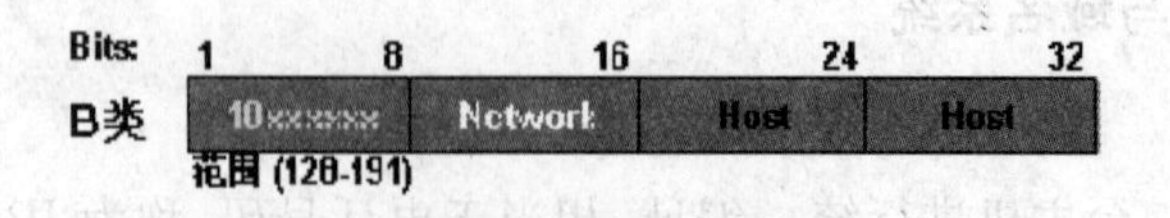

图 6－23 B 类地址

(3)C 类地址。

C类地址将IP地址前24位作为网络ID,并且前3位必须以110开头,后8位作为主机ID,如图6—24所示。

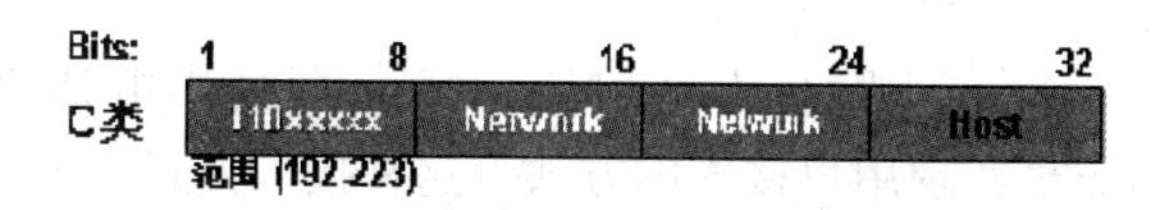

图6—24　C类地址

3. 域名系统

DNS是域名系统(Domain Name System)的缩写,该系统用于命名组织到域层次结构中的计算机和网络服务。在Internet上域名与IP地址之间是一对一(或者多对一)的,域名虽然便于人们记忆,但机器之间只能互相认识IP地址,它们之间的转换工作称为域名解析,域名解析需要由专门的域名解析服务器来完成,DNS就是进行域名解析的服务器。

域名采用层次结构,每一层构成一个子域名,子域名之间用圆点"."隔开,自上至下分别为根域、顶级域、二级域、子域及主机名。

顶级域名区域代码:

Com:商业组织

Edu:教育机构,如学校、教育局

Gov:政府机构

Mil:军事机构

Net:网络服务机构,网通、联通

Int:国际组织

Org:非营利机构

国家区域代码:

CN:中国

HK:中国香港

TW:中国台湾

UK:英国

AU:澳大利亚

US:美国

域名服务用于保存域名信息,一部分域名信息组成一个区,域名服务器负责存储和管理一个或若干个区。为了提高系统的可靠性,每个区的域名至少由两台域名服务器来保存。

域名服务器共分为:主要域名服务、辅助域名服务器和缓存域名服务器。

主要域名服务器:主要保存新的域名如www. bdyg. com的所有资源记录信息,并且可以修改、添加与删除。

辅助域名服务器:主要用于保存主要域名服务器的副本。辅助域名服务器是不允许用户修改的,但是可以为用户提供查寻。

缓存域名服务器:此服务器不保存任何区域文件,只是作为缓存使用,当有客户向此服务器发起域名请求时,此服务器就会将请求发送给其他域名服务器。

6.2.4 Internet 的接入方式

1. PSTN 拨号：使用最广泛

PSTN(Published Switched Telephone Network)，即公用电话交换网，该技术是利用 PSTN 通过调制解调器拨号实现用户接入的方式。这种接入方式是大家非常熟悉的一种接入方式，目前最高的速率为 56kbps，已经达到仙农定理确定的信道容量极限，这种速率远远不能满足宽带多媒体信息的传输需求；但由于电话网非常普及，用户终端设备 Modem 很便宜，而且不用申请就可开户，只要家里有电脑，把电话线接入 Modem 就可以直接上网。因此，PSTN 拨号接入方式比较经济，至今仍是网络接入的主要手段。

2. ISDN 拨号：通话上网两不误

ISDN(Integrated Service Digital Network)，即综合业务数字网 ISDN，接入技术俗称"一线通"，它采用数字传输和数字交换技术，将电话、传真、数据、图像等多种业务综合在一个统一的数字网络中进行传输和处理。用户利用一条 ISDN 用户线路，可以在上网的同时拨打电话、收发传真，就像两条电话线一样。ISDN 基本速率接口有两条 64kbps 的信息通路和一条 16kbps 的信令通路，简称 2B+D，当有电话拨入时，它会自动释放一个 B 信道来进行电话接听。

就像普通拨号上网要使用 Modem 一样，用户使用 ISDN 也需要专用的终端设备，主要由网络终端 NT1 和 ISDN 适配器组成。网络终端 NT1 好像有线电视上的用户接入盒一样必不可少，它为 ISDN 适配器提供接口和接入方式。ISDN 适配器和 Modem 一样又分为内置和外置两类。内置的一般称为 ISDN 内置卡或 ISDN 适配卡；外置的 ISDN 适配器则称之为 TA。

用户采用 ISDN 拨号方式接入需要申请开户，初装费根据地区不同而不同。ISDN 的极限带宽为 128kbps，各种测试数据表明，双线上网速度并不能翻番，从发展趋势来看，窄带 ISDN 也不能满足高质量的 VOD 等宽带应用。

3. DDN 专线：面向集团企业

DDN 是英文 Digital Data Network 的缩写，这是随着数据通信业务发展而迅速发展起来的一种新型网络。DDN 的主干网传输媒介有光纤、数字微波、卫星信道等，用户端多使用普通电缆和双绞线。DDN 将数字通信技术、计算机技术、光纤通信技术以及数字交叉连接技术有机地结合在一起，提供了高速度、高质量的通信环境，可以向用户提供点对点、点对多点透明传输的数据专线出租电路，为用户传输数据、图像、声音等信息。DDN 的通信速率可根据用户需要在 N×64kbps(N=1～32)之间进行选择，当然，速度越快租用费用也越高。

用户租用 DDN 业务需要申请开户。DDN 的收费一般采用包月制和计流量制，这与一般用户拨号上网的按时计费方式不同。DDN 的租用费较贵，不同的速率带宽收费也不同。DDN 主要面向集团公司等需要综合运用的单位。因此，它不适合社区住户的接入，只对社区商业用户有吸引力。

4. ADSL：个人宽带流行风

ADSL(Asymmetrical Digital Subscriber Line)，即非对称数字用户环路，是一种能够通过普通电话线提供宽带数据业务的技术，也是具有发展前景的一种接入技术。ADSL 素有"网络快车"的美誉，因其下行速率高、频带宽、性能优、安装方便、不需缴纳电话费等特点而深受广大用户喜爱，成为继 Modem、ISDN 之后的又一种全新的高效接入方式。

ADSL 方案的最大特点是不需要改造信号传输线路，完全可以利用普通铜质电话线作为传输介质，配上专用的 Modem 即可实现数据高速传输。ADSL 支持上行速率 640kbps～1Mbps，下行速率 1Mbps～8Mbps，其有效的传输距离在 3～5 公里范围以内。在 ADSL 接入方案中，每个用户都有单独的一条线路与 ADSL 局端相连，它的结构可以看作是星形结构，数据传输带宽是由每一个用户独享的。

5. VDSL：更高速的宽带接入

VDSL 比 ADSL 还要快。使用 VDSL，短距离内的最大下传速率可达 55Mbps，上传速率可达 2.3Mbps（将来可达 19.2Mbps，甚至更高）。VDSL 使用的介质是一对铜线，有效传输距离可超过 1 000 米。但 VDSL 技术仍处于发展初期，长距离应用仍需测试，端点设备的普及也需要时间。

目前有一种基于以太网方式的 VDSL，接入技术使用 QAM 调制方式，它的传输介质也是一对铜线，在 1.5 公里的范围之内能够达到双向对称的 10Mbps 传输，即达到以太网的速率。如果这种技术用于宽带运营商社区的接入，可以大大降低成本。

6. Cable-Modem：用于有线网络

Cable-Modem（线缆调制解调器）是近两年开始试用的一种超高速 Modem，它利用现成的有线电视（CATV）网进行数据传输，已是比较成熟的技术。随着有线电视网的发展壮大和人们生活质量的不断提高，通过 Cable Modem 利用有线电视网访问 Internet 已成为越来越受业界关注的一种高速接入方式。

由于有线电视网采用的是模拟传输协议，因此，网络需要用一个 Modem 来协助完成数字数据的转化。Cable-Modem 与以往的 Modem 在原理上都是将数据进行调制后在 Cable（电缆）的一个频率范围内传输，接收时进行解调，传输机理与普通 Modem 相同，不同之处在于它是通过有线电视 CATV 的某个传输频带进行调制解调的。

Cable-Modem 连接方式可分为两种：即对称速率型和非对称速率型。前者的 Data Upload（数据上传）速率与 Data Download（数据下载）速率相同，都在 500kbps～2Mbps；后者的数据上传速率在 500kbps～10Mbps，数据下载速率为 2Mbps～40Mbps。

采用 Cable-Modem 上网的缺点是，由于 Cable Modem 模式采用的是相对落后的总线型网络结构，这就意味着网络用户共同分享有限带宽；另外，购买 Cable-Modem 和初装费也都不算很便宜，这些都阻碍了 Cable-Modem 接入方式在国内的普及。但是，它的市场潜力是很大的，毕竟中国 CATV 网已成为世界第一大有线电视网。

7. 无源光网络接入：光纤入户

PON（无源光网络）技术是一种点对多点的光纤传输和接入技术，下行采用广播方式，上行采用时分多址方式，可以灵活地组成树形、星形、总线形等拓扑结构，在光分支点不需要节点设备，只需要安装一个简单的光分支器即可，具有节省光缆资源、带宽资源共享、节省机房投资、设备安全性高、建网速度快、综合建网成本低等优点。

PON 包括 ATM-PON（APON，即基于 ATM 的无源光网络）和 Ethernet-PON（EPON，即基于以太网的无源光网络）两种。APON 技术发展得比较早，它具有综合业务接入、QoS 服务质量保证等独有的特点，ITU-T 的 G.983 建议规范了 ATM-PON 的网络结构、基本组成和物理层接口，我国信息产业部已制定了完善的 APON 技术标准。

PON 接入设备主要由 OLT、ONT、ONU 组成，由无源光分路器件将 OLT 的光信号分到树形网络的各个 ONU。一个 OLT 可接 32 个 ONT 或 ONU，一个 ONT 可接 8 个用户，而 ONU 可接 32 个用户，因此，一个 OLT 最大可负载 1 024 个用户。PON 技术的传输介质采用单芯光纤,局端到用户端最大距离为20公里,接入系统总的传输容量为上行和下行各155Mbps,每个用户使用的带宽可以从64kbps~155Mbps灵活划分,一个OLT上所接的用户共享155Mbps带宽。例如,富士通EPON产品OLT设备有A550,ONT设备有A501、A550,最大有12个PON口,每个PON中下行至每个A501是100M带宽;而每个PON口上所接的A501上行带宽是共享的。

8. LMDS接入:无线通信

在该接入方式中,一个基站可以覆盖直径20公里的区域,每个基站可以负载2.4万用户,每个终端用户的带宽可达到25Mbps。但是,它的带宽总容量为600Mbps,每基站下的用户共享带宽,因此一个基站如果负载用户较多,那么每个用户所分到的带宽就很小了。因此这种技术不合适社区用户接入,但它的用户端设备可以捆绑在一起,可用于宽带运营商的城域网互联。其具体做法是:在汇聚点机房建一个基站,而汇聚机房周边的社区机房可作为基站的用户端,社区机房如果捆绑四个用户端,汇聚机房与社区机房的带宽就可以达到100Mbps。

9. LAN:技术成熟,成本低

LAN方式接入是利用以太网技术,采用光缆+双绞线的方式对社区进行综合布线。具体实施方案是:从社区机房敷设光缆至住户单元楼,楼内布线采用五类双绞线敷设至用户家里,双绞线总长度一般不超过100米,用户家里的电脑通过五类跳线接入墙上的五类模块就可以实现上网。社区机房的出口是通过光缆或其他介质接入城域网。

采用LAN方式接入可以充分利用小区局域网的资源优势,为居民提供10M以上的共享带宽,这比现在拨号上网速度快180多倍,并可根据用户的需求升级到100M以上。

以太网技术成熟、成本低、结构简单,稳定性、可扩充性好,便于网络升级,同时可实现实时监控、智能化物业管理、小区/大楼/家庭保安、家庭自动化(如远程遥控家电、可视门铃等)、远程抄表等,可提供智能化、信息化的办公与家居环境,满足不同层次的人们对信息化的需求。

6.3 网页的浏览与电子邮件

6.3.1 Internet Explorer浏览器

1. Internet Explorer简介

Internet Explorer,简称IE或MSIE,是微软公司推出的一款网页浏览器。Internet Explorer是使用最广泛的网页浏览器。

Internet Explorer是微软的新版本Windows操作系统的一个组成部分。在旧版的操作系统上,它是独立、免费的。从Windows 95 OSR2开始,它被捆绑作为所有新版本的Windows操作系统中的默认浏览器。

由于最初是靠和Windows捆绑而获得市场份额,且不断爆出重大安全漏洞,本身执行效率不高,不支持W3C标准,Internet Explorer一直被人诟病,但客观地说,它仍然为互联网的发展作出了贡献。

IE8浏览器提供了最宽广的网页浏览和建立在操作系统里的一些特性,例如:Microsoft Update设计。在最著名的浏览器大战中,微软用最具革新的特性取代了Netscape。

2. Internet Explorer 8.0特性介绍

(1)可用性和浏览亲和性。

近期的版本增加了弹出式视窗的封锁和分页浏览、RSS等主流功能，较旧的版本可透过安装MSN搜寻工具列来达到分页浏览的效果。

组件对象模型(COM)技术在Internet Explorer中被广为使用。它允许第三方厂商通过浏览器帮助对象(BHO)添加功能；并且允许网站通过ActiveX提供丰富的内容。由于这些对象能拥有与浏览器本身一样的权限(在某种情形之下)，对于安全就有很大的担心。最新版的Internet Explorer提供了一个加载项管理器以控制ActiveX控件和浏览器帮助对象，以及一个"无加载项"版本(在所有程序/附件/系统工具之下)。

(2)安全架构。

IE8增强导航功能Internet Explorer使用一个基于区域的安全架构，意思是说网站按特写的条件组织在一起。它允许对大量的功能进行限制，也允许只对指定功能进行限制。

对浏览器的补丁和更新通过Windows更新服务以及自动更新定期发布以供使用。虽然对一定范围的平台的安全补丁继续被发表，但最新的功能增强和安全改进只对Windows XP发表。

最新版的Internet Explorer提供了一个下载监视器和安装监视器，允许用户分两步选择是否下载和安装可执行程序。这可以防止恶意软件被安装。用Internet Explorer下载的可执行文件被操作系统标为潜在的不安全因素，每次都会要求用户确认他们是否想执行该程序，直到用户确认该文件为"安全"为止。

(3)群组原则。

Internet Explorer可通过组策略进行完全配置。Windows服务器域管理员可以应用并强制IE8改进搜藏夹及历史记录一系列设定以改变用户界面(例如，禁止某些菜单项和独立的配置选项)，以及限制安全功能(例如下载文件)，零配置，按站点设置，ActiveX控件行为，等等。策略设置可以按每用户和每机器为基础进行设置。

(4)网页标准的支持。

Internet Explorer使用了Trident排版引擎，几乎完整支持HTML 4.01，CSS Level 1，XML 1.0和DOM Level 1，只是有一些排版错误。它也部分支持CSS Level 2和DOM Level 2。它自带的XML解释器支持XHTML，但是微软从IE 5.0以后取消了这一支持，使它变得难以访问。如与其他浏览器一样，当MIME类型标识为"text/html"，它能解释为XHTML。当MIME类型标识为"application/xml"和"text/xml"时，它也能解释把XHTML解释为XML，但需要一个小的XSLT度量来重新启用XML对XHTML的支持。当把它定义为偏好类型如"application/xhtml+xml"时，它假装不理解XHTML，相反把它当成一种不了解的供下载的文件类型来对待。

(5)专利的延展元件。

Internet Explorer引进了一系列专利的网页标准延伸，包括HTML、CSS和DOM。这使得一些网站只可被Internet Explorer正常显示。

(6)安全性。

Internet Explorer最主要都是被批评其安全性。很多间谍软件、广告软件及电脑病毒横行网络是因为Internet Explorer的安全漏洞及安全结构有裂缝。有时浏览一些恶意网站会被恶意自动安装。这被名为"强制安装"：在ActiveX的安全描述中填写虚假的描述以遮盖软件的实际用途，误导使用者安装一些恶意软件。

当然，Internet Explorer不只有一个用户有问题，而是涉及很多使用者。这使电脑安全问题无处不在。微软无法修补所有安全漏洞及发布一劳永逸的修补档,恶意网站制作者在微软发布修正文档前,利用漏洞去攻击使用者。

来自技术专家用户、网站开发者和建基于 Internet Explorer 而开发的软件应用程序的开发者担心 Internet Explorer 阻碍了对开放标准的支持,因为 Internet Explorer 通常使用专利的网页标准延伸元件来达至相似的功能。Internet Explorer 对一些标准化技术有一定程度上的支持,但也有很多执行上的差距和兼容性的故障,这导致技术开发者的批评日益增加。批评增加的情况,在很大程度上归因于 Internet Explorer 的竞争对手相对地已提供完全的技术支持,标准规格(Standards-compliant)的应用也越来越广泛起来。

正因为 Internet Explorer 在全球广为应用,网络开发者们在寻求跨平台且功能强大的代码时常常会发现 Internet Explorer 的漏洞、私有的功能集合和对标准支持的不完善成为了他们最大的绊脚石。

通常来说,网络开发者们在编写代码时应该具有跨平台性,因此,只能在有些浏览器上运行的 Internet Explorer 的技术很封闭,且只支持少数的 CSS、HTML 和 DOM 特性(而且很多实现都有问题)。竞争对手 Firefox 和 Opera 不仅在这方面领先于 Internet Explorer,且它们也具备原生的 XHTML 支持。正因如此,Internet Explorer 始终未能通过验证 CSS 标准支持程度的 Acid2 测试。

6.3.2 电子邮件和 Outlook Express 的使用

电子邮件(electronic mail,简称 E-mail)又称电子信箱、电子邮政,它是一种用电子手段提供信息交换的通信方式。是 Internet 应用最广的服务:通过网络的电子邮件系统,用户可以用非常低廉的价格(不管发送到哪里,都只需负担电话费和网费即可),以非常快速的方式(几秒钟之内可以发送到世界上任何你指定的目的地),与世界上任何一个角落的网络用户联系,这些电子邮件可以是文字、图像、声音等各种方式。同时,用户可以得到大量免费的新闻、专题邮件,并实现轻松的信息搜索。

1. 电子邮件地址的构成

电子邮件地址的格式由三部分组成。第一部分"USER"代表用户信箱的账号,对于同一个邮件接收服务器来说,这个账号必须是唯一的;第二部分"@"是分隔符;第三部分是用户信箱的邮件接收服务器域名,用以标志其所在的位置。

2. 电子邮件的特点

电子邮件是整个网络系统中直接面向人与人之间信息交流的系统,它的数据发送方和接收方都是人,所以极大地满足了大量存在的人与人之间的通信需求。

电子邮件是指用电子手段传送信件、单据、资料等信息的通信方法。电子邮件综合了电话通信和邮政信件的特点,它传送信息的速度与电话一样快,又能像信件一样使收信者在接收端收到文字记录。电子邮件系统又称基于计算机的邮件报文系统。它参与了从邮件进入系统到邮件到达目的地为止的全部处理过程。电子邮件不仅可利用电话网络,而且可利用其他任何通信网传送。在利用电话网络时,还可在其非高峰期间传送信息,这对于商业邮件具有特殊价值。由中央计算机和小型计算机控制的面向有限用户的电子系统可以看作是一种计算机会议系统。

3. 电子邮件基本原理

①邮件系统是一种新型的信息系统,是通信技术和计算机技术结合的产物。电子邮件的

传输是通过电子邮件简单传输协议(Simple Mail Transfer Protocol,SMTP)这一系统软件来完成的,它是 Internet 下的一种电子邮件通信协议。

②电子邮件的基本原理是在通信网上设立"电子信箱系统",它实际上是一个计算机系统。系统的硬件是一个高性能、大容量的计算机。硬盘作为信箱的存储介质,在硬盘上为用户分一定的存储空间作为用户的"信箱",每位用户都有属于自己的一个电子信箱。并确定一个用户名和用户可以自己随意修改的口令。存储空间包含存放所收信件、编辑信件以及信件存档三部分空间,用户使用口令开启自己的信箱,并进行发信、读信、编辑、转发、存档等各种操作。系统功能主要由软件实现。

③电子邮件的通信是在信箱之间进行的。用户首先开启自己的信箱,然后通过键入命令的方式将需要发送的邮件发到对方的信箱中。邮件在信箱之间进行传递和交换,也可以与另一个邮件系统进行传递和交换。接收方在取信时,使用特定账号从信箱提取。

电子邮件的工作过程遵循客户—服务器模式。每份电子邮件的发送都要涉及发送方与接收方,发送方构成客户端,而接收方构成服务器,服务器含有众多用户的电子信箱。发送方通过邮件客户程序,将编辑好的电子邮件向邮局服务器(SMTP 服务器)发送。邮局服务器识别接收者的地址,并向管理该地址的邮件服务器(POP3 服务器)发送消息。邮件服务器将消息存放在接收者的电子信箱内,并告知接收者有新邮件到来。接收者通过邮件客户程序连接到服务器后,就会看到服务器的通知,进而打开自己的电子信箱来查收邮件。

通常 Internet 上的个人用户不能直接接收电子邮件,而是通过申请 ISP 主机的一个电子信箱,由 ISP 主机负责电子邮件的接收。一旦有用户的电子邮件到来,ISP 主机就将邮件移到用户的电子信箱内,并通知用户有新邮件。因此,当发送一封电子邮件给另一个客户时,电子邮件首先从用户计算机发送到 ISP 主机,然后到 Internet,再到收件人的 ISP 主机,最后到收件人的个人计算机。

ISP 主机起着"邮局"的作用,管理着众多用户的电子信箱。每个用户的电子信箱实际上就是用户所申请的账号名。每个用户的电子邮件信箱都要占用 ISP 主机一定容量的硬盘空间,由于这一空间是有限的,因此,用户要定期查收和阅读电子信箱中的邮件,以便腾出空间来接收新的邮件。

④地址格式。domain_name 为域名的标识符,也就是邮件必须要交付到的邮件目的地的域名。somebody 则是在该域名上的邮箱地址。后缀一般代表该域名的性质与地区的代码。域名真正从技术上说是一个邮件交换机,而不是一个机器名。

常见的电子邮件协议有以下几种:SMTP(简单邮件传输协议)、POP3(邮局协议)、IMAP(Internet 邮件访问协议)。这几种协议都是由 TCP/IP 协议族定义的。

SMTP(Simple Mail Transfer Protocol):SMTP 主要负责底层的邮件系统如何将邮件从一台机器传至另外一台机器。

POP(Post Office Protocol):目前的版本为 POP3,POP3 是把邮件从电子邮箱中传输到本地计算机的协议。

IMAP(Internet Message Access Protocol):目前的版本为 IMAP4,是 POP3 的一种替代协议,提供了邮件检索和邮件处理的新功能,这样用户可以完全不必下载邮件正文就可以看到邮件的标题、电子邮件摘要,从邮件客户端软件就可以对服务器上的邮件和文件夹目录等进行操作。IMAP 协议增强了电子邮件的灵活性,同时也减少了垃圾邮件对本地系统的直接危害,同时相对节省了用户查看电子邮件的时间。除此之外,IMAP 协议可以记忆用户在脱机状态下对邮件的操作(例如移动邮件、删除邮件等)在下一次打开网络连接的时候会自动执行。

当前的两种邮件接受协议和一种邮件发送协议都支持安全的服务器连接。在大多数流行的电子邮件客户端程序里面都集成了对SSL连接的支持。

除此之外,很多加密技术也应用到电子邮件的发送接受和阅读过程中。他们可以提供128位到2048位不等的加密强度。无论是单向加密还是对称密钥加密也都得到广泛支持。

4. 使用技巧

(1)快速查找邮件。

要在一大堆信件中找到想要的内容并不轻松,"查找邮件"选择允许用户在多个文件夹中搜索邮件,以查找文件夹或子文件夹中的任何邮件。单击"编辑"菜单,选择"查找邮件",以下任何条件都可以为查找邮件的标准:谁发送的邮件、邮件的主题或标题、邮件中的文本等。

(2)自动添加邮件签名。

在Outlook Express 5用以下方法可实现自动签名功能:

①启动Outlook Express后,选择"工具选项"命令;

②在"选项"对话框中,单击"签名"标签;

③在"签名"标签中,单击"在所有发出的邮件中添加该签名"前的方框,使之处于选中的状态,以便自动签名功能生效;

④在"签名"框中,新建一个签名名称,在下面文本框中键入你想添加的所有个人信息,如姓名、联系地址、电话等;

⑤若希望在回复和转发邮件时同样自动添加签名,则可以单击"不在回复和转发的邮件中添加签名"前的方框,使之处于不选中的状态;

⑥单击"确定"按钮,下次建立新邮件时就会在你的邮件中自动添加上签名了。当然,可以单击"高级"按钮,为你的每个账号设置一个漂亮的签名。

(3)拒收"垃圾邮件"。

在"工具"菜单栏中选择"收件箱助理",点击"添加",该窗口分为上下两个部分,上面是"处理条件",下面是"处理方法"。比如经常收到垃圾邮件,如果想今后不再收到它,可以在"处理条件"栏目中选择"发件人",并在其中填入上述地址;接着在"处理方法"中选择"从服务器上删除";点击"确定"。

(4)备份你的地址簿。

在Outlook Express中,通讯簿是很重要的,它记录了你的所有通讯地址,但由于一些原因需要重装系统时或格式化磁盘时,对通讯簿的备份就显得很重要了。在"C:windows\ApplicationData\Microsoft\AddressBook"目录中找到一个名为username.wab的文件,其中的username为在电脑中的注册用户名。这就是你的通讯簿,可以把它备份在指定路径下,以便以后重装Outlook Express后复制到原目录。

(5)脱机写邮件。

单击"文件"菜单,选择"脱机工作",用户就可以在不联机的情况下,从容地写好电子邮件。此时发送的新邮件都被保存在发件箱窗口中,只有当你按下"发送和接收"键,Outlook Express才会自动连通互联网将信件发出。

(6)解决乱码的两种方法。

使用电子邮件最大的烦恼莫过于收到乱码邮件了,这个问题对新手来说尤其严重。现在在Outlook Express 5提供了解决乱码的方法:首先选择乱码邮件,单击"查看"菜单指向"编

码”命令中的“简体中文(GB2312)”即可，也可指向“编码”命令中的“其他”，这里提供了“阿拉字符”、“波罗的海字符”、“中欧字符”等19种字符选择，你只需单击“简体中文(HZ)”即可。另一种方法是：首先选择乱码邮件，单击鼠标右键打开邮件快捷菜单，选择“属性”命令；然后在出现的对话框中单击“详细资料”标签，单击右下角的“邮件源文件……”按钮，这时就会打开邮件的源文件码，这样就可看到邮件的内容了。

(7)Outlook Express 简介。

Outlook Express 简称 OE，是微软公司出品的一款电子邮件客户端，也是一个基于 NNTP 协议的 Usenet 客户端。微软将这个软件与操作系统以及 Internet Explorer 网页浏览器捆绑在一起。同时，对于苹果公司“经典”版的麦金塔电脑提供该软件的免费下载(微软不对新版本的 Mac OS X 操作系统提供该软件，在 OS X 上微软对应的软件是 Microsoft Entourage，Microsoft Entourage 是专有商用软件 Microsoft Office 套装的一部分)。

Office 软件内的 Outlook 与 Outlook Express 是两个完全不同的软件平台，它们之间没有共享代码，但是这两个软件的设计理念是共通的。它们之间如此相似的名称使得很多人以为 Outlook Express 是 Outlook 软件的“精简版”。不过，Outlook Express 并不像 Outlook 那样可以和 Microsoft Exchange Server 相互搭配而有群组软件的功能。Outlook Express 目前实际上一直是 Internet Explorer 的一部分，将来似乎也不太可能存在剥离版的 OE。微软承诺“将来的安全扩展”的结果将会是发布新版本的 Internet Explorer(当然包括了 OE)。这个新版的 IE/OE 将运行在新的“安全”操作平台——Windows Longhorn 上。

在 Outlook 与 Outlook Express 的“欢迎邮件”中，微软承认新的 HTML 电邮可能存在安全风险。进而，微软还描述了它阻止安全问题发生的计划。Outlook Express 以及 Internet Explorer 共享相同的安全区域——这是一个不可能也没有必要在其他类似产品上发现的功能。IE 的安全区域默认情况下分为局域网、互联网、信任网点和限制站点四类。互联网类别是对不属于其他区域站点的默认分类。信任站点在默认情况下可以做任何事情而不必得到用户允许，这对管理员无值守更新非常有用。AOL 会把其 free aol.com 站点加入该区域以便用户在下载其网站上的服务时不会弹出一个是否信任 ActiveX 证书的对话框。因为这个对话框上使用的严厉措辞有可能把潜在的客户吓跑。安全区域如果像预期设计的那样工作就不会发生 Internet Explorer 黑客行为了。安全区域应当能够被用户所控制。

麦金塔版 Outlook Express 接口微软 Microsoft 为贯彻其计划还另外设计了一个限制区域。但事实上这个“限制”的安全区域并未被很好地限制。比如附件中的脚本有可能会自动执行(因为设计者试图让无害的邮件附件如图像能够自动执行，以便在预览中查看，但该特性被恶意利用)。该漏洞最终被修复，在最新版本的 OE 中，文件名中字符必须在最后一个“.”号后才能成为扩展名——Windows 文件系统倚靠扩展名决定相应行为。没打补丁的 OE 在打开或预览电子邮件时有可能在用户不知情的情况下执行代码。目前许多广泛传播的病毒就是利用该弱点。

Outlook Express 目前的使用率使其成为实际上的电邮客户端标准，并且 OE 也是实际上的蠕虫和病毒的首选传播目标。

最后一点，微软已经计划停止继续开发 Outlook Express，但是微软在 Windows 上并没有停止对该软件提供使用支持。无论如何，OE 已知漏洞的补丁可能需要相比其他微软产品较长的时间才能发布，这使得人们对该产品仍然有安全担忧。

(8)Outlook Express 应用。

Outlook Express 是 Microsoft Internet Explorer 4. x、Microsoft InternetExplorer 5. x、Microsoft Windows 98 操作系统、Microsoft Windows MillenniumEdition (Me)操作系统、Microsoft Windows 2000 操作系统和 Microsoft Office 98 forthe Macintosh 中附带的电子邮件客户端。Outlook Express 是为通过拨号连接到 Internet 服务提供商(ISP)来访问它们的电子邮件的家庭用户设计的。

Outlook Express 建立在开放的 Internet 标准基础之上,适用于任何 Internet 标准系统,例如,简单邮件传输协议 (SMTP)、邮局协议 3 (POP3)和 Internet 邮件访问协议(IMAP)。它提供对目前最重要的电子邮件、新闻和目录标准的完全支持,这些标准包括轻型目录访问协议(LDAP)、多用途网际邮件扩充协议超文本标记语言 (MHTML)、超文本标记语言 (HTML)、安全/多用途网际邮件扩充协议(S/MIME)和网络新闻传输协议 (NNTP)。这种完全支持可确保用户能够充分利用新技术,同时能够无缝地发送和接收电子邮件。

新的迁移工具可以从 Eudora、Netscape、Microsoft Exchange Server、Windows 收件箱和 Outlook 中自动导入现有邮件设置、通讯簿条目和电子邮件,从而便于用户快速利用 Outlook Express 所提供的全部功能。它还能够从多个电子邮件账户接收邮件,并能够创建收件箱规则,从而帮助用户管理和组织电子邮件。

此外,它还完全支持 HTML 邮件,用户可以使用自定义的背景和图形来个性化自己的邮件。这使得创建独特的、具有强大视觉效果的邮件变得非常容易。

对于生日或假日等特殊情况,Outlook Express 还包含由 Greetings Workshop 和 Hallmark 设计的信纸。

(9)熟悉 Outlook Express。

Outlook Express 的界面由菜单栏、工具栏、文件夹列表、内容区和状态栏五大部分组成。

①菜单栏:菜单栏由文件、编辑、查看、工具、邮件、帮助六项组成。点击每一项都会拉出一个菜单。Outlook Express 的绝大部分功能都可以在这里实现。

②工具栏:一般位于菜单栏下方,但二者位置也可以调整。方法是拖住左边突出的地方,随意放在某个地方即可。工具栏由一些功能按钮组成,它们是一些常用功能的快捷方式。例如,点击"新建"按钮,可以弹出新邮件编辑窗口,在这个窗口中,就像上面介绍的一样,填入地址、主题等,写点内容,就可以发送了。而"搜索通讯簿"工作条用来查找邮件和通讯簿中的信息。输入收到时间的搜索范围,然后开始查找,就可以给出符合条件的邮件。另外还可以根据发件人、收件人、主题、附件标记等进行搜索。此功能在查找大量邮件时使用较好。

③文件夹列表和内容区:包括邮件列表区和邮件预览区两部分。文件夹列表区和内容区的操作方式与 Windows 资源管理器的操作及其类似。比如,点击收件箱文件夹,右边的内容区显示的就是收件箱中的邮件(邮件其实就是一种文件)。点击选中的邮件,就可以阅读其内容了。

④状态栏:位于 Outlook Express 窗口最下方,能够显示 Outlook Express 的工作状态。

(10)使用 Outlook Express 收发邮件。

Outlook Express 不是电子邮箱的提供者,它是 Windows 操作系统的一个收、发、写、管理电子邮件的自带软件,即收、发、写、管理电子邮件的工具,使用它收发电子邮件十分方便。

通常我们在某个网站注册了自己的电子邮箱后,要收发电子邮件,须登录该网站,进入电邮网页,输入账户名和密码,然后进行电子邮件的收、发、写操作。

使用 Outlook Express 后,这些顺序便一步跳过。只要用户打开 Outlook Express 界面,

Outlook Express程序便自动与用户注册的网站电子邮箱服务器联机工作，收下用户的电子邮件。发信时，可以使用Outlook Express创建新邮件，通过网站服务器联机发送（所有电子邮件可以脱机阅览）。另外，Outlook Express在接收电子邮件时，会自动把发信人的电邮地址存入“通讯簿”，供用户以后调用。

在使用Outlook Express前，先要对其进行设置，即Outlook Express账户设置，如没有设置过，就不能使用。设置的内容是用户注册的网站电子邮箱服务器及用户的账户名和密码等信息（设置时，其设置内容同时也进入了Office软件的Microsoft Outlook程序账户中）。

（11）备份邮件。

IE的Outlook Express虽然能导出邮件，遗憾的是，只能一封一封地导出。具体步骤如下：

①打开Outlook Express，进入要备份的信箱，如收件箱。

②选择要备份的邮件。按住键，点击第一封和最后一封邮件可全选；按住<Ctrl>键，点击所需邮件可选择多个邮件。

③用鼠标左键点击“转发邮件”。此时，用户刚才所选的邮件被作为附件，夹在新邮件中。

④在“新邮件”对话框中选择“文件”菜单中的“另存为(A)……”命令，然后为此邮件取个文件名即可。以上方法可以有选择地导出邮件。如果想彻底保存邮件，那就到C:\WINDOWS\ApplicationData\Microsoft\OutlookExpressMail文件夹中，将所有的文件全部备份即可。

（12）不用Word作为默认邮件编辑器。

Word启动时间长、占用内存多、邮件长度大，这必然会增加邮件的传送时间，因此，最好不用它作为默认邮件编辑器。

6.4 信息安全

6.4.1 信息安全概述

信息安全是指信息网络的硬件、软件及其系统中的数据受到保护，不受偶然的或者恶意的原因而遭到破坏、更改、泄露，系统连续、可靠、正常地运行，信息服务不中断。信息安全主要包括以下五方面的内容，即需保证信息的保密性、真实性、完整性、未授权拷贝和所在系统的安全性。

信息安全是一门涉及计算机科学、网络技术、通信技术、密码技术、信息安全技术、应用数学、数论、信息论等多种学科的综合性学科。

1. 主要威胁

信息安全的威胁来自方方面面，不可一一罗列。但这些威胁根据其性质，基本上可以归结为以下几个方面：

①信息泄露：保护的信息被泄露或透露给某个非授权的实体。

②破坏信息的完整性：数据被非授权地进行增删、修改或破坏而受到损失。

③拒绝服务：信息使用者对信息或其他资源的合法访问被无条件地阻止。

④非法使用（非授权访问）：某一资源被某个非授权的人，或以非授权的方式使用。

⑤窃听：用各种可能的合法或非法的手段窃取系统中的信息资源和敏感信息。例如，对通

信线路中传输的信号搭线监听，或者利用通信设备在工作过程中产生的电磁泄露截取有用信息等。

⑥业务流分析：通过对系统进行长期监听，利用统计分析方法对诸如通信频度、通信的信息流向、通信总量的变化等参数进行研究，从中发现有价值的信息和规律。

⑦假冒：通过欺骗通信系统（或用户）达到非法用户冒充成为合法用户，或者特权小的用户冒充成为特权大的用户的目的。我们平常所说的黑客大多采用的就是假冒攻击。

⑧旁路控制：攻击者利用系统的安全缺陷或安全性上的脆弱之处获得非授权的权利或特权。例如，攻击者通过各种攻击手段发现原本应保密却又暴露出来的一些系统"特性"，利用这些"特性"，攻击者可以绕过防线守卫者侵入系统的内部。

⑨授权侵犯：被授权以某一目的使用某一系统或资源的某个人，却将此权限用于其他非授权的目的，也称作"内部攻击"。

⑩抵赖：这是一种来自用户的攻击，涵盖范围比较广泛，比如：否认自己曾经发布过的某条消息、伪造一份对方来信等。

⑪计算机病毒：这是一种在计算机系统运行过程中能够实现传染和侵害功能的程序，行为类似病毒，故称作计算机病毒。

⑫信息安全法律法规不完善：由于当前约束操作信息行为的法律法规还很不完善，存在很多漏洞，很多人打法律的擦边球，这就给信息窃取、信息破坏者以可乘之机。

2. 信息安全实现目标

①真实性：对信息的来源进行判断，能对伪造来源的信息、信息安全相关书籍予以鉴别。

②保密性：保证机密信息不被窃听，或窃听者不能了解信息的真实含义。

③完整性：保证数据的一致性，防止数据被非法用户篡改。

④可用性：保证合法用户对信息和资源的使用不会被不正当地拒绝。

⑤不可抵赖性：建立有效的责任机制，防止用户否认其行为，这一点在电子商务中是极其重要的。

⑥可控制性：对信息的传播及内容具有控制能力。

⑦可审查性：对出现的网络安全问题提供调查的依据和手段。

6.4.2 信息安全技术

1. 常用的基础性安全技术

信息安全的内涵在不断地延伸，从最初的信息保密性发展到信息的完整性、可用性、可控性和不可否认性，进而又发展为"攻（攻击）、防（防范）、测（检测）、控（控制）、管（管理）、评（评估）"等多方面的基础理论和实施技术。目前，信息网络常用的基础性安全技术包括以下几方面内容：

①用户身份认证：是安全的第一道大门，是各种安全措施可以发挥作用的前提，身份认证技术包括：静态密码、动态密码（短信密码、动态口令牌、手机令牌）、USB KEY、IC 卡、数字证书、指纹虹膜等。

②防火墙：防火墙在某种意义上可以说是一种访问控制产品。它在内部网络与不安全的外部网络之间设置障碍，阻止外界对内部资源的非法访问，防止内部对外部的不安全访问。主要技术有：包过滤技术、应用网关技术、代理服务技术。防火墙能够较为有效地防止黑客利用不安全的服务对内部网络的攻击，并且能够实现数据流的监控、过滤、记录和报告功能，较好地

隔断内部网络与外部网络的连接。但其本身可能存在安全问题,也可能会是一个潜在的"瓶颈"。

③网络安全隔离:网络隔离有两种方式:一种是采用隔离卡来实现的,一种是采用网络安全隔离网闸实现的。隔离卡主要用于对单台机器的隔离,网闸主要用于对于整个网络的隔离。

④安全路由器:由于 WAN 连接需要专用的路由器设备,因而可通过路由器来控制网络传输。通常采用访问控制列表技术来控制网络信息流。

⑤虚拟专用网(VPN):虚拟专用网(VPN)是在公共数据网络上,通过采用数据加密技术和访问控制技术,实现两个或多个可信内部网之间的互联。VPN 的构筑通常都要求采用具有加密功能的路由器或防火墙,以实现数据在公共信道上的可信传递。

⑥安全服务器:安全服务器主要针对一个局域网内部信息存储、传输的安全保密问题,其实现功能包括对局域网资源的管理和控制,对局域网内用户的管理,以及局域网中所有安全相关事件的审计和跟踪。

⑦电子签证机构——CA 和 PKI 产品:电子签证机构(CA)作为通信的第三方,为各种服务提供可信任的认证服务。CA 可向用户发行电子签证证书,为用户提供成员身份验证和密钥管理等功能。PKI 产品可以提供更多的功能和更好的服务,将成为所有应用计算基础结构的核心部件。

⑧安全管理中心:由于网上的安全产品较多,且分布在不同的位置,这就需要建立一套集中管理的机制和设备,即安全管理中心。它用来给各网络安全设备分发密钥,监控网络安全设备的运行状态,负责收集网络安全设备的审计信息等。

⑨入侵检测系统(IDS):入侵检测,作为传统保护机制(比如访问控制、身份识别等)的有效补充,形成了信息系统中不可或缺的反馈链。

⑩入侵防御系统(IPS):入侵防御系统作为 IDS 很好的补充,是信息安全发展过程中占据重要位置的计算机网络硬件。

⑪安全数据库:由于大量的信息存储在计算机数据库内,有些信息是有价值的,也是敏感的,需要保护。安全数据库可以确保数据库的完整性、可靠性、有效性、机密性、可审计性及存取控制与用户身份识别等。

2. 信息安全服务

信息安全服务是指为确保信息和信息系统的完整性、保密性和可用性所提供的信息技术专业服务,包括对信息系统安全的咨询、集成、监理、测评、认证、运维、审计、培训和风险评估、容灾备份、应急响应等工作。

3. 电子商务安全

电子商务安全从整体上可分为两大部分:计算机网络安全和商务交易安全。

(1)计算机网络安全的内容。

①未进行操作系统相关安全配置。不论采用什么操作系统,在缺省安装的条件下都会存在一些安全问题,只有专门针对操作系统安全性进行相关的和严格的安全配置,才能达到一定的安全程度。千万不要以为操作系统缺省安装后,再配上很强的密码系统就算安全了。网络软件的漏洞和"后门"是进行网络攻击的首选目标。

②未进行 CGI 程序代码审计。如果是通用的 CGI 问题,防范起来还稍微容易一些,但是对于网站或软件供应商专门开发的一些 CGI 程序,大多存在严重的 CGI 问题,对于电子商务站点来说,会出现恶意攻击者冒用他人账号进行网上购物等严重后果。

③拒绝服务(Denial of Service,DoS)攻击。随着电子商务的兴起,对网站的实时性要求越来越高,DoS或DDoS对网站的威胁越来越大。以网络瘫痪为目标的袭击效果比任何传统的恐怖主义和战争方式都来得更强烈,破坏性更大,造成危害的速度更快,范围也更广,而袭击者本身的风险却非常小,甚至可以在袭击开始前就已经消失得无影无踪,使对方没有实行报复打击的可能。

④安全产品使用不当。虽然不少网站采用了一些网络安全设备,但由于安全产品本身的问题或使用问题,使这些产品并没有起到应有的作用。很多安全厂商的产品对配置人员的技术背景要求很高,超出对普通网管人员的技术要求,就算是厂家在最初给用户做了正确的安装、配置,一旦系统需要改动相关安全产品的设置时,很容易产生许多安全问题。

⑤缺少严格的网络安全管理制度。网络安全最重要的还是要在思想上高度重视,网站或局域网内部的安全需要用完备的安全制度来保障。建立和实施严密的计算机网络安全制度与策略是真正实现网络安全的基础。

(2)计算机商务交易安全的内容。

①窃取信息。由于未采用加密措施,数据信息在网络上以明文形式传送,入侵者在数据包经过的网关或路由器上可以截获传送的信息。通过多次窃取和分析,可以找到信息的规律和格式,进而得到传输信息的内容,造成网上传输信息泄密。

②篡改信息。当入侵者掌握了信息的格式和规律后,通过各种技术手段和方法,将网络上传送的信息数据在中途修改,然后再发向目的地。这种方法并不新鲜,在路由器或网关上都可以做此类工作。

③假冒。由于掌握了数据的格式,并可以篡改通过的信息,攻击者可以冒充合法用户发送假冒的信息或者主动获取信息,而远端用户通常很难分辨。

④恶意破坏。由于攻击者可以接入网络,则可能对网络中的信息进行修改,掌握网上的机要信息,甚至可以潜入网络内部,其后果是非常严重的。

4. 安全对策

电子商务的一个重要技术特征是利用计算机技术来传输和处理商业信息。因此,电子商务安全问题的对策从整体上可分为计算机网络安全措施和商务交易安全措施两大部分。

(1)计算机网络安全措施。

计算机网络安全措施主要包括保护网络安全、保护应用安全和保护系统安全三个方面,各个方面都要结合考虑安全防护的物理安全、防火墙、信息安全、Web安全、媒体安全等。

①保护网络安全。网络安全是为保护商务各方网络端系统之间通信过程的安全性。保证机密性、完整性、认证性和访问控制性是网络安全的重要因素。保护网络安全的主要措施如下:第一,全面规划网络平台的安全策略。第二,制定网络安全的管理措施。第三,使用防火墙。第四,尽可能记录网络上的一切活动。第五,注意对网络设备的物理保护。第六,检验网络平台系统的脆弱性。第七,建立可靠的识别和鉴别机制。

②保护应用安全。保护应用安全,主要是针对特定应用(如Web服务器、网络支付专用软件系统)所建立的安全防护措施,它独立于网络的任何其他安全防护措施。虽然有些防护措施可能是网络安全业务的一种替代或重叠,如Web浏览器和Web服务器在应用层上对网络支付结算信息包的加密,都通过IP层加密,但是许多应用还有自己的特定安全要求。

由于电子商务中的应用层对安全的要求最严格、最复杂,因此更倾向于在应用层而不是在网络层采取各种安全措施。

虽然网络层上的安全仍有其特定地位，但是人们不能完全依靠它来解决电子商务应用的安全性。应用层上的安全业务可以涉及认证、访问控制、机密性、数据完整性、不可否认性、Web安全性、EDI和网络支付等应用的安全性。

③保护系统安全。保护系统安全，是指从整体电子商务系统或网络支付系统的角度进行安全防护，它与网络系统硬件平台、操作系统、各种应用软件等互相关联。涉及网络支付结算的系统安全包含下述一些措施：第一，在安装的软件中，如浏览器软件、电子钱包软件、支付网关软件等，检查和确认未知的安全漏洞。第二，技术与管理相结合，使系统具有最小穿透风险性。如通过诸多认证才允许连通，对所有接入数据必须进行审计，对系统用户进行严格安全管理。第三，建立详细的安全审计日志，以便检测并跟踪入侵攻击等。

(2)商务交易安全措施。

商务交易安全则紧紧围绕传统商务在互联网络上应用时产生的各种安全问题，在计算机网络安全的基础上，如何保障电子商务过程的顺利进行。

各种商务交易安全服务都是通过安全技术来实现的，主要包括加密技术、认证技术和电子商务安全协议等。

①加密技术。加密技术是电子商务采取的基本安全措施，交易双方可根据需要在信息交换的阶段使用。加密技术分为两类，即对称加密和非对称加密。

第一，对称加密。又称私钥加密，即信息的发送方和接收方用同一个密钥去加密和解密数据。它的最大优势是加/解密速度快，适合于对大数据量进行加密，但密钥管理困难。如果进行通信的双方能够确保专用密钥在密钥交换阶段未曾泄露，那么机密性和报文完整性就可以通过这种加密方法加密机密信息、随报文一起发送报文摘要或报文散列值来实现。

第二，非对称加密。又称公钥加密，使用一对密钥来分别完成加密和解密操作，其中一个公开发布(即公钥)，另一个由用户自己秘密保存(即私钥)。信息交换的过程是：甲方生成一对密钥并将其中的一把作为公钥向其他交易方公开，得到该公钥的乙方使用该密钥对信息进行加密后再发送给甲方，甲方再用自己保存的私钥对加密信息进行解密。

②认证技术。认证技术是用电子手段证明发送者和接收者身份及其文件完整性的技术，即确认双方的身份信息在传送或存储过程中未被篡改过。

第一，数字签名。也称电子签名，如同出示手写签名一样，能起到电子文件认证、核准和生效的作用。其实现方式是把散列函数和公开密钥算法结合起来，发送方从报文文本中生成一个散列值，并用自己的私钥对这个散列值进行加密，形成发送方的数字签名；然后，将这个数字签名作为报文的附件和报文一起发送给报文的接收方；报文的接收方首先从接收到的原始报文中计算出散列值，接着再用发送方的公开密钥来对报文附加的数字签名进行解密；如果这两个散列值相同，那么接收方就能确认该数字签名是发送方的。数字签名机制提供了一种鉴别方法，以解决伪造、抵赖、冒充、篡改等问题。

第二，数字证书。这是一个经证书授权中心数字签名的包含公钥拥有者信息以及公钥的文件。数字证书的最主要构成包括一个用户公钥，加上密钥所有者的用户身份标识符，以及被信任的第三方签名。第三方一般是用户信任的证书权威机构(CA)，如政府部门和金融机构。用户以安全的方式向公钥证书权威机构提交他的公钥并得到证书，然后用户就可以公开这个证书。任何需要用户公钥的人都可以得到此证书，并通过相关的信任签名来验证公钥的有效性。数字证书通过标志交易各方身份信息的一系列数据，提供了一种验证各自身份的方式，用户可以用它来识别对方的身份。

③电子商务的安全协议。除上文提到的各种安全技术之外,电子商务的运行还有一套完整的安全协议。目前,比较成熟的协议有 SET、SSL 等。

第一,安全套接层协议 SSL。该协议位于传输层和应用层之间,是由 SSL 记录协议、SSL 握手协议和 SSL 警报协议组成的。SSL 握手协议被用来在客户与服务器真正传输应用层数据之前建立安全机制。当客户与服务器第一次通信时,双方通过握手协议在版本号、密钥交换算法、数据加密算法和 Hash 算法上达成一致,然后互相验证对方身份,最后使用协商好的密钥交换算法产生一个只有双方知道的秘密信息,客户和服务器各自根据此秘密信息产生数据加密算法和 Hash 算法参数。SSL 记录协议根据 SSL 握手协议协商的参数,对应用层送来的数据进行加密、压缩、计算消息鉴别码 MAC,然后经网络传输层发送给对方。SSL 警报协议用来在客户和服务器之间传递 SSL 出错信息。

第二,安全电子交易协议 SET。该协议用于划分与界定电子商务活动中消费者、网上商家、交易双方银行、信用卡组织之间的权利和义务关系,给定交易信息传送流程标准。SET 主要由三个文件组成,分别是 SET 业务描述、SET 程序员指南和 SET 协议描述。SET 协议保证了电子商务系统的机密性和数据的完整性和身份的合法性。

SET 协议是专为电子商务系统设计的。它位于应用层,其认证体系十分完善,能实现多方认证。在 SET 的实现中,消费者账户信息对商家来说是保密的。但是 SET 协议十分复杂,交易数据需进行多次验证,用到多个密钥以及多次加密解密。而且在 SET 协议中除消费者与商家外,还有发卡行、收单行、认证中心、支付网关等其他参与者。

(3)安全性原则。

为了达到信息安全的目标,各种信息安全技术的使用必须遵守一些基本的原则。

①最小化原则。受保护的敏感信息只能在一定范围内被共享,履行工作职责和职能的安全主体,在法律和相关安全策略允许的前提下,为满足工作需要,仅被授予其访问信息的适当权限,称为最小化原则。敏感信息的知情权一定要加以限制,是在"满足工作需要"前提下的一种限制性开放。可以将最小化原则细分为知所必须和用所必须的原则。

②分权制衡原则。在信息系统中,对所有权限应该进行适当地划分,使每个授权主体只能拥有其中的一部分权限,使它们之间相互制约、相互监督,共同保证信息系统的安全。如果一个授权主体分配的权限过大,无人监督和制约,就隐含了"滥用权力"、"一言九鼎"的安全隐患。

③安全隔离原则。隔离和控制是实现信息安全的基本方法,而隔离是进行控制的基础。信息安全的一个基本策略就是将信息的主体与客体分离,按照一定的安全策略,在可控和安全的前提下实施主体对客体的访问。

在这些基本原则的基础上,人们在生产实践过程中还总结出的一些实施原则,它们是基本原则的具体体现和扩展。包括:整体保护原则、谁主管谁负责原则、适度保护的等级化原则、分域保护原则、动态保护原则、多级保护原则、深度保护原则和信息流向原则等。

6.4.3 信息安全管理

信息安全管理体系(Information Security Management Systems)是组织在整体或特定范围内建立信息安全方针和目标,以及完成这些目标所用方法的体系。它是直接管理活动的结果,表示成方针、原则、目标、方法、过程、核查表(Checklists)等要素的集合。

1. 信息安全管理体系

BS 7799－2(见 BS7799 体系)是建立和维持信息安全管理体系的标准。该标准要求组织通过确定信息安全管理体系范围、制定信息安全方针、明确管理职责、以风险评估为基础选择控制目标与控制方式等活动建立信息安全管理体系；体系一旦建立，组织应按体系规定的要求进行运作，保持体系运作的有效性；信息安全管理体系应形成一定的文件，即组织应建立并保持一个文件化的信息安全管理体系，其中应阐述被保护的资产、组织风险管理的方法、控制目标及控制方式和需要的保证程度。

2. 编写信息安全管理体系文件的主要依据

组织对信息安全管理体系的采用是一个战略决定。因为按照 BS 7799－2:2002 建立的信息安全管理体系需要在组织内形成良好的信息安全文化氛围，它涉及组织全体成员和全部过程，需要取得管理者的足够重视和有力的支持。

①信息安全管理体系标准：基本要求是 BS 7799－2:2002《信息安全管理体系规范》，控制方式指南为 ISO/IEC 17799:2000《信息技术—信息安全管理实施细则》。

②相关法律、法规及其他要求。

③组织现行的安全控制惯例、规章、制度，包括规范和作业指导书等。

④现有其他相关管理体系文件。

3. 编写信息安全管理体系程序文件应遵循的原则

在编写程序文件时应遵循下列原则：①程序文件一般不涉及纯技术性的细节，细节通常在工作指令或作业指导书中规定；②程序文件是针对影响信息安全的各项活动的目标和执行作出的规定，它应阐明影响信息安全的管理人员、执行人员、验证或评审人员的职责、权力和相互关系，说明实施各种不同活动的方式、将采用的文件及将采用的控制方式；③程序文件的范围和详细程度应取决于安全工作的复杂程度、所用的方法以及这项活动涉及人员所需要的技能、素质和培训程度；④程序文件应简练、明确和易懂，使其具有可操作性和可检查性；⑤程序文件应保持统一的结构与编排格式，便于文件的理解与使用。

4. 编写信息安全管理体系程序文件的注意事项

编写信息安全管理体系程序文件时应注意：

①程序文件要符合组织业务运作的实际，并具有可操作性；

②可检查性。实施信息安全管理体系的一个重要标志就是有效性的验证。程序文件主要体现可检查性，必要时附相应的控制标准；在正式编写程序文件之前，组织应根据标准的要求、风险评估的结果及组织的实际对程序文件的数量及其控制要点进行策划，确保每个程序之间要有必要的衔接，避免相同的内容在不同的程序之间有较大的重复；另外，在能够实现安全控制的前提下，程序文件数量和每个程序的篇幅越少越好；程序文件应得到本活动相关部门负责人的同意和接受，必须经过审批，注明修订情况和有效期。

5. PDCA 过程模式在信息安全管理体系的应用

(1)PDCA 过程模式。

策划：依照组织整个方针和目标，建立与控制风险、提高信息安全有关的安全方针、目标、指标、过程和程序。

实施：实施和运作方针(过程和程序)。

检查：依据方针、目标和实际经验测量，评估过程业绩，并向决策者报告结果。

措施：采取纠正和预防措施进一步提高过程业绩。

以上四个步骤成为一个闭环，通过这个环的不断运转，使信息安全管理体系得到持续改进，使信息安全绩效(performance)螺旋上升。

(2)P——建立信息安全管理体系和风险评估。

要启动PDCA循环,必须有“启动器”:提供必需的资源、选择风险管理方法、确定评审方法、文件化实践。设计策划阶段就是为了确保正确建立信息安全管理体系的范围和详略程度,识别并评估所有的信息安全风险,为这些风险制订适当的处理计划。策划阶段的所有重要活动都要被文件化,以备将来追溯和控制更改情况。

①确定范围和方针。信息安全管理体系可以覆盖组织的全部或者部分。无论是全部还是部分,组织都必须明确界定体系的范围,如果体系仅涵盖组织的一部分这就变得更重要了。组织需要文件化信息安全管理体系的范围。信息安全管理体系范围文件应该涵盖:确立信息安全管理体系范围和体系环境所需的过程;战略性和组织化的信息安全管理环境;组织的信息安全风险管理方法;信息安全风险评价标准以及所要求的保证程度;信息资产识别的范围。

信息安全管理体系也可能在其他信息安全管理体系的控制范围内。在这种情况下,上下级控制的关系有下列两种可能:

第一,下级信息安全管理体系不使用上级信息安全管理体系的控制,在这种情况下,上级信息安全管理体系的控制不影响下级信息安全管理体系的PDCA活动;第二,下级信息安全管理体系使用上级信息安全管理体系的控制,在这种情况下,上级信息安全管理体系的控制可以被认为是下级信息安全管理体系策划活动的“外部控制”。尽管此类外部控制并不影响下级信息安全管理体系的实施、检查、措施活动,但是下级信息安全管理体系仍然有责任确认这些外部控制提供了充分的保护。

安全方针是关于在一个组织内,指导如何对信息资产进行管理、保护和分配的规则、指示,是组织信息安全管理体系的基本法。组织的信息安全方针,描述信息安全在组织内的重要性,表明管理层的承诺,提出组织管理信息安全的方法,为组织的信息安全管理提供方向和支持。

②定义风险评估的系统性方法。确定信息安全风险评估方法,并确定风险等级准则。评估方法应该和组织既定的信息安全管理体系范围、信息安全需求、法律法规要求相适应,兼顾效果和效率。组织需要建立风险评估文件,解释所选择的风险评估方法、说明为什么该方法适合组织的安全要求和业务环境,介绍所采用的技术和工具,以及使用这些技术和工具的原因。评估文件还应该规范下列评估细节:a. 信息安全管理体系内资产的估价,包括所用的价值尺度信息;b. 威胁及薄弱点的识别;c. 可能利用薄弱点的威胁的评估,以及此类事故可能造成的影响;d. 以风险评估结果为基础的风险计算,以及剩余风险的识别。

③识别风险。包括:识别信息安全管理体系控制范围内的信息资产;识别对这些资产的威胁;识别可能被威胁利用的薄弱点;识别保密性、完整性和可用性丢失对这些资产的潜在影响。

④评估风险。根据资产保密性、完整性或可用性丢失的潜在影响,评估由于安全失效可能引起的商业影响;根据与资产相关的主要威胁、薄弱点及其影响,以及目前实施的控制,评估此类失败发生的现实可能性;根据既定的风险等级准则,确定风险等级。

⑤识别并评价风险处理的方法。对于所识别的信息安全风险,组织需要加以分析,区别对待。如果风险满足组织的风险接受方针和准则,那么就有意地、客观地接受风险;对于不可接受的风险组织可以考虑避免风险或者将转移风险;对于不可避免也不可转移的风险应该采取适当的安全控制,将其降低到可接受的水平。

⑥为风险的处理选择控制目标与控制方式。选择并文件化控制目标和控制方式,以将风险降低到可接受的等级。BS 7799-2:2002附录A提供了可供选择的控制目标与控制方式。不可能总是以可接受的费用将风险降低到可接受的等级,那么需要确定是增加额外的控制,还

是接受高风险;在设定可接受的风险等级时,控制的强度和费用应该与事故的潜在费用相比较。这个阶段还应该策划安全破坏或者违背的探测机制,进而安排预防、制止、限制和恢复控制。在形式上,组织可以通过设计风险处理计划来完成步骤5、6。风险处理计划是组织针对所识别的每一项不可接受风险建立的详细处理方案和实施时间表,是组织安全风险和控制措施的接口性文档。风险处理计划不仅可以指导后续的信息安全管理活动,还可以作为与高层管理者、上级领导机构、合作伙伴或者员工进行信息安全事宜沟通的桥梁。这个计划至少应该为每一个信息安全风险阐明以下内容:组织所选择的处理方法;已经到位的控制;建议采取的额外措施;建议控制的实施时间框架。

⑦获得最高管理者的授权批准。剩余风险(residual risks)的建议应该获得批准,开始实施和运作信息安全管理体系需要获得最高管理者的授权。

(3)D——实施并运行信息安全管理体系。

PDCA循环中这个阶段的任务是以适当的优先权进行管理运作,执行所选择的控制,以管理策划阶段所识别的信息安全风险。对于那些被评估认为是可接受的风险,不需要采取进一步的措施;对于不可接受风险,需要实施所选择的控制,这应该与策划活动中准备的风险处理计划同步进行。计划的成功实施需要有一个有效的管理系统,其中要规定所选择方法、分配职责和职责分离,并且要依据规定的方式方法监控这些活动。

在不可接受的风险被降低或转移之后,还会有一部分剩余风险。应对这部分风险进行控制,确保不期望的影响和破坏被快速识别并得到适当管理。本阶段还需要分配适当的资源(人员、时间和资金)运行信息安全管理体系以及所有的安全控制。这包括将所有已实施控制的文件化,以及信息安全管理体系文件的积极维护。

提高信息安全意识的目的就是产生适当的风险和安全文化,保证意识和控制活动的同步,还必须安排针对信息安全意识的培训,并检查意识培训的效果,以确保其持续有效和实时性。如有必要应对相关方事实有针对性的安全培训,以支持组织的意识程序,保证所有相关方能按照要求完成安全任务。本阶段还应该实施并保持策划了的探测和响应机制。

(4)C——监视并评审信息安全管理体系。

检查阶段,又称学习阶段,是PDCA循环的关键阶段,是信息安全管理体系要分析运行效果、寻求改进机会的阶段。如果发现一个控制措施不合理、不充分,就要采取纠正措施,以防止信息系统处于不可接受风险状态。组织应该通过多种方式检查信息安全管理体系是否运行良好,并对其业绩进行监视。可包括下列管理过程:

①执行程序和其他控制以快速检测处理结果中的错误;快速识别安全体系中失败的和成功的破坏;能使管理者确认人工或自动执行的安全活动达到预期的结果;按照商业优先权确定解决安全破坏所要采取的措施;接受其他组织和组织自身的安全经验。

②常规评审信息安全管理体系的有效性;收集安全审核的结果、事故,以及来自所有股东和其他相关方的建议和反馈,定期对信息安全管理体系有效性进行评审。

③评审剩余风险和可接受风险的等级;注意组织、技术、商业目标和过程的内部变化,以及已识别的威胁和社会风尚的外部变化,定期评审剩余风险和可接受风险等级的合理性。

④审核是执行管理程序、以确定规定的安全程序是否适当、是否符合标准,以及是否按照预期的目的进行工作。审核的就是按照规定的周期(最多不超过一年)检查信息安全管理体系的所有方面是否行之有效。审核的依据包括BS 7799—2:2002标准和组织所发布的信息安全管理程序。应该进行充分的审核策划,以便审核任务能在审核期间内按部就班地展开。

管理者应该确保有证据证明:信息安全方针仍然是业务要求的正确反映;正在遵循文件化的程序(信息安全管理体系范围内),并且能够满足其期望的目标;有适当的技术控制(例如防火墙、实物访问控制),被正确地配置,且行之有效;剩余风险已被正确评估,并且是组织管理可以接受的;前期审核和评审所认同的措施已经被实施;审核会包括对文件和记录的抽样检查,以及口头审核管理者和员工。正式评审:为确保范围保持充分性,以及信息安全管理体系过程的持续改进得到识别和实施,组织应定期对信息安全管理体系进行正式的评审(最少一年评审一次)。记录并报告能影响信息安全管理体系有效性或业绩的所有活动、事件。

(5)A——改进信息安全管理体系。

经过了策划、实施、检查之后,组织在措施阶段必须对所策划的方案给予结论,是应该继续执行,还是应该放弃重新进行新的策划?当然该循环给管理体系带来明显的业绩提升,组织可以考虑是否将成果扩大到其他的部门或领域,这就开始了新一轮的 PDCA 循环。在这个过程中组织可能持续地进行以下操作:

测量信息安全管理体系满足安全方针和目标方面的业绩。识别信息安全管理体系的改进,并有效实施。采取适当的纠正和预防措施。沟通结果及活动,并与所有相关方磋商。必要时修订信息安全管理体系。确保修订达到预期的目标。在这个阶段需要注意的是,很多看起来单纯的、孤立的事件,如果不及时处理就可能对整个组织产生影响,所采取的措施不仅具有直接的效果,还可能带来深远的影响。组织需要把措施放在信息安全管理体系持续改进的大背景下,以长远的眼光来打算,确保措施不仅致力于眼前的问题,还要杜绝类似事故再次发生或者降低其在放生的可能性。

不符合、纠正措施和预防措施是本阶段的重要概念。

不符合:是指实施、维持并改进所要求的一个或多个管理体系要素缺乏或者失效,或者是在客观证据基础上,信息安全管理体系符合安全方针以及达到组织安全目标的能力存在很大不确定性的情况。

纠正措施:组织应确定措施,以消除信息安全管理体系实施、运作和使用过程中不符合的原因,防止再发生。组织的纠正措施的文件化程序应该规定以下方面的要求:识别信息安全管理体系实施、运作过程中的不符合;确定不符合的原因;评价确保不符合不再发生的措施要求;取定并实施所需的纠正措施;记录所采取措施的结果;评审所采取措施的有效性。

预防措施:组织应确定措施,以消除潜在不符合的原因,防止其发生。预防措施应与潜在问题的影响程度相适应。

练习题

一、单选题

1. 计算机网络拓扑是通过网中节点与通信线路之间的几何关系来表示网络结构,它可以反映出网络中各实体之间的(　　)。

A. 结构关系　　B. 主从关系　　C. 接口关系　　D. 层次关系

2. 在 OSI 参考模型中,在网络层之上的是(　　)。

A. 物理层　　B. 应用层　　C. 数据链路层　　D. 传输层

3. 在 TCP/IP 协议中,UDP 协议属于(　　)。

A. 主机—网络层　　B. 互联层　　C. 传输层　　D. 应用层

4. 以下关于局域网环形拓扑特点的描述中，错误的是(　　)。

A. 节点通过广播线路连接成闭合环路

B. 环中数据将沿一个方向逐站传送

C. 环形拓扑结构简单，传输延时确定

D. 为了保证环的正常工作，需要进行比较复杂的环维护处理

5. 计算机病毒是一类侵入计算机系统并具有潜伏、传播和破坏能力的(　　)。

A. 生物　　B. 指令　　C. 程序　　D. 细菌

6. 某用户在域名为 mail. abc. edu. cn 的邮件服务器上申请了一个账号，账号名为 wang，那么该用户的电子邮件地址是(　　)。

A. mail. abc. edu. cn@wang　　B. wang@mail. abc. edu. cn

C. wang%mail. abc. edu. cn　　D. mail. abc. edu. cn%wang

7. 甲总是怀疑乙发给他的信在传输过程中遭人篡改，为了消除甲的怀疑，计算机网络采用的技术是(　　)。

A. 加密技术　　B. 消息认证技术　　C 超标量技术　　D FTP 匿名服务

8. 甲不但怀疑乙发给他的信在传输过程中遭人篡改，而且怀疑乙的公钥也是被人冒充的。为了消除甲的疑惑，甲和乙决定找一个双方都信任的第三方来签发数字证书，这个第三方就是(　　)。

A. 国际电信联盟电信标准分部(ITU－T)　　B. 国际标准化组织(ISO)

C. 认证中心(CA)　　D. 国家安全局(NSA)

二、填空题

1. 资源共享的观点将计算机网络定义为“以能够相互________的方式互连起来的自治计算机系统的集合”。

2. 在星形拓扑结构中，________节点是全网可靠性的“瓶颈”。

3. 计算机网络协议的语法规定了用户数据与控制信息的结构和________。

4. 传输层的主要任务是向用户提供可靠地________服务，透明地传送报文。

5.“三网融合”是指电信传输网、广播电视网与________在技术与业务上的融合。

6. 电子邮件应用程序向邮件服务器传送邮件通常使用________协议。

Outlook 2010 邮件与日程管理

学习重点

掌握 Outlook 2010 的基本操作
掌握 Outlook 2010 的功能设置
掌握邮件与账户管理
掌握日程和计划任务管理
掌握任务管理

Outlook 2010 是 Office 2010 系列应用软件中用于创建、组织和处理各种信息的软件,可以处理与生活、工作密切相关的信息,主要包括邮件管理、联系人管理、日历管理、任务管理和便签管理五大模块。使用 Outlook 2010 能够有效地提高工作效率,方便地实现对各种信息的管理。

7.1 Outlook 2010 基础

与 Microsoft Office 2010 的其他组件一样,Outlook 2010 提供了非常友好的软件环境,各种窗格的显示视图漂亮、直观,并且提供了多种功能,让我们可以有条不紊地处理邮件和日常安排等事务。

7.1.1 Outlook 2010 的基本界面

Outlook 2010 功能区的“视图”选项卡提供了项目的多种视图显示方式,默认界面如图 7－1所示。

选择“视图”→“排列”,可以在项目列表栏中按不同的排列方式显示信息,方便整理和查找项目;选择“视图”→“布局”,可以设置导航窗格、项目列表、阅读窗格、待办事项栏的条目数量

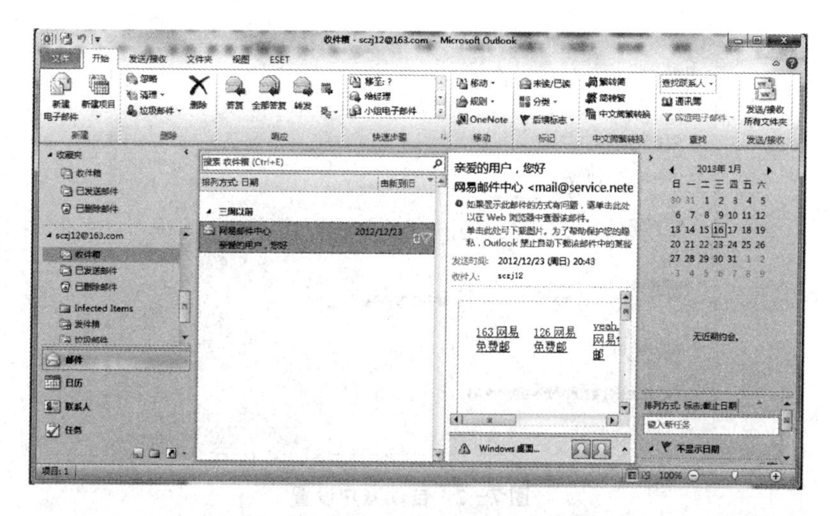

图 7—1　Outlook 2010 的基本界面

以及是否关闭等；选择“视图”→“人员窗格”，可以设置是否在阅读窗格下部显示人员信息；选择“视图”→“提醒窗口”，可以查看提醒的项目列表并可设置具体提醒方式。

7.1.2　添加配置邮件账户

首次启动 Outlook 2010 发送和接收电子邮件之前，必须先添加和配置电子邮件账户。Outlook 2010 支持 POP3、IMAP 和 Microsoft Exchange 类型的电子邮件账户，其中最常用的是 POP3 账户，本章后面涉及的电子邮件账户均为 POP3 账户。

1. 自动添加电子邮件账户

首次使用 Outlook 2010，会自动启动“自动账户设置”功能，并以向导的方式引导用户配置电子邮件账户。此过程只需提供姓名、电子邮件地址和密码，但必须保持 Internet 网络畅通。具体步骤如下：

启动 Outlook，当系统提示配置电子邮件账户时，在“选择服务”对话框中单击“Internet 电子邮件”→“下一步”；在“自动账户设置”对话框中输入姓名、电子邮件地址（必须是已经存在的邮箱账户）和密码，单击“下一步”，如图 7—2 所示。

设置过程需要几分钟时间，成功添加账户后（系统默认配置的是 IMAP 类型），出现如图 7—3所示的界面，单击“完成”按钮完成配置，或者单击“添加其他账户”来添加其他账户。

2. 手动添加电子邮件账户

如果自动添加邮箱账户不成功，可以选择手动配置。具体步骤如下：

①启动 Outlook，当系统提示配置电子邮件账户时，在“选择服务”对话框中选择“Internet 电子邮件”→“下一步”；在“自动账户设置”对话框中，单击“手动配置服务器设置或其他服务器类型”→“下一步”，如图 7—4 所示。

②在“Internet 电子邮件设置”对话框上依次输入姓名、电子邮件地址（必须是已经存在的邮箱账户）、账户类型（POP3 或 IMAP）、接收和发送邮件服务器和密码，如图 7—5 所示。默认选中“记住密码”，则无需在每次访问电子邮件账户时输入密码，但这意味着其他使用该计算机的人员也可以查看或者删除你的邮件，安全性、隐私性较低。

③单击“其他设置”，在弹出的“Internet 电子邮件设置”对话框中进行以下多项设置。

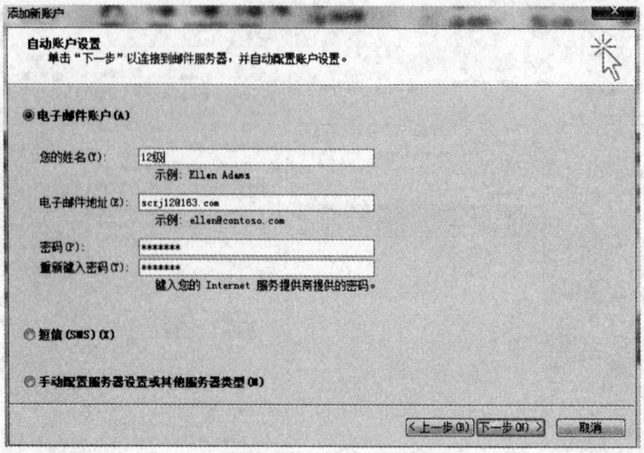

添加新账户

自动账户设置
单击"下一步"以连接到邮件服务器，并自动配置账户设置。

◉ 电子邮件账户(A)

您的姓名(Y): 12级
示例: Ellen Adams

电子邮件地址(E): scrj12@163.com
示例: ellen@contoso.com

密码(P): *******
重新键入密码(T): *******
键入您的 Internet 服务提供商提供的密码。

○ 短信(SMS)(X)

○ 手动配置服务器设置或其他服务器类型(M)

< 上一步(B) 下一步(N) > 取消

图 7—2 自动账户设置

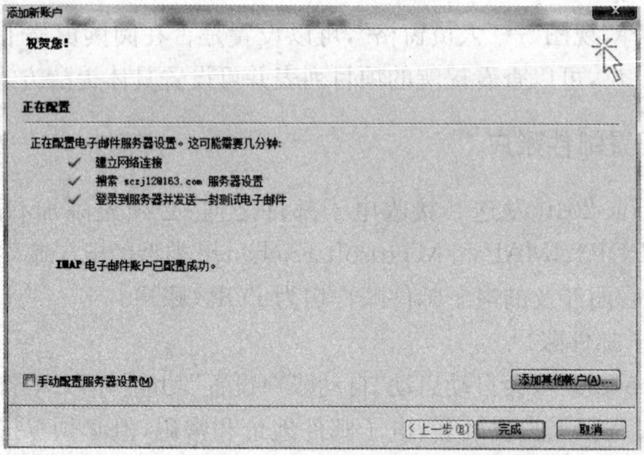

添加新账户

祝贺您!

正在配置

正在配置电子邮件服务器设置。这可能需要几分钟:
✓ 建立网络连接
✓ 搜索 scrj12@163.com 服务器设置
✓ 登录到服务器并发送一封测试电子邮件

IMAP 电子邮件账户已配置成功。

☐ 手动配置服务器设置(M)

添加其他账户(A)...

< 上一步(B) 完成 取消

图 7—3 账户配置完成界面

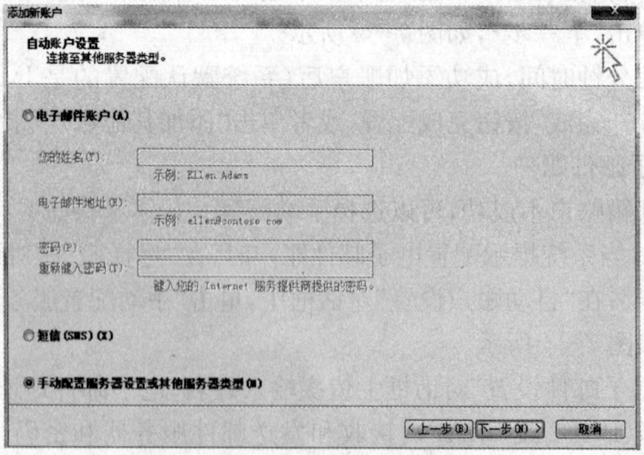

添加新账户

自动账户设置
连接至其他服务器类型。

○ 电子邮件账户(A)

您的姓名(Y):
示例: Ellen Adams

电子邮件地址(E):
示例: ellen@contoso.com

密码(P):
重新键入密码(T):
键入您的 Internet 服务提供商提供的密码。

○ 短信(SMS)(X)

◉ 手动配置服务器设置或其他服务器类型(M)

< 上一步(B) 下一步(N) > 取消

图 7—4 选择手动配置账户

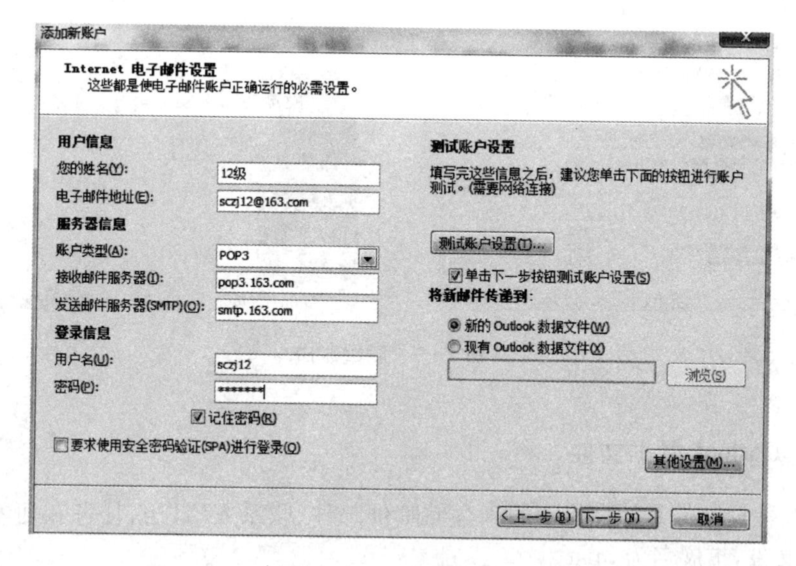

图 7—5　手动账户配置

▶SMTP 身份验证：在"发送服务器"选项卡中选中"我的发送服务器(SMTP)要求验证"复选框，如图 7—6(左)所示。

▶POP3 传递：在"高级"选项卡上选中"在服务器上保留邮件副本"复选框，并根据需要进行其他设置，如图 7—6(右)所示。这样，服务器上的邮件可以一直保留，在其他地方也能看到。

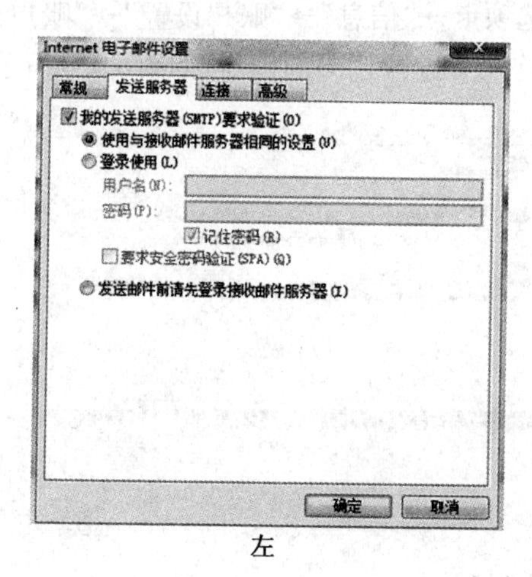

左

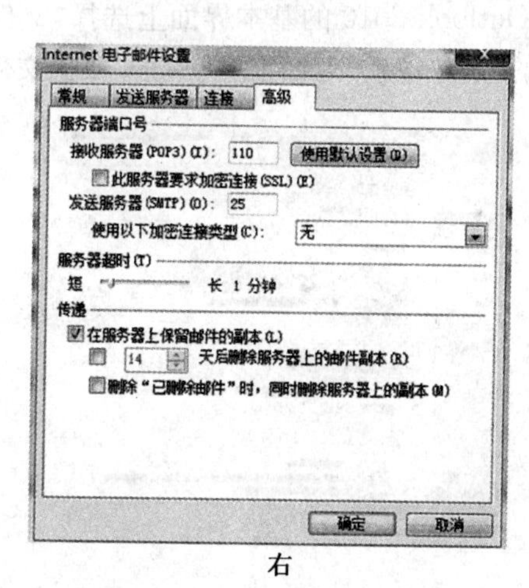

右

图 7—6　电子邮件账户的其他设置

④在弹出的"Internet 电子邮件设置"对话框中，单击"测试账户设置"或"下一步"，验证账户是否有效。如果测试成功，则会出现如图 7—7 所示的界面，否则系统会提示对应的错误信息。

添加成功后，可以进一步设置账户的相关属性，或者添加其他账户。

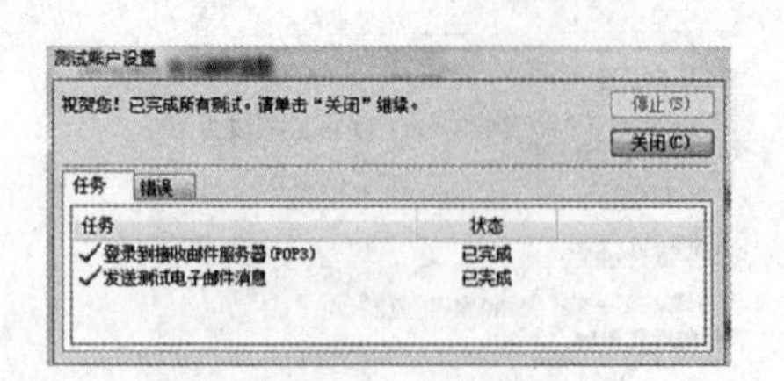
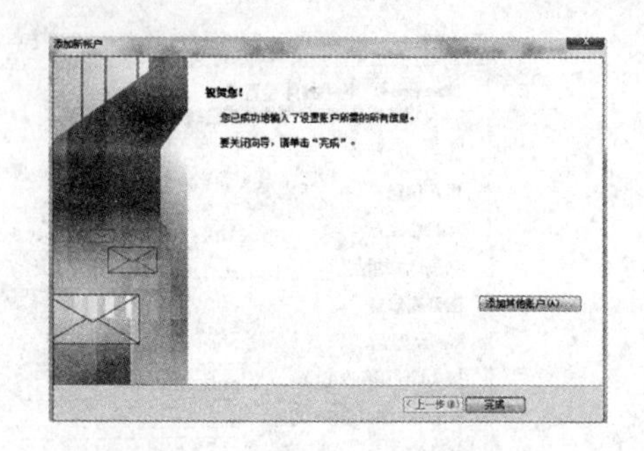

图 7—7 测试账户

7.1.3 Outlook 数据文件

Outlook 数据文件是计算机上用来存储邮件邮件、联系人、日历、任务和便签等所有项目数据信息的文件，扩展名为 .pst。

首次运行 Outlook 2010，系统会自动创建一个默认的 Outlook 数据文件。新建电子邮件账户时，也可以创建独立的 Outlook 数据文件用来存储该账户的邮件信息、联系人信息等相关数据。如果信息量不大的话，建议将所有信息都存放在 Outlook 数据文件中。

尽管在 Outlook 2010 中可以创建多个数据文件，但系统一次只能制定一个 Outlook 数据文件作为默认设置值。

1. 查看 Outlook 数据文件

在 Outlook 2010 的基本界面上选择“文件”选项卡→“信息”→“账户设置”→“账户设置”，在弹出的“账户设置”对话框中，单击“数据文件”选项卡进行相关的操作，如图 7—8 所示。

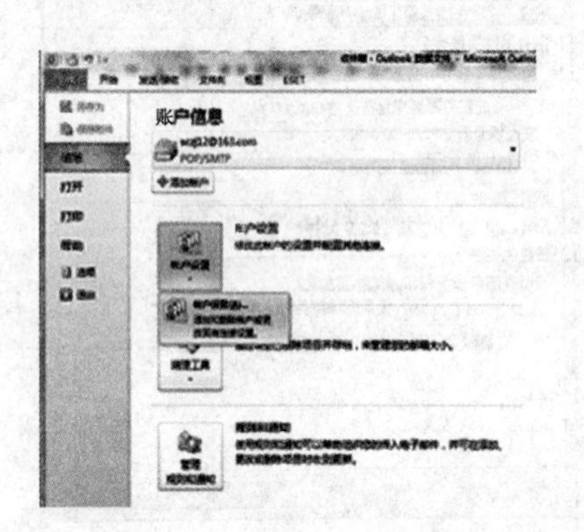
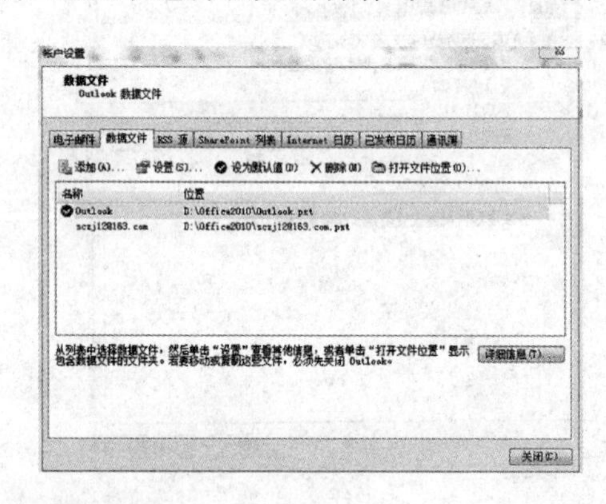

图 7—8 查看数据文件

①添加数据文件：创建一个新的 Outlook 数据文件或添加一个已经存在的数据文件到文件列表中，用来存放指定的信息。

②设置数据文件：设置指定数据文件的相关属性信息，如名称、密码等，如图 7—9 所示（也可以右键单击某个数据文件或邮件账户→“数据文件属性”→“高级”，如图 7—10 所示，打开如图 7—9 所示的对话框进行设置）。

③设置默认值：在数据文件列表中选择其中一个作为默认数据文件，系统对该数据文件内容提供优先访问和定时跟踪功能。

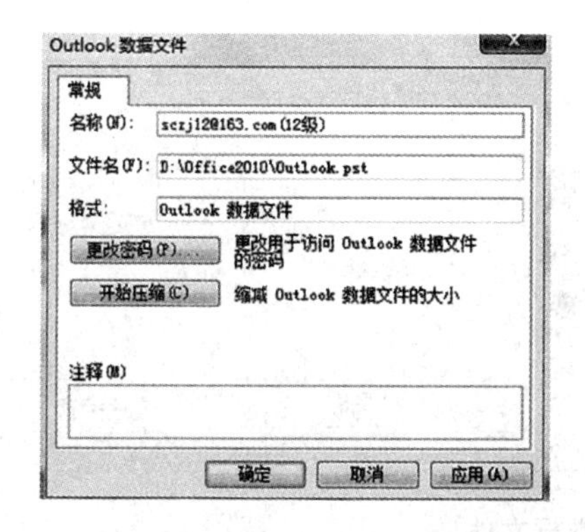

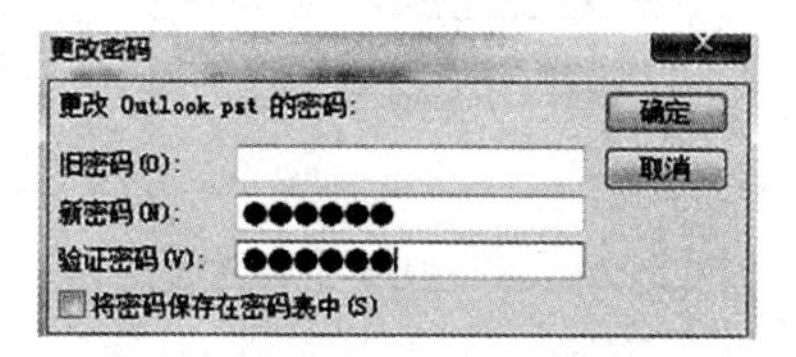

图 7—9　设置数据文件属性

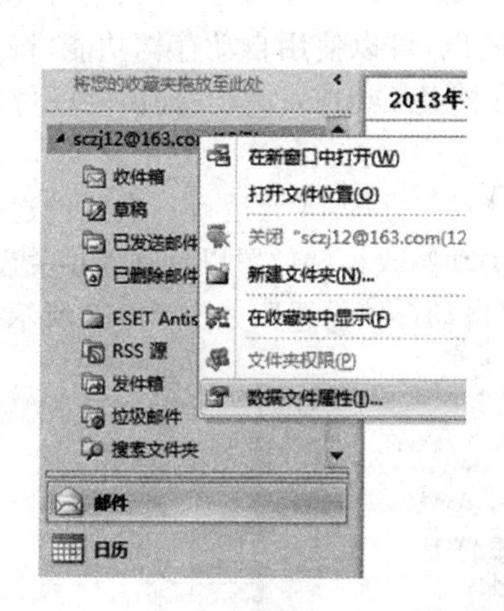

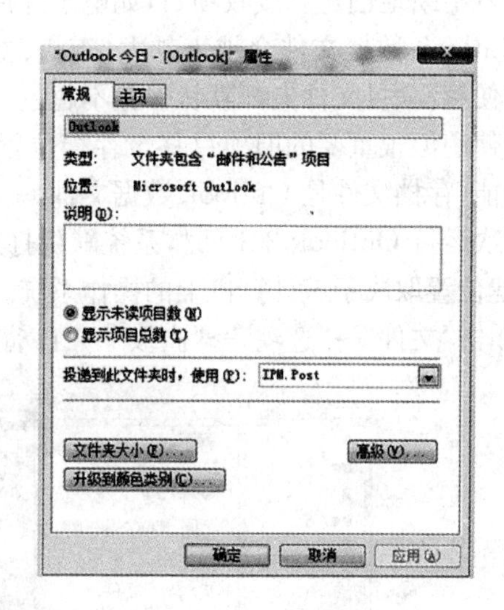

图 7—10　打开数据文件属性

④删除数据文件:从文件列表中删除选中的数据文件,但实际的数据文件本身并没有删除,只是 Outlook 2010 暂时不能访问该数据文件。

⑤打开文件位置:打开选中的数据文件的存储目录。

需要特别说明的是,如果邮箱账户是自动添加的,则系统会为每个账户创建一个 Outlook 数据文件;如果是手动添加的,则可以选择是否创建新的 Outlook 数据文件,以及设定数据文件的存放位置。

2. 移动 Outlook 数据文件

移动 Outlook 数据文件之前,需要先查看数据文件的存储位置,保存并退出 Outlook 2010,然后利用 Windows 资源管理器把数据文件移动到其他文件夹。

重新启动 Outlook 2010,如果移动的是默认数据文件,系统会显示一个错误对话框,提示无法找到 Outlook 数据文件;如果移动的是其他数据文件,则只有被访问到时才会显示错误对话框,单击"确定"按钮,在弹出的"创建/打开 Outlook 数据文件"对话框,如图 7—11 所示,浏览找到该数据文件新的存储位置,选择并打开即可。

3. 自动存档到数据文件

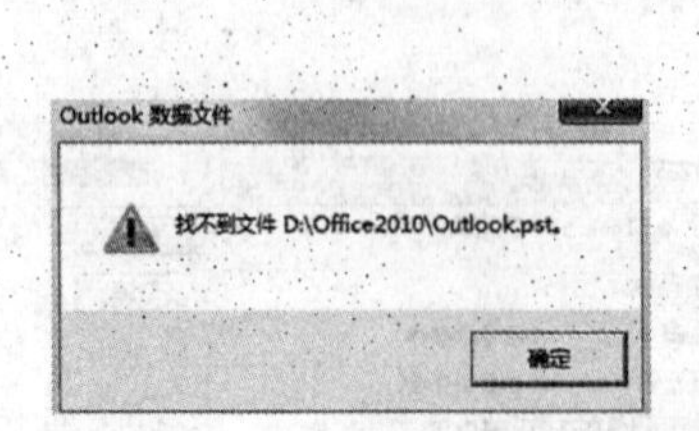

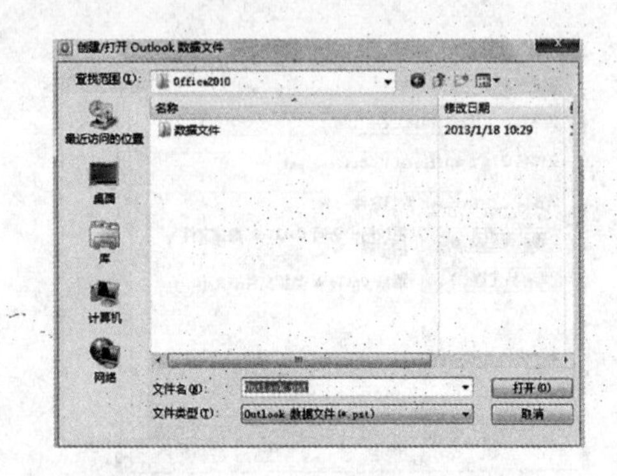

图 7—11 移动数据文件

随着不断地创建和接收项目，如电子邮件、约会、联系人、任务和便签等，存储各个项目信息的 Outlook 数据文件会越来越大，查找、整理信息会变得麻烦，同时“收件箱”、“日历”、“任务”或“便签”项目文件夹都默认保存不超过 6 个月。所以，可以使用自动存档功能，将过期的或很少使用但很重要的旧项目移至存档位置。自动存档是 Outlook 2010 提供的备份项目信息的功能，存档文件是 Outlook 数据文件。

首次运行 Outlook 2010 时，系统默认打开自动存档(并且每 14 天运行一次)，创建存档文件，创建位置取决于该计算机上的操作系统。也可以手动修改存储位置以及其他相关设置，方法是：单击“文件”→“选项”→“高级”→“自动存档”→“自动存档设置”，如图 7—12 所示。

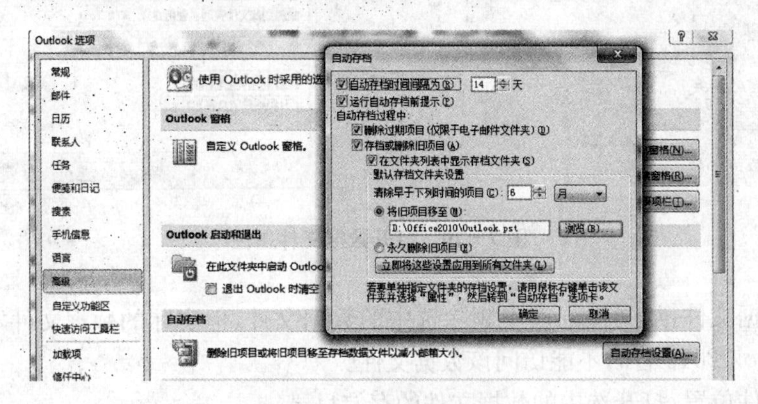

图 7—12 自动存档设置

7.2 邮 件

有了电子邮箱账户后，就可以开始收发邮件了。Outlook 2010 是一个功能强大的邮件管理工具，除了常规的邮件收发功能外，还提供了日历传递、会议邀请和答复、意见征询和快速步骤等功能。

7.2.1 邮件正文与附件

在导航窗格的邮件文件夹中选定某个邮箱账户，单击“开始”选项卡→“新建电子邮件”，就可以用当前账户发邮件了。可以直接输入收件人的 E-mail 地址，多个收件人之间用分号分隔；也可以单击“收件人”按钮，在弹出的“选择姓名：建议联系人”对话框中选择所需的收件人，如图 7—13 所示。输入邮件的主题和内容，单击“发送”按钮完成。

➢ 如果需要用到“密件抄送”功能，单击“选项”选项卡→“显示字段”组→“密件抄送”即可。

➢ 如果需要在邮件里附加文件，单击“邮件”（或“插入”）选项卡→“添加”组→“附加文件”即可。

➢ 邮件正文中可以直接插入多种元素，如信纸、图片、表格、Smartart、艺术字、截屏等，传递极具视觉效果的邮件正文信息。

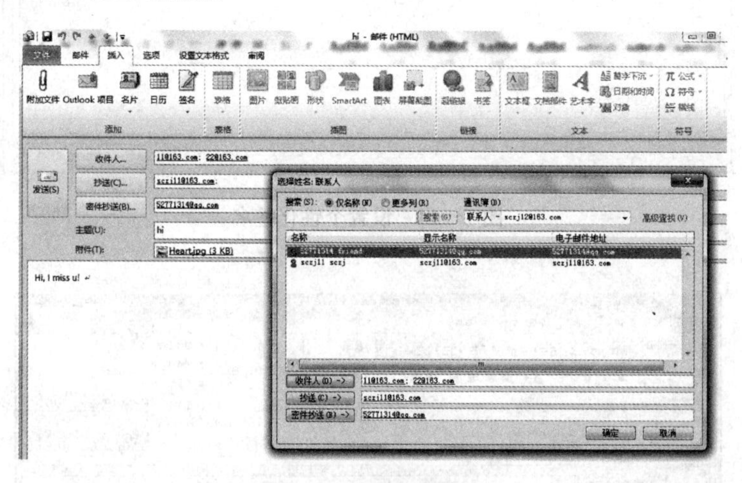

图 7—13　选择联系人

另外，Outlook 2010 还提供了个性化签名、电子名片和日历功能，通过邮件将会议邀请与日历相关联，通过发送电子名片与联系人相关联等功能。

1. 添加签名

在创建邮件时，发件人往往会在邮件末尾签名，也就是邮件签名。比起每次直接输入自己的签名，更简单实用的方法是预先制作好一个或多个个性签名，然后在创建邮件时选择需要的签名。

Outlook 2010 的邮件签名可以是包含发件人信息的文本、图片或者 Outlook 2010 电子名片。单击“文件”→“选项”→“邮件”→“撰写邮件”→“签名”，打开“签名和信纸”对话框，在“电子邮件签名”选项卡的“选择要编辑的签名”列表中，选择所需的签名，或者单击“新建”按钮创建新的签名。在右边“选择默认签名”处作相应的选择，如图 7—14 所示。在“编辑签名”处单击“名片”，则可以选择所需的电子名片作为签名。

图 7—14 表示在用“sczj12@163. com”账户发送新邮件时，系统会自动加入签名“12 级（工作）”，签名内容为“上财浙江学院 12 级”；在答复/转发时则不使用该签名。

在发送或回复电子邮件时，只要单击“邮件”选项卡→“添加”组→“签名”，就可以随时添加任何已经存在的签名。如图 7—15 所示，表示用“sczj12@163. com”账户给 11@163. com 回复邮件时，添加“个人”签名。

2. 添加电子名片

通过电子名片，可以更方便地共享联系人信息。电子名片可以插入到邮件中，由收件人接收、识别。还可以将其他人的联系人信息以电子名片的形式发送或者转发，以达到联系人信息共享的目的。

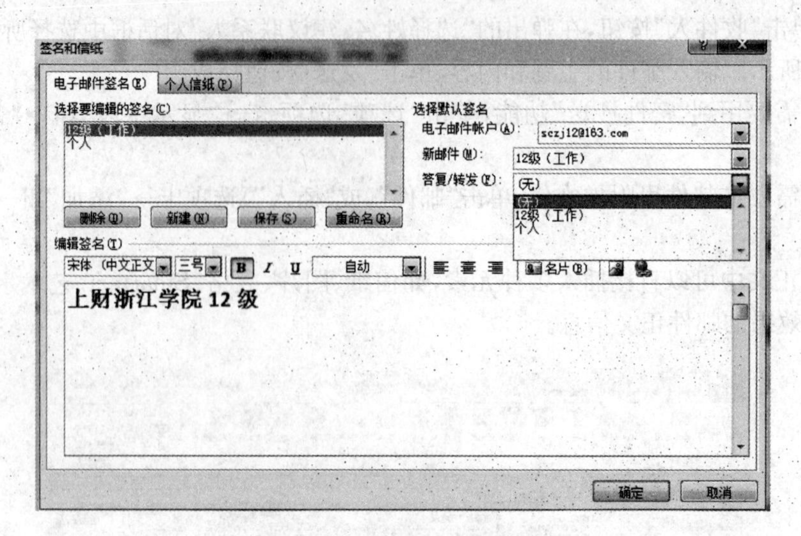

图 7—14　设置个性化签名

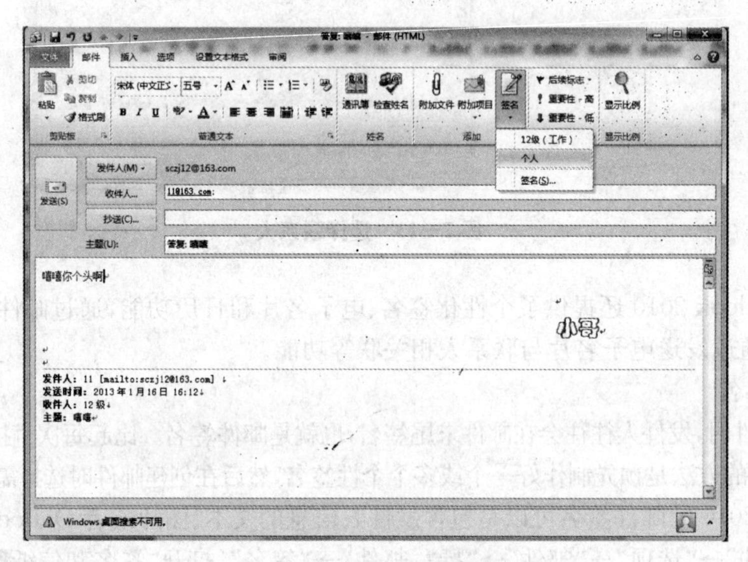

图 7—15　在邮件中添加签名

单击“邮件”选项卡→“添加”组→“附加项目”，单击“名片”列表中的名字。如果看不到所需的名字，可以单击“其他名片”，弹出“插入名片”对话框，在“表示为”列表中选择需要的名字即可。在一封邮件中可以插入多个电子名片，如图 7—16 所示。

3. 添加日历

通过在邮件中添加日历，可以方便地与他人共享日历信息，合理安排事务日程。收件人可以直接打开查看。

单击“邮件”选项卡→“添加”组→“附加项目”→“日历”，在弹出的“通过电子邮件发送日历”对话框中进行日历选项设置，如图 7—17 所示。

邮件中添加日历后，在发送和接收的邮件中，会直接附有日历。在阅读窗格顶部会有“打开该日历”的图标，可以单击该图标直接将收到的日历添加到收件人自己的日历组中；也可以直接打开邮件，在“邮件”选项卡的“打开”组中单击“打开该日历”，实现同样的操作，如图7—18

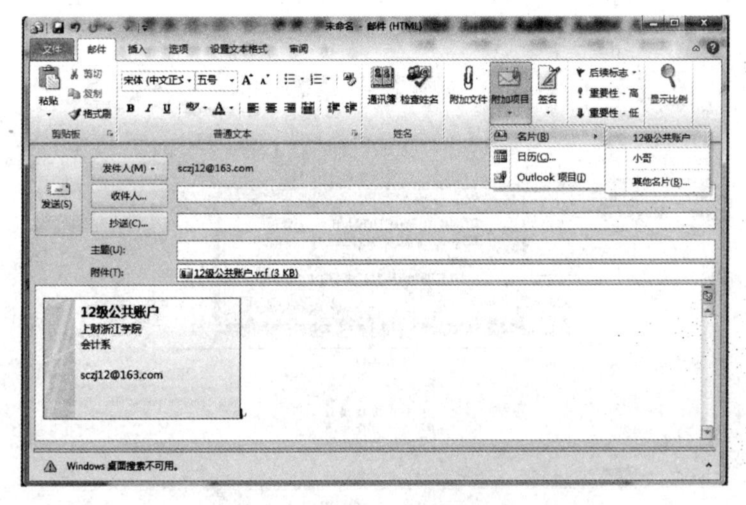

图 7—16　在邮件中添加电子名片

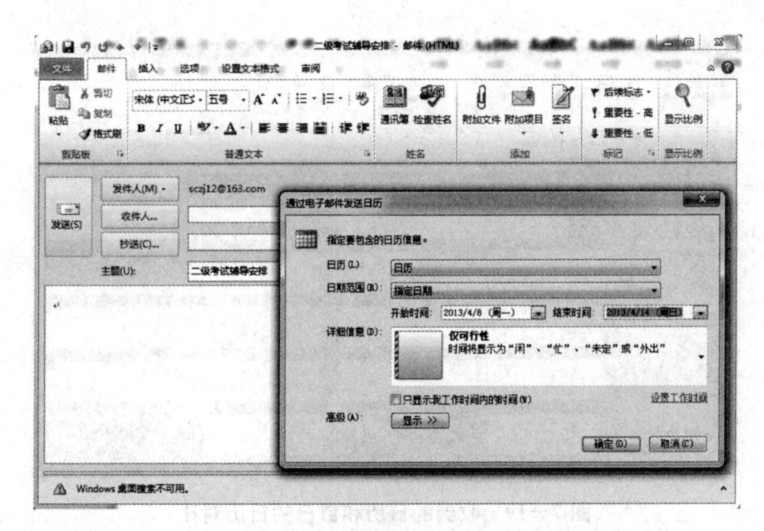

图 7—17　在邮件中添加日历

所示。

打开邮件中的日历后，会直接添加到其他日历组中，方便日历的比对和日程时间的确定，如图 7—19 所示。

7.2.2　向电子邮件添加跟踪

Outlook 2010 提供了跟踪发出的电子邮件并产生操作的功能，包括：①送达和已读回执，当邮件被送达或阅读后得到通知；②征询投票，要求对邮件进行简单的"是"或"否"投票，或者添加自定义投票软件；③对结果进行跟踪和计数等。设置方法如下：单击"文件"→"选项"→"邮件"→"跟踪"，勾选需要设置的选项，单击"确定"按钮，如图 7—20 所示。

1. 获取送达或已读回执

送达回执说明发出的电子邮件已送达收件人的邮箱，但并不表明收件人已看到或阅读该邮件。已读回执说明邮件已被打开。在这两种情况下，收件箱中都会收到一封邮件通知。

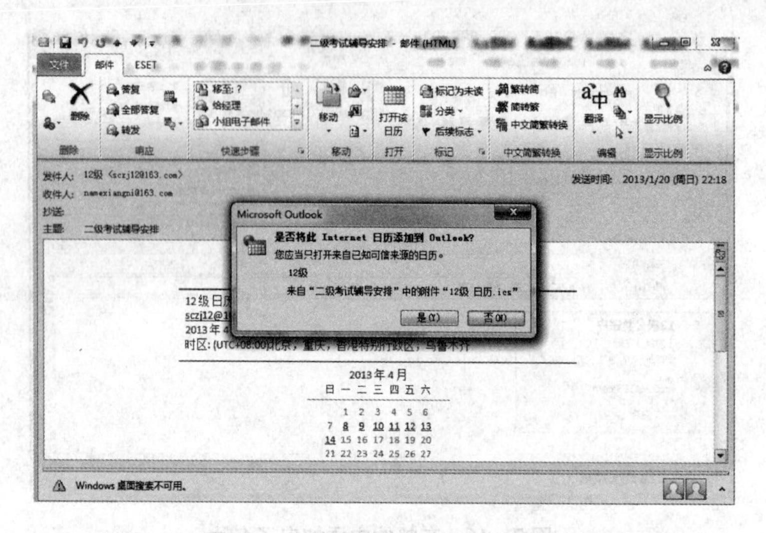

图 7—18 在邮件中打开收到的日历

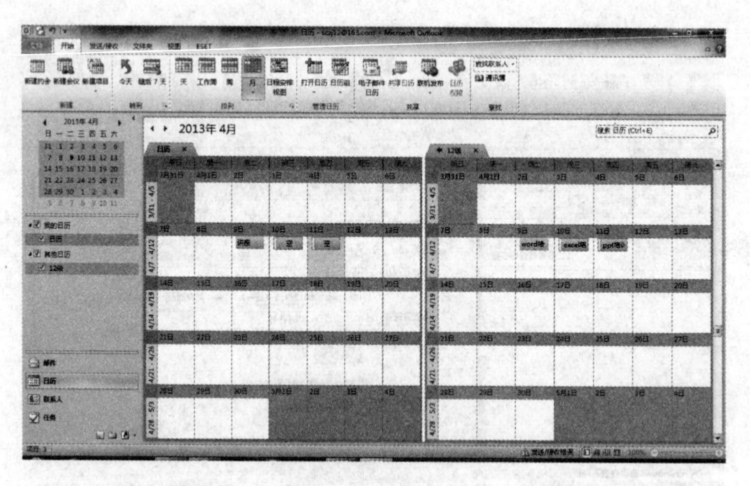

图 7—19 收到的日历和自己的日历对比

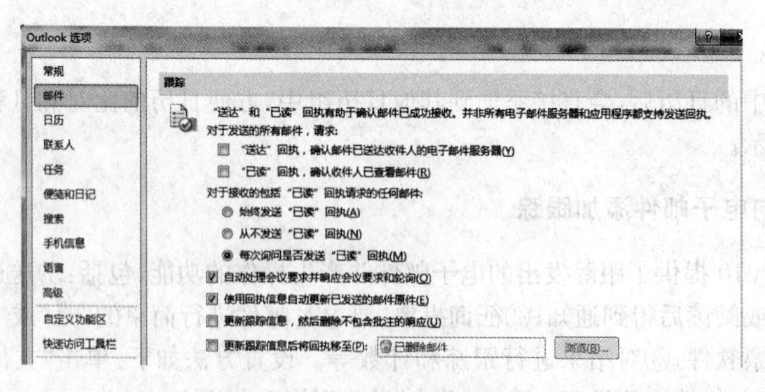

图 7—20 设置邮件跟踪属性

在打开的邮件中，选中"选项"选项卡→"跟踪"组→"请求送达回执"或"请求已读回执"复选框，如图 7—21 所示。收件人在阅读邮件之前会被系统提示"是否发送回执"，如果选择

“是”，那么发件人就可以收到回执邮件。

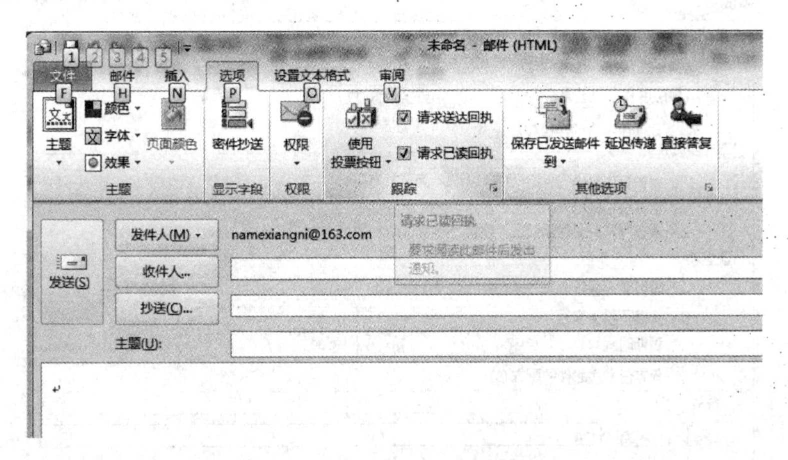

图7—21 设置邮件回执跟踪

2. 添加投票按钮

通过在要发送的电子邮件中包含投票按钮，可以很容易地创建意见征询投票。系统会将收件人的投票送回发件人的收件箱。

在打开的邮件中，单击“选项”选项卡→“跟踪”组→“使用投票按钮”，在列表中单击其中一个选项，如图7—22所示。也可以单击“自定义”创建新的投票按钮名称，如请求收件人在多个方案中选择其中一个。这时系统会跳出一个“属性”对话框，在“投票和跟踪选项”的“使用投票按钮”后面的文本框中输入所需的内容，不同选项之间用分号分隔，如图7—23所示。

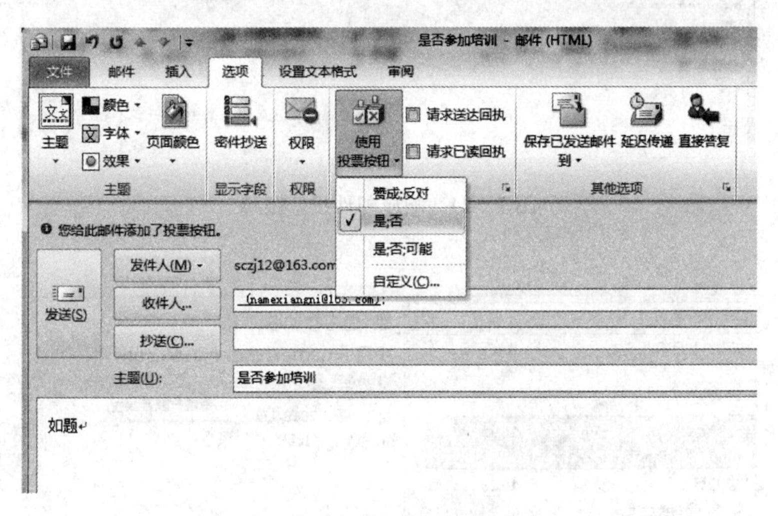

图7—22 设置邮件投票跟踪

收件人可以在阅读窗格或打开的邮件中进行投票，如图7—24所示。

发件人可以在其中一封响应邮件上，单击邮件头中的“发件人响应”行，然后单击“查看投票响应”，如图7—25所示。打开原始邮件查看意见反馈情况，如图7—26所示。

3. 标记要求执行操作的邮件

Outlook 2010可以标记要求执行后续操作的邮件作为自己设置的提醒。标记的邮件可

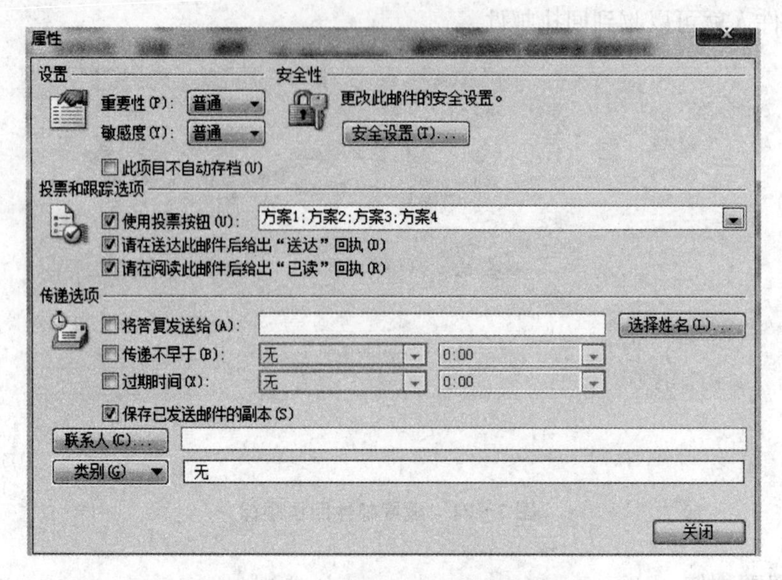

图 7—23 设置邮件投票跟踪属性

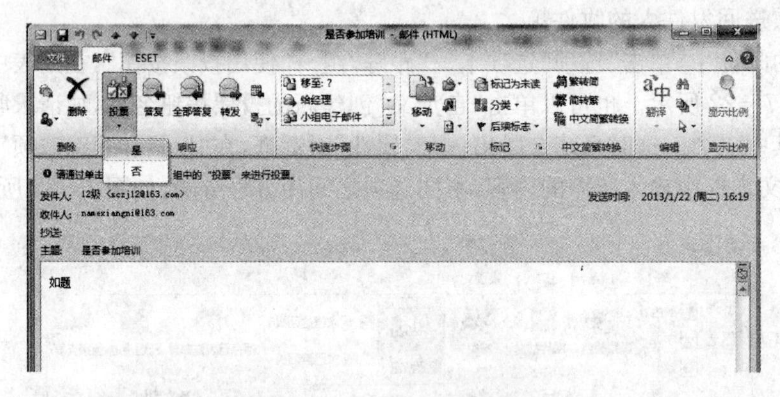

图 7—24 响应邮件投票跟踪

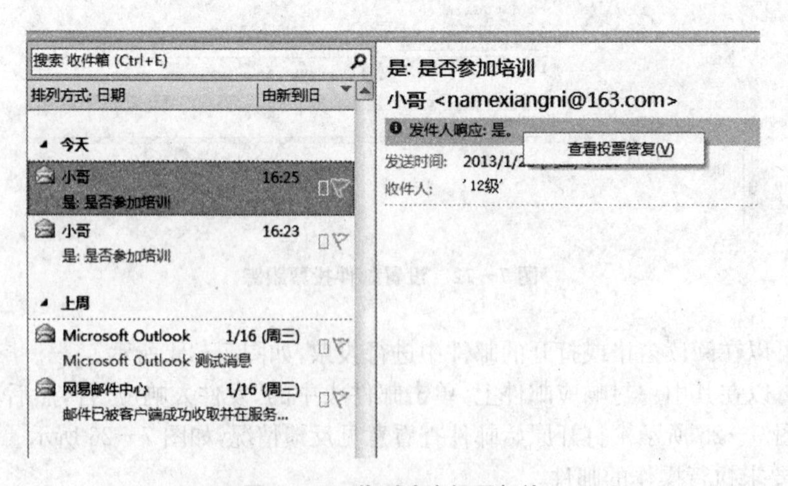

图 7—25 收到响应投票邮件

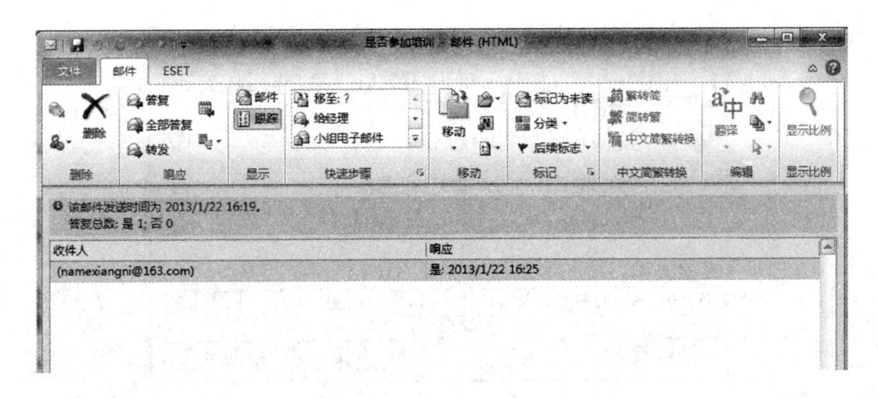

图 7－26　查看投票结果

以为自己或收件人创建待办事项，有助于更好地管理邮件。

(1)为自己的邮件添加标志。

在邮件列表中选择所需邮件，单击“开始”选项卡→“标记”组→“后续标志”→选择要设置的标志类型，如图 7－27 所示。也可以打开邮件，在“邮件”选项卡进行同样的设置。也可以通过单击邮件列表右端的标志小旗子快速标记邮件。

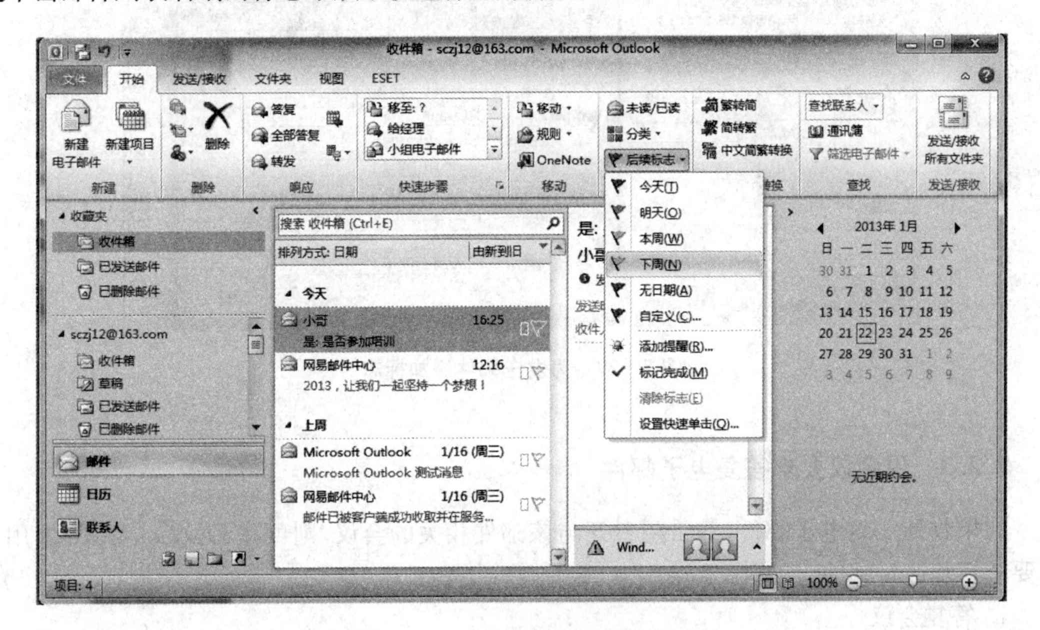

图 7－27　为自己的邮件添加标志

如果希望添加对带此标志邮件的提醒，只需在上图中选择“添加提醒”即可，并可以根据需要设置提醒的日期和时间，如图 7－28 所示。

(2)为收件人的邮件添加标记。

根据需要为收件人邮件添加标记，以提醒收件人注意期限。在发送邮件时，单击“邮件”→“标记”→“后续标志”→“自定义”→“为收件人标记”，如图 7－29 所示。同样可以根据需要设置提醒。发件人和收件人都可以在阅读窗格的信息栏中看到该邮件“需后续工作”的消息。

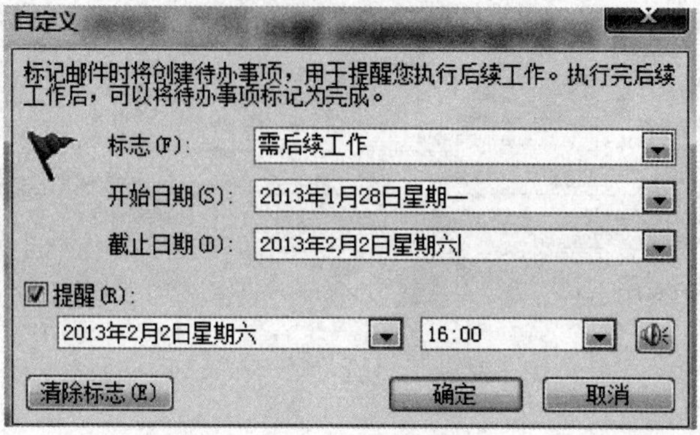

图 7—28 添加提醒

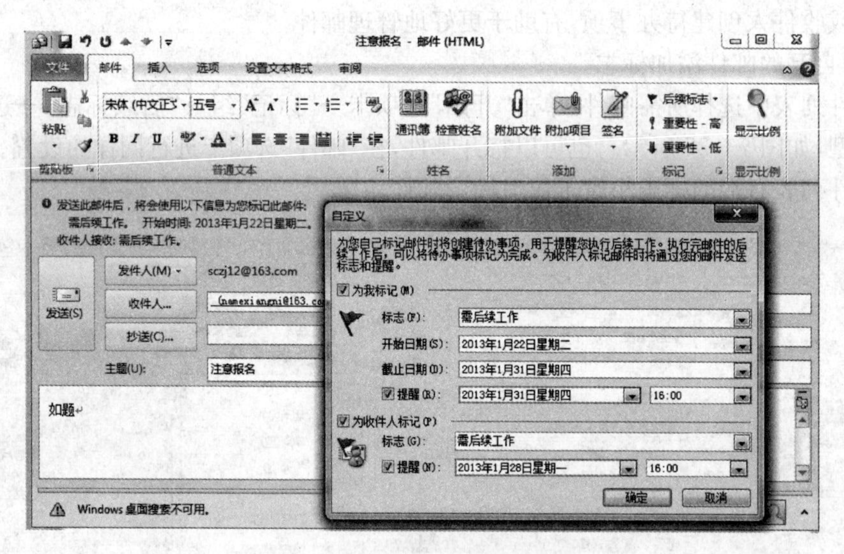

图 7—29 为发送邮件添加标志

7.2.3 用会议要求答复电子邮件

如果收到一封电子邮件，并希望召开与该邮件相关的会议，则可在 Outlook 2010 中用会议要求答复这封邮件。

1. 答复会议

如果用“答复会议”答复邮件，则创建一个会议要求，原始邮件中“收件人”行上的所有人都将作为必选与会者收到邀请，原始邮件包含在会议要求的正文中。操作方式为：单击“开始”选项卡→“响应”组→“会议”；或者打开邮件，单击“邮件”→“响应”→“会议”，并设置会议时间、地点等，如图 7—30 所示。

2. 答复邀请

如果收到的是一封会议邀请，可以直接在邮件的阅读窗格答复邀请，也可以打开邮件答复邀请。收件人对会议邀请有三种答复：接受、暂定和拒绝，可以根据自己的日程安排进行回复，并以邮件的形式发送给邀请人，如图 7—31 所示。

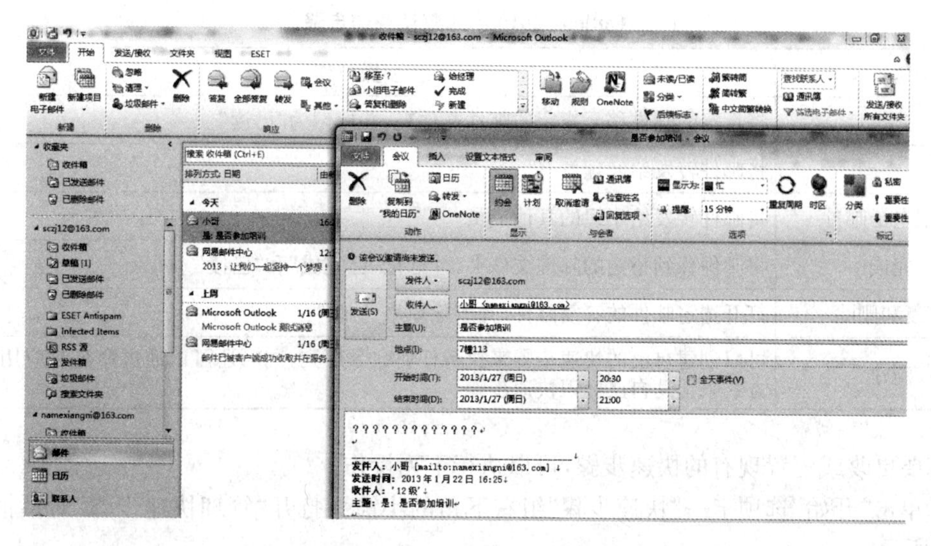

图 7—30　用会议答复邮件

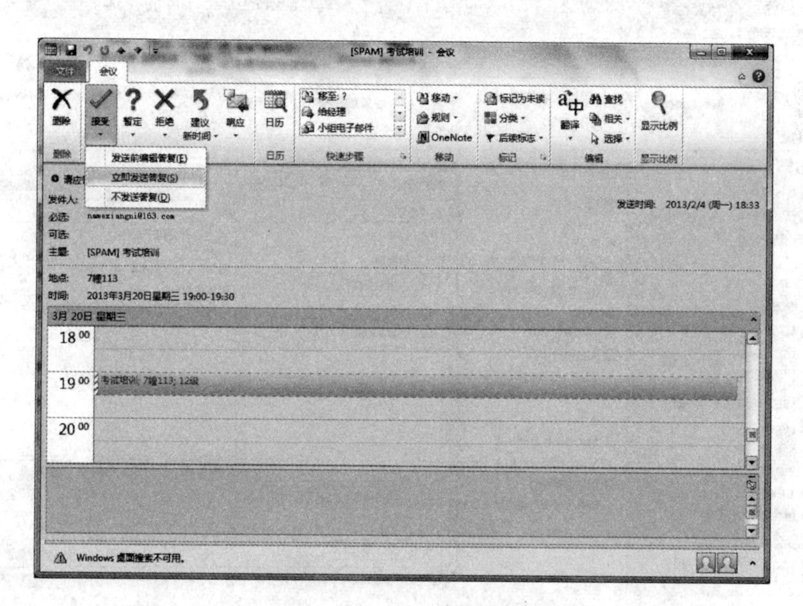

图 7—31　应答会议邀请

7.2.4　快速步骤

Outlook 2010 提供的快速步骤可以同时对邮件应用多项操作，有助于轻松快捷地管理邮箱。例如，如果经常将邮件移动到某个特定的文件夹，便可以使用快速步骤；如果经常要将邮件转发给同学或同事，则使用快速步骤可以令任务简化。也可以对系统默认的快速步骤进行自定义，创建自己的快速步骤。

1. 默认的快速步骤

首次使用快速步骤时，需要先进行配置。例如，如果要通过快速步骤将邮件移到某个特定的文件夹中，则必须在使用前指定该文件夹。表 7—1 为默认快速步骤的操作意义。

表 7—1 **Outlook 2010 中的默认快速步骤**

快速步骤	操 作
移至:?	将选定的邮件移至指定的邮件文件夹,并标记为“已读”
给经理	将邮件转发给经理
小组电子邮件	将邮件转发给小组的其他成员
完成	将邮件移到指定的邮件文件夹,并标记“已完成”和“已读”
答复和删除	打开选定邮件的答复邮件,并删除原来的邮件
新建	可以创建自己的快速步骤来执行任何命令序列,同时还可以通过命名和应用图标的方式来帮助自己标识快速步骤

若要更改或配置现有的快速步骤,可以执行下列操作。

①单击“开始”选项卡→“快速步骤”组右下角的小箭头打开“管理快速步骤”对话框,如图7—32 所示。

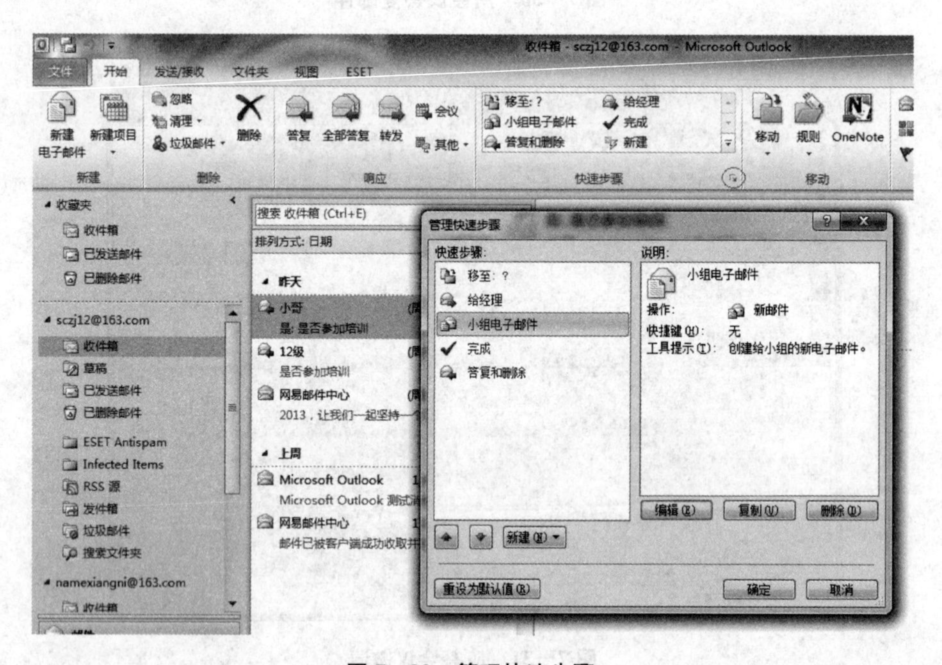

图 7—32 管理快速步骤

②单击要更改的快速步骤,然后单击“编辑”,打开如图 7—33 所示的对话框。根据需要进行相关设置,如更改图标、添加操作等,甚至可以给该快速步骤设置快捷键。

2. 创建快捷步骤

单击“开始”→“快速步骤”→“新建”打开“编辑快速步骤”对话框,根据需要进行设置。过程同更改快速步骤,这里不再赘述。

新建的快速步骤将显示在“快速步骤”组的顶部,如果需要改变位置顺序,可以在如图7—32所示的“管理快速步骤”对话框中设置。

注意:设置的快速步骤只对当前的电子邮件账户(数据文件)有效。

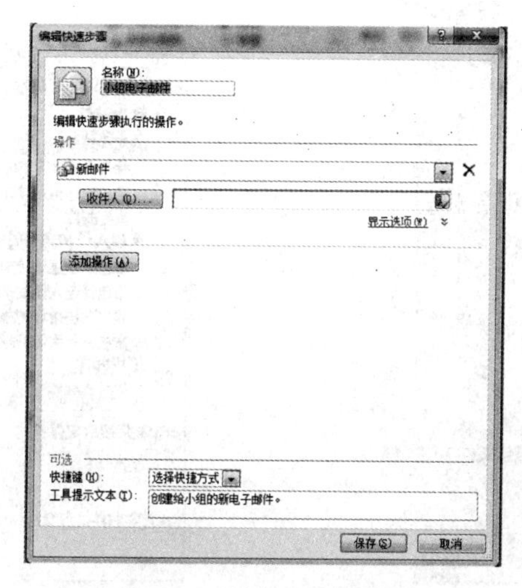

图7—33 编辑快速步骤

7.2.5 管理邮件

Outlook 2010提供了多种视图显示和工具来管理邮件，可以通过快速步骤完成对邮件的归类和处理，也可以对邮件进行颜色类别和后续标记的设置来分类和跟踪邮件。

此外，还可以创建搜索文件夹，用来快速搜索某个数据文件中的所有指定的邮件；可以创建邮件管理规则，使所有接收和发送的邮件自动完成符合预先设置规则的操作；还可以对电子邮件提供安全保密设置等。

1. 创建搜索文件夹

在每个数据文件或电子邮件账户文件中，都存在多个邮件文件夹，如果想快速搜索某类邮件，可以创建不同分类邮件的搜索文件夹。

搜索文件夹是一个虚拟文件夹，它提供了符合特定搜索条件的所有电子邮件项目的视图。例如，“未读邮件”搜索文件夹允许从一个位置查看所有未读的邮件，即使这些邮件可能位于不同的邮件文件夹中。

Outlook 2010中的搜索文件夹支持在指定的文本字符串中进行前缀匹配。例如，如果将所有含有单词“feel”的邮件包含在搜索文件夹中，则包含“feeling”或“feeler”等单词的邮件会被搜出并加入搜索文件夹，而包含单词“unfeeling”的邮件则不会。

(1)创建“选择搜索文件夹”。

单击“文件夹”选项卡→“新建”组→“新建搜索文件夹”打开“新建搜索文件夹”对话框，如图7—34所示。也可以右击某个数据文件或邮箱账户文件中的“搜索文件夹”打开该对话框。也可以使用快捷键<Ctrl>+<Shift>+“P”打开。

在“选择搜索文件夹”列表中，单击某个预定义的搜索文件夹(如“未读邮件”)，单击“确定”即可。还可以在“搜索邮件位置”处选择搜索其他邮件。

(2)创建“自定义搜索文件夹”。

可以根据需要创建自定义搜索文件夹。“新建搜索文件夹”对话框中找到“创建自定义搜索文件夹”，双击打开，在“自定义搜索文件夹”对话框中输入搜索文件夹的名称，单击“条件”打开“搜索文件夹条件”对话框进行设置，如图7—35所示。

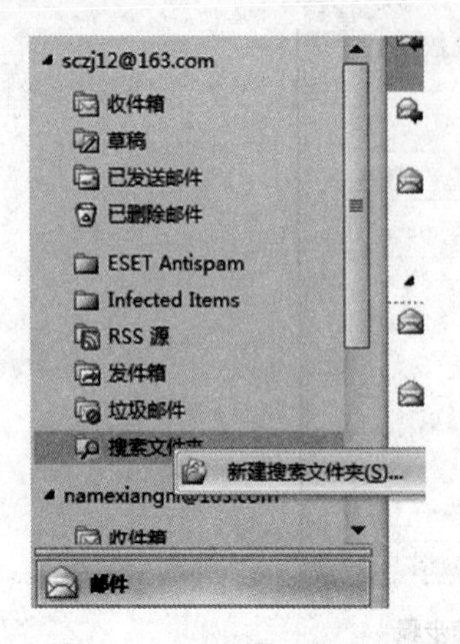

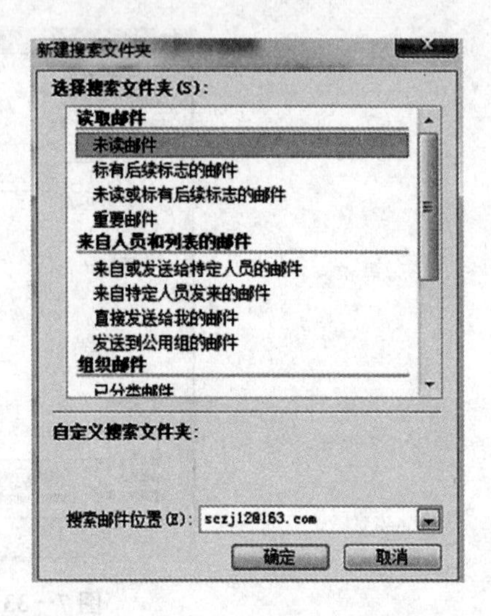

图 7—34 创建搜索文件夹

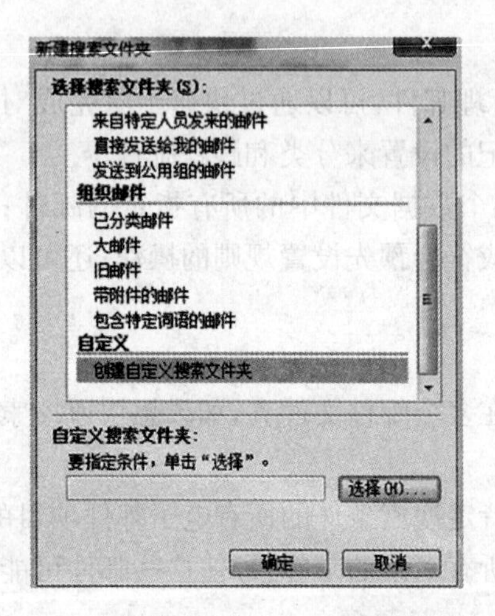

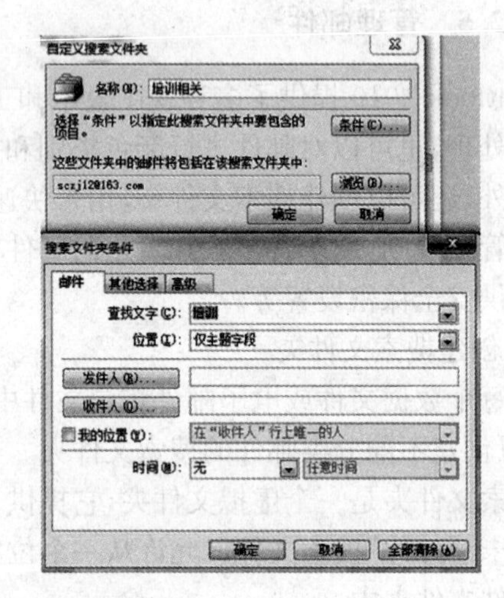

图 7—35 创建自定义搜索文件夹

➤“邮件”选项卡包含基于邮件内容或属性(如发件人、收件人、关键字)的条件；

➤“其他选择”选项卡包含基于其他邮件条件(如重要性、标志、附件)的条件；

➤“高级”选项卡则可以定义详细的条件：先单击“字段”按钮选择特定的条件，再在“条件”和“值”处选择所需的选项，然后单击“添加到列表”。重复此操作直到加入所有需要的条件，单击“确定”完成，如图 7—36 所示。

若要更改自定义搜索文件夹的条件，只需要在导航窗格中右击该文件夹，在弹出的快捷菜单中选择“自定义此搜索文件夹”，选择“条件”，更改条件即可。

2. 使用规则管理邮件

所谓规则，就是 Outlook 2010 对满足指定条件的接收或发送邮件自动执行的操作。规则对已读邮件无效，仅对未读邮件起作用。使用规则有助于保持邮件的有序状态和最新状态。

➤ 保持有序状态，是指用规则实现邮件自动归档以及后续操作。

➤ 保持最新状态，是指用规则实现收到特定邮件时向收件人发出通知。

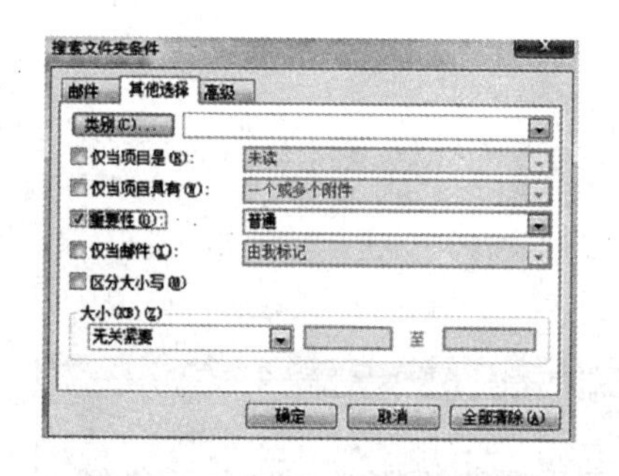

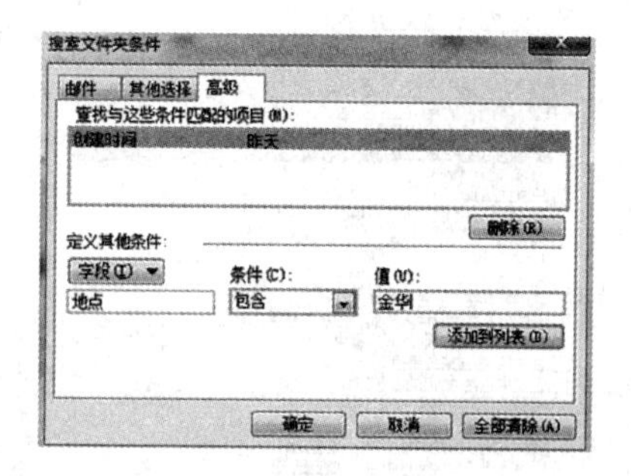

图 7－36　设置自定义搜索文件夹条件

单击“文件”选项卡→“管理规则和通知”打开“规则和通知”对话框，单击“电子邮件规则”选项卡下的“创建规则”，弹出如图 7－37 所示的对话框。

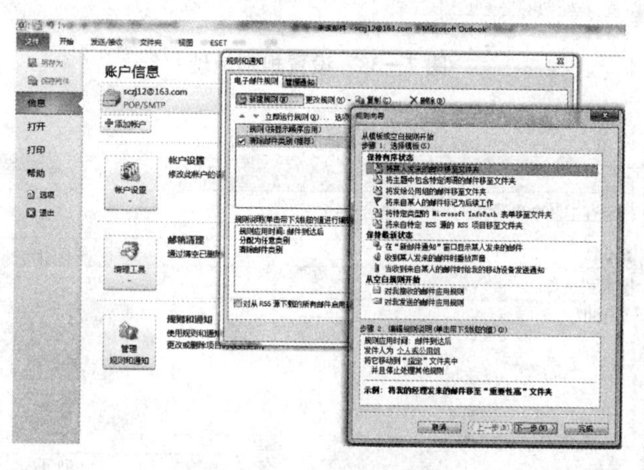

图 7－37　创建规则向导

以“对于‘namexiangni@163. com’发来的‘主题’行中包含‘培训’的邮件，将其移至‘小哥培训’的文件夹中”为例，创建保持有序状态的规则(其他规则类同)，步骤如下：

①在图 7－37 中选择“保持有序状态”下的“将某人发来的而邮件移至文件夹”。

②单击“下一步”，打开如图 7－38(左)所示的对话框，在“步骤 1”处选中“主题中包含特定词语”前面的复选框。

③在“步骤 2”处单击带下划线的“个人或公共组”，弹出如图 7－38(右)所示的对话框，双击“小哥”行，把 namexiangni@163. com 添加到“发件人”，单击“确定”。

④单击“特定词语”打开如图 7－39 所示的对话框，输入“培训”，单击“添加”，单击“确定”。

⑤单击“指定”打开“规则和通知”对话框，如图 7－40(左)所示。单击“新建”按钮打开“新建文件夹”对话框，在“名称”处输入“小哥培训”，在“文件夹包含”处选择“邮件和公告项目”，在“选择存放文件夹的位置”处选择 sczj12@163. com，如图 7－40(右)所示，单击“确定”。

⑥在“规则和通知”对话框中选中“小哥培训”文件夹，单击“确定”。

⑦在向导中，单击“下一步”→“下一步”→“下一步”，在如图 7－41 所示的对话框中输入规则的名称，单击“完成”按钮完成规则的创建。

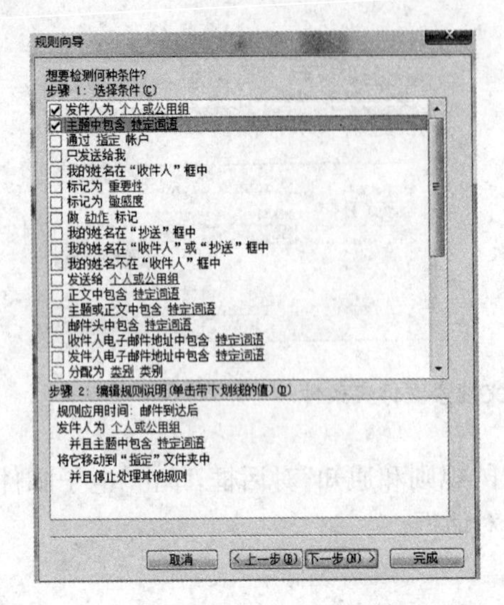

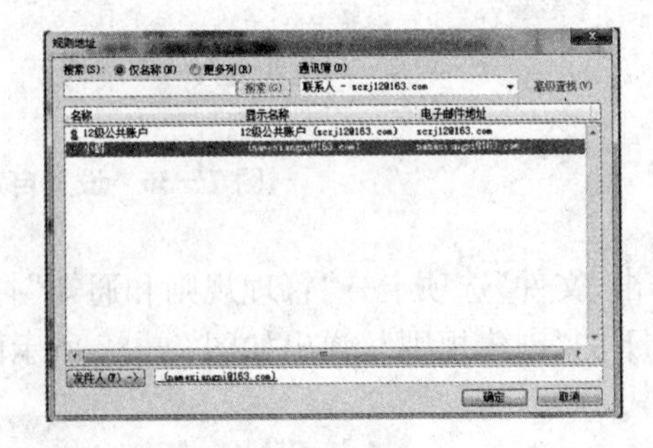

图 7—38 设置规则地址

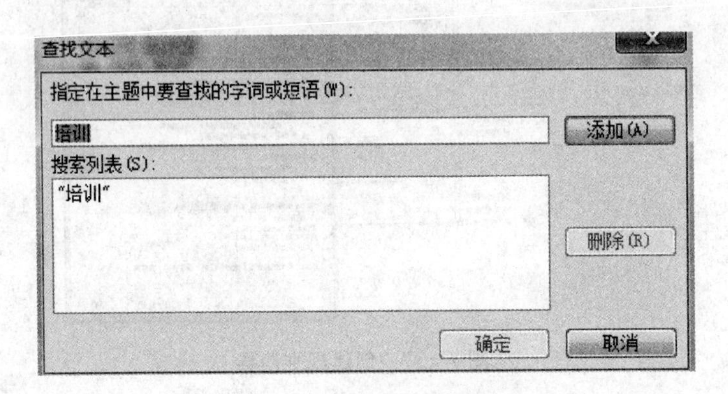

图 7—39 设置特定词语

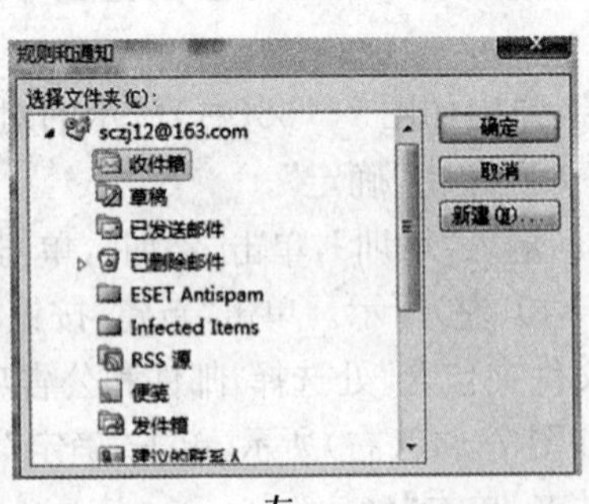

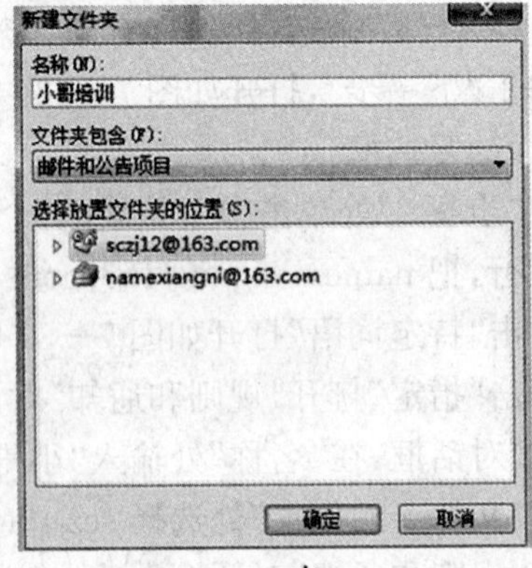

左　　　　　　　　右

图 7—40 设置指定文件夹

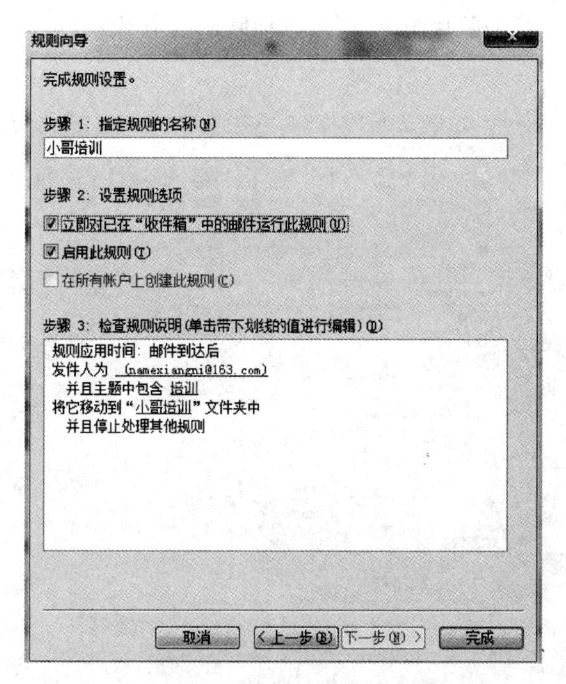

图 7—41　完成规则设置界面

7.3　联系人

Outlook 2010 中的“联系人”文件夹用于组织和保存有关人员、组织的信息。联系人信息有多种视图显示形式，便于浏览和查找。图 7—42 是其列表形式。

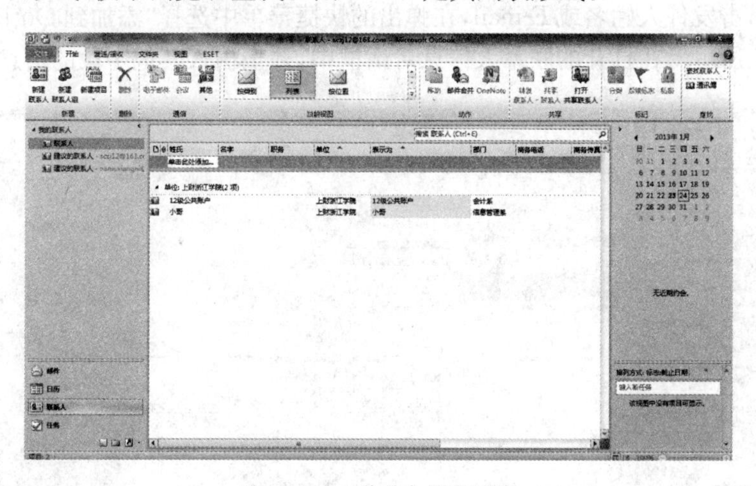

图 7—42　联系人信息列表

联系人信息可以存储在一个数据文件中，也可以分类存储在多个数据文件中，还可以创建归属于某个联系人的子文件夹，可以根据需要归类存放，便于查找和整理。

1. 新建联系人

在图 7—42 所示的窗口中，单击“新建联系人”，在弹出的对话框中输入姓名、电子邮件等信息，如图 7－43 所示。双击照片图标，可以添加联系人照片；也可以在一个字段中输入多个条目。

12级公共账户 - 联系人
文件 联系人 插入 设置文本格式 审阅
保存并关闭 删除 保存并新建 转发 OneNote
动作
常规 详细信息 活动 证书 所有字段
显示
电子邮件 会议 其他
通信
通讯簿 检查姓名
姓名
名片 图片
选项
分类 后续标志 私密
标记
显示比例
显示比例
姓氏(G) /名字(M): 12级公共账户
单位(P): 上财浙江学院
部门(A) /职务(T): 会计系
表示为(E): 12级公共账户
Internet
电子邮件... sczj12@163.com
显示为(I): 公共账户 (sczj12@163.com)
网址(W) /即时通
电子邮件
电子邮件 2
电子邮件 3
电话号码
商务... 住宅...
商务传真... 移动电话...
地址
商务... 此处为通讯地址(R)
邮政编码(U) /省/市/自治区(D):
市/县(Q):
街道(B):
查找地图(A)
12级公共账户
上财浙江学院
会计系
sczj12@163.com
便笺
Windows 桌面搜索不可用。

图 7－43　创建联系人信息

完成输入后，单击“保存并关闭”或单击“保存并新建”。如果还要输入来自同一公司或地址的另一联系人，可单击“保存并新建”下的“同一个公司的联系人”，更快捷地输入。

2. 由收到的邮件创建联系人

除了直接新建联系人外，还可以由收到的电子邮件发件人来创建联系人。在收件箱预览或打开邮件，右击发件人姓名或 E-mail，在弹出的快捷菜单中选择“添加到 Outlook 联系人”即可，如图 7－44 所示。在打开的联系人信息对话框中，补全输入其他字段的信息。

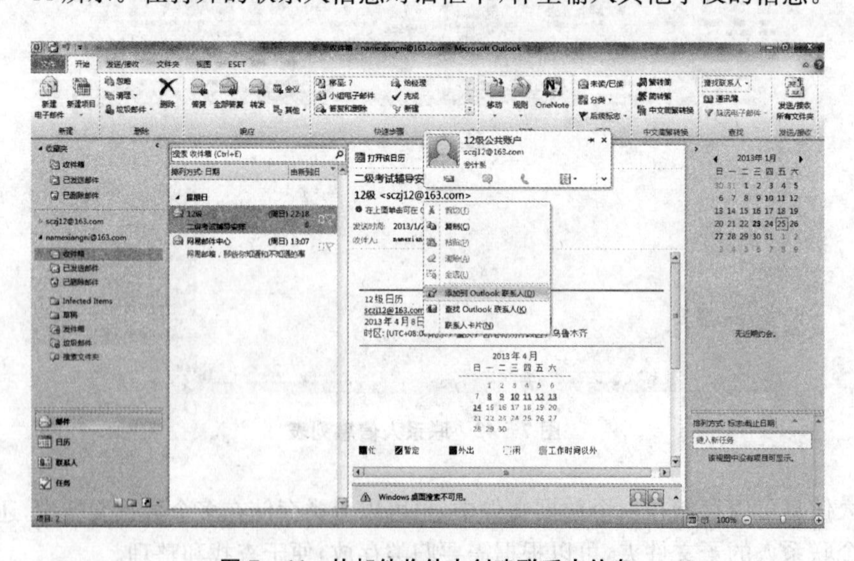

图 7－44　从邮件收件人创建联系人信息

3. 由收到的电子名片创建联系人

如果发件人将其签名设置为电子名片(Outlook 2010 自动生成的电子名片),那么可以直接通过邮件中的电子名片创建联系人。

在打开的邮件中,右击电子名片,选择“添加到联系人”,然后根据需要编辑信息,保存即可。

4. 建议联系人

默认情况下,创建的联系人信息直接存储在默认数据文件的联系人文件夹中。但如果还有多个邮箱账户数据文件,那么还会配备相应的建议联系人。

建议联系人是指通过某个账户发送邮件时,收件人的地址不是在已有联系人列表中选的,而是直接通过手工输入地址,那么 Outlook 2010 会将这个地址自动列入建议联系人文件夹,如图 7－42 所示。

如果有些收件人地址只是偶尔使用,不希望系统自动列入建议联系人,则只要单击“文件”选项卡→“选项”→“联系人”→“建议的联系人”,不勾选“自动将不属于 Outlook 通讯簿的收件人创建为 Outlook 联系人”复选框即可。

7.4 日 历

Outlook 2010 提供的日历功能可以方便地创建个人约会日程或与他人相关的会议日程。功能区提供多种视图显示方式,便于安排和查看日历,并方便跟踪和提醒。另外,也可以通过邮件将日历发送给他人。当收到他人发来的日历时,系统还会根据自己的日程情况,自动提示时间是否冲突,能否安排新约会或者接受会议邀请。

7.4.1 个人约会日程

个人约会是在日历中计划的个人活动,不涉及其他人参与。通过将每个约会指定为“忙”、“闲”、“暂定”、“外出”,可以为个人的日历日程提供直观的安排依据和跟踪提醒。

创建约会的方法有多种:①单击导航窗格的“日历”→“开始”选项卡→“新建”组→“新建约会”;②或右击日历中任意位置,在弹出的快捷菜单中选择“新建约会”;③还可以双击日历上的空白区域,直接打开新建约会窗口;④在 Outlook 的任意项目视图中单击“开始”→“新建”→“新建项目”→“约会”,如图 7－45 所示。其中,“开始时间”和“结束时间”还可以是特定的词语或短语,比如在“开始时间”处输入“明天”或“情人节前两天”等。

- 单击“约会”→“选项”→“显示为”,可以选择该时间段的空闲情况,默认为“忙”。
- 单击“约会”→“选项”→“提醒”,可以选择约会提醒时间,默认为 15 分钟;如果选择“无”,则关闭提醒。
- 单击“约会”→“标记”→“分类”,可以对约会进行颜色类别设置。
- 单击“约会”→“选项”→“重复周期”,可以设置约会重复发生的频率,如“按天”、“按周”等,如图 7－46 所示。

设置了约会后,系统会检查新建的约会是否与日历原有日程冲突。如果有,就会在“主题”上方提示冲突信息。单击“约会”→“显示”→“计划”,可以直观地看到约会安排,以便及时进行调整。

新建的约会会出现在日历视图和待办事项栏中。

日历 - sczj12@163.com - Microsoft Outlook
培训 - 约会
主题(U): 培训
开始时间(T): 2013/4/4 (周四) 15:00
结束时间(D): 2013/4/4 (周四) 15:30
计算机等级考试培训

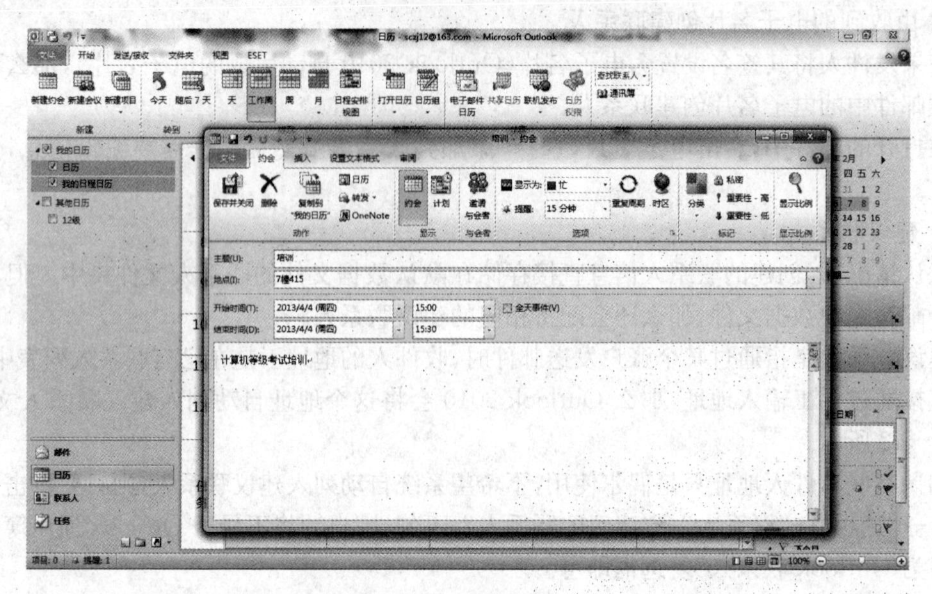

图 7－45 新建约会

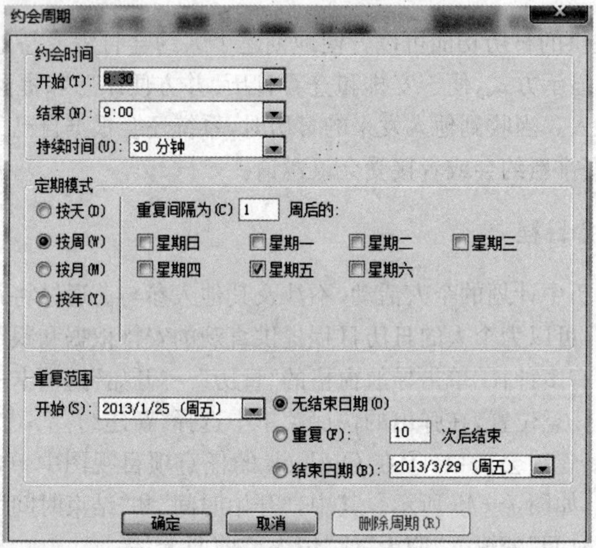

约会周期
约会时间
开始(T): 8:30
结束(N): 9:00
持续时间(U): 30 分钟
定期模式
按天(D)
按周(W)
按月(M)
按年(Y)
重复间隔为(C) 1 周后的:
星期日
星期一
星期二
星期三
星期四
星期五
星期六
重复范围
开始(S): 2013/1/25 (周五)
无结束日期(O)
重复(F): 10 次后结束
结束日期(B): 2013/3/29 (周五)
确定
取消
删除周期(R)

图 7－46 设置约会周期

7.4.2 与他人关联的会议

会议是有其他人参与的约会，可能还需要会议室等资源。被邀请者通过邮件接收邀请，而对会议邀请的响应同样以邮件的方式回复，并显示在邀请者的“收件箱”中。

创建会议的方法也有多种，与创建约会的方法类似，如图 7－47 所示。在会议要求正文中，输入要与收件人共享的所有信息。另外还可以添加需要用到的附件。

单击“会议”→“选项”→“时区”，可以根据其他时区安排会议。此外，同样可以设置重复周期等，组织者还可以通过会议邀请上的提醒时间来设置收件人的提醒时间。

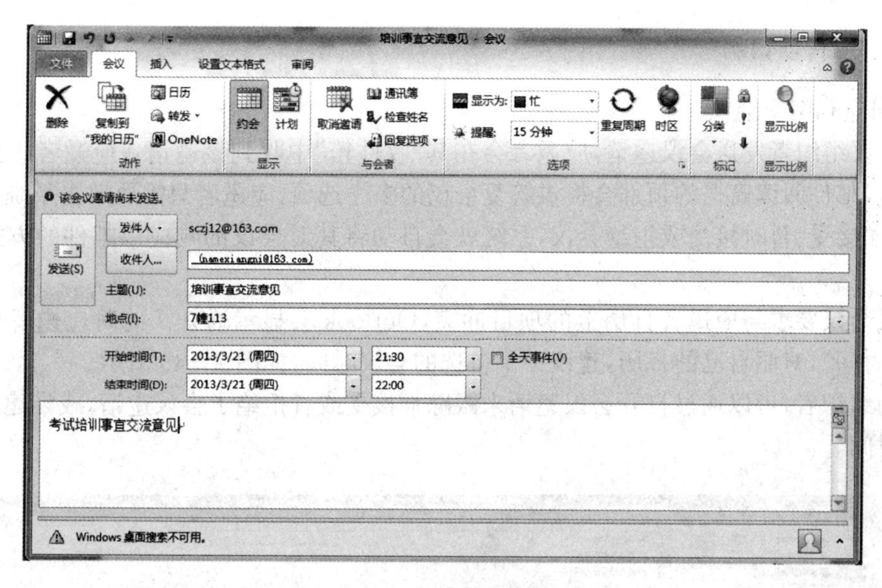

图 7—47 新建会议

7.4.3 创建附加日历

除了 Outlook 2010 默认的日历外，还可以创建其他的 Outlook 日历。例如，可以创建个人约会日历：单击导航窗格的"日历"→"文件夹"选项卡→"新建"组→"新建日历"，或单击其他项目视图的"文件夹"→"新建"→"新建文件夹"，在弹出的对话框的"文件夹包含"处选择"日历项目"，如图 7—48 所示。

新日历显示在日历导航窗格，右击该日历可以选择删除日历。如果要查看某个日历，可以选中该日历名称的复选框。如果选中多个日历，则多个日历将以并排视图显示。

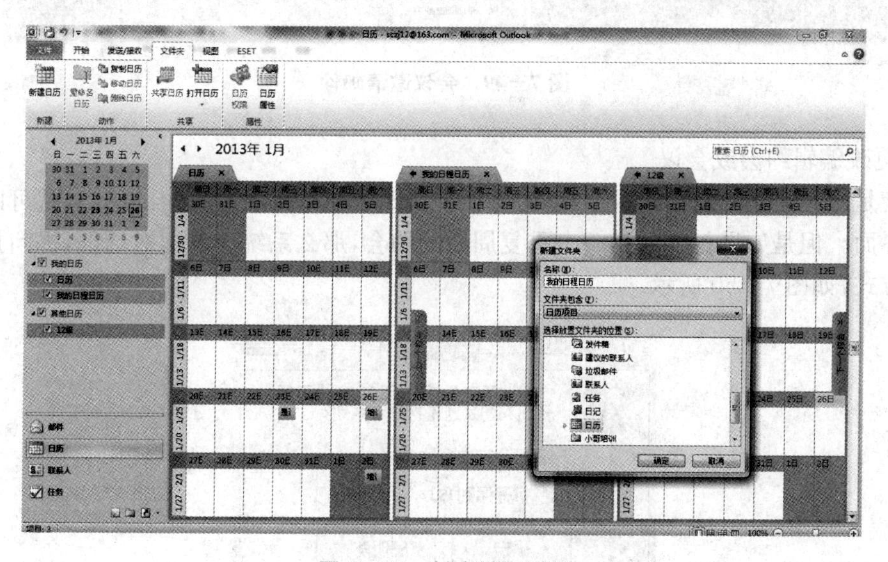

图 7—48 创建附加日历

7.4.4 管理日历

1. 回应和组织会议

当会议组织者发送会议邀请，应邀者会在其“收件箱”中收到该邀请。应邀者收到会议邀请邮件后，邮件阅读窗格的顶部会提供答复会议的多个选项，应邀者只需要单击系统提供的答复选项，如接受、暂时接受或拒绝会议，系统就会自动将其对会议的响应以邮件的方式发送给组织者。

如果会议要求与应邀者日历上的项目冲突，Outlook 会显示通知。此时应邀者可以单击“建议新时间”，对照自己的日历，建议一个备选的会议时间，如图 7－49 所示。

作为组织者，可以通过打开会议邀请来跟踪谁接受或者拒绝了会议邀请，或谁建议了另外的会议时间。

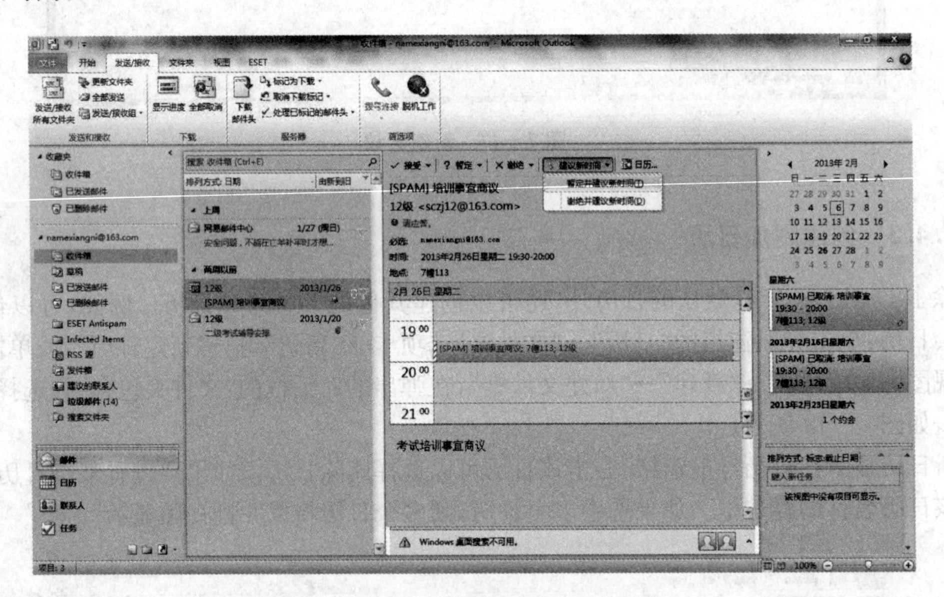

图 7－49 会议邀请邮件

2. 更改编辑约会或会议

即使是已经建立的约会，也可以随时方便地更改。双击日历网格中的约会，就可以进入约会编辑界面。但是如果打开的是一个重复周期的约会，那么系统会跳出对话框，提问打开定期项目的方式，如图 7－50 所示。

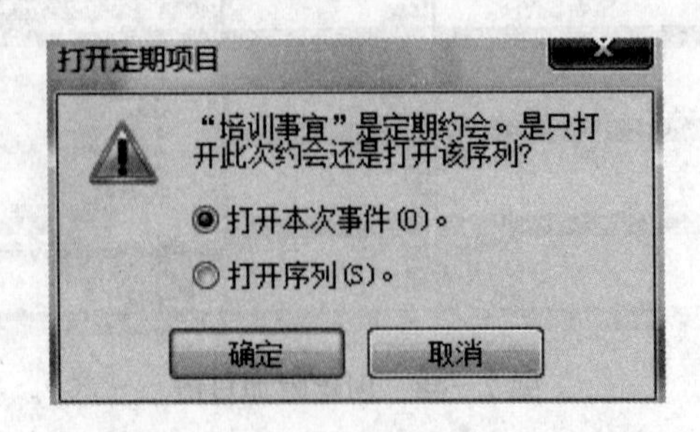

图 7－50 打开定期项目对话框

单击“打开本次事件”则只修改周期约会的本次约会，单击“打开序列”则修改整个周期约会，除了修改约会事件外还可以修改重复周期。另外，在“日历”中，还可以直接将约会拖动到其他日期实现移动约会操作，按住＜Ctrl＞拖动则将约会复制到其他日期；也可以单击说明文字→按＜F2＞键，直接修改主题名称。

3. 并排或重叠视图查看日历

可以并排查看自己创建的多个日历以及由其他 Outlook 用户共享的日历，如图 7－48 所示。

也可以使用重叠视图查看，例如，可以为个人约会创建单独的日历，并重叠工作和个人日历以快速查看有冲突或有空闲的时间，如图 7－51 所示。

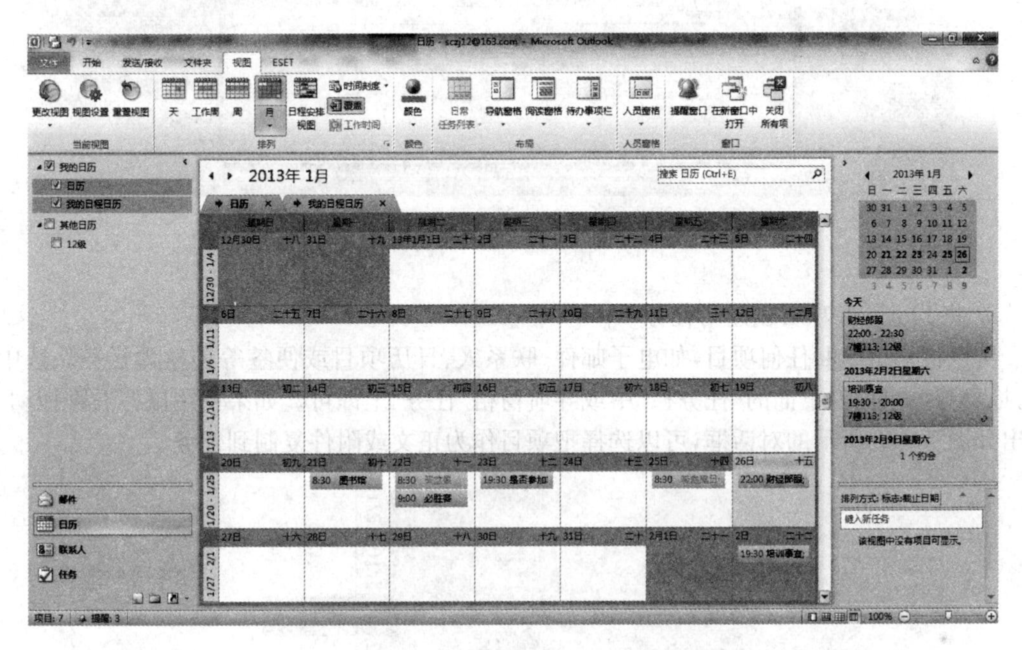

图 7－51　重叠查看多个日历

7.5 任　务

Outlook 2010 提供了非常实用的任务管理功能，可以轻松地创建任务，可以设置任务类别颜色和轻重缓急标记，并获得系统自动提醒和任务进度跟踪。

7.5.1　建立任务

1. 新建任务

创建任务的方法也有多种：①单击导航窗格的“任务”进入任务视图，单击“开始”选项卡→“新建”组→“新建任务”；②双击待办事项栏的“键入新任务”框；③右击待办事项栏的“任务”处空白的地方，在弹出的菜单中选择“新建任务”；④单击“日历”项→“视图”→“布局”→“日常任务列表”；⑤在 Outlook 的任意项目视图中单击“开始”→“新建”→“新建项目”→“任务”，如图 7－52 所示。可以在任务正文中输入详细信息，还可以为任务制定颜色类别、后续标记以及任务提醒。

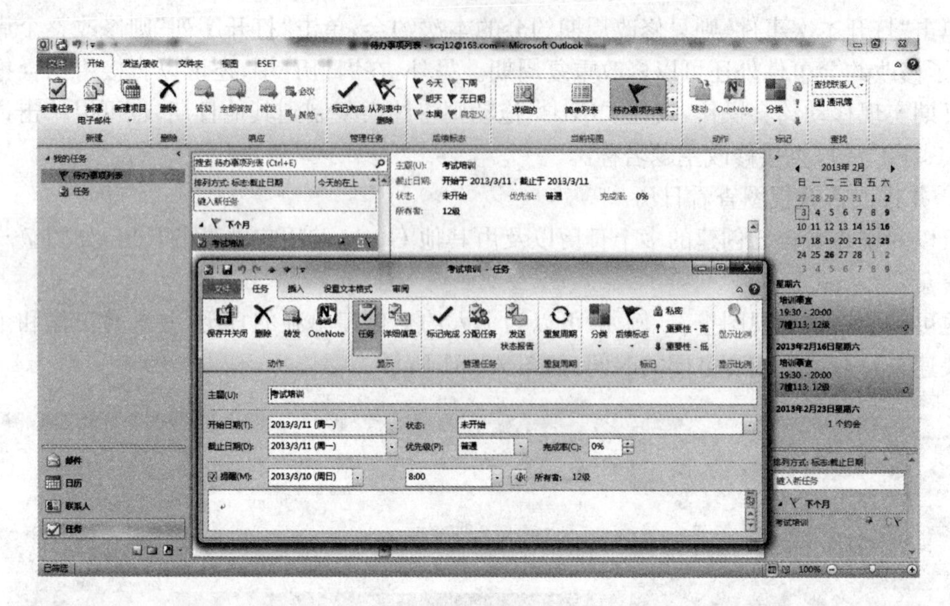

图 7—52 创建任务

2. 将 Outlook 项目创建为任务

可以将 Outlook 任何项目,如电子邮件、联系人、日历项目或便签等创建为任务。选中项目,拖到待办事项栏下面的“任务栏”中或导航窗格“任务”上即可。如果使用鼠标右键拖动,会弹出如图 7—53 所示的对话框,可以选择把项目作为正文或附件复制到任务。

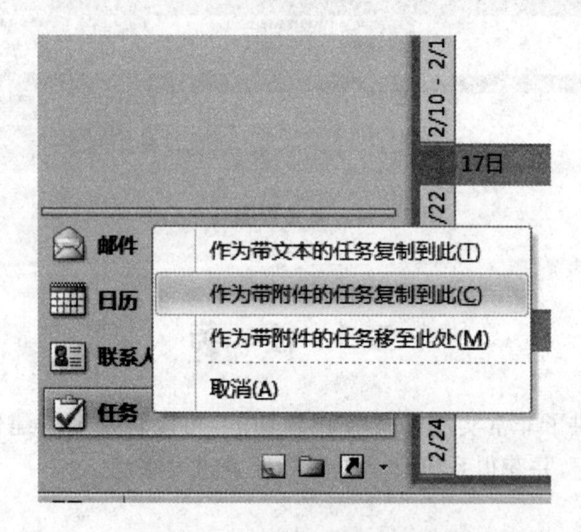

图 7—53 右键拖动项目到任务

7.5.2 管理任务

在 Outlook 2010 中,可以指定以不同的排序方式查看任务,决定是否显示已完成的任务,为任务添加不同的标记等。

1. 查看任务

在“导航窗格”中单击“任务”,在任务视图中单击某个任务可以在阅读窗格中查看,或者双

击该任务在新窗口中打开查看。

也可以在任意项目视图的“待办事项栏”底部的“任务列表”中查看。

2. 按任务优先级排序

如果要按任务优先级排序，首先必须制定每个任务的优先级。默认为“普通”级，可以通过“标记”组进行设置为高！或低↓，也可以在任务列表中，通过“优先级”下拉列表框选择，如图7－54所示。

设置好优先级后，就可以在任务列表中对任务按优先级排序。

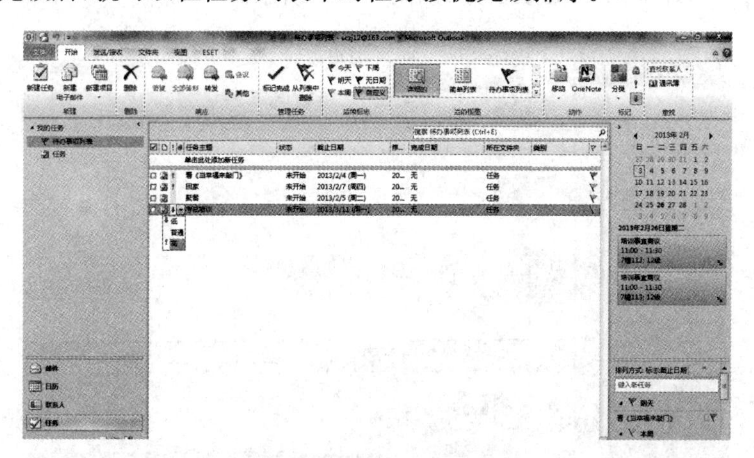

图 7－54　在任务列表中设置任务优先级

3. 是否显示已完成的任务

一般情况下，已完成任务会保留在任务列表上并带有删除线，而待办事项栏则默认不显示已完成的任务。可以通过设置，选择是否在各种视图中显示已完成的任务。

(1)“任务”项中的任务列表。

任务列表默认显示已完成任务。设置不显示的方法如下：在如图 7－54 所示的任务类表空白处单击鼠标右键→“筛选”，弹出“筛选”对话框，在“高级”选项卡上单击“字段”→“常用字段”→“已完成”，如图 7－55 所示。在“条件”列表中选择“等于”，在“值”列表中选择“否”，然后单击“添加到列表”→“确定”。

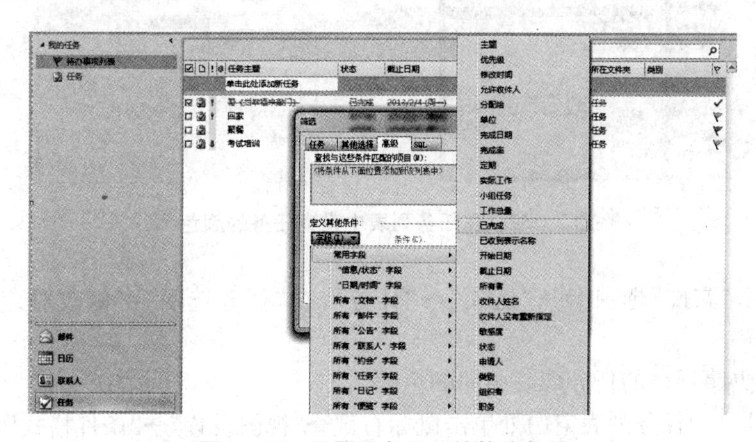

图 7－55　设置任务显示的筛选条件

(2)待办事项栏中的任务列表。

默认不显示已完成任务，设置显示的方法为：在待办事项栏的任务列表空白处单击鼠标右键→“筛选”，在弹出的“筛选”对话框上单击“全部清除”按钮。

重新设置不显示已完成任务的方法同(1)，不再赘述。

(3)日常任务列表。

默认显示已完成任务。可以在日常任务列表空白处单击鼠标右键→“排列方式”→“显示完成的任务”，切换是否显示已完成任务，如图 7－56 所示。

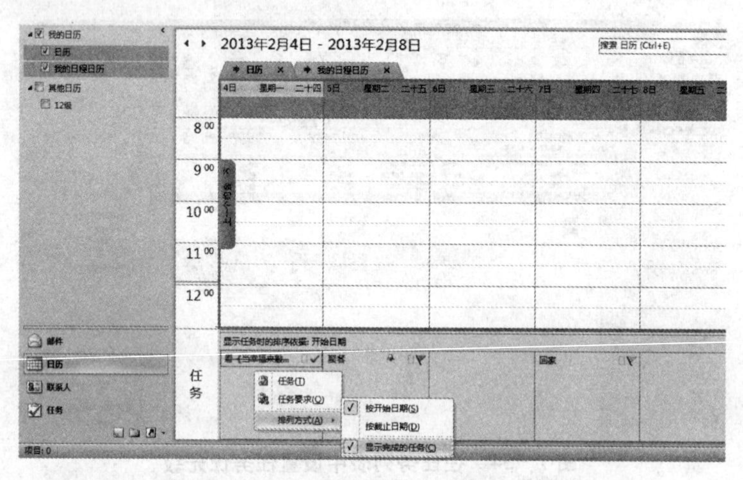

图 7－56　在日常任务列表中设置是否显示已完成任务

4. 更改过期或已完成任务的颜色

可以将过期或已完成的任务的颜色设置为不同于进行中的任务的颜色，便于查看和识别。

(1)修改“任务”视图的任务列表中的颜色。

方法 1：在任务类表空白处单击鼠标右键→“视图设置”→“条件格式”，打开“条件格式”对话框，选择过期的或已完成的任务，单击“字体”打开“字体”对话框设置颜色，如图 7－57 所示。

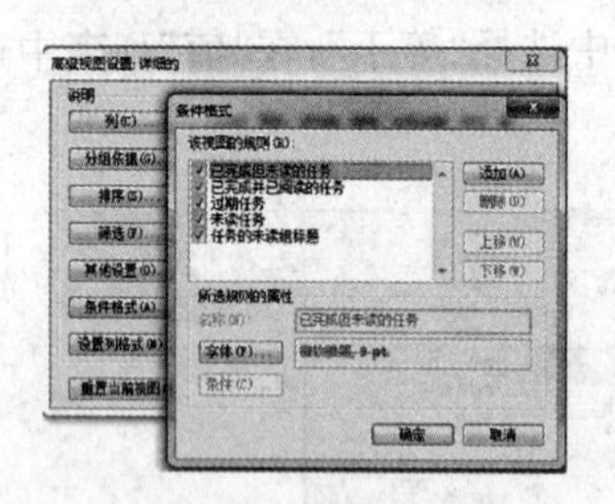

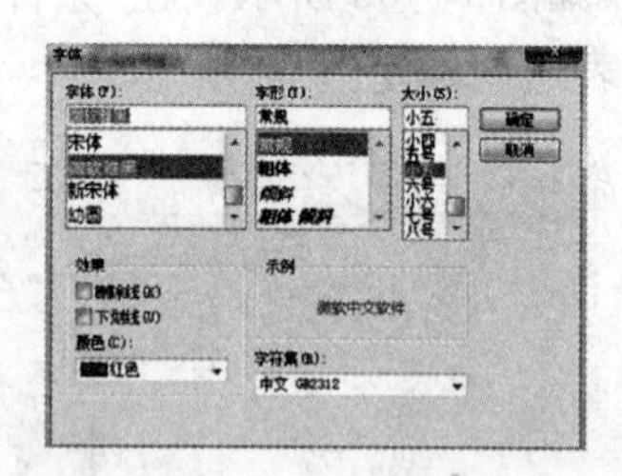

图 7－57　在任务列表中设置任务的颜色

方法 2：单击“文件”选项卡→“选项”→“任务”，在“任务选项”中修改对应的颜色，如图 7－58所示。

(2)修改待办事项栏的任务列表中的颜色。

在待办事项栏的任务列表空白处单击鼠标右键→“视图设置”→“条件格式”，打开“条件格式”对话框，对过期的或已完成的任务设置需要的颜色，如图 7－57 所示。

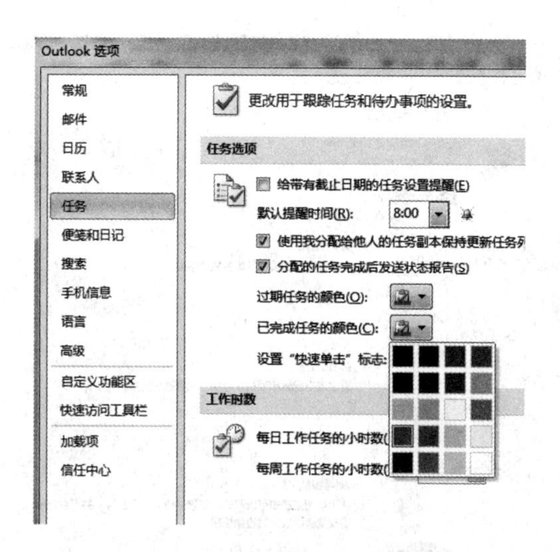

图 7—58　在任务选项中设置任务的颜色

7.6　Outlook 2010 功能设置

在使用 Outlook 2010 过程中，往往需要设置一些基本的或高级的功能。如需要进入 Backstage 后台视图自定义 Outlook 参数；编写宏代码来实现个性化的自定义功能；给电子邮件添加安全保密的数字签名；将 Outlook 2010 的联系人信息作为 Word 2010 邮件合并的收件人数据源等。

7.6.1　Backstage 后台视图

单击“文件”选项卡，就会看到 Outlook 2010 Backstage 视图，如图 7—59 所示。主要包括以下几个功能。

①单击“信息”，可以实现对账户信息的管理。

②单击“打开”，可以打开日历、数据文件以及对数据的导入导出。

③单击“打印”，可以打印 Outlook 2010 的任何项目。

④单击“选项”，可以实现对多种项目的参数设置和管理，如图 7—58 所示。

7.6.2　宏

Outlook 2010 对于邮件的操作和处理提供了方便快捷的“快速步骤”和“规则”，但如果除了系统提供的功能外，还想完成一些个性化的功能，如发邮件时自动检查并提醒添加附件，自动批量更改联系人地址等，就可以借助 Outlook 2010 提供的 VBA(Visual Basic for Applications)编程环境编写宏代码来实现。具体的实现过程不是本章要点，此处不作说明。这里我们只关心如何开启相关功能。

1. 启用宏

默认情况下，Outlook 2010 禁用 VBA 宏。启用过程如下：

①单击“文件”选项卡→“选项”→“信任中心”。

②单击“信任中心设置”→“宏设置”。

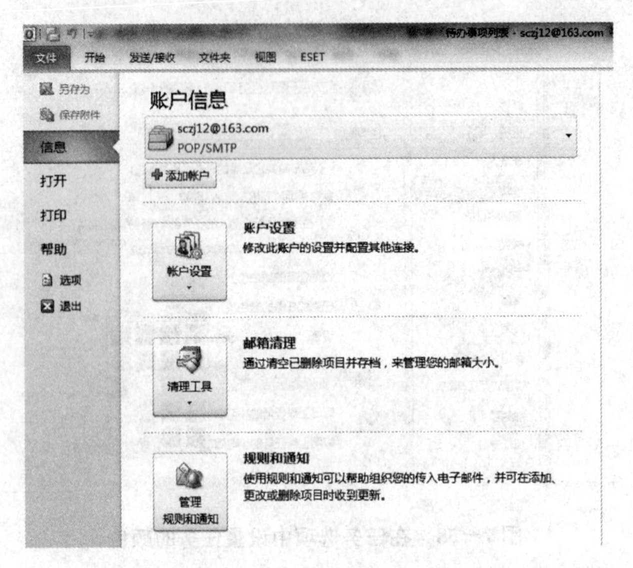

图 7－59　Outlook 2010 Backstage 视图

③选择“为所有宏提供通知”，就可以允许在 Outlook 2010 中运行宏，但运行前系统会提示确认；选择“启用所有宏”，则不需要确认就可以运行宏。

④重新启动 Outlook 2010 是配置生效。

2. 打开“开发工具”选项卡

Outlook 2010 有一个“开发工具”选项卡，用来访问 VBA 或其他开发人员工具，默认情况下该选项卡是不显示的。启用过程如下：

①单击“文件”选项卡→“选项”→“自定义功能区”。

②在左侧的“从下列位置选择命令”中选择“常用命令”。

③在右侧的“自定义功能区”中选择“主选项卡”，然后选中“开发工具”复选框。

④单击“确定”，如图 7－60 所示。

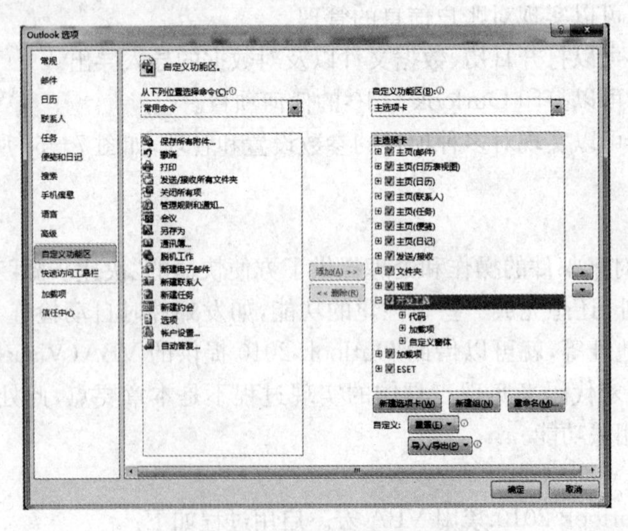

图 7－60　自定义功能区设置

7.6.3 数字签名

数字签名是指宏或文档上电子的、基于加密的安全验证戳，用来确认该宏或文档来自签发者且没有被篡改。经过数字签名的邮件可以向收件人证明该邮件的内容来自发件人而非冒名顶替的，并且传输过程中没有被修改。数字签名包括证书和公钥。

作为比较，电子邮件个性签名本质上是可以自定义的结束语，是邮件内容的一部分，任何人都可以随意复制、编辑的；而数字签名是用来安全保密的。

1. 对单个邮件进行数字签名

单击邮件界面的“选项”选项卡→“权限”组→“对邮件签名”。如果看不到“对邮件签名”按钮，可以在邮件中单击“选项”→“其他选项”→“选项对话框启动器”（“其他选项”组右下角的小箭头）→“安全设置”，选中“为此邮件添加数字签名”，如图7－61所示。

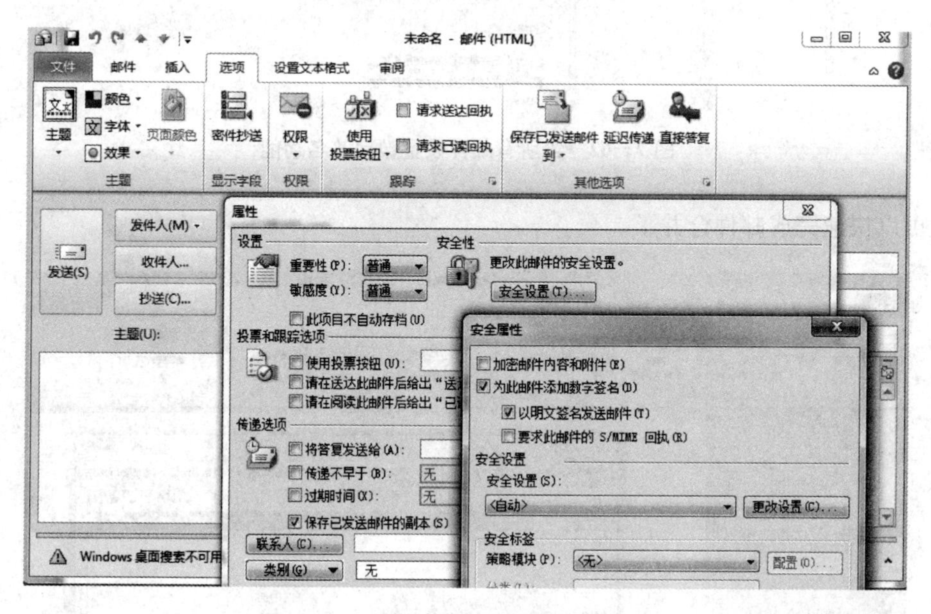

图7－61 给单个邮件设置数字签名功能

2. 对所有邮件进行数字签名

单击“文件”选项卡→“选项”→“信任中心”→“信任中心设置”→“电子邮件安全性”，选中“给待发邮件添加数字签名”，如图7－62所示。

7.6.4 邮件合并

可以将Outlook 2010中的联系人作为Word 2010中邮件合并的数据源。

打开Word 2010→“邮件”选项卡→“开始邮件合并”组→“开始邮件合并”，选择需要创建的信函文档类型，当前活动文档成为主文档。单击“开始邮件合并”组→“选择收件人”→“从Outlook联系人中选择”，在“选择联系人”对话框中，选择要在邮件合并中使用的联系人文件夹，单击“确定”，如图7－63所示。可以根据需要在该对话框中调整收件人列表。选中要包含的收件人的复选框，其他的不选，单击“确定”完成邮件合并。

也可以单击“邮件”→“开始邮件合并”→“邮件合并分布向导”，通过向导进行设置。

保存主文档，也即保存它与数据源之间的连接。下一次要进行类似的邮件合并时，打开主

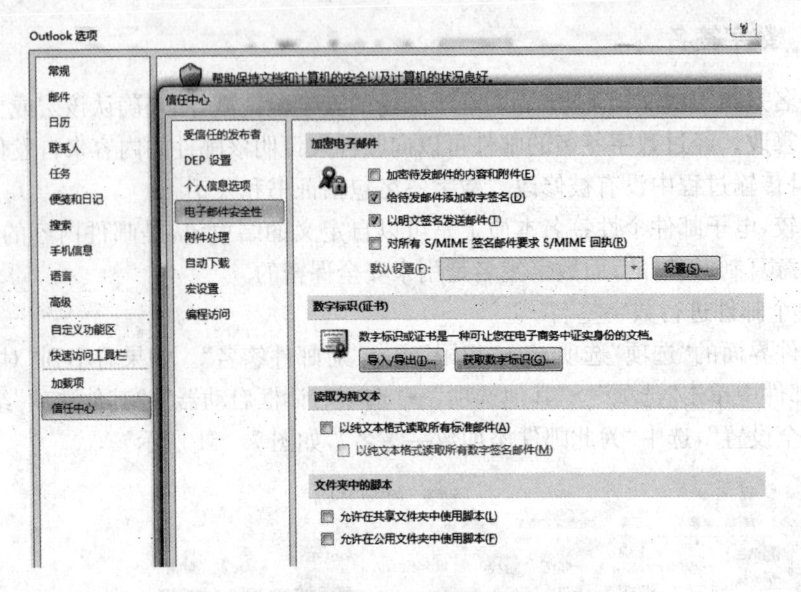

图 7—62 给所有邮件设置数字签名功能

文档就可以快速完成邮件合并了。

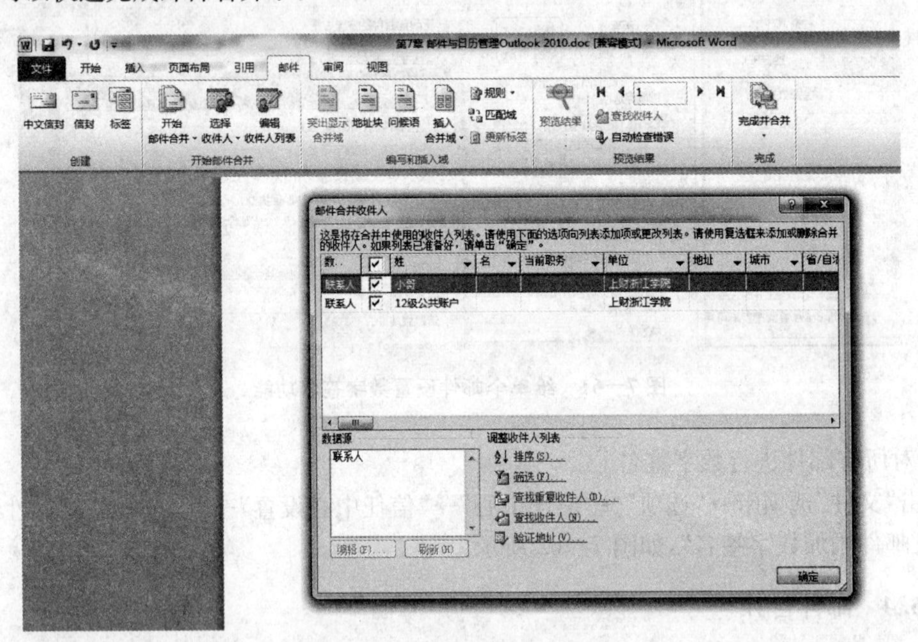

图 7—63 设置邮件合并收件人

练习题

1. 申请 2 个以上电子邮箱账户，通过自动和手动两种方式，将电账户添加到 Outlook 2010 中，分别设置数据文件。

2. 建立若干个项目齐全的联系人信息。

3. 新建邮件，附加个性签名和电子名片，发给联系人(可以是自己的一个账户发给另一个账户)。

4. 给邮件创建2个快速步骤，至少包括4个操作，命名和指定图标，执行并观察效果。

5. 在一个电子邮箱账户文件夹上创建自定义搜索文件夹，并执行搜索。

6. 创建2个不同的规则来管理邮件，执行并查看效果。

7. 分别用两个日历文件管理自己的课表和私人日常活动，并将课表日历发送给同学。以及将收到的同学的日历添加到自己的日历列表中。

8. 建立约会或会议发给多个联系人(包括自己的另一个账户)，观察邀请答复的过程，注意在自己的电脑和别人的电脑上收到邀请后的区别。

9. 创建自己将要做的任务列表，为任务设置不同的颜色类别和后续标志。

10. 将 Outlook 2010 联系人信息作为收件人信息，给多个账户发送聚会邀请，要求用邮件合并方法完成。

Office 2010 文档的安全和保护

学习重点

掌握文档安全权限设置
掌握文件安全性设置
掌握 Word 文档保护设置
掌握 Excel 文档保护设置
掌握 PPT 文档保护设置

Office 作为企事业单位、学校和家庭必备的办公软件,用来存放、管理个人或企业的文档。而这些文档中存储的一般是涉及个人或单位的重要内容和个人隐私,很多时候我们希望禁止他人查看或修改,这时我们就需要用到 Office 2010 提供的文档保护功能。

8.1　文档的安全设置

8.1.1　安全权限设定

安全权限设定是保证文档安全的一种常用方式。Office 2010 提供了“信息权限管理(IRM)”功能,通过 Microsoft .NET Passport 授权后,可以有效地保护文件的内容,并能为用户指定其操作文件的权限,如设定某个用户只能读取文档内容等。IRM 对文档的访问控制保留在文档本身中,即使文件被移动到其他地方,这种限制依然存在,比单纯的密码保护要可靠得多。IRM 可以保护 Word、Excel、PowerPoint 的文档。

单击“文件”→“信息”→“保护文档”→“按人员限制权限”→“限制访问”,在 Windows 7 系统下会自动启动“信息权限服务”,选择“是,我希望注册使用 Microsoft 的这一免费服务”,如注意：如果有需要，可以在图 8－26 所示的界面先单击“权限”按钮，设置有访问权限的用户，如图 8－27 所示，这些用户不需要密码即可直接访问保护的区域。然后再单击“保护工作表”进行设置。

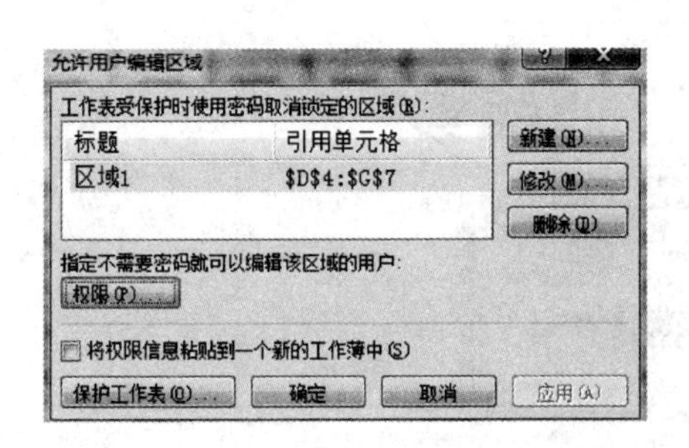

图 8－26　“允许用户编辑区域”对话框

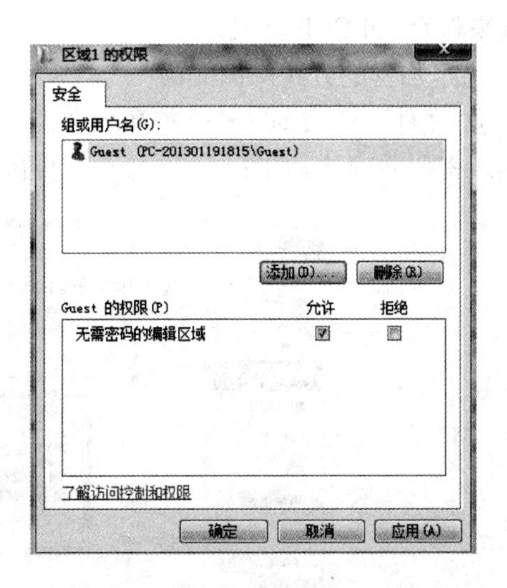

图 8－27　设置区域 1 的权限

4. 保护并共享工作簿

保护并共享工作簿，可以对工作簿中的修订进行跟踪，或者删除用户对文件修订日志。

操作方式与“保护工作表”类似。单击“审阅”→“更改”→“保护共享工作簿”，弹出如图 8－28所示的对话框，选中“以跟踪修订方式共享”，设置并确认密码。完成之后，工作簿被保护并共享，此时在窗口的标题栏上显示“共享”字样，如图 8－29 所示。

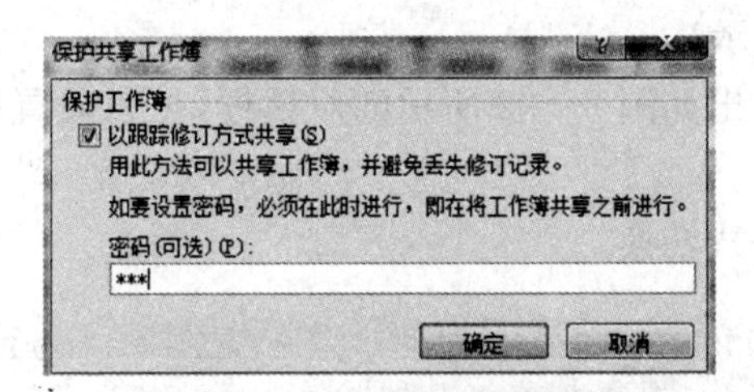

图 8－28　设置保护共享工作簿

Microsoft Excel

文件　开始　插入　页面布局　公式　数据　审阅　视图

拼写检查　信息检索　同义词库　繁转简　简转繁　简繁转换　翻译　新建批注　删除　上一条　下一条　显示/隐藏批注　显示所有批注　显示墨迹　保护工作表　保护工作簿　共享工作簿　撤消对共享工作簿的保护　允许用户编辑区域　修订

校对　中文简繁转换　语言　批注　更改

K9

	C	D	E	F	G	H	I	J	K	L	M	N	O
3	1月	2月	3月	4月	5月	6月	7月	8月	9月	10月	11月	12月	合计
4	57483	58948	43690	38982	35484	39448	44344	52679	45094	35388	32085	35327	518952
5	13280	14261	11053	11980	11303	12414	12532	12812	11902	15477	17666	18435	163115

图 8－29　显示共享字样

8.2.3 PowerPoint 文档保护

对于 PowerPoint 文档，可以通过两种方式进行保护：加密；或将 PPT 文档转换成其他文件格式来保存，如 PDF 格式。

1. 通过加密的方式保护文档

单击"文件"→"信息"→"保护演示文稿"→"用密码进行加密"，在弹出的"加密文档"对话框中输入密码并确认，如图 8－30 所示。再次打开该演示文稿时，需要用户输入密码。

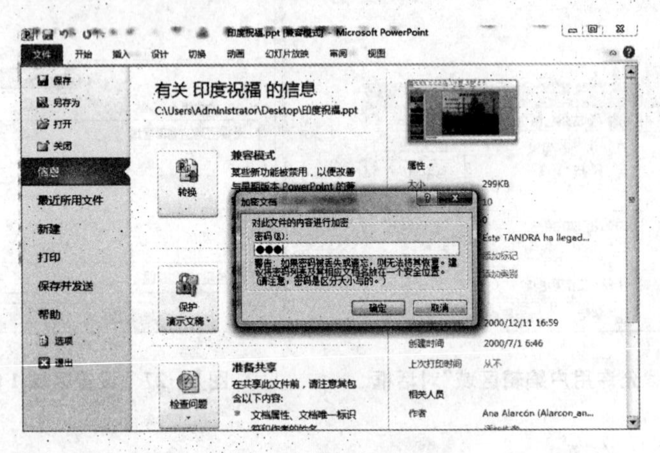

图 8－30 加密 PPT 文档

2. 通过转换文件类型的方式保护文档

一般把 PPT 文档转换成 PDF 文件，因为 PDF 文件是不可编辑的。操作步骤如下：

①单击"文件"→"另存为"，弹出"另存为"对话框，在"保存类型"下拉列表中选择"PDF(＊.PDF)"，如图 8－31 所示。

②单击"选项"按钮，弹出如图 8－32 所示的对话框，可以设置相关属性，如选择要转换的幻灯片的范围、发布选项等。

③单击"确定"，完成格式转换。

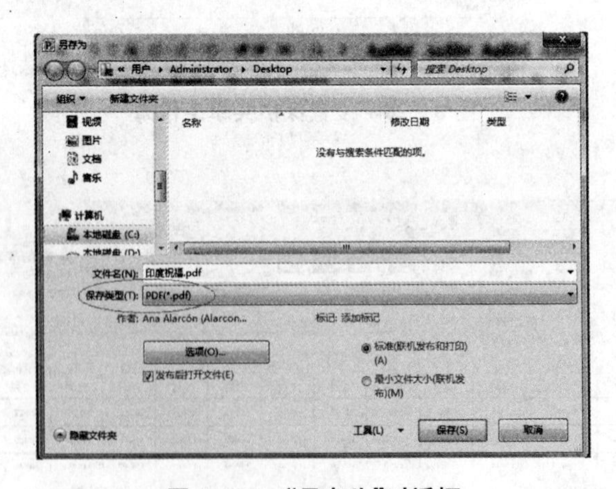

图 8－31 "另存为"对话框

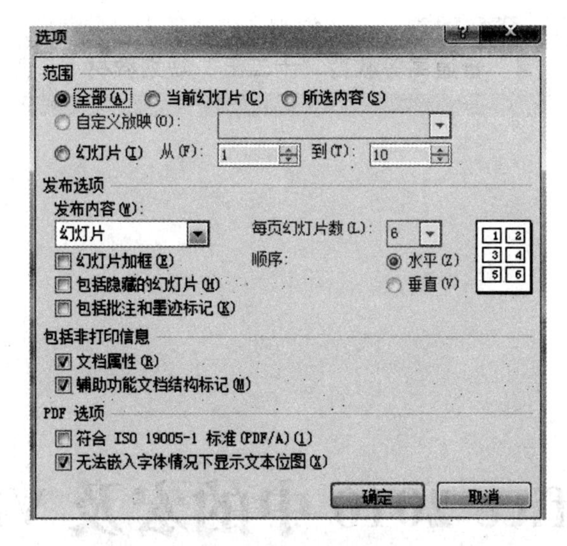

图 8—32　转换成 PDF 文件的“选项”对话框

1. 如何给 Office 文档加密？简述如何防止别人修改和打开一个 Word 文档。
2. Word 文档保护的方式有哪几种？
3. 分别说明 Word 文档的编辑限制保护的几种方式。
4. 编辑一个文档，输入三段文字，将每一个段落作为一节，采用 Word 分节来保护每一节的文字。
5. Word 文档窗体域保护有哪几种形式？
6. Excel 中的文档保护功能分别有哪几种形式？
7. 联系实际，都有哪些原因可能导致文件丢失？又有哪些措施防止文件丢失？

Office 2010 中的宏及 VBA

学习重点

掌握宏的基本概念
掌握 Word 宏的录制方法
掌握 Excel 宏的录制方法
掌握宏安全设置
掌握常用的 Word 对象

在 Office 2010 中，经常需要重复某个任务或同时执行一系列的操作，此时可使用宏来实现任务的自动执行。同时，Office 2010 自带了一个标准的程序设计语言 VBA，功能强大且比其他程序设计语言更容易掌握。

9.1 使用宏

9.1.1 宏的概念

宏是一系列操作命令的有序集合。在 Office 中，可以像录像一样对用户的操作进行录制，然后只需通过一次单击该“录像”就可以完成整个操作过程所做的工作。“录像”即此处提到的宏。Office 2010 中创建的宏，大多数是用 Visual Basic for Application(VBA)语言编写的，因此，宏也可以是一段程序代码。

宏的最大意义在于能够按照设定好的顺序自动执行一系列操作，或者自动执行重复的操作，以提高工作效率。可以把宏指定为工具栏按钮或快捷方式。

9.1.2　录制宏

以设置 Word 文本格式宏为例。宏的录制过程如下。

①单击“视图”选项卡→“宏”组→“录制宏”，弹出“录制宏”对话框，如图 9－1 所示。

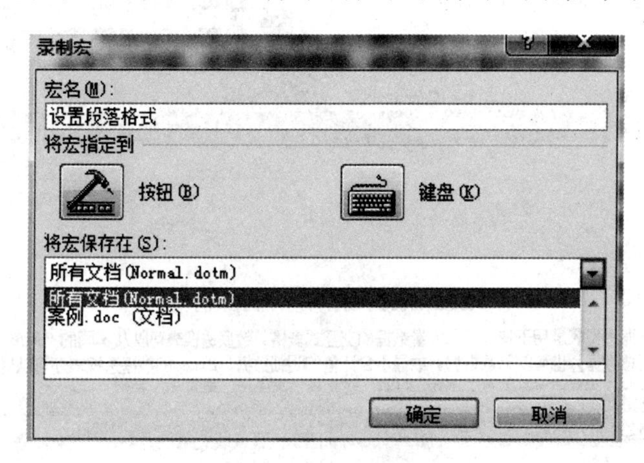

图 9－1　录制 Word 新宏

②设置宏名(如“设置段落格式”)，在“将宏保存在”下拉列表中选择宏保存的文档，这里选择保存在所有文档中，表示任何打开的 Word 文档中都可以使用该宏。

③接下来可以将宏指定到工具栏或指定为快捷方式。这里单击“将宏指定到”下的“按钮”，可以将宏指定到一个按钮(选择“键盘”，则可以设置快捷键来启动宏)，弹出如图 9－2 所示的对话框。

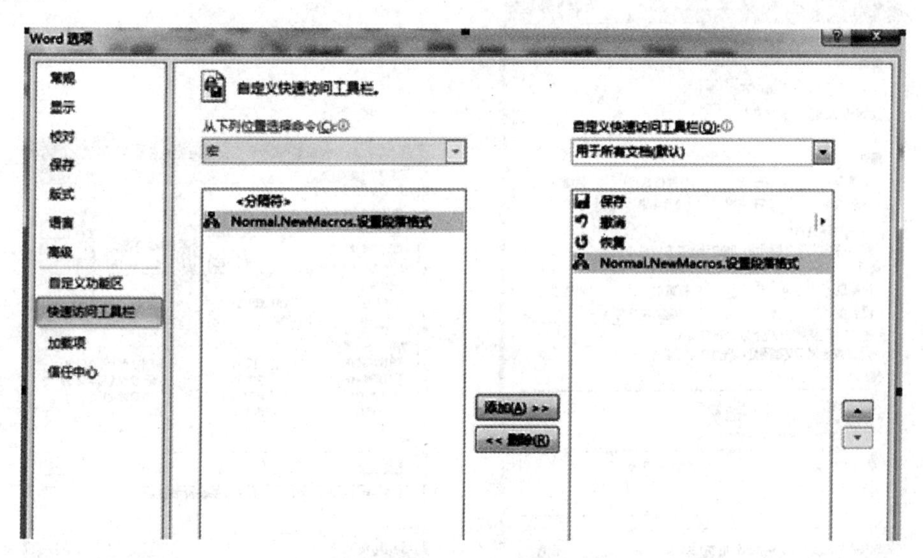

图 9－2　自定义工具栏

在“快速访问工具栏”选项卡中，可以将左边列表框中的“Normal. NewMacros. 设置段落格式”单击“添加”，添加到右边的工具栏中。此时工具栏中会出现“Normal. NewMacros. 设置段落格式”按钮，表示单击这个按钮，可以运行“设置段落格式”宏，如图 9－3 所示。单击“确定”开始录制。

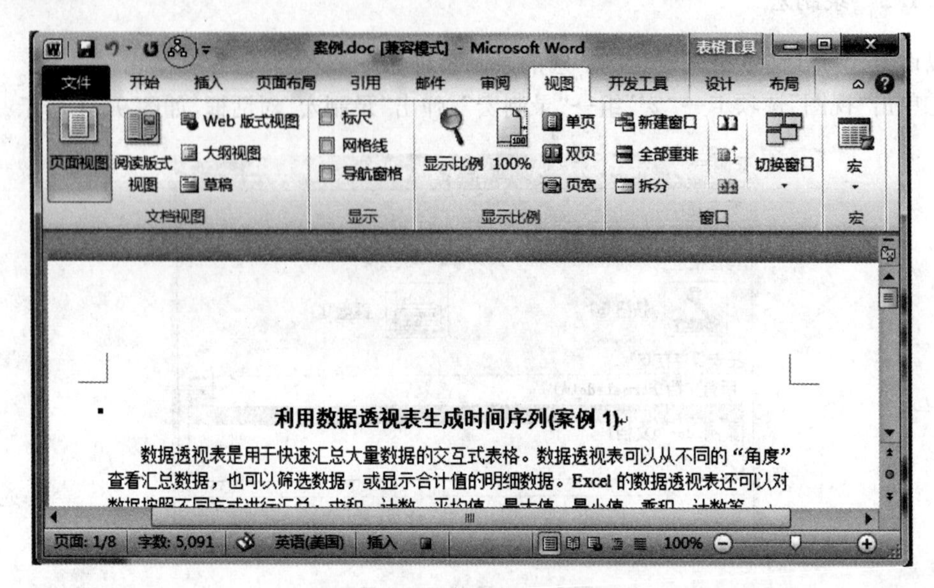

图 9—3　宏的工具栏快捷方式

④单击“开始”选项卡→“段落”组的右下角小箭头，弹出“段落”对话框，设置对应数值；同样的，单击“字体”组的右下角小箭头，设置字体，如图 9—4 所示。注意，此时不需要选定文字进行设置，直接设置段落和字体即可。

单击“视图”→“宏”→“停止录制”，完成该宏的录制。

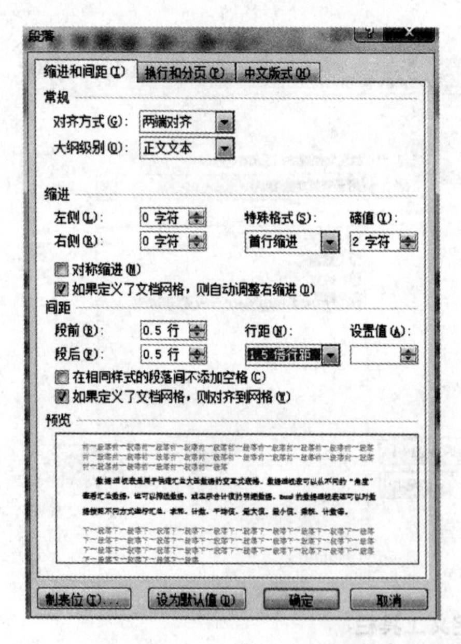

图 9—4　设置段落和字体

⑤打开文档，选定要设置格式的段落，单击工具栏的“宏”按钮(图 9—3)运行宏，设置段落格式。

⑥单击“视图”→“宏”→“查看宏”，弹出如图 9—5 所示的对话框，选择“设置段落格式”，单

击“编辑”，就可以进入VBA，查看该宏的源代码。

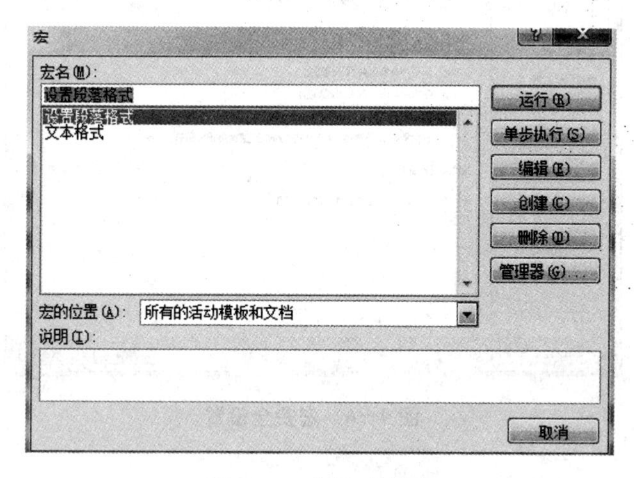

图9—5 查看、编辑宏

9.1.3 宏安全

1. 宏病毒

VBA宏中可能包含一些潜在的病毒，也就是“宏病毒”。宏病毒，就是利用VBA编写的一些宏，这些宏可以自动运行，轻则破坏Office文件，导致不能打印、关闭菜单等，重则调用系统命令，造成破坏。宏病毒的特点是：

(1)传播快。

宏病毒成为传播最快的病毒，主要有以下三个原因：①人们对可执行文件病毒已经有了较多的认识和防治经验，但对宏病毒则很少。而现在主要的工作就是交换数字文件，因此宏病毒得到迅速传播。②现在的查毒、杀毒软件，主要是针对可执行文件和磁盘引导区设计的，一般都假定数据文件中不会存在病毒，往往不能查杀。③Internet高度普及。

(2)制作和变种方便。

目前宏病毒已经有很多种，并在不断增多。只要修改宏病毒中病毒激活条件和破坏条件，就可以制造出一种新的宏病毒。

(3)破坏性大。

由于宏病毒用VBA语言编写，VBA语言提供了许多系统的底层调用，如使用Dos命令、调用Windows API、调用DDE和DDL等，这些操作均可能对系统构成直接威胁。

(4)兼容性差。

宏病毒在不同版本Office的Word和Excel中不能运行。

2. 宏安全性设置

由于宏病毒的存在，为了保证VBA的安全，就要设置其安全性。

单击“文件”→“选项”→“信任中心”→“宏设置”，或单击“开发工具”选项卡→“代码”组→“宏安全性”，进入宏安全性设置，如图9—6所示。

默认禁用所有宏，可以将其设置为“禁用无数字签署的所有宏”，则在打开包含VBA宏的文档时，就可以先验证VBA宏的来源，再启用宏。

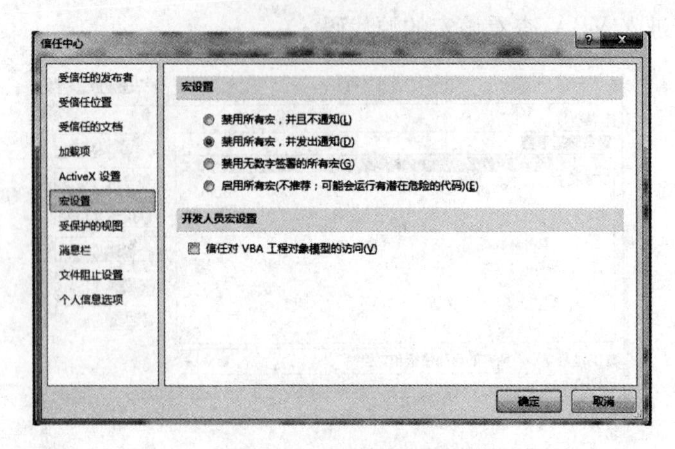

图 9—6 宏安全设置

9.2 VBA 基础

9.2.1 语法基础

1. 变量及数组

(1)VBA 允许使用未定义的变量。

默认是变体变量 Variant。优点是使用方便，缺点是代码增多时，如果出现错误往往很难发现。在模块通用说明部分，加入 Option Explicit 语句可以强迫用户进行变量定义。

(2)变量定义语句及变量作用域。

①Dim 变量 as 类型，定义为局部变量。

②Private 变量 as 类型，定义为私有变量。

③Public 变量 as 类型，定义为公有变量。

④Global 变量 as 类型，定义为全局变量。

⑤Static 变量 as 类型，定义为静态变量。

一般变量作用域的原则是，在哪部分定义就在哪部分起作用。

(3)常量作为变量的一种特例。

用 Const 定义，在定义时赋值且不能改变，作用域如同变量作用域。

(4)数组是包含相同数据类型的一组变量的集合。

各个变量在内存中连续存储，对数组中单个变量引用通过数组索引下标进行。数组必须用 Global 或 Dim 定义。

如 Dim num(10)as Integer 表示定义了一个包含 10 个整数型变量的数组。

Dim num( )as Integer 表示定义一个整数型数组，数组大小不定，可以在使用时用 Redim 语句来重新定义，非常强大。

2. 函数和子过程

(1)函数。

函数(function)是能完成特定任务的相关语句和表达式的集合。当函数执行完毕时，会有一个返回值。如果不指定函数的返回值类型，就返回缺省的数据类型值。声明函数的语法如下：

[Private|Public] [Static] Function <函数名> ([参数])[as 类型]

[指令]

[函数名＝表达式]

[Exit Function]

[指令]

[函数名＝表达式]

End Function

说明:①[　]内为可选内容。

②如果用 Private 声明函数,则该函数只能被同一个模块中的其他过程访问。Public 表示所有过程都可以访问,缺省时默认为 Public。

③Static 表示在调用该函数的过程中该函数变量保持不变。

④Function 必须要有,表示函数过程开始。<函数名>是必需的,其命名规则与变量的命名规则一样。参数可选,多个参数用逗号分隔;类型可选。

⑤Exit Function 可选,表示在函数过程结束之前,提前退出过程。End Function 必选,表示函数过程结束。

通常会在函数过程结束前给函数赋值。如果在类模块中编写自定义函数并将该函数的作用域声明为 Public,则该函数将成为该类的方法。

(2)子过程。

过程有一组完成所要求操作任务的 VBA 语句组成。子过程不返回值,因此,不能作为参数的组成部分。其语法如下:

[Private|Public] [Static] Sub <过程名> ([参数])

[指令]

[Exit Sub]

[指令]

End Sub

过程的使用方法与函数的使用基本相同,但是如果用在包含 Option Private Module 语句的模块中,则尽管用 Public 声明过程,该过程也只能用于所在工程中的其他过程。

9.2.2　常用的 Word 对象

什么是 Word 对象?简单地说,用户在 Word 中操作和改变的每一个项目都是一个对象,如文档、对话框、图形、图表甚至 Word 本身。这些对象的相互关系组成了 Word 中的对象模型。这些对象都有自己的属性和方法,因此,用户可通过编程来访问这些已有对象,改变它们的属性,以完成某些较高级的功能。

常用的 Word 对象如表 9－1 所示。

表 9－1　　常用 Word 对象及说明

常用对象名	说　明
Application	代表 Word 应用程序本身,是 Word 对象模型中的顶级对象
Document/Documents	Document 表示一个文档,Documents 表示当前打开的所有文档

续表

常用对象名	说　明
Selection	表示选中的区域，并且在当前 Word 中是唯一的
Range	表示用户在指定的任意大小的区域，没有个数限制
Find	使用 Find 对象可以快捷地完成 Word 内容的查找和替换

9.2.3　常用的 Excel 对象

常用的 Excel 对象如表 9－2 所示。

表 9－2　　常用 Excel 对象及说明

常用对象名	说　明
Application	代表 Excel 应用程序本身，是 Excel 对象模型中的顶级对象
Workbook/Workbooks	Workbook 表示一个工作簿，Workbooks 表示当前打开的所有工作簿集合
Worksheet/Worksheets	Workbook 表示一个工作表，Workbooks 表示一个工作簿中的所有工作表集合
Range/ Ranges	Range 表示工作表中的一个特定的单元格区域。Ranges 集合由多个 Range 对象组成

9.3　VBA 宏应用示例

9.3.1　制作 Word 2010 设置文字颠倒效果的宏

在 Word 文档中，通过编写 VBA 程序，很容易实现将选择的文字颠倒放置。操作过程如下：

①单击“视图”→“宏”→“查看宏”，弹出如图 9－5 所示的对话框。

②在宏名输入框中输入“颠倒文字”，单击“创建”按钮，创建一个名为“颠倒文字”的宏，进入 VBA 编辑页面，输入以下代码，如图 9－7 所示。

③保存输入代码，关闭 VBA 编辑器。选择需要颠倒的文字，再次单击“视图”→“宏”→“查看宏”，选中“颠倒文字”宏，单击“运行”，效果如图 9－8 所示。

9.3.2　关闭所有打开 Word 文档的宏

```
Sub 关闭所有打开的 Word 文档( )
Dim doc As Document'定义变量 doc，变量类型为文档
For Each doc In Documents'遍历已经打开的每一个文档
'如果文档名与当前文档名不同则保存并关闭
If doc.Name <> ThisDocument.Name Then
doc.Close wdSaveChanges'
End If
Next doc'继续对下一个已经打开的文档进行以上操作
```

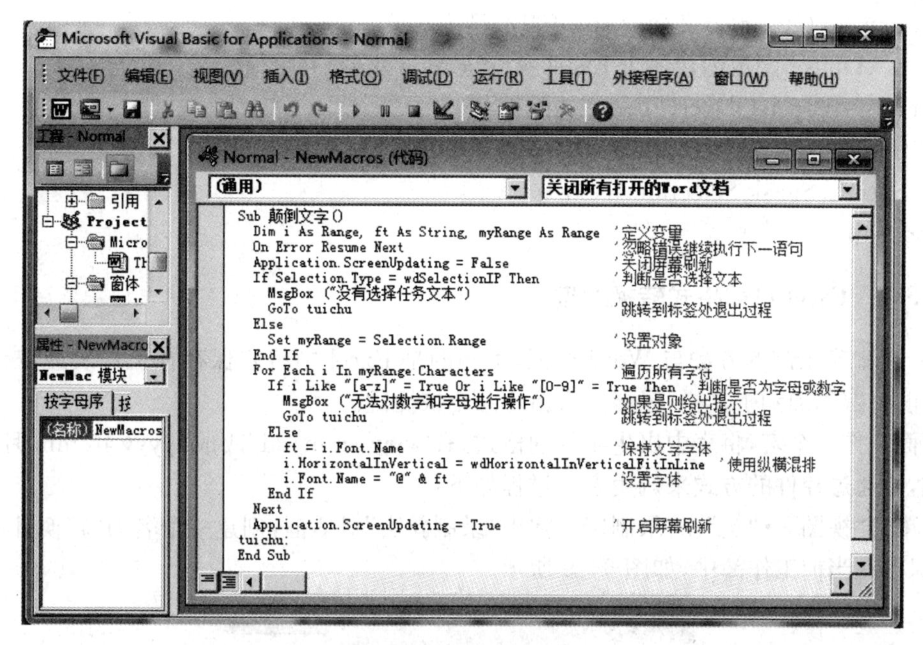

图 9—7　VBA 编辑器

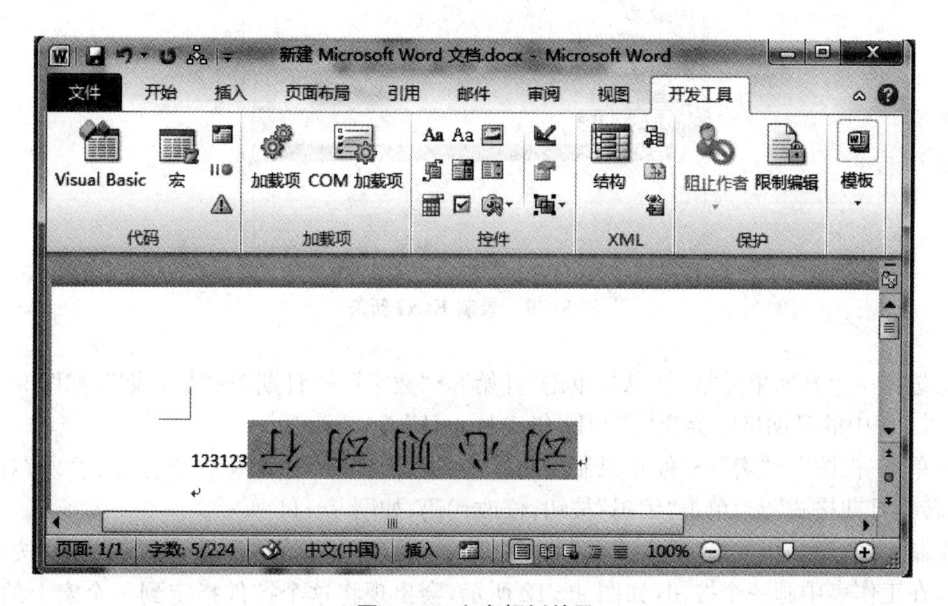

图 9—8　文字颠倒效果

```
ThisDocument.Close wdSaveChanges'保存关闭当前文档
End Sub
```

9.3.3　朗读 Word 文本的宏

Word 中没有语音朗读功能，但是 Excel 具有这个功能。在 Word 中通过调用 Excel 对象使 Word 也具有朗读功能。代码如下：

```
Sub 朗读文本()
```

```
Dim sp As Object'定义变量 sp,变量类型为对象
'CreateObject 函数创建一个 Excel. Application 对象,并赋值给 sp
Set sp = CreateObject("Excel. Application")
'调用 Speech 子对象的 Speek 方法朗读选中的文本
sp. Speech. Speak Selection. Text
End Sub
```

9.3.4 Excel 日期格式转换的宏

Excel 中宏录制的方法与 Word 类似,不同的是 Excel 中将宏保存在工作表或工作簿中,而且不能将宏添加到工具栏,只能为宏指定某个快捷键。

下面制作一个宏,将表中出生年月的格式,有"yyyy/mm/dd"改成"yyyy 年 mm 月 dd 日"的格式,并通过控件的方式来调用宏。过程如下:

①单击"视图"→"宏"→"录制宏",弹出"录制新宏"对话框,创建一个名为"转换日期格式"的宏,保存在当前工作簿中,如图 9—9 所示。

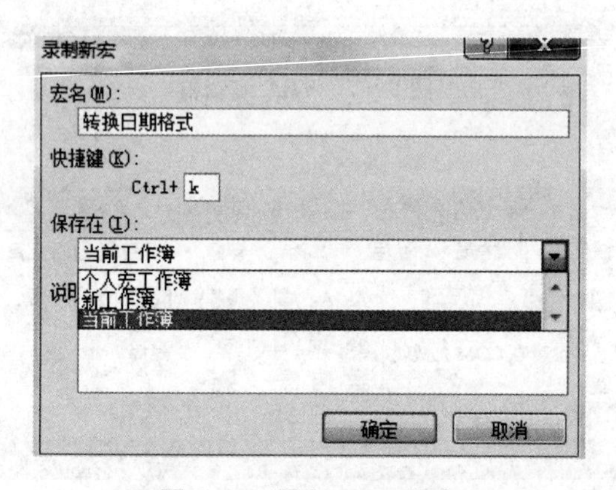

图 9—9 录制 Excel 新宏

②选择一个日期单元格,如 A4,单击"开始"→"数字"→"日期"→"长日期",如图 9—10 所示,此时 A4 中的日期格式会变成"2013 年 1 月 4 日"。

③单击"视图"→"宏"→"停止录制",再单击"查看宏",弹出如图 9—5 所示的"宏"对话框,选中"转换日期格式"宏,单击"编辑"按钮,修改代码,如图 9—11 所示。

④制作好宏之后,单击"开发工具"→"控件"→"插入"下拉菜单→表单控件中的"按钮"(第一个),在工作表中画一个按钮,如图 9—12 所示,会出现将这个控件指定到一个宏上的"指定宏"对话框,选择"转换日期格式"宏,确定之后,单击该按钮就相当于调用了一次"转换日期格式"宏。

⑤选择需要转换的一个或多个单元格,单击"转换日期格式"按钮(可右击该按钮,选择"编辑文字"重命名),就可以完成日期格式转换。

9.3.5 批量重命名 Excel 工作表

本例将自动对当前工作簿中所有工作表进行重命名,由用户指定名称,然后对所有工作表以"名称+编号"的形式重命名。代码如下:

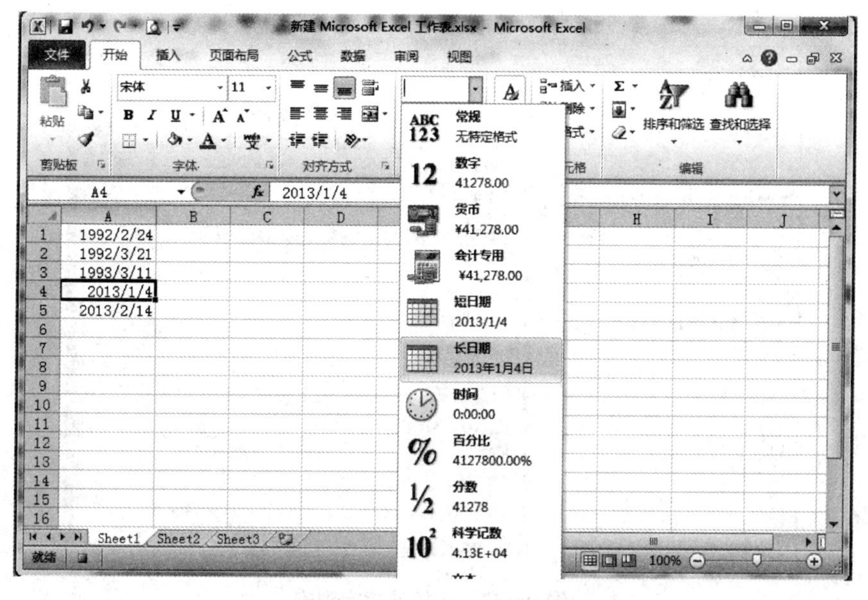

图 9—10 设置日期转换格式

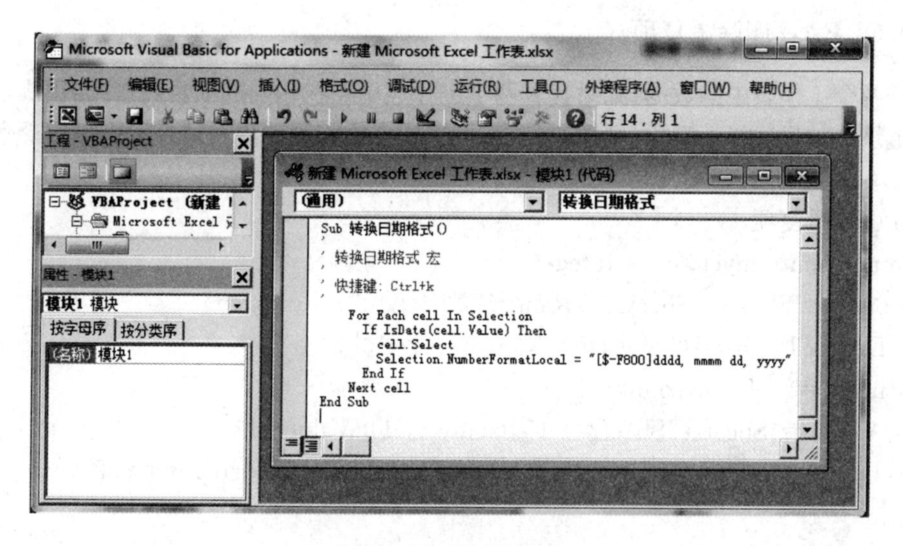

图 9—11 修改宏代码

```
Sub 批量重命名工作表()
Dim wksName As String, i As Integer, wks As Worksheet'定义变量
i = 1'从1开始计数
wksName = InputBox("请输入工作表的名称")
For Each wks In Worksheets'遍历每一张工作表
wks.Name = wksName & i'设置工作表名
i = i + 1'计数值加1
Next wks
End Sub
```

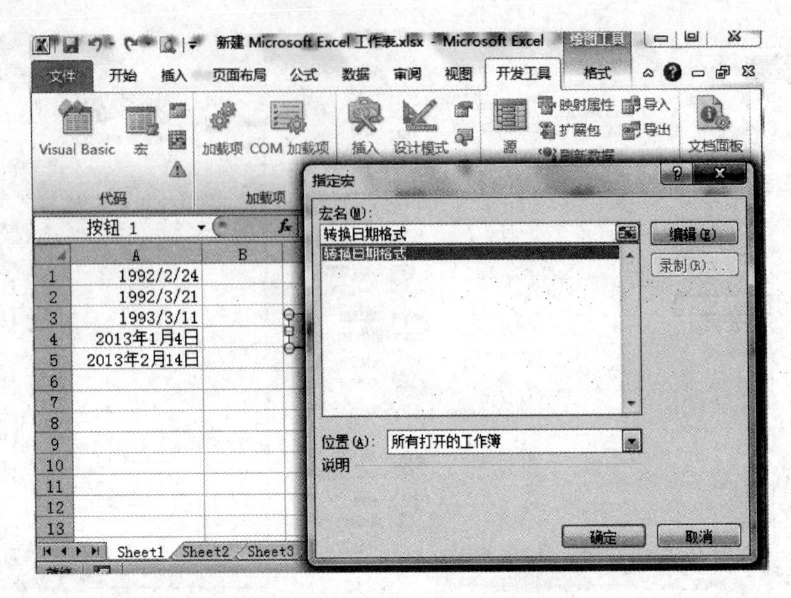

图9—12 将控件指定到宏

9.3.6 Excel删除重复项

比较两个工作表中的数据，如果找到两个工作表中存在相同的项目，程序给出提示是否删除重复记录。如果选择不删除，则退出程序，但工作表中相同的项目所在行会填充颜色标识出来。

```
Sub 删除重复项()
Dim mycount, myct, c As Integer
mycount = Sheets("Sheet1"). Range("A1 : A10"). Rows. cont
For Each x In Sheets("Sheet1"). Range("A1A10")
For myct = 1 To mycount
If x. Value = Sheets("Sheet2"). Cells(myct, 1). Value Then
Sheets("Sheet2"). Cells(myct, 1). entirerow. Interior. ColorIndex = 22
c = c + 1
myct = myct + 1
End If
Next myct
Next
Sheets("Sheet2"). Activate
If c <> 0 Then
q = MsgBox("一共找到了" & c & "条相同记录,是否删除?", vbYesNo1, "提示")
If q = vbYes Then
For Each x In Sheets("Sheet2"). Range("A1 : A10")
If x. Interior. ColorIndex = 22 Then
x. entirerow. Delete xl Shift Up
```

```
End If
Next
Else
GoTo tuichu
End If
Else
MsgBox ("没有找到相同的项目!")
GoTo tuichu
End If
tuichu:
End Sub
```

1. 简述 VBA 宏的基本概念。

2. 了解录制宏的过程。

3. 什么是宏病毒？有何特点？

4. 如何设置宏安全性？

5. 修改朗读 Word 文本的宏，使其能够朗读整个 Word 文档。

6. 制作一个 Word 宏 MyFormat，使其能够将一个 Word 文档中的中文文字设置成微软雅黑、5 号，英文字母设置成小写、5 号、Time New Roman，数字设置成宋体、5 号、加粗。

R 参考文献
EFERENCE

[1]王伟:《计算机科学前沿技术》,清华大学出版社 2012 年版。

[2]赵建民:《大学计算机基础》,浙江科学技术出版社 2012 年版。

[3]J. Glenn Brookshear:《计算机科学概论》(第 10 版),人民邮电出版社 2009 年版。

[4]麓山文化编著:《Windows 7 完全掌控》,希望电子出版社 2010 年版。

[5]杨继萍等:《Windows 7 中文版从新手到高手》,清华大学出版社 2011 年版。

[6]吴卿编著:《办公软件高级应用 Office 2010》,浙江大学出版社 2012 年版。

[7]前沿文化编著:《Office 2010 完全学习手册》,科学出版社 2012 年版。

[8]芮廷先等编著:《计算机网络》,清华大学出版社、北京交通大学出版社 2009 年版。

[9]九州书源编著:《Office 2010 电脑办公应用》,清华大学出版社 2011 年版。

[10]郭刚等编著:《Office 2010 应用大全》,机械工业出版社 2010 年版。

[11]徐小青、王淳灏编著:《Word 2010 入门与实例教程》,电子工业出版社 2011 年版。

[12]单天德主编:《计算机二级考试指导书(办公软件高级应用)》(第 2 版),科学出版社 2009 年版。

[13]卞诚君编著:《完全掌握 Office 2010 超级手册》,机械工业出版社 2013 年版。

[14]http://www.zjccet.com/(浙江省高校计算机教育考试网)。

注意：如果有需要，可以在图 8－26 所示的界面先单击“权限”按钮，设置有访问权限的用户，如图 8－27 所示，这些用户不需要密码即可直接访问保护的区域。然后再单击“保护工作表”进行设置。

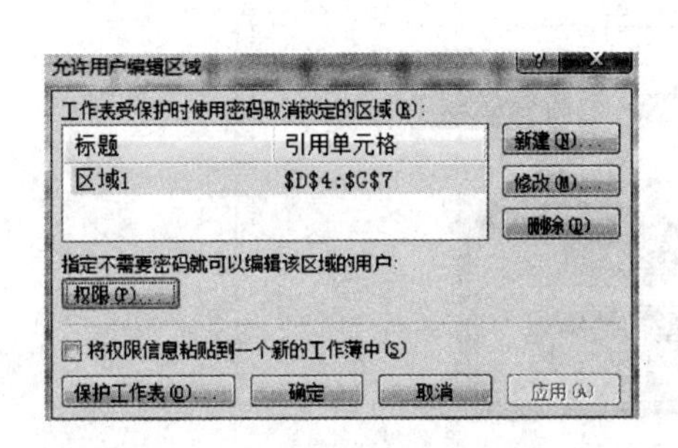

图 8－26　“允许用户编辑区域”对话框

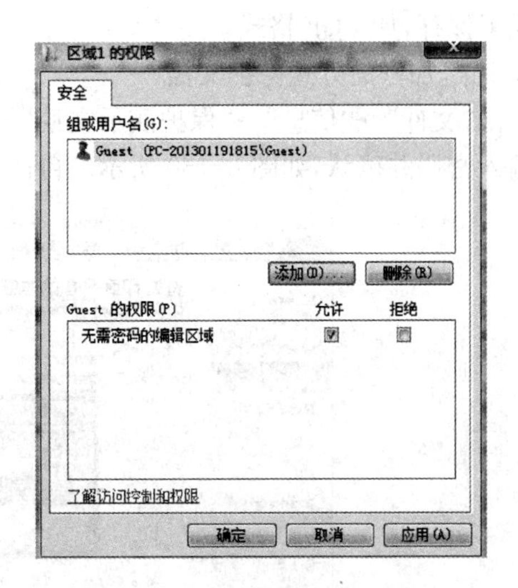

图 8－27　设置区域 1 的权限

4. 保护并共享工作簿

保护并共享工作簿，可以对工作簿中的修订进行跟踪，或者删除用户对文件修订日志。

操作方式与“保护工作表”类似。单击“审阅”→“更改”→“保护共享工作簿”，弹出如图 8－28所示的对话框，选中“以跟踪修订方式共享”，设置并确认密码。完成之后，工作簿被保护并共享，此时在窗口的标题栏上显示“共享”字样，如图 8－29 所示。

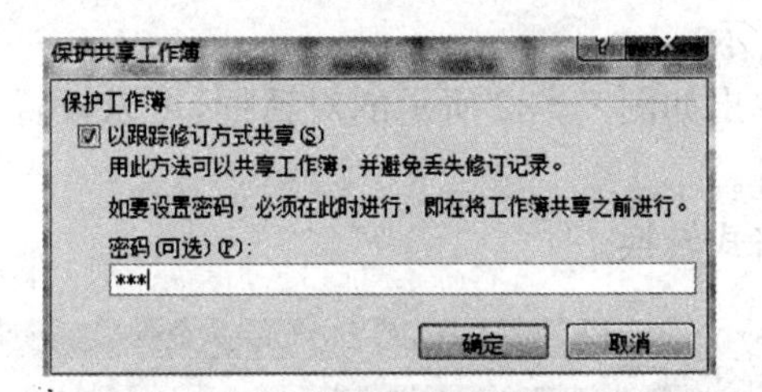

图 8－28　设置保护共享工作簿

图 8－29　显示共享字样

8.2.3 PowerPoint 文档保护

对于 PowerPoint 文档，可以通过两种方式进行保护：加密；或将 PPT 文档转换成其他文件格式来保存，如 PDF 格式。

1. 通过加密的方式保护文档

单击“文件”→“信息”→“保护演示文稿”→“用密码进行加密”，在弹出的“加密文档”对话框中输入密码并确认，如图 8－30 所示。再次打开该演示文稿时，需要用户输入密码。

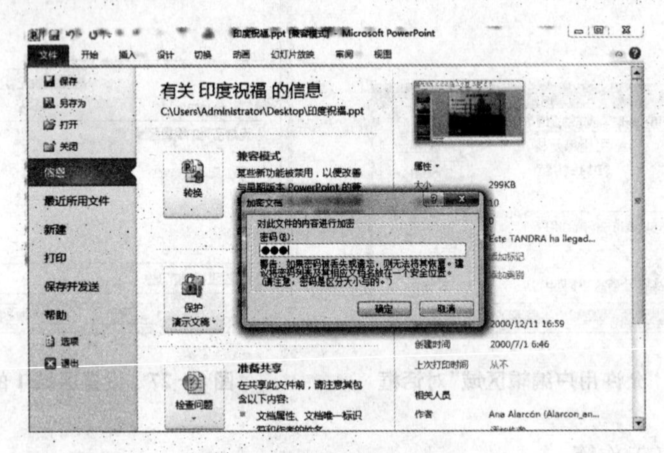

图 8－30 加密 PPT 文档

2. 通过转换文件类型的方式保护文档

一般把 PPT 文档转换成 PDF 文件，因为 PDF 文件是不可编辑的。操作步骤如下：

①单击“文件”→“另存为”，弹出“另存为”对话框，在“保存类型”下拉列表中选择“PDF（*.PDF)”，如图 8－31 所示。

②单击“选项”按钮，弹出如图 8－32 所示的对话框，可以设置相关属性，如选择要转换的幻灯片的范围、发布选项等。

③单击“确定”，完成格式转换。

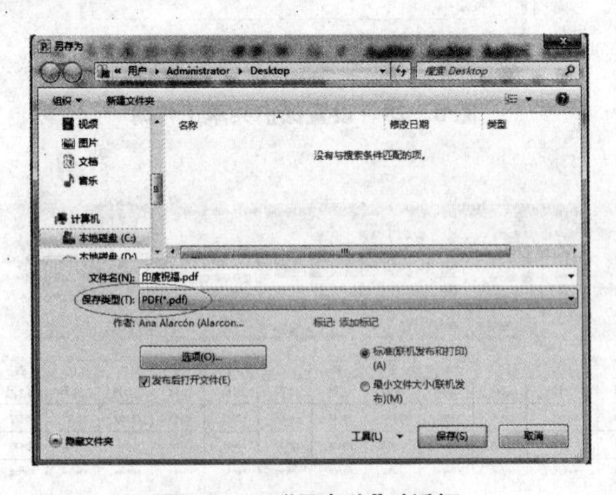

图 8－31 “另存为”对话框

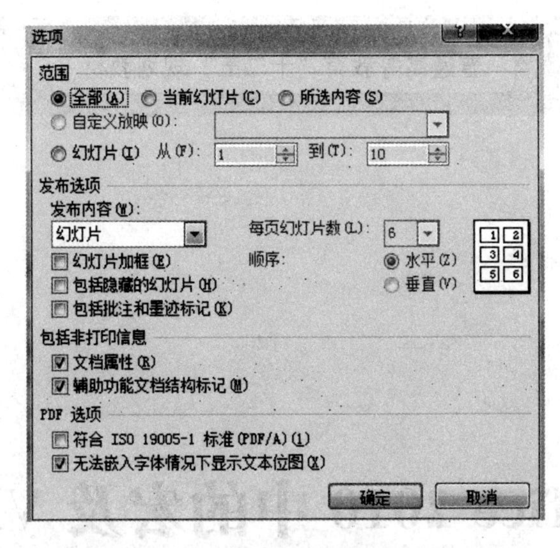

图 8－32　转换成 PDF 文件的“选项”对话框

1. 如何给 Office 文档加密？简述如何防止别人修改和打开一个 Word 文档。
2. Word 文档保护的方式有哪几种？
3. 分别说明 Word 文档的编辑限制保护的几种方式。
4. 编辑一个文档，输入三段文字，将每一个段落作为一节，采用 Word 分节来保护每一节的文字。
5. Word 文档窗体域保护有哪几种形式？
6. Excel 中的文档保护功能分别有哪几种形式？
7. 联系实际，都有哪些原因可能导致文件丢失？又有哪些措施防止文件丢失？

Office 2010 中的宏及 VBA

学习重点

掌握宏的基本概念
掌握 Word 宏的录制方法
掌握 Excel 宏的录制方法
掌握宏安全全设置
掌握常用的 Word 对象

在 Office 2010 中,经常需要重复某个任务或同时执行一系列的操作,此时可使用宏来实现任务的自动执行。同时,Office 2010 自带了一个标准的程序设计语言 VBA,功能强大且比其他程序设计语言更容易掌握。

9.1 使用宏

9.1.1 宏的概念

宏是一系列操作命令的有序集合。在 Office 中,可以像录像一样对用户的操作进行录制,然后只需通过一次单击该"录像"就可以完成整个操作过程所做的工作。"录像"即此处提到的宏。Office 2010 中创建的宏,大多数是用 Visual Basic for Application(VBA)语言编写的,因此,宏也可以是一段程序代码。

宏的最大意义在于能够按照设定好的顺序自动执行一系列操作,或者自动执行重复的操作,以提高工作效率。可以把宏指定为工具栏按钮或快捷方式。

9.1.2　录制宏

以设置 Word 文本格式宏为例。宏的录制过程如下。

①单击“视图”选项卡→“宏”组→“录制宏”，弹出“录制宏”对话框，如图 9－1 所示。

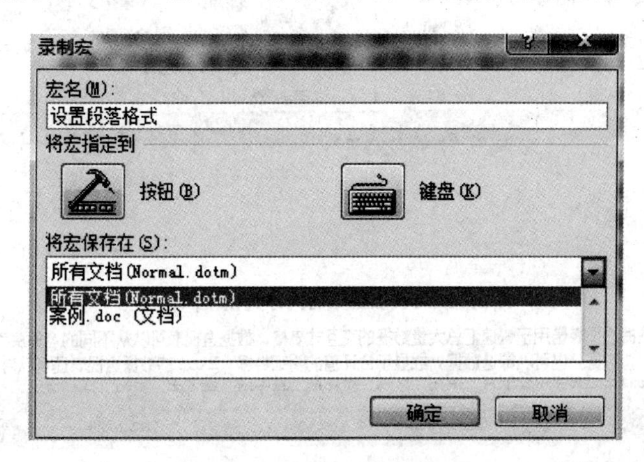

图 9－1　录制 Word 新宏

②设置宏名(如“设置段落格式”)，在“将宏保存在”下拉列表中选择宏保存的文档，这里选择保存在所有文档中，表示任何打开的 Word 文档中都可以使用该宏。

③接下来可以将宏指定到工具栏或指定为快捷方式。这里单击“将宏指定到”下的“按钮”，可以将宏指定到一个按钮(选择“键盘”，则可以设置快捷键来启动宏)，弹出如图 9－2 所示的对话框。

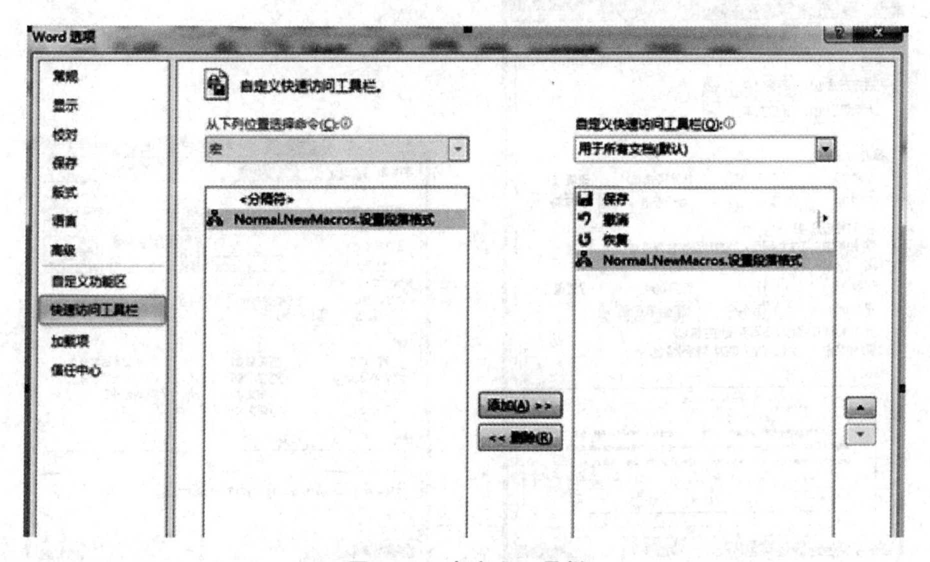

图 9－2　自定义工具栏

在“快速访问工具栏”选项卡中，可以将左边列表框中的“Normal. NewMacros. 设置段落格式”单击“添加”，添加到右边的工具栏中。此时工具栏中会出现“Normal. NewMacros. 设置段落格式”按钮，表示单击这个按钮，可以运行“设置段落格式”宏，如图 9－3 所示。单击“确定”开始录制。

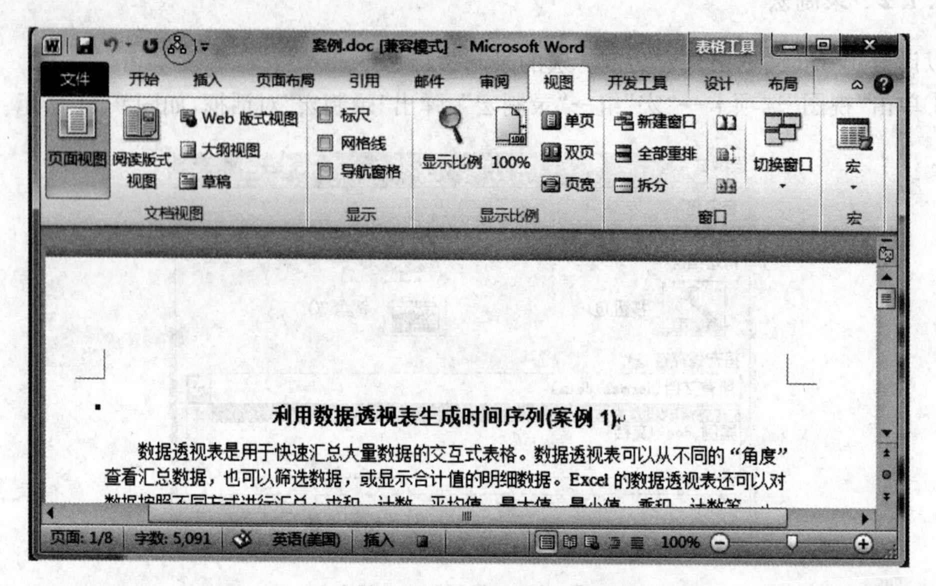

图 9—3　宏的工具栏快捷方式

④单击“开始”选项卡→“段落”组的右下角小箭头，弹出“段落”对话框，设置对应数值；同样的，单击“字体”组的右下角小箭头，设置字体，如图 9—4 所示。注意，此时不需要选定文字进行设置，直接设置段落和字体即可。

单击“视图”→“宏”→“停止录制”，完成该宏的录制。

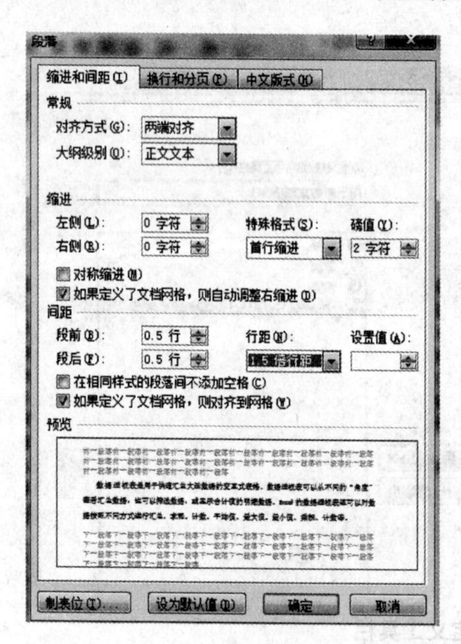

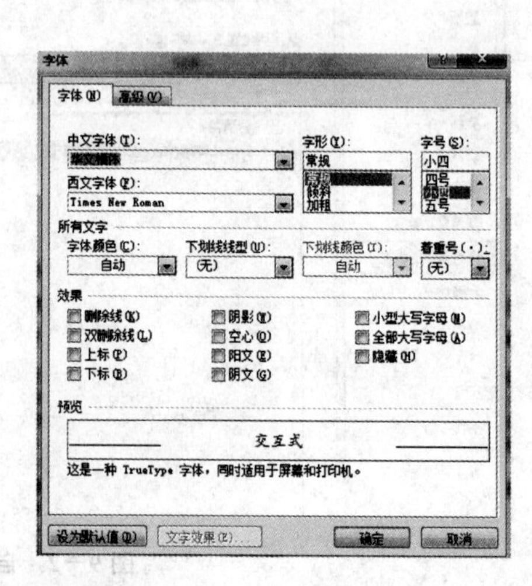

图 9—4　设置段落和字体

⑤打开文档，选定要设置格式的段落，单击工具栏的“宏”按钮（图 9—3）运行宏，设置段落格式。

⑥单击“视图”→“宏”→“查看宏”，弹出如图 9—5 所示的对话框，选择“设置段落格式”，单

击"编辑",就可以进入 VBA,查看该宏的源代码。

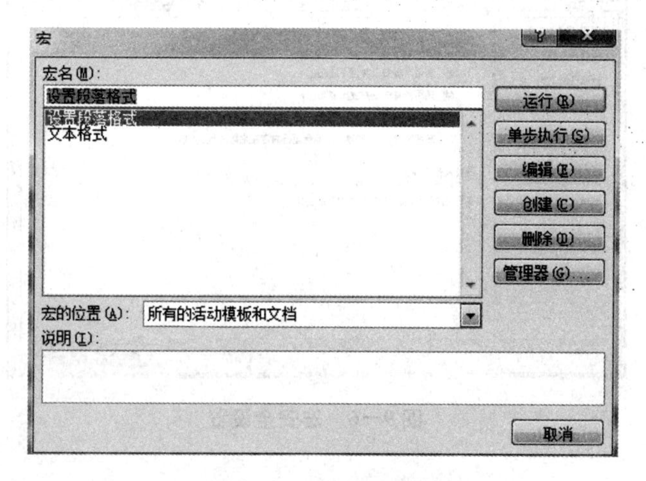

图 9-5　查看、编辑宏

9.1.3　宏安全

1. 宏病毒

VBA 宏中可能包含一些潜在的病毒,也就是"宏病毒"。宏病毒,就是利用 VBA 编写的一些宏,这些宏可以自动运行,轻则破坏 Office 文件,导致不能打印、关闭菜单等,重则调用系统命令,造成破坏。宏病毒的特点是:

(1)传播快。

宏病毒成为传播最快的病毒,主要有以下三个原因:①人们对可执行文件病毒已经有了较多的认识和防治经验,但对宏病毒则很少。而现在主要的工作就是交换数字文件,因此宏病毒得到迅速传播。②现在的查毒、杀毒软件,主要是针对可执行文件和磁盘引导区设计的,一般都假定数据文件中不会存在病毒,往往不能查杀。③Internet 高度普及。

(2)制作和变种方便。

目前宏病毒已经有很多种,并在不断增多。只要修改宏病毒中病毒激活条件和破坏条件,就可以制造出一种新的宏病毒。

(3)破坏性大。

由于宏病毒用 VBA 语言编写,VBA 语言提供了许多系统的底层调用,如使用 Dos 命令、调用 Windows API、调用 DDE 和 DDL 等,这些操作均可能对系统构成直接威胁。

(4)兼容性差。

宏病毒在不同版本 Office 的 Word 和 Excel 中不能运行。

2. 宏安全性设置

由于宏病毒的存在,为了保证 VBA 的安全,就要设置其安全性。

单击"文件"→"选项"→"信任中心"→"宏设置",或单击"开发工具"选项卡→"代码"组→"宏安全性",进入宏安全性设置,如图 9-6 所示。

默认禁用所有宏,可以将其设置为"禁用无数字签署的所有宏",则在打开包含 VBA 宏的文档时,就可以先验证 VBA 宏的来源,再启用宏。

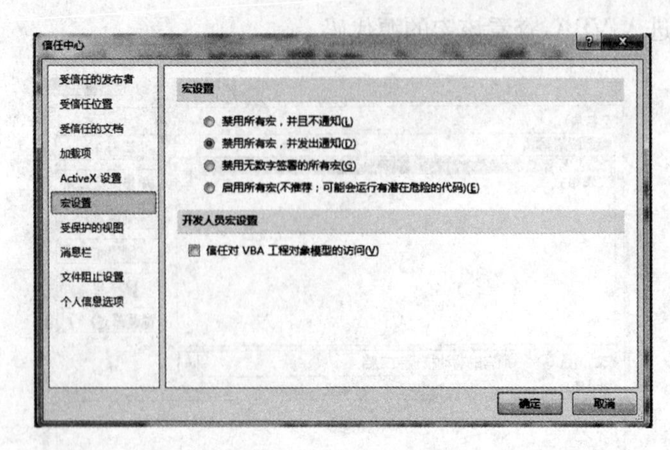

图 9—6 宏安全设置

9.2 VBA 基础

9.2.1 语法基础

1. 变量及数组

(1)VBA 允许使用未定义的变量。

默认是变体变量 Variant。优点是使用方便，缺点是代码增多时，如果出现错误往往很难发现。在模块通用说明部分，加入 Option Explicit 语句可以强迫用户进行变量定义。

(2)变量定义语句及变量作用域。

①Dim 变量 as 类型，定义为局部变量。

②Private 变量 as 类型，定义为私有变量。

③Public 变量 as 类型，定义为公有变量。

④Global 变量 as 类型，定义为全局变量。

⑤Static 变量 as 类型，定义为静态变量。

一般变量作用域的原则是，在哪部分定义就在哪部分起作用。

(3)常量作为变量的一种特例。

用 Const 定义，在定义时赋值且不能改变，作用域如同变量作用域。

(4)数组是包含相同数据类型的一组变量的集合。

各个变量在内存中连续存储，对数组中单个变量引用通过数组索引下标进行。数组必须用 Global 或 Dim 定义。

如 Dim num(10)as Integer 表示定义了一个包含 10 个整数型变量的数组。

Dim num( )as Integer 表示定义一个整数型数组，数组大小不定，可以在使用时用 Redim 语句来重新定义，非常强大。

2. 函数和子过程

(1)函数。

函数(function)是能完成特定任务的相关语句和表达式的集合。当函数执行完毕时，会有一个返回值。如果不指定函数的返回值类型，就返回缺省的数据类型值。声明函数的语法如下：

[Private|Public] [Static] Function ＜函数名＞ ([参数])[as 类型]
[指令]
[函数名=表达式]
[Exit Function]
[指令]
[函数名=表达式]
End Function

说明:①[ ]内为可选内容。

②如果用 Private 声明函数,则该函数只能被同一个模块中的其他过程访问。Public 表示所有过程都可以访问,缺省时默认为 Public。

③Static 表示在调用该函数的过程中该函数变量保持不变。

④Function 必须要有,表示函数过程开始。＜函数名＞是必需的,其命名规则与变量的命名规则一样。参数可选,多个参数用逗号分隔;类型可选。

⑤Exit Function 可选,表示在函数过程结束之前,提前退出过程。End Function 必选,表示函数过程结束。

通常会在函数过程结束前给函数赋值。如果在类模块中编写自定义函数并将该函数的作用域声明为 Public,则该函数将成为该类的方法。

(2)子过程。

过程有一组完成所要求操作任务的 VBA 语句组成。子过程不返回值,因此,不能作为参数的组成部分。其语法如下:

[Private|Public] [Static] Sub ＜过程名＞ ([参数])
[指令]
[Exit Sub]
[指令]
End Sub

过程的使用方法与函数的使用基本相同,但是如果用在包含 Option Private Module 语句的模块中,则尽管用 Public 声明过程,该过程也只能用于所在工程中的其他过程。

9.2.2 常用的 Word 对象

什么是 Word 对象?简单地说,用户在 Word 中操作和改变的每一个项目都是一个对象,如文档、对话框、图形、图表甚至 Word 本身。这些对象的相互关系组成了 Word 中的对象模型。这些对象都有自己的属性和方法,因此,用户可通过编程来访问这些已有对象,改变它们的属性,以完成某些较高级的功能。

常用的 Word 对象如表 9-1 所示。

表 9-1　　常用 Word 对象及说明

常用对象名	说　明
Application	代表 Word 应用程序本身,是 Word 对象模型中的顶级对象
Document/Documents	Document 表示一个文档,Documents 表示当前打开的所有文档

续表

常用对象名	说 明
Selection	表示选中的区域,并且在当前 Word 中是唯一的
Range	表示用户在指定的任意大小的区域,没有个数限制
Find	使用 Find 对象可以快捷地完成 Word 内容的查找和替换

9.2.3 常用的 Excel 对象

常用的 Excel 对象如表 9－2 所示。

表 9－2 常用 Excel 对象及说明

常用对象名	说 明
Application	代表 Excel 应用程序本身,是 Excel 对象模型中的顶级对象
Workbook/Workbooks	Workbook 表示一个工作簿,Workbooks 表示当前打开的所有工作簿集合
Worksheet/Worksheets	Workbook 表示一个工作表,Workbooks 表示一个工作簿中的所有工作表集合
Range/ Ranges	Range 表示工作表中的一个特定的单元格区域。Ranges 集合由多个 Range 对象组成

9.3 VBA 宏应用示例

9.3.1 制作 Word 2010 设置文字颠倒效果的宏

在 Word 文档中,通过编写 VBA 程序,很容易实现将选择的文字颠倒放置。操作过程如下:

①单击“视图”→“宏”→“查看宏”,弹出如图 9—5 所示的对话框。

②在宏名输入框中输入“颠倒文字”,单击“创建”按钮,创建一个名为“颠倒文字”的宏,进入 VBA 编辑页面,输入以下代码,如图 9－7 所示。

③保存输入代码,关闭 VBA 编辑器。选择需要颠倒的文字,再次单击“视图”→“宏”→“查看宏”,选中“颠倒文字”宏,单击“运行”,效果如图 9－8 所示。

9.3.2 关闭所有打开 Word 文档的宏

```
Sub 关闭所有打开的 Word 文档( )
Dim doc As Document'定义变量 doc,变量类型为文档
For Each doc In Documents'遍历已经打开的每一个文档
'如果文档名与当前文档名不同则保存并关闭
If doc. Name <> ThisDocument. Name Then
doc. Close wdSaveChanges'
End If
Next doc'继续对下一个已经打开的文档进行以上操作
```

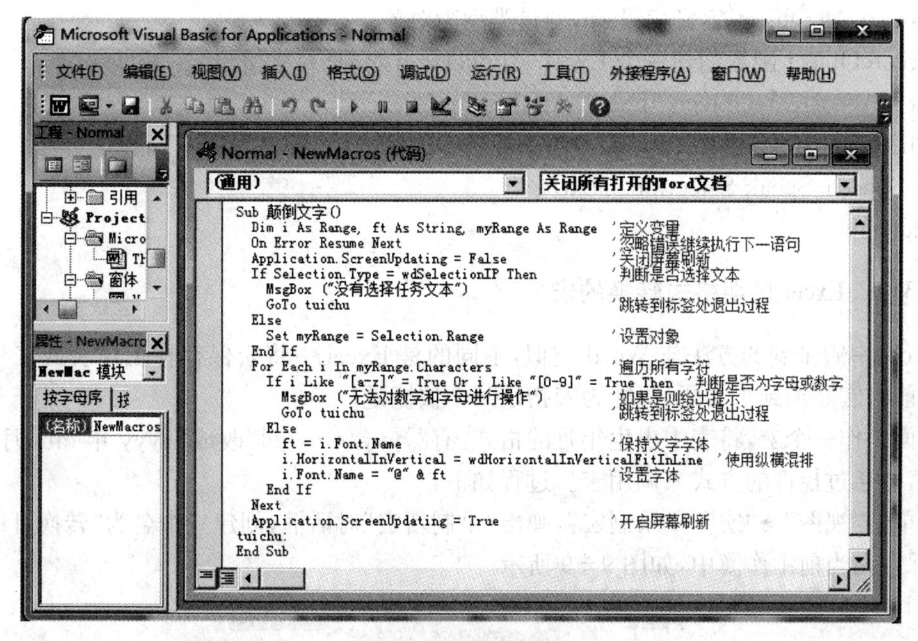

图 9—7　VBA 编辑器

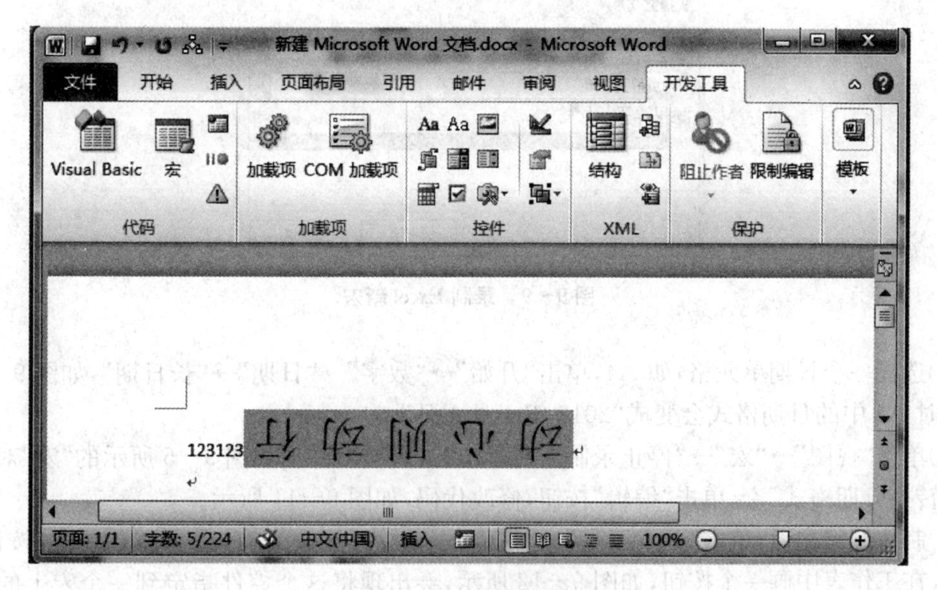

图 9—8　文字颠倒效果

ThisDocument.Close wdSaveChanges'保存关闭当前文档
End Sub

9.3.3　朗读 Word 文本的宏

Word 中没有语音朗读功能，但是 Excel 具有这个功能。在 Word 中通过调用 Excel 对象使 Word 也具有朗读功能。代码如下：

Sub 朗读文本( )

```
Dim sp As Object'定义变量 sp,变量类型为对象
'CreateObject 函数创建一个 Excel. Application 对象,并赋值给 sp
Set sp = CreateObject("Excel. Application")
'调用 Speech 子对象的 Speek 方法朗读选中的文本
sp. Speech. Speak Selection. Text
End Sub
```

9.3.4 Excel 日期格式转换的宏

Excel 中宏录制的方法与 Word 类似,不同的是 Excel 中将宏保存在工作表或工作簿中,而且不能将宏添加到工具栏,只能为宏指定某个快捷键。

下面制作一个宏,将表中出生年月的格式,有"yyyy/mm/dd"改成"yyyy 年 mm 月 dd 日"的格式,并通过控件的方式来调用宏。过程如下:

①单击"视图"→"宏"→"录制宏",弹出"录制新宏"对话框,创建一个名为"转换日期格式"的宏,保存在当前工作簿中,如图 9−9 所示。

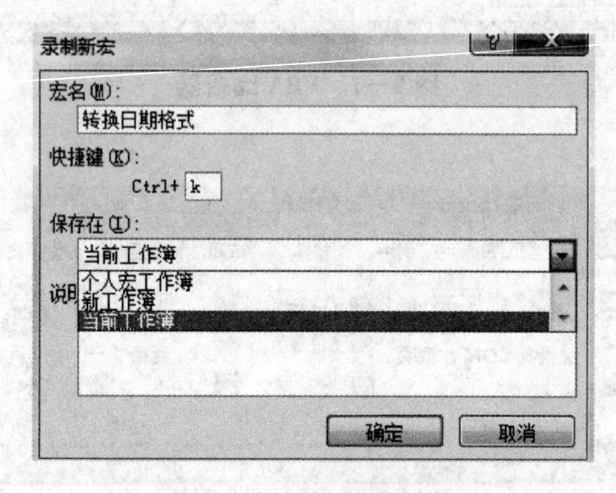

图 9−9 录制 Excel 新宏

②选择一个日期单元格,如 A4,单击"开始"→"数字"→"日期"→"长日期",如图 9−10 所示,此时 A4 中的日期格式会变成"2013 年 1 月 4 日"。

③单击"视图"→"宏"→"停止录制",再单击"查看宏",弹出如图 9−5 所示的"宏"对话框,选中"转换日期格式"宏,单击"编辑"按钮,修改代码,如图 9−11 所示。

④制作好宏之后,单击"开发工具"→"控件"→"插入"下拉菜单→表单控件中的"按钮"(第一个),在工作表中画一个按钮,如图 9−12 所示,会出现将这个控件指定到一个宏上的"指定宏"对话框,选择"转换日期格式"宏,确定之后,单击该按钮就相当于调用了一次"转换日期格式"宏。

⑤选择需要转换的一个或多个单元格,单击"转换日期格式"按钮(可右击该按钮,选择"编辑文字"重命名),就可以完成日期格式转换。

9.3.5 批量重命名 Excel 工作表

本例将自动对当前工作簿中所有工作表进行重命名,由用户指定名称,然后对所有工作表以"名称+编号"的形式重命名。代码如下:

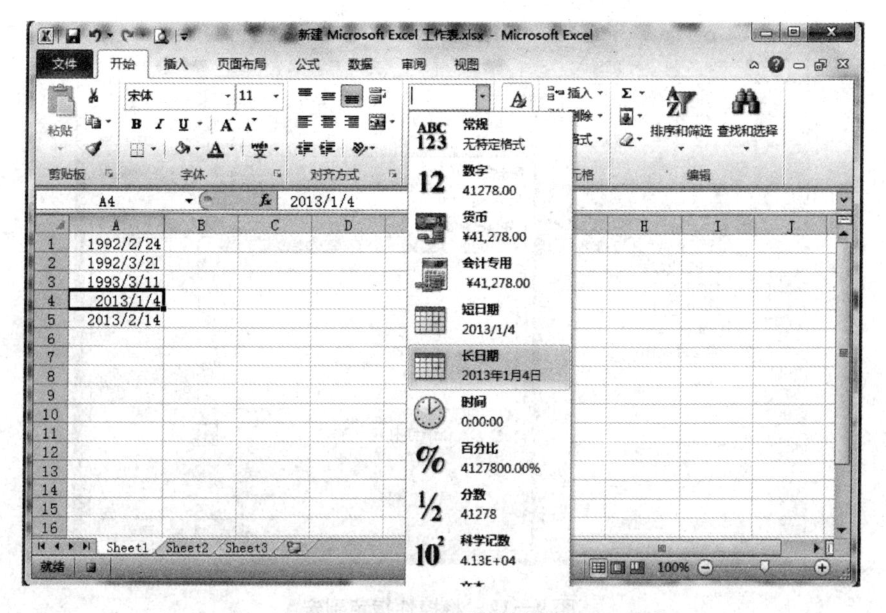

图 9—10　设置日期转换格式

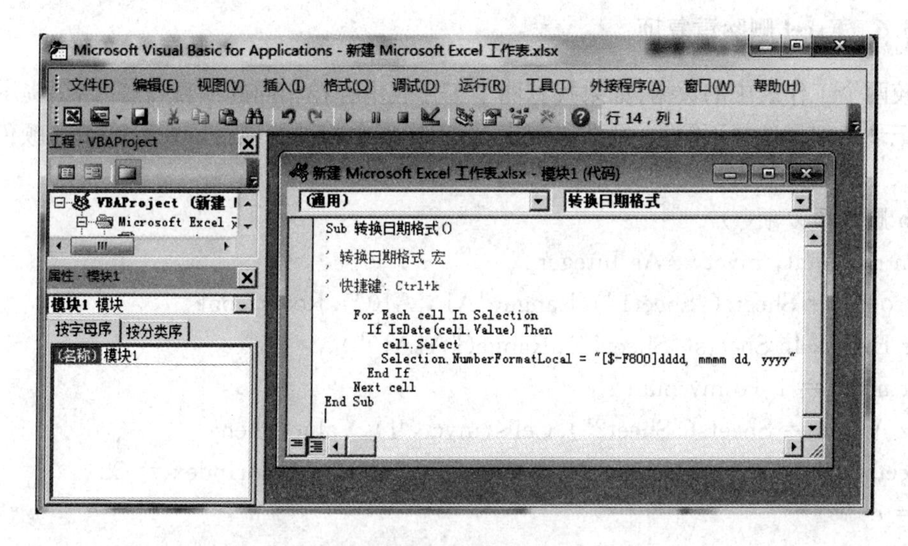

图 9—11　修改宏代码

```
Sub 批量重命名工作表( )
Dim wksName As String, i As Integer, wks As Worksheet'定义变量
i = 1'从 1 开始计数
wksName = InputBox("请输入工作表的名称")
For Each wks In Worksheets'遍历每一张工作表
wks.Name = wksName & i'设置工作表名
i = i + 1'计数值加 1
Next wks
End Sub
```

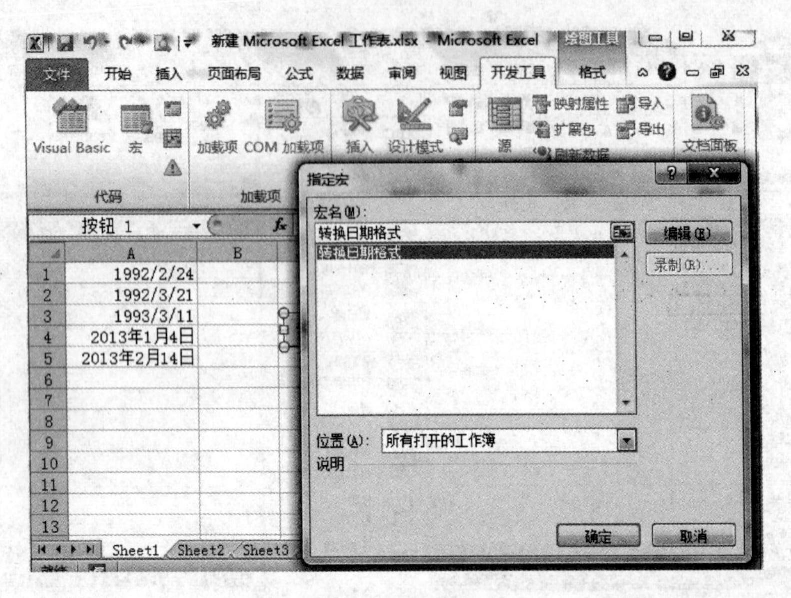

图 9—12 将控件指定到宏

9.3.6 Excel 删除重复项

比较两个工作表中的数据，如果找到两个工作表中存在相同的项目，程序给出提示是否删除重复记录。如果选择不删除，则退出程序，但工作表中相同的项目所在行会填充颜色标识出来。

```
Sub 删除重复项( )
Dim mycount, myct, c As Integer
mycount = Sheets("Sheet1"). Range("A1 : A10"). Rows. cont
For Each x In Sheets("Sheet1"). Range("A1A10")
For myct = 1 To mycount
If x. Value = Sheets("Sheet2"). Cells(myct, 1). Value Then
Sheets("Sheet2"). Cells(myct, 1). entirerow. Interior. ColorIndex = 22
c = c + 1
myct = myct + 1
End If
Next myct
Next
Sheets("Sheet2"). Activate
If c <> 0 Then
q = MsgBox("一共找到了" & c & "条相同记录，是否删除?", vbYesNo1, "提示")
If q = vbYes Then
For Each x In Sheets("Sheet2"). Range("A1 : A10")
If x. Interior. ColorIndex = 22 Then
x. entirerow. Delete xl Shift Up
```

```
End If
Next
Else
GoTo tuichu
End If
Else
MsgBox ("没有找到相同的项目!")
GoTo tuichu
End If
tuichu:
End Sub
```

练习题

1. 简述 VBA 宏的基本概念。

2. 了解录制宏的过程。

3. 什么是宏病毒？有何特点？

4. 如何设置宏安全性？

5. 修改朗读 Word 文本的宏，使其能够朗读整个 Word 文档。

6. 制作一个 Word 宏 MyFormat，使其能够将一个 Word 文档中的中文文字设置成微软雅黑、5 号，英文字母设置成小写、5 号、Time New Roman，数字设置成宋体、5 号、加粗。

参考文献

REFERENCE

[1]王伟:《计算机科学前沿技术》,清华大学出版社 2012 年版。
[2]赵建民:《大学计算机基础》,浙江科学技术出版社 2012 年版。
[3]J. Glenn Brookshear:《计算机科学概论》(第 10 版),人民邮电出版社 2009 年版。
[4]麓山文化编著:《Windows 7 完全掌控》,希望电子出版社 2010 年版。
[5]杨继萍等:《Windows 7 中文版从新手到高手》,清华大学出版社 2011 年版。
[6]吴卿编著:《办公软件高级应用 Office 2010》,浙江大学出版社 2012 年版。
[7]前沿文化编著:《Office 2010 完全学习手册》,科学出版社 2012 年版。
[8]芮廷先等编著:《计算机网络》,清华大学出版社、北京交通大学出版社 2009 年版。
[9]九州书源编著:《Office 2010 电脑办公应用》,清华大学出版社 2011 年版。
[10]郭刚等编著:《Office 2010 应用大全》,机械工业出版社 2010 年版。
[11]徐小青、王淳灏编著:《Word 2010 入门与实例教程》,电子工业出版社 2011 年版。
[12]单天德主编:《计算机二级考试指导书(办公软件高级应用)》(第 2 版),科学出版社 2009 年版。
[13]卞诚君编著:《完全掌握 Office 2010 超级手册》,机械工业出版社 2013 年版。
[14]http://www.zjccet.com/(浙江省高校计算机教育考试网)。